高等职业教育"十四五"系列教材

高等职业教育土建类学科专业"互联网+"数字化创新教材

流体力学泵与风机

张金梅　余臻　主　编

彭　敏　刘　艺　蒋友军　副主编

相会强　主　审

中国建筑工业出版社

图书在版编目（CIP）数据

流体力学泵与风机 / 张金梅，余臻主编；彭敏等副
主编. -- 北京：中国建筑工业出版社，2025. 6.
（高等职业教育"十四五"系列教材）（高等职业教育土
建类学科专业"互联网＋"数字化创新教材）. -- ISBN
978-7-112-31198-9

Ⅰ. O35；TH3

中国国家版本馆 CIP 数据核字第 202584HU04 号

本书共有 10 个教学单元，分别为：绪论，流体静力学，一元流体动力学基础，流动阻力和能量损失，孔口管嘴管路流动，气体射流，泵与风机的理论基础，泵与风机的运行分析及选择，泵与风机的运行维护及故障分析，其他常用泵与风机。

本书可作为高职建筑设备工程技术、供热通风与空调工程技术、给排水工程技术等专业以及职业本科建筑环境与能源工程专业的"流体力学泵与风机"课程教材，也可作为高职市政工程技术、环境工程等专业的教学参考书以及相关培训教材，还可供相关工程技术人员参考。

为了更好地支持相应课程的教学，我们向采用本书作为教材的教师提供课件，有需要者可与出版社联系。建工书院：http：//edu. cabplink. com，邮箱：jckj @ cabp. com. cn，2917266507@qq. com，电话：(010) 58337285。

责任编辑：聂　伟　陈　桦
责任校对：赵　菲

高等职业教育"十四五"系列教材
高等职业教育土建类学科专业"互联网＋"数字化创新教材
流体力学泵与风机
张金梅　余臻　主　编
彭　敏　刘　艺　蒋友军　副主编
相会强　主　审

*

中国建筑工业出版社出版、发行(北京海淀三里河路 9 号)
各地新华书店、建筑书店经销
北京鸿文瀚海文化传媒有限公司制版
廊坊市文峰档案印务有限公司印刷

*

开本：787 毫米×1092 毫米　1/16　印张：19½　字数：482 千字
2025 年 8 月第一版　2025 年 8 月第一次印刷
定价：**48. 00 元**（附数字资源及赠教师课件）
ISBN 978-7-112-31198-9
(44600)

前　言

本书可作为高职建筑设备工程技术、供热通风与空调工程技术、给排水工程技术等专业，以及职教本科建筑环境与能源工程、给排水工程等专业的"流体力学泵与风机"课程教材。同时，也可作为市政工程技术、城市环境工程技术等专业的教学参考书和相关培训教材。随着现代建筑、能源与环境工程的快速发展，流体力学作为一门基础学科，在工程实践中的应用日益广泛。本书旨在帮助学生掌握流体力学的基本原理，理解泵与风机的工作原理及其在工程中的应用，培养其解决实际问题的能力。

本书在编写过程中充分考虑了职业教育的教学特点，注重理论与实践的结合，力求做到内容实用、结构清晰、易于理解。本书的主要特点为：

一、激发学习兴趣

本书以二维码资源的形式提供"知识拓展"内容，涵盖流体测量新技术、计算流体力学在流体模拟中的应用、泵与风机相关专业规范等内容，旨在拓宽学生的专业视野，帮助其将生活与工程现象和专业知识相结合，真正做到学以致用。

二、融入课程思政

全书共设 10 个教学单元，每个教学单元均设有素质目标和思政案例。通过介绍流体力学泵与风机领域做出突出贡献的科学家（如钱学森、欧拉等）、科学现象（如神舟十三号载人飞船返回舱的灼蚀现象）、科学发展（如血压计的由来）以及工程案例（如水泵节能技术），培养学生的爱国情怀、社会责任感、科学探索精神与职业素养。

三、配套数字资源

本书配有教学课件、授课视频、动画及在线开放课程等数字化资源，不仅支持线下教学，还为学生提供了线上自学与知识拓展的便利条件。

四、注重理论应用

本书充分考虑了职业教育学生的学习特点，注重与初高中知识的衔接，理论知识以"够用"为原则，适当降低理论深度，突出理论知识在实际工程中的应用，重点培养学生的分析与应用能力。教学内容由浅入深，循序渐进，便于学生理解、掌握与自学。

五、校企合作编写

本书由四川建筑职业技术学院、成都工业学院及中建三局集团有限公司联合编写。企业专家提供了大量工程实例与图片，使内容更加贴近工程实际，增强了本书的实用性和针对性。

本书由四川建筑职业技术学院张金梅、余臻、彭敏，成都工业学院刘艺，以及中建三局集团有限公司蒋友军共同编写。张金梅、余臻担任主编并负责统稿，彭敏、刘艺、蒋友军任副主编。视频资源由张金梅、余臻、陈旭、刘保伟、樊红辉共同完成。

本书由深圳信息职业技术学院相会强教授担任主审。相会强教授以其渊博的学识与严谨的态度，对书稿进行了细致审阅，并提出了宝贵意见，编者在此表示衷心感谢！

由于编者水平有限，书中难免存在不足之处，恳请各位读者与同行提出宝贵意见，以便进一步完善。

目　录

教学单元 4　流动阻力和能量损失 ················· 088

流体力学
泵与风机
├─ 流体力学
│ ├─ 绪论
│ │ ├─ 流体力学的研究对象、研究内容、应用及发展概况
│ │ └─ 流体的主要力学性质、作用在流体上的力、流体的力学模型
│ ├─ 流体静力学
│ │ ├─ 流体静压强及其特性、分布规律、压强的计量基准和度量单位、液柱式测压计
│ │ └─ 作用于平面和曲面上的液体总压力
│ ├─ 一元流体动力学基础
│ │ ├─ 描述流体运动的两种方法及基本概念
│ │ ├─ 三大方程及其应用：恒定流连续性方程、恒定流(气流)能量方程、恒定流动量方程
│ │ └─ 总水头线与测压管水头线、总压线和势压线
│ ├─ 流动阻力和能量损失
│ │ ├─ 流动阻力和能量损失的两种形式
│ │ ├─ 两种流态和雷诺数、均匀流基本方程式
│ │ ├─ 圆管中的层流和紊流运动、紊流沿程阻力系数、非圆管的沿程损失
│ │ └─ 局部损失与减阻措施、绕流阻力与升力
│ ├─ 孔口管嘴管路流动
│ │ ├─ 孔口自由出流和淹没出流、管嘴出流、简单管路
│ │ └─ 管路的串联和并联、管网计算基础、有压管中的水击
│ └─ 气体射流
│   ├─ 无限空间淹没紊流射流的特征、圆断面射流的运动分析、平面射流
│   └─ 温差或浓差射流及射流弯曲、有限空间射流
└─ 泵与风机
   ├─ 泵与风机的理论基础
   │ ├─ 泵与风机的分类和应用、基本性能参数、基本构造和工作原理、基本方程
   │ └─ 泵与风机的性能曲线、轴流式泵与风机、力学相似性原理、相似律与比转数
   ├─ 泵与风机的运行分析及选择
   │ ├─ 离心泵的管路附件与所需扬程、泵的气蚀与安装高度、管路性能曲线及工作点
   │ └─ 泵与风机的联合运行、工况调节及选择
   ├─ 泵与风机的运行维护及故障分析
   │ └─ 离心泵、离心风机、轴流式泵与风机、混流泵的运行维护及其故障分析
   └─ 其他常用泵与风机
      ├─ 管道泵、往复式泵、真空泵、深井泵、旋涡泵、贯流式风机
      └─ 活塞式压缩机、回转式压缩机、离心式压缩机

全书思维导图

教学单元1

绪论

Chapter 01

教学目标

【**知识目标**】了解流体力学的研究内容、研究对象、发展历程及相关工程应用，掌握流体的定义及主要力学性质，了解作用在流体上的力及流体力学采用的力学模型。

【**能力目标**】能够应用流体的力学性质解释生活现象，能够应用牛顿内摩擦定律解决一些工程问题，能够熟知流体力学使用的力学模型。

【**素质目标**】通过回顾流体力学的发展历程，结合"钱学森：学成必归，报效祖国"的故事，激发民族自豪感和爱国情怀，培养为国家繁荣富强而勇于奉献和努力奋斗的社会责任感；结合流体力学在专业领域的实际应用，提升对专业的认同感；结合流体的力学性质，培养积极探索和自主学习的精神；结合水击现象和气蚀现象，培养严谨的工程质量意识和专业责任感。

思维导图

```
                                              ┌─ 研究对象
              ┌─ 流体力学的研究对象、研究内容、─┼─ 研究内容
              │   应用及发展概况               └─ 应用和发展概况
              │
              │                        ┌─ 惯性
              │                        ├─ 重力特性
              │                        ├─ 黏滞性
  绪论 ───────┼─ 流体的主要力学性质 ────┼─ 压缩性和热胀性
              │                        ├─ 表面张力
              │                        └─ 汽化压强
              │
              │                        ┌─ 表面力
              ├─ 作用在流体上的力 ──────┴─ 质量力
              │
              │                        ┌─ 连续介质与非连续介质
              └─ 流体的力学模型 ────────┼─ 不可压缩液体与可压缩流体
                                       └─ 理想流体和黏性流体
```

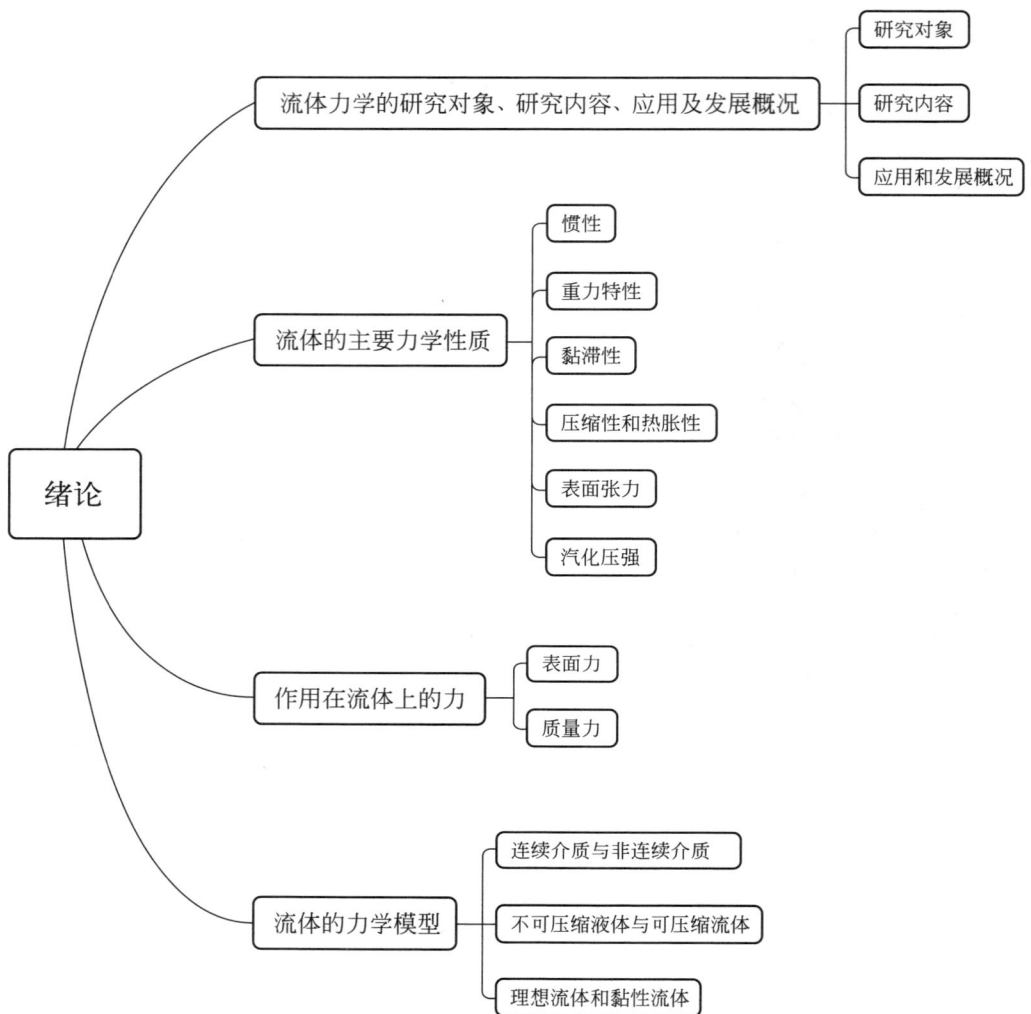

教学单元 1 思维导图

在给排水工程技术、供热通风与空调工程技术以及建筑设备工程技术等专业中，流体力学都是一门重要的专业基础课。给水、排水、供热、供冷、通风除尘、空气调节及燃气输配等工程，都是以流体作为工作介质，利用流体的物理特性、平衡和运动规律，将它们应用于实际工程中。因此，只有学好流体力学才能对专业中的流体力学现象作出科学的定性分析及精确的定量计算；才能正确地解决工程中所遇到的流体力学方面的测试、运行、管理及设计计算等问题。

在学习流体力学时，要注意基本概念、基本原理和基本方法的理解与掌握，要学会理论联系实际地分析和解决工程中的各种流体力学问题。

本书主要采用国际单位制，基本单位是：长度为米，代号为"m"；时间为秒，代号为"s"；质量为千克，代号为"kg"；力为导出单位，为牛顿，代号为"N"，$1N=1kg \cdot m/s^2$。

学习和应用时，应注意与工程单位制的换算。掌握换算的基本关系——$1kgf=9.807N$。

教学情境 1　流体力学的研究对象、研究内容、应用及发展概况

1. 流体力学的研究对象

流体包括气体和液体，流体力学中研究得最多的流体是水和空气。除水和空气以外，流体还包括作为汽轮机工作介质的水蒸气、润滑油、石油等。

码1-1
流体力学的研究对象、研究内容和应用

2. 流体力学的研究内容

流体力学是近代力学的一个分支，其发展与数学、力学的发展密不可分。流体力学是研究流体平衡与运动规律的一门学科，主要是确定流体的速度分布、压强分布、能量损失以及流体与固体相互间的作用力及其在工程技术中应用的一门科学。流体力学是力学的基本原理在液体和气体中的应用。力学的基本原理包括质量守恒、能量守恒和牛顿运动定律。

流体力学的基本内容可以分为：研究流体处于平衡状态时的压力分布和对固体壁面作用的流体静力学；研究不考虑流体受力和能量损失时的流体运动速度和流线的流体运动学；研究流体运动过程中产生和施加在流体上的力和流体运动速度与加速度之间关系的流体动力学；研究气体处于高速流动状态时运动规律的气体动力学。

3. 流体力学的应用

流体及流体力学现象充斥在我们生活及生产的各个方面，如云彩的飘浮、鸟的飞翔、水的流动、天气变化、管道内液体的流动、风道内气体的流动、空气阻力和升力、建筑物上风力的作用、土壤内水分的运动、石油通过地质结构的运动等。它是动力工程、城市建筑工程、环境工程、水利工程、机械工程、石油和化学工程、航空航天工程等诸多领域研究和应用的最基础的知识之一。因此，从事与流体流动相关的研究和工程应用的技术人员都应该或必须了解流体力学的基本知识。

4. 流体力学的发展概况

人类最早对流体的认识是从治水、灌溉、航行等方面开始的。

在中国，从四千多年前的大禹治水到公元前 256—前 210 年间修建的都江堰、郑国渠、

灵渠三大水利工程都是对流体力学的认识和应用，说明那时劳动人民对明槽水流和堰流流动规律的认识已经达到相当高的水平。我国古代劳动人民还发明了以水为动力的简单机械应用，例如用水轮提水，水力鼓风，或通过简单的机械传动去碾米、磨面等。我国古代的铜壶滴漏（铜壶刻漏）——计时工具，就是利用孔口出流使铜壶的水位变化来计算时间的。

国外历史上有记载的最早从事流体力学现象研究的是古希腊学者阿基米德（Archimedes，公元前 287—前 212 年）。他在公元前 250 年发表的学术论著《论浮体》，第一次阐明了相对密度的概念，发现了物体在流体中所受浮力的基本原理——阿基米德原理：物体在液体中所受浮力等于它所排开液体的重量，这也是关于流体力学的第一部著作。在此后一段较长的历史时期，没有有关流体力学发展情况的记载。直至欧洲文艺复兴时期（16 世纪），随着文化、思想以及城市商品经济、手工业的发展，资本主义关系逐渐形成，自然科学和众多为工业服务的学科都有了长足的发展，流体力学也不例外。著名物理学家和艺术家列奥纳多·达·芬奇（Leonardo da Vinci，1452—1519 年）在米兰附近设计建造了一个小型水渠，系统地研究了物体的沉浮、孔口出流、物体的运动阻力以及管道、明渠中的水流等问题。西蒙·斯蒂文（Simon Stevin，1548—1620 年）将用于研究固体平衡的凝结原理转用到流体上。伽利略（Galileo，1564—1642 年）则在流体力学中应用了虚位移原理，并首先提出，运动物体的阻力随流体介质密度的增大和速度的提高而增大。1643 年托里拆利（E. Torricelli，1608—1647 年）论证了孔口出流的基本规律。1650 年帕斯卡（B. Pascal，1623—1662 年）提出了液体中压力的传递原理——帕斯卡原理。1686 年，牛顿（I. Newton，1643—1727 年）出版了他的名著《自然哲学的数学原理》，对普通流体的黏性进行了描述，建立了流体内摩擦定律，为黏性流体力学初步奠定了理论基础。

18—19 世纪，流体力学在理论上得到了较大发展。1738 年，伯努利（D. Bernoulli，1700—1782 年）出版名著《流体动力学》，推导出了流体位置势能、压强势能和动能之间的能量转换关系——伯努利方程。1755 年欧拉（L. Euler，1707—1783 年）建立理想流体的运动微分方程。在此基础上，纳维尔（C. L. M. H. Navier）和斯托克斯（G. G. Stokes）建立了不可压缩黏性流体的运动微分方程。拉格朗日（J. L. Lagrange，1736—1813 年）、拉普拉斯（Laplace，1749—1827 年）和高斯（Gosse，1777—1855 年）等人更是将欧拉和伯努利所开创的流体动力学推向完美的分析高度。

19 世纪末以来，机器大工业的建立，极大地促进了工业生产，也带动了科学技术的迅速发展，理论与实践逐渐密切结合起来。雷诺（O. Reynolds，1842—1912 年）在 1883 年用实验证实了黏性流体的两种流动状态——层流和紊流的客观存在，为流动阻力的研究奠定了基础。库塔（M. W. Kutta，1867—1944 年）在 1902 年就曾提出过绕流物体中的升力理论，但没有在通行的刊物上发表。普朗特（L. Prandtl，1875—1953 年）在 1904 年发表了《关于摩擦极小的流体运动》的学术论文，建立了边界层理论，解释了阻力产生的机制。茹科夫斯基从 1906 年起，发表了《论依附涡流》等论文，找到了翼型升力和绕翼型环流之间的关系，建立了二维升力理论的数学基础。卡门（T. von Karman，1881—1963 年）在 1911—1912 年连续发表的论文中，提出了分析带旋涡尾流及其所产生的阻力的理论。布拉休斯（H. Blasius）在 1913 年发表的论文中，提出了计算紊流光滑管阻力系数的经验公式。尼古拉兹（J. Nikuradze）在 1933 年发表的论文中，公布了他对砂粒粗糙管内水流阻力系数的实测结果——尼古拉兹曲线，据此他还给紊流光滑管和紊流粗糙管的理论公式选定了应有的系数。科勒布鲁克（C. F. Colebrook）在 1939 年发表的论文中，提出了把紊流光滑管区和紊流粗糙管区联系在一起的过渡区阻力系数计算公式。莫迪（L. F. Moody）在 1944 年发表的论文中，给出了他绘制的实用管道的当量糙粒阻力系数图——莫迪图。至此，有压管流的水力计算已渐趋成熟。

我国科学家的杰出代表钱学森早在 1938 年发表的论文中，便提出了平板可压缩层流边界层的解法——卡门-钱学森解法。吴仲华在 1952 年发表的《在轴流式、径流式和混流式亚声速和超声速叶轮机械中的三元流普遍理论》和在 1975 年发表的《使用非正交曲线坐标的叶轮机械三元流动的基本方程及其解法》两篇论文中所建立的叶轮机械三元流理论，至今仍是国内外许多优良叶轮机械设计计算的主要依据。

20 世纪中叶以来，大工业的形成，高新技术工业的出现和发展，特别是电子计算机的出现、发展和广泛应用，大大地推动了科学技术的发展。由于工业生产和尖端技术的发展需要，促使流体力学和其他学科相互渗透，形成了许多边缘学科，使这一古老的学科发展成包括多个学科分支的全新的学科体系，焕发出强盛的生机和活力。这一全新的学科体系，目前已包括（普通）流体力学、黏性流体力学、流变学、气体动力学、稀薄气体动力学、水动力学、渗流力学、非牛顿流体力学、多相流体力学、磁流体力学、化学流体力学、生物流体力学、地球流体力学、计算流体力学等。

码1-2
知识拓展：
塔科马海峡大桥坍塌事件

教学情境 2　流体的主要力学性质

流体与固体不同，固体分子通常比较紧密，由于分子间吸引力很大而使其保持固定的形状。而流体分子间吸引力小，分子间黏附力小，不能将流体的不同部分保持住，因此流体没有一定的形状。

固体既能承受压力，又能承受拉力和剪切力。如果要将某一固体拉裂、压碎或切断，或使其产生很大变形，必须加以足够的外力，否则是拉不裂、压不碎、切不断的。但是，流体则不相同，如要分裂、切断水体，几乎不需什么气力。流体的抗拉能力极弱，抗剪能力也很微小，静止时不能承受切力，只要受到切力作用，不管此切力怎样微小，流体都要发生不断变形，各质点间发生不断的相对运动，并且只要切向力存在流动必将持续。流体的这个性质，称为流动性，这是它便于用管道、渠道进行输送，适宜作供热、供冷等工作介质的主要原因。流体的抗压能力较强，这个特性和流动性相结合，使我们能够利用水压推动水力发电机，利用蒸汽压力推动汽轮发电机，利用液压、气压传动各种机械。

流体中气体分子间距比液体大，气体容易压缩，当外部压力去除时，气体将不断膨胀，因此，气体只有在完全封闭时才能保持平衡。液体相比较而言是不可压缩的，如果去除所有的压力，除了其自身具有的蒸汽压力外，分子间的黏附力使其保持在一起，因此，液体不是无限的膨胀。液体有自由表面，即有其蒸汽压力的表面。

本书中，除了特殊情况外，一般不严格区分液体和气体，统称为流体。因为它们具有相同的行为和现象。现在介绍与流体运动密切相关的主要的流体性质。

1. 惯性

惯性是物体维持原有运动状态能力的性质。表征某一流体的惯性大小可用该流体的密度。

对于均质流体，单位体积流体的质量称为流体的密度，以符号 ρ 表示：

$$\rho = \frac{m}{V} \tag{1-1}$$

式中　ρ——流体的密度（kg/m³）；

　　　m——流体的质量（kg）；

　　　V——流体的体积（m³）。

密度对流体的影响主要体现在单位体积流体的惯性力和加速度的大小。低密度流体，如气体，惯性力小，达到相同加速度时需要的力小，因此，物体在空气中的运动比在液体（如水）中的运动要容易。同样，提升相同容积的空气比水要容易得多。

2. 重力特性

流体受地球引力作用的特性，称重力特性，常用重度来表征。

单位体积流体的重量称为流体的重度，以符号 γ 表示，单位是 N/m³，对于均质流体，其重度的定义为：

$$\gamma = \frac{G}{V} \tag{1-2}$$

式中　γ——流体的重度（N/m³）；

　　　G——流体的重量（N）；

　　　V——流体的体积（m³）。

流体处在地球引力场中，所受引力即重力，为 $G = mg$，故密度与重度的关系为：

$$\gamma = \rho g \tag{1-3}$$

常用流体的密度和重度见表 1-1。

压强为 101.325kPa（标准大气压）时常用流体的密度和重度　　　　表 1-1

名称	水	水银	纯乙醇	煤油	空气	氧气	氮气
密度（kg/m³）	1000	13590	790	800～850	1.2	1.43	1.25
重度（N/m³）	9807	133277	7745	7848～8338	11.77	14.02	12.27
测定温度（℃）	4	0	15	15	20	0	0

3. 黏滞性

黏滞性是流体固有的，有别于固体的主要物理性质。当流体相对于物体运动时，流体内部质点间或流层间因相对运动而产生内摩擦力（切向力或剪切力）以反抗相对运动，从而产生了摩擦阻力。这种在流体内部产生内摩擦力以反抗流体运动的性质称为流体的黏滞性，简称黏性。

为了说明流体的黏滞性，现分析两块忽略边缘影响的无限大平板间的流体，如图 1-1 所示，平板间距离为 δ，中间充满了流体，下平板静止，上平板在拉力 F 的作用下以速度 u 作平行移动，平板面积为 A。在平板壁面上，流体质点因黏性作用而黏附在壁面上，壁面处流体质点相对于壁面的速度为 0，称为黏性流体的不滑移边界条件。因此，上平板处

流体质点的速度为 u，下平板处流体质点的速度为 0，两平板间流体质点速度的变化称为速度分布。如果平板间距离不是很大，速度不是很高，而且没有流体流入和流出，则平板间的速度分布是线性的。

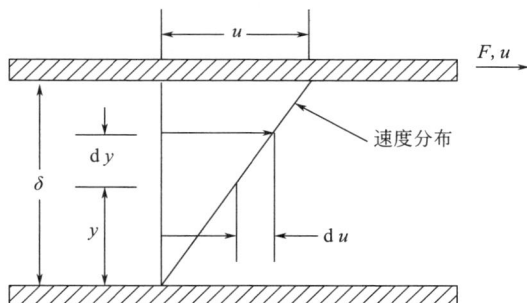

图 1-1 平板间速度分布

在流体作层流剪切流动，上平板作匀速运动时，上平板受到的黏滞性阻力 T 和拉力 F 的大小相等，方向相反。

对于大多数流体，实验结果表明：黏滞性阻力 T 与平板面积 A、平板平移速度 u 成正比，与平板间距离 δ 成反比，即

$$T \propto \frac{Au}{\delta}$$

根据相似三角形原理，可以用速度梯度 $\mathrm{d}u/\mathrm{d}y$ 代替 u/δ，并引入与流体性质有关的比例系数 μ，可以得到任意两个薄平板间的黏滞性阻力：

$$T = \mu A \frac{\mathrm{d}u}{\mathrm{d}y} \tag{1-4}$$

式（1-4）称为牛顿内摩擦定律，是常用的黏滞力的计算公式。

切向应力为：

$$\tau = \frac{T}{A} = \mu \frac{u}{\delta} = \mu \frac{\mathrm{d}u}{\mathrm{d}y} \tag{1-5}$$

式中　T——黏性切向力或内摩擦力（N）；

τ——切向应力（N/m²）；

A——流层间接触面积（m²）；

$\mathrm{d}u/\mathrm{d}y$——速度梯度（s⁻¹），是流体速度沿垂直方向 y 的变化率，实际上是流体微团的角变形速率，表明黏滞性也具有抵抗角变形速率的能力；

μ——流体动力黏性系数，一般又称为动力黏度，其单位为 N·s/m² 或 Pa·s。不同的流体有不同的 μ 值，μ 值越大，表明其黏性越强。

工程问题中还经常用到动力黏度与密度的比值来表示流体的黏滞性，其单位是 m²/s，具有运动学的量纲，故称为运动黏滞系数，以符号 ν 表示。即

$$\nu = \frac{\mu}{\rho} \tag{1-6}$$

如果考虑密度就是单位体积质量，则 ν 的物理意义也可以这样来理解：ν 是单位速度梯度作用下的切应力对单位体积质量作用产生的阻力加速度。流体流动性是运动学的概念，所以，衡量流体流动性应用 ν 而不用 μ。

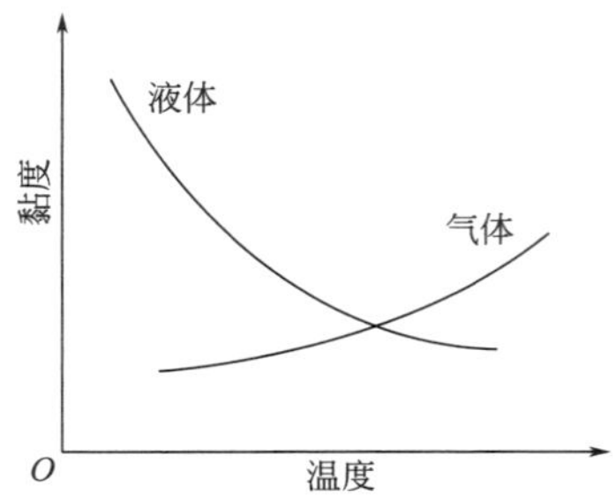

图 1-2　黏度随温度变化趋势

温度是影响 μ 和 ν 的主要因素，图 1-2 反映了一般流体的黏性取决于温度的情况。当温度升高时，所有液体的黏性是下降的，而所有气体的黏性是上升的。原因是黏性取决于分子间的引力和动量交换。因此，随温度升高，分子间的引力减小而动量交换加剧。液体的黏滞力主要取决于分子间的引力，而气体的黏滞力则取决于分子间的动量交换。所以，液体与气体产生黏滞力的主要原因不同，造成截然相反的变化规律。

表 1-2、表 1-3 分别列出了压强为 98kPa（一个大气压）时，水、空气在不同温度下的黏性系数。

压强为 98kPa（一个大气压）时水的黏性系数　　　　　　　　　　表 1-2

温度（℃）	$\mu(10^{-3}\text{Pa} \cdot \text{s})$	$\nu(10^{-6}\text{m}^2/\text{s})$	温度（℃）	$\mu(10^{-3}\text{Pa} \cdot \text{s})$	$\nu(10^{-6}\text{m}^2/\text{s})$
0	1.792	1.792	40	0.656	0.661
5	1.519	1.519	45	0.599	0.605
10	1.308	1.308	50	0.549	0.556
15	1.140	1.140	60	0.469	0.477
20	1.005	1.004	70	0.406	0.415
25	0.894	0.877	80	0.357	0.367
30	0.801	0.804	90	0.317	0.328
35	0.723	0.727	100	0.284	0.296

压强为 98kPa（一个大气压）时空气的黏性系数　　　　　　　　　表 1-3

温度（℃）	$\mu(10^{-3}\text{Pa} \cdot \text{s})$	$\nu(10^{-6}\text{m}^2/\text{s})$	温度（℃）	$\mu(10^{-3}\text{Pa} \cdot \text{s})$	$\nu(10^{-6}\text{m}^2/\text{s})$
0	0.0172	13.7	90	0.0216	22.9
10	0.0178	14.7	100	0.0218	23.6
20	0.0183	15.7	120	0.0228	26.2
30	0.0187	16.6	140	0.0236	28.5
40	0.0192	17.6	160	0.0242	30.6
50	0.0196	18.6	180	0.0251	33.2
60	0.0201	19.6	200	0.0259	35.8
70	0.0204	20.5	250	0.0280	42.8
80	0.0210	21.7	300	0.0298	49.9

最后需指出：牛顿内摩擦定律不是对所有流体都适用，有些特殊的流体不满足牛顿内摩擦定律，如人体中的血液、油漆、黏土和水的混合溶液等，将这些流体称为非牛顿型流体。能满足牛顿内摩擦定律的流体称为牛顿型流体，如水、空气和许多润滑油等。本教材仅涉及牛顿型流体的力学问题。

【例 1-1】　如图 1-3 所示，在两块相距 20mm 的平板间充满动力黏度为 0.065N·s/m² 的油，如果以 1m/s 的速度拉动距上平板 5mm 处，面积为 0.5m² 的薄板，求所需要的拉力。

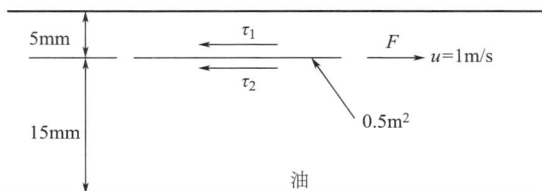

图 1-3 平板间薄板受力

解：

$$\tau = \mu \frac{\mathrm{d}u}{\mathrm{d}y} \approx \mu \frac{u}{\delta}$$

$$\tau_1 = 0.065 \times \frac{1}{0.005} = 13\mathrm{N/m^2}$$

$$\tau_2 = 0.065 \times \frac{1}{0.015} = 4.33\mathrm{N/m^2}$$

$$F = T = (\tau_1 + \tau_2)A = (13 + 4.33) \times 0.5 = 8.665\mathrm{N}$$

4. 压缩性和热胀性

压缩性是指流体在压力的作用下，改变自身体积的特性。

热胀性是指由于温度的变化，流体改变自身体积的特性。

1）液体的压缩性和热胀性

液体的压缩性用压缩系数 β 表示。在一定温度下，液体原有的体积为 V，在压强增量 $\mathrm{d}p$ 作用下，体积改变了 $\mathrm{d}V$，则压缩系数为：

$$\beta = -\frac{\mathrm{d}V/V}{\mathrm{d}p}$$

或

$$\beta = \frac{\mathrm{d}\rho/\rho}{\mathrm{d}p} \tag{1-7}$$

式中的负号是由于 $\mathrm{d}p > 0$，$\mathrm{d}V < 0$，为使压缩系数为正值而加的。压缩系数的倒数为液体弹性模量，用 E 表示。即

$$E = \frac{1}{\beta} = \rho \frac{\mathrm{d}p}{\mathrm{d}\rho} = -V \frac{\mathrm{d}p}{\mathrm{d}V} \tag{1-8}$$

β 值越大或 E 值越小，液体的压缩性越大。

0℃时水在不同压强下的压缩系数见表 1-4。

0℃时水在不同压强下的压缩系数　　　　　　　　　　　　　　　　表 1-4

压强（kPa）	500	1000	2000	4000	8000
压缩系数（m²/N）	0.538×10^{-9}	0.536×10^{-9}	0.531×10^{-9}	0.528×10^{-9}	0.515×10^{-9}

从表 1-4 中可以看出，水的压缩系数是很小的。如压强从 4000kPa 增加到 8000kPa 时相对体积的变化为：

$$-\frac{\mathrm{d}V}{V} = \beta \mathrm{d}p = 0.515 \times 10^{-9} \times (8000 - 4000) \times 10^3 = 0.21 \times 10^{-2} = 0.21\%$$

该数值表明，此时水的相对体积的变化为 0.21%。所以，工程上一般可将液体视为不

可压缩的，即认为液体的体积（或密度）与压力无关。但在瞬间压强变化很大的特殊场合（如水击问题），则必须考虑水的压缩性。

液体的热胀性可用热胀系数 α 来表示。在一定的压力下，液体原有的体积为 V，当温度升高 T 时，体积变化为 dV，则热胀系数为：

$$\alpha = \frac{dV/V}{dT}$$

或

$$\alpha = -\frac{d\rho/\rho}{dT} \tag{1-9}$$

式中的负号是由于 $dT>0$，$d\rho<0$，为使热胀系数为正值而加的。

α 值越大，则液体的热胀性也越大。

表 1-5 列举了水在一个大气压下，不同温度时的重度及密度。

一个大气压下水的重度及密度　　　　　　　表 1-5

温度 (℃)	重度 (N/m³)	密度 (kg/m³)	温度 (℃)	重度 (N/m³)	密度 (kg/m³)	温度 (℃)	重度 (N/m³)	密度 (kg/m³)
0	9806	999.9	20	9790	998.2	60	9645	983.2
1	9806	999.9	25	9778	997.1	65	9617	980.6
2	9807	1000	30	9755	995.7	70	9590	977.8
3	9807	1000	35	9749	994.1	75	9561	974.9
4	9807	1000	40	9731	992.2	80	9529	971.8
5	9807	1000	45	9710	990.2	85	9500	968.7
10	9805	999.7	50	9590	988.1	90	9467	965.3
15	9799	999.1	55	9557	985.7	100	9399	958.4

水的密度在 4℃时达到最大值，高于 4℃后，水的密度随温度升高而下降，液体热胀性非常小，表 1-5 中，温度升高 1℃时，水的密度降低仅为万分之几。因此，一般工程中也不考虑液体的热胀性。但在热水采暖工程中，需考虑水的热胀性，在采暖系统中设置膨胀水箱。

2）气体的压缩性和热胀性

压强和温度的改变对气体密度的影响很大，当实际气体远离其液态时，这些气体可以近视地看作理想气体。理想气体的压力、温度、密度之间的关系应服从理想气体状态方程。

$$\frac{p}{\rho} = RT \tag{1-10}$$

式中　p——绝对压强（Pa）；

　　　T——绝对温度（K）；

　　　ρ——密度（kg/m³）；

　　　R——气体常数，其值取决于不同的气体，$R = \dfrac{8314}{n}$，n 为气体的分子量，对于空气，R 为 287N·m/(kg·K)。

理想气体从一个状态到另一个状态下的压强、温度和密度之间的关系为：

$$\frac{p_1}{\rho_1 T_1} = \frac{p_2}{\rho_2 T_2}$$

对温度不变的等温情况，则 $T_1 = T_2$，状态方程为：

$$\frac{p_1}{\rho_1} = \frac{p_2}{\rho_2} \tag{1-11}$$

式（1-11）表明，气体的密度与压强成正比关系。即压强增加，体积缩小，密度增大。根据这个关系，如果使气体密度增大一倍，则需使压强也增大一倍。但是，气体密度存在一个极限值，当压强增加到使气体密度增大到这个极限值时，若再增大压强，气体的密度也不会再增加，这时，式（1-11）不再适用。对应极限密度下的压强为极限压强。

对压强不变的定压情况，则 $p_1 = p_2$，状态方程为：

$$\rho_1 T_1 = \rho_2 T_2 \tag{1-12}$$

式（1-12）表明，气体的密度与温度成反比关系。即温度增加，体积增大，密度减小；反之，温度降低，体积缩小，密度增大。这里应指出，当气体的温度降低到气体液化温度时，式（1-12）的规律就不能再适用了。

表 1-6 中，列举了标准大气压（760mmHg）下，空气在不同温度时的重度及密度。

标准大气压下空气的重度及密度 表 1-6

温度 （℃）	重度 （N/m³）	密度 （kg/m³）	温度 （℃）	重度 （N/m³）	密度 （kg/m³）	温度 （℃）	重度 （N/m³）	密度 （kg/m³）
0	12.70	1.293	25	11.62	1.185	60	10.40	1.060
5	12.47	1.270	30	11.43	1.165	70	10.10	1.029
10	12.24	1.248	35	11.23	1.146	80	9.81	1.000
15	12.02	1.226	40	11.05	1.128	90	9.55	0.973
20	11.80	1.205	50	10.72	1.093	100	9.30	0.947

气体虽然是可以压缩和热胀的，但是，具体问题也要具体分析，对于气体速度较低（远小于声速）的情况，在流动过程中压强和温度的变化较小，密度仍可以看作常数，这种气体称不可压缩气体。在供热通风工程中，所遇到的大多数气体流动，都可当作不可压缩流体看待。

5. 表面张力

由于分子间的吸引力，在液体的自由表面上能够承受极其微小的张力，这种张力称表面张力。表面张力不仅在液体与气体接触的周界面上发生，而且还会在液体与固体（水银和玻璃等），或一种液体与另一种液体（水银和水等）相接触的周界（面）上发生。

气体不存在表面张力。因为气体分子的扩散作用，不存在自由表面。所以表面张力是液体的特有性质。即对液体来讲，表面张力在平面上并不产生附加压力，因为那里的力处于平衡状态。它只有在曲面上才产生附加压力，以维持平衡。

因此，在工程问题中，只要有液体的曲面就会有表面张力的附加压力作用。例如，液体中的气泡，气体中的液滴，液体的自由射流，液体表面和固体壁面相接触等。所有这些情况，都会出现曲面，都会引起表面张力产生附加压力的影响。不过在一般情况下，这种影响是比较微弱的。

由于表面张力的作用，如果把两端开口的玻璃细管竖立在液体中，液体就会在细管中上升或下降 h 高度，如图 1-4 及图 1-5 所示，这种现象称为毛细管现象。上升或下降取决于液体和固体的性质。表面张力的大小，可用表面张力系数表示，单位为"N/m"。

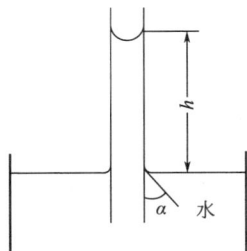

图 1-4　水的毛细管现象　　　　　　　　图 1-5　水银的毛细管现象

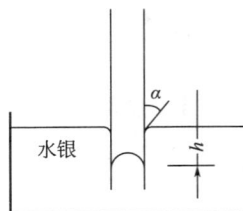

由于重力与表面张力产生的附加压力的铅直分力相平衡，所以

$$\pi r^2 h \rho g = 2\pi r \sigma \cos\alpha$$

故

$$h = \frac{2\sigma}{r\rho g}\cos\alpha \tag{1-13}$$

式中，ρ 为液体密度；r 为玻璃管内径；σ 为液体的表面张力系数，它随液体种类和温度而异；α 为接触角，表示曲面和管壁交界处，曲面的切线与管壁的夹角。

如果把玻璃细管竖立在水中，如图 1-4 所示。当水温为 20℃时，则水在管中的上升高度为：

$$h = \frac{15}{r} \tag{1-14}$$

如果把玻璃细管竖立在水银中，如图 1-5 所示。当水银温度为 20℃时，则水银在管中的下降高度为：

$$h = \frac{5.07}{r} \tag{1-15}$$

式（1-14）及式（1-15）中，h 及 r 均以"mm"计。可见，当管径很小时，h 就可以很大。所以，用来测定压强的玻璃细管直径不能太小，否则就会产生很大的误差。

表面张力的影响在一般工程实际中是可以被忽略的。但在水滴和气泡的形成，液体的雾化，气液两相流的传热与传质的研究中，将是重要的不可忽略的因素。

6. 汽化压强

所有液体都会通过蒸发或沸腾，将它们的分子释放到表面外的空间中。这样宏观上，在液体的自由表面就会存在一种向外扩张的压强（压力），即使液体沸腾或汽化的压强，这种压强就称为汽化压强（或汽化压力）。因为液体在某一温度下的汽化压强与液体在该温度下的饱和蒸汽压所具有的压强对应相等，所以液体的汽化压强又称为液体的饱和蒸汽压强。

分子的活动能力随温度升高而升高，随压力升高而减小，汽化压强也随温度升高而增大。水的汽化压强与温度的关系见表 1-7。

水在不同温度下的汽化压强 表 1-7

温度(℃)	汽化压强(kPa)	温度(℃)	汽化压强(kPa)	温度(℃)	汽化压强(kPa)
0	0.61	30	4.24	70	31.16
5	0.87	40	7.38	80	47.34
10	1.23	50	12.33	90	70.10
20	2.34	60	19.92	100	101.33

在任意给定的温度下，如果液面的压力降低到低于饱和蒸汽压时，蒸发速率迅速增加，称为沸腾。因此，在给定温度下，饱和蒸汽压力又称为沸腾压力，在涉及液体的工程中非常重要。

液体在流动过程中，当液体与固体的接触面处于低压区，并低于汽化压强时，液体产生汽化，在固体的表面产生很多气泡；若气泡随液体的流动进入高压区，气泡中的气体便液化，这时，液化过程产生的液体将冲击固体表面。如这种运动是周期性的，将对固体表面造成疲劳并使其剥落，这种现象称为气蚀。气蚀是非常有害的，在工程应用时必须避免气蚀。

教学情境 3　作用在流体上的力

1. 表面力

作用于流体的某一面积上，并与受力面积成正比的力称为表面力。流体的面积可以是流体的自由表面也可以是内部截面积（如图 1-6 所示的隔离体面积 ΔA），因为流体内部几乎不能承受拉力，所以作用于流体上的表面力只可分解为垂直于表面的法向力和平行于表面的切向力。

作用于流体的法向力即为流体的压力，作用于流体的切向力即流体内部的内摩擦力。

在流体内部，表面力的分布情况可用单位面积上的表面力，即应力来表示。单位面积上的压力称为压应力（或压强），以 p 表示；单位面积上的切向力称为切应力，以 τ 表示。

$$p = \frac{P}{A}$$

$$\tau = \frac{T}{A}$$

图 1-6　作用在静止液体上的表面力

2. 质量力

作用于流体的每一质点上，并与流体质量成正比的力称为质量力。例如重力场中地球对流体的引力所产生的重力（$G = mg$）、直线运动的惯性力（$F = ma$）和旋转运动中的惯性离心力（$F = mr\omega^2$）等（式中 ω 是角速度）。

质量力常用单位质量力来表示。若某均质流体的质量为 m，所受的质量力为 F，则单

码1-6
作用在流体上的力

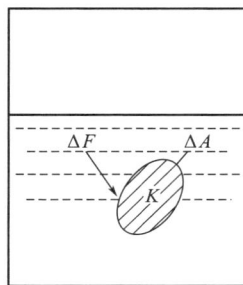

位质量力为：

$$f = \frac{F}{m} \tag{1-16}$$

设 F 在三个空间坐标轴上的分量分别为 F_x、F_y、F_z，则 f 在相应的三个坐标轴上的分量 X、Y、Z 分别可表示为：

$$X = \frac{F_x}{m}, \ Y = \frac{F_y}{m}, \ Z = \frac{F_z}{m}$$

单位质量力的单位与加速度的单位相同，即"m/s^2"。

教学情境 4　流体的力学模型

码1-7 流体的力学模型

　　客观上存在的流体的流动及其物质结构和物理性质是非常复杂的。如果考虑所有因素，将很难推导出它的力学关系式，为此，在分析研究流体力学问题时，对流体加以科学的抽象，建立力学模型，以便列出流体运动规律的数学方程式。下面介绍几个主要的流体力学模型。

1. 连续介质与非连续介质模型

　　我们知道，流体是由大量的分子构成的，分子与分子间存在空隙。用数学观点分析，流体的物理量在空间上的分布是不连续的，加上分子的随机无规律的热运动，也导致物理量在时间坐标轴上的不连续。但是，流体力学是研究宏观的机械运动（无数分子总体的力学效果），而不是研究微观的分子运动。作为研究单元的质点，也是由无数的分子所组成，并且有一定的体积和质量。因此，可以把流体视为由无数质点组成的没有空隙的连续体，并认为流体的各物理量的变化也是连续的，这种假设的连续体称为连续介质。

　　把流体视为连续介质，可应用高等数学中的连续函数来表达流体中各种物理量随空间、时间的变化关系。

　　一般情况下，连续介质假设是合理的。在某些特殊问题中，当所研究问题的尺寸小于或相当于流体分子间距离时，流体就不能看作连续介质。

　　本专业所涉及的流体力学问题，都是连续介质模型。

2. 不可压缩流体与可压缩流体的力学模型

　　流体通常可以处理成密度随压力变化的可压缩流体和不随压力变化密度恒定的不可压缩流体。虽然没有绝对的不可压缩流体，但是当密度随压力变化很小，密度变化可以忽略不计时，可将流体处理成不可压缩流体。

　　液体通常认为是不可压缩流体。但是当声波即压力波在液体内传递时，液体是可压缩的，如水锤现象需要考虑液体的压缩性。

　　当压力变化很小时，气体也可以处理成不可压缩流体。如空气在通风管道内的流动，压力变化很小，密度变化也微不足道，故可视为不可压缩流体。但是当气体或蒸汽以很高的速度在长管内流动时压力降可能非常大，此时不能忽略压力降引起的密度变化，故可视为不可压缩流体。

本课程研究的流体力学问题，大多是不考虑流体的压缩性，所用模型是不可压缩流体力学模型。

3. 理想流体与黏性流体的力学模型

一切流体都具有黏性。理想流体通常定义为没有摩擦的流体，也称为无黏性流体。

理想流体内部，即使流体处于运动状态时，任意一个界面处的力总是与界面垂直，这些力称为压力，即理想流体中只有压力。虽然实际工程中理想流体并不存在，但是许多流体在远离固体表面时可近似地处理成无摩擦的流动。所以，假设为理想流体可以更方便地分析流体的流动。在某些问题中黏性影响较大而不能忽略摩擦的流体就是实际的流体，称黏性流体。对于实际流体的研究，往往是当作无黏性流体分析，得出主要结论，然后采用实验的方法考虑黏性的影响，加以补充或修正。这种方法在以后的学习中会看到。

以上提出的是三个主要的流体力学模型，以后在分析具体问题时，还会提出一些模型。

思政案例

钱学森：学成必归，报效祖国

为了国家的发展，民族的进步，科技的腾飞，一批又一批的科学家艰苦奋斗，不畏艰难，为我国科技和经济发展作出了突出贡献。

其中，科学家群体中以身报国的代表——钱学森，如图 1-7 所示，他是中国航天事业奠基人，是中国两弹一星的功勋科学家、空气动力学家，也是中国载人航天奠基人，他坚信"外国人能搞的中国人也能搞"，美国人称他"一个人抵得上 5 个海军陆战师"。

中华人民共和国一诞生，钱学森便和妻子商量提前回国，他的导师对他进行了善意的规劝，讲了很多诸如像他这种人才应该在更大的舞台上展示自己才华的话等，但是钱学森不为所动，目光坚定地看着前方，然后淡淡地说了一句："学成必归，报效祖国"。

图 1-7　钱学森

钱学森为了能够把学到的知识报效祖国，突破层层关卡，重重困难，无论是美国移民局以间谍罪对他的非法拘禁，还是导师对他的善意规劝，都没有动摇他返回祖国的决心。

钱学森在力学的许多领域都做过开创性工作。他在空气动力学方面取得了很多研究成果，最突出的是提出了跨声速流动相似律，并与卡门一起最早提出高超声速流的概念，为飞机在早期克服热障、声障提供了理论依据，为空气动力学的发展奠定了重要的理论基础。高亚声速飞机设计中采用的公式是以卡门和钱学森名字命名的卡门-钱学森公式。此外，钱学森和卡门在 1930 年代末还共同提出了球壳和圆柱壳的新的非线性失稳理论。钱学森在应用力学的空气动力学方面和固体力学方面都做过开拓性工作；与卡门合作进行的可压缩边界层的研究，揭示了这一领域的一些温度变化情况，创立了"卡门-钱学森"方程。钱学森与郭永怀合作最早在跨声速流动问题中引入上下临界马赫数的概念。

单元小结 🔍

本教学单元介绍了流体力学的研究对象、研究内容、应用及发展概况；流体的基本特征，阐述了流体的主要力学性质，如惯性、重力特性、黏滞性、压缩性和热胀性、表面张力和汽化压强；作用在流体上的力；流体力学中用到的力学模型。

学习中应该了解流体力学的研究对象、研究内容、应用及发展概况等，充分理解各物理量的定义及外界因素对其影响，熟悉各物理量的表示方法和相关参数的计算，掌握应用牛顿内摩擦定律求解黏滞性阻力的方法，了解作用在流体上的力，理解理想流体、连续介质及不可压缩流体模型的内涵。

自我测评 🔍

一、填空题

1. 流体是_____和_____的总称。

2. 流体最基本的特性是_____。

3. 水的黏性随温度升高而_____，空气的黏性随温度升高而_____。

4. 牛顿内摩擦定律适用于_____流体。

5. 在现实生活中，可视为牛顿流体的有_____和_____等。

6. 流体力学中三个主要的力学模型是_____、_____和_____。

7. 和流体相比，固体存在着_____、_____和_____三方面的能力。

8. 流体受压，体积缩小，密度_____的性质，称为流体的_____；流体受热，体积膨胀，密度_____的性质，称为流体的_____。

9. 压缩系数 β 的倒数称为流体的_____，以_____表示。

二、选择题

1. 某种液体的密度为 $815.5kg/m^3$，则它的重度为（　　）N/m^3。

A. 83.21　　　　　　　　　　　　　B. 186.3

C. 7991.9　　　　　　　　　　　　　D. 799.19

2. 标准大气压下，水的密度比水银（　　），比油（　　），比空气（　　）。

A. 相等　　　　　B. 大　　　　　C. 小　　　　　D. 无法判断

3. 在压力不变时，流体的温度升高时，体积（　　），密度（　　）。

A. 无法判断　　　B. 相等　　　　C. 减小　　　　D. 增大

4. 某流体的运动黏度 $\mu=3\times10^{-6}m^2/s$，密度 $\rho=800kg/m^3$，其动力黏度为（　　）Pa·s。

A. 3.75×10^{-9}　　B. 2.4×10^{-3}　　C. 2.4×10^{-5}　　D. 2.4×10^{-9}

三、判断题

1. 静止液体自由表面的压强，一定是大气压。（　　）

2. 汽化压强也随温度升高而增大。（　　）

3. 表面张力只存在于液体与气体接触的周界面上。（　　）

4. 水的毛细管现象中，水沿玻璃管会下降一定高度。（　　）

5. 气体不存在表面张力。（　　）

6. 相同条件下，气体比液体更容易压缩。（　　）

7. 密度越小的流体，惯性力越小。（　　）

8. 理想不可压缩流体是指没有黏性且密度为常数的流体。（　　）

四、计算题

1. 如图 1-8 所示，两平行平板间距离为 2mm，平板间充满密度为 $885kg/m^3$、运动黏度为 $1.61 \times 10^{-3} m^2/s$ 的油，上板匀速运动速度为 4m/s，求拉动平板所需要的力。

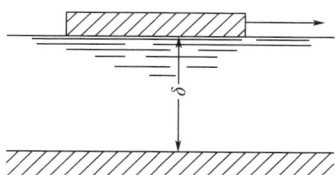

图 1-8　计算题 1

2. 底面积为 40cm×50cm 的矩形木板，质量为 5kg，以速度 $v=1m/s$ 沿着与水平面成 30°倾角的斜面向下作匀速运动，如图 1-9 所示，木板与斜面间的油层厚度 H 为 1mm，求油的动力黏滞系数。

3. 某活塞油缸如图 1-10 所示，油缸直径 $D=23cm$，活塞直径 $d=22.9cm$，活塞长 $l=14cm$，间隙中充满 $\mu=0.065N \cdot s/m^2$ 的润滑油，若施于活塞的力 $F=8.43N$，试计算活塞移动的速度 v 为多少？

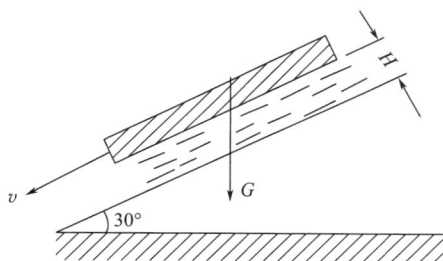

图 1-9　计算题 2

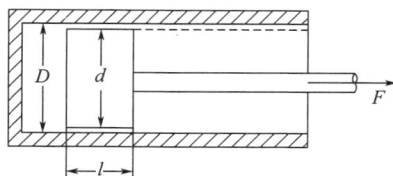

图 1-10　计算题 3

教学单元2

流体静力学

▶▶

【**知识目标**】掌握流体内部静压强的基本概念、基本特性;掌握流体静压强的基本方程及其表达式;熟悉压强的两种计量基准、三种不同的度量单位;理解液柱式测压计的测压原理;掌握平面受到的流体静压力的计算方法;了解作用于曲面上的液体总压力。

【**能力目标**】能够利用流体静压强基本方程解决工程中的压强计算问题;能够利用静压力的计算公式进行平面上的压力计算。

【**素质目标**】结合压强的不同计量基准和量度单位,建立透过现象看本质的辩证法思维;通过回顾血压计的发展历程,结合液柱式测压计的原理和工程中常用的压力表,培养主动探索未知、追求真理、努力实践的意识。

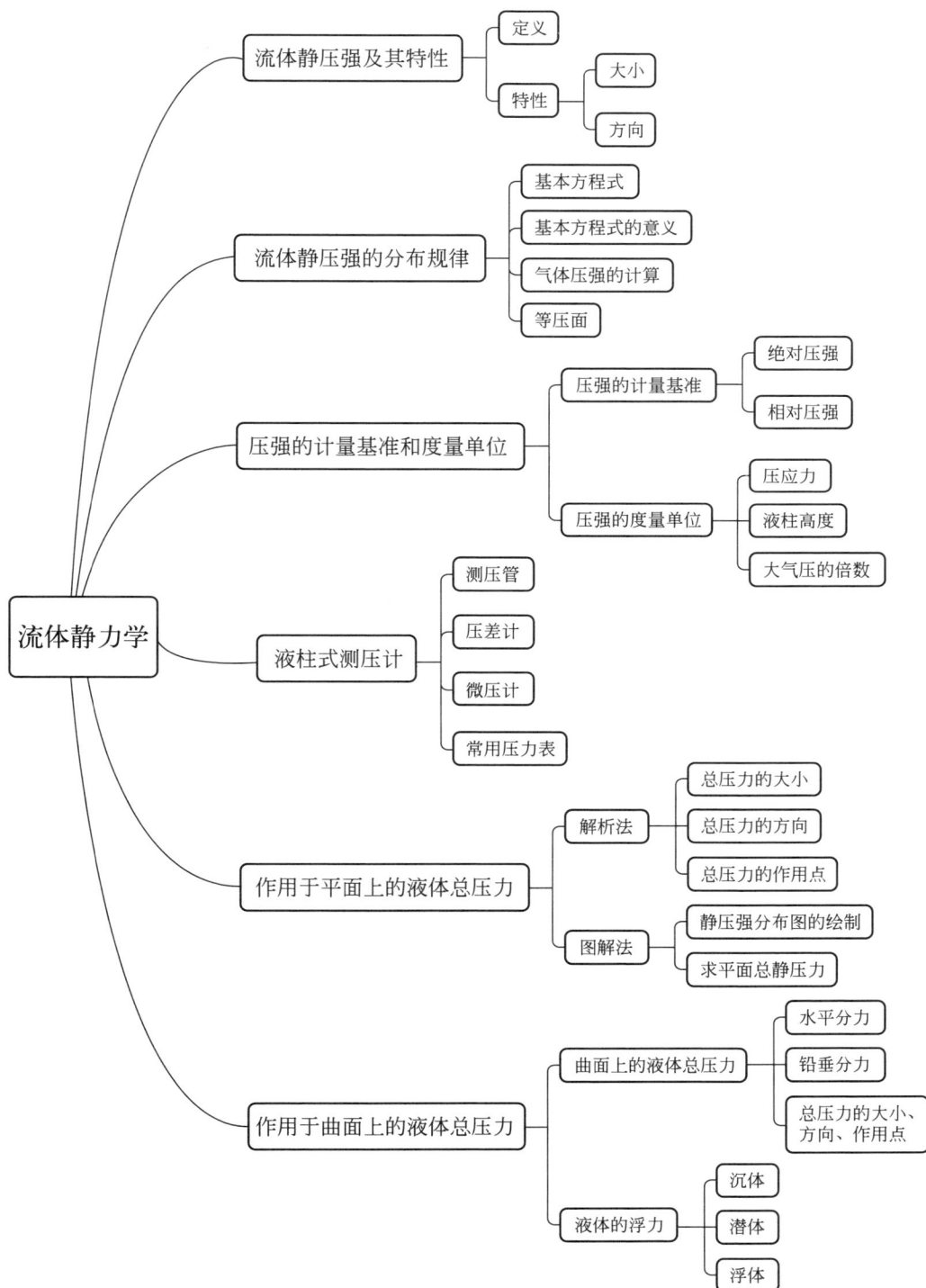

教学单元 2 思维导图

流体静力学研究流体处于静止状态下的力学规律及其在工程实际中的应用。

这里所指的静止状态是平衡状态。处于静止状态下的流体与固体边壁之间不存在相对运动，没有黏性，也不产生切向力，同时静止流体又不能承受拉力，所以静止流体质点间的相互作用是通过压力的形式表现出来的。流体静力学的主要任务是研究流体内部静压强的分布规律，并在此基础上解决一些工程实际问题。流体静力学是流体力学的基础，它总结的规律可以用于整个流体力学中。

教学情境 1　流体静压强及其特性

1. 流体静压强的定义

假设有一个盛满水的水箱，如果在侧壁上开个小孔，水会立即喷出来，这就说明静止的水是有压力的。事实上，处于静止状态下的流体，不仅对与之相接触的固体边壁有压力作用，而且在流体内部，相邻的流体之间也有压力作用。这种压力称为流体静压力，用符号 P 表示。

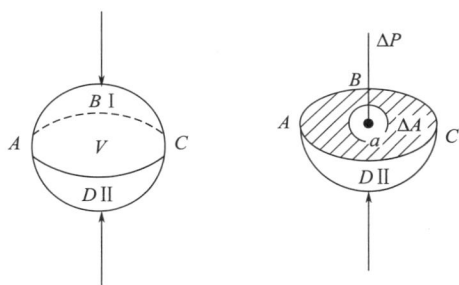

从静止或相对静止状态的均质流体中，任取一体积 V，四周流体对该体积 V 的作用力，以箭头表示，如图 2-1 所示。设用一平面 $ABCD$，将此体积分为 I、II 两部分。假定将 I 部分移去，并以等效的力代替它对 II 部分的作用，使 II 部分不失去原有的平衡。

从平面 $ABCD$ 上任取一面积 ΔA，a 点为该面积的中心。令 ΔP 为移去部分的面积作用在面积 ΔA 上的总作用力，ΔA 为流体静压力的作用面积。

图 2-1　静止流体相互作用

静止流体作用在单位面积上的流体静压力称流体平均静压强，用符号 p 表示。

$$p = \frac{\Delta P}{\Delta A} \tag{2-1}$$

当面积 ΔA 无限缩小到 a 点时，比值趋近于某一极限值，此极限值称为 a 点的流体静压强。

$$p = \lim_{\Delta A \to a} \frac{\Delta P}{\Delta A} \tag{2-2}$$

可以看出，流体静压力和流体静压强都是压力的一种量度。但它们是两个不同的概念。流体静压强是作用在某一面积上的平均压强或某一点的压强，而流体静压力则是作用在某一面积上的总压力。

在国际单位制中，流体静压力 P 的单位是牛顿（N）或千牛顿（kN）；流体静压强 p 的单位是帕斯卡，简称帕（Pa），$1\text{Pa} = 1\text{N/m}^2$，有时会用千帕（kPa），$1\text{kPa} = 1\text{kN/m}^2 = 10^3\text{Pa}$。

2. 流体静压强的特性

1）流体静压强的方向必然是垂直指向受压面，即与受压面的内法线方向一致。

如图 2-2 所示，假设流体静压力 P 的方向是任意的，根据力学知识，我们将 P 分解为垂直于作用面的法向分力 $P\cos\theta$ 和平行于作用面的切向分力 $P\sin\theta$。静止流体是不能承受拉力和切力的，所以切向的分力为零，即 θ 角为 0°，所以流体静压强的方向只能是垂直指向作用面的。

2）在静止或相对静止的流体中，任一点各方向上的流体静压强大小均相等。

通过某点可以作无数个方向不同的流体静压强，作用于同一点的流体静压强的大小与方向有何关联呢？在平衡流体中任取一点 O，建立直角坐标系，如图 2-3 所示，在直角坐标系上，取包括原点 O 在内的无限小四面体 $OABC$，正交的三个边长分别为 d_x、d_y、d_z，以 p_x、p_y、p_z 和 p_n 分别表示坐标面 OAB、OAC、OBC 和斜面 ABC 上的平均压强。如果能够证明，当四面体 $OABC$ 无限地缩小到 O 时，$p_x = p_y = p_z = p_n$（n 为任意方向），则流体静压强的上述特性得以证明。为此，用 P_x、P_y、P_z 和 P_n 分别表示垂直于 x、y、z 的坐标面及斜面的总压力（图 2-3）。

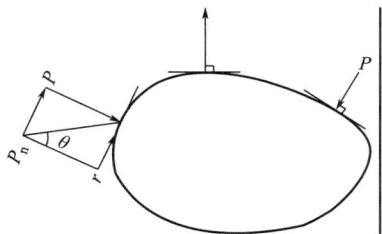

图 2-2 流体静压强的方向

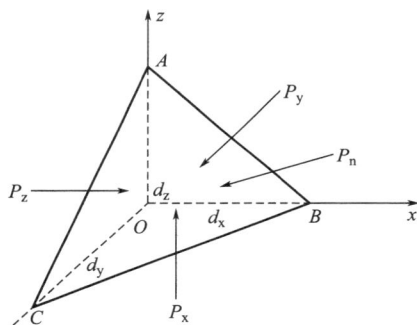

图 2-3 微小四面体的平衡

现在我们对微小四面体 $OABC$ 进行受力分析。

（1）表面力

由于静止或相对静止的流体不存在拉力和切力，因此，表面只有压力，即 P_x、P_y、P_z 和 P_n，根据压力与压强间的关系，则有：

$$P_x = \frac{1}{2} d_y d_z p_x$$

$$P_y = \frac{1}{2} d_x d_z p_y$$

$$P_z = \frac{1}{2} d_x d_y p_z$$

$$P_n = d_s p_n（d_s 为斜面 ABC 的面积）$$

（2）质量力

作用在微小四面体 $OABC$ 的质量力，各轴向的分力等于单位质量力在各轴向的分力与流体质量的乘积。四面体 $OABC$ 的质量为流体密度 ρ 与微小四面体的体积 $dV =$

$d_x d_y d_z/6$ 的乘积，令 X、Y、Z 分别为流体单位质量的质量力在相应坐标轴 x、y、z 方向的分量，则质量力 F 在各坐标轴方向的分量分别为：

$$F_X = X\rho dV = X\rho \frac{1}{6} d_x d_y d_z$$

$$F_Y = Y\rho dV = Y\rho \frac{1}{6} d_x d_y d_z$$

$$F_Z = Z\rho dV = Z\rho \frac{1}{6} d_x d_y d_z$$

以 θ_x、θ_y、θ_z、分别表示倾斜面法向 n 与 x、y、z 轴的交角。由于流体处于平衡状态，利用理论力学中作用于平衡体上的合力为零的原理，分别写出作用在四面体 $OABC$ 上的各种力对各坐标轴投影的平衡方程为：

$$\left.\begin{array}{l} P_x - P_n\cos\theta_x + F_x = 0 \\ P_y - P_n\cos\theta_y + F_y = 0 \\ P_z - P_n\cos\theta_z + F_z = 0 \end{array}\right\} \tag{2-3}$$

下面我们来讨论各式中的第二项，以对 x 轴的投影为例，其中 $P_n\cos\theta_x = p_n d_s \cos\theta_x = p_n d_y d_z/2$（$d_y d_z/2$ 为斜面面积 d_s 在坐标面 yOz 上的投影值），将上述各式代入后，式（2-3）中第一式可写为：

$$\frac{1}{2} d_y d_z p_x - \frac{1}{2} d_y d_z p_n + \frac{1}{6} d_x d_y d_z lX = 0 \tag{2-4}$$

将式（2-4）除以 $\frac{1}{2} d_y d_z$ 后得：

$$p_x - p_n + \frac{1}{3} d_x \rho X = 0 \tag{2-5}$$

当四面体无限地缩小时，上述方程式的 $\frac{1}{3} d_x \rho X$ 便趋近于零，而压强 p_x 与 p_n 的值是有限的。因此：

$$p_x - p_n = 0 \text{ 或 } p_x = p_n$$

同理可得：

$$p_y = p_n$$

$$p_z = p_n$$

因为斜面的方向是任意选取的，所以当四面体无限地缩小至一点时，各个方向的流体静压强均相等，即：

$$p_x = p_y = p_z = p_n \tag{2-6}$$

如若不相等，则必然破坏流体的静止平衡状态，而发生流动与静止流体前提不符。式（2-6）说明在静止或相对静止的流体中，任意一点的流体静压强与其作用面的空间方向无关，只与该点在静止或相对静止流体中的位置有关，即任意一点各方向的流体静压强大小相等，但空间不同点的静压强则可以是不一样的，即流体静压强应是空间点的坐标函数：

$$p = f(x, y, z) \tag{2-7}$$

教学情境 2 流体静压强的分布规律

根据静止流体质量力只有重力的这个特点，研究静止流体压强分布规律。

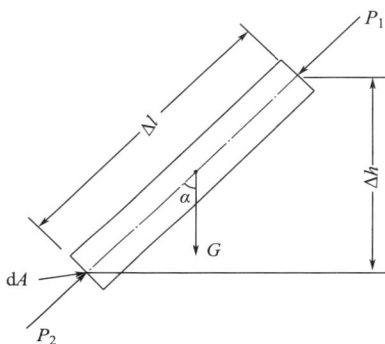

1. 液体静压强的基本方程式

在静止液体中，任意取出一倾斜放置的微小圆柱体，微小圆柱体长为 Δl，端面积为 dA，并垂直于柱轴线，如图 2-4 所示。现在，我们研究倾斜微小圆柱体在质量力和表面力共同作用下的轴向平衡问题。

周围的静止液体对圆柱体作用的表面力有侧面压力及两端面的压力。根据流体静压强沿作用面内法线分布的特性，侧面压力与轴向正交，沿轴向没有分力；柱的两端面沿轴向从相反的方向作用的压力为 P_1 和 P_2。

静止液体受的质量力只有重力，而重力是铅直向下作用的，它与轴线的夹角为 α，可以分解为平行于轴向的 $G\cos\alpha$ 和垂直于轴向的 $G\sin\alpha$ 两个分力。

因此，倾斜微小圆柱体轴向力的平衡，就是两端压力 P_1、P_2 及重力的轴向分力 $G\cos\alpha$ 三个力作用下的平衡。即：

图 2-4 液体内微小液柱的平衡

$$P_2 - P_1 - G\cos\alpha = 0$$

由于微小圆柱体断面面积 dA 极小，断面上各点压强的变化可以忽略不计，即可以认为断面上各点压强是相等的。设圆柱上端面的压强为 p_1，下端面的压强为 p_2，则两端面的压力为 $P_1 = p_1 dA$ 及 $P_2 = p_2 dA$，而圆柱体受的重力为液体的重度 γ 乘以 $\Delta l dA$，即 $G = \gamma \Delta l dA$。代入上式得：

$$p_2 dA - p_1 dA - \gamma \Delta l dA \cos\alpha = 0$$

消去 dA，由于 $\Delta l \cos\alpha = \Delta h$，经过整理得：

$$p_2 - p_1 = \gamma \Delta h \tag{2-8}$$

或写成：

$$\Delta p = \gamma \Delta h$$

从式（2-8）的推证看出，倾斜微小圆柱体的端面是任意选取的。因此，可以得出普遍关系式：即静止液体中任两点的压强差等于两点间的深度差乘以重度。将上式的压差关系改写成压强关系式，则为：

$$p_2 = p_1 + \gamma \Delta h \tag{2-9}$$

式（2-9）表示压强随深度不断增加，而深度增加的方向就是静止液体的质量力——重力作用的方向。所以，压强增加的方向就是质量力的作用方向。

现在，把压强关系式应用于求静止液体内某一点的压强。如图 2-5 所示，设液面压强为 p_0，液体重度为 γ，该点在液面下的深度为 h，则根据式（2-9）得：

$$p = p_0 + \gamma h \tag{2-10}$$

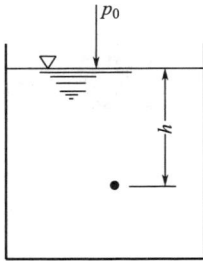

图 2-5　敞口水箱

式中　p——液体内某点的压强（Pa 或 N/m²）；

　　　p_0——液面气体压强（Pa 或 N/m²）；

　　　γ——液体的重度（N/m³）；

　　　h——某点在液面下的深度（m）。

式（2-10）就是液体静力学的基本方程式。它表示静止液体中，压强随深度按直线变化的规律。静止液体中任一点的压强是由液面压强和该点在液面下的深度与重度的乘积两个部分所组成。从这两个部分可以看出，压强的大小与容器的形状无关。因此，不论盛液容器的形状怎么复杂，只要知道液面压强 p_0 和该点在液面下的深度 h，就可用此式求出该点的压强。

从式（2-10）可以看出，深度相同的各点，压强也相同，这些深度相同的点所组成的平面是一个水平面，可见水平面是压强处处相等的面。因此得出结论：水平面是等压面。

从式（2-10）也可看出，液面压强 p_0 有所增减（$\pm\Delta p_0$）时，则内部压强 p 亦相应地有所增减（$\pm\Delta p$）。因为：

$$p = p_0 + \gamma h$$
$$p \pm \Delta p = p_0 \pm \Delta p_0 + \gamma h$$

则两式相减得

$$\Delta p = \Delta p_0$$

可见，静止液体任一边界面上压强的变化，将等值地传到其他各点（只要原有的静止状态不被破坏），这就是水静压强等值传递的帕斯卡定律。该定律在水压机、液压传动、气动阀门、水力闸门等水力机械中得到广泛应用。

【例 2-1】水池中盛水，如图 2-6 所示。已知液面压强 $p_0 = 0$，求水中 C 点，以及池壁 A、B 点和池底 D 点所受的水静压强。

解：A、B、C 三点在同一水平面上，水深 h 均为 1m，所以压强相等。即 $p_A = p_B = p_C = p$。故 $p = p_0 + \gamma h = 0 + 9.807 \times 1 = 9.807 \text{kN/m}^2 = 9.807 \text{kPa}$

D 点的水深是 1.6m，故：

$$p_D = 0 + 9.807 \times 1.6 = 15.691 \text{kPa}$$

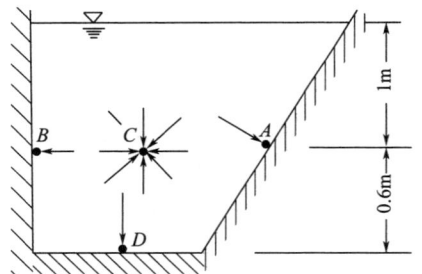

图 2-6　池壁和水体的点压强

关于压强的作用方向，应根据受力面的方位和承受压力的物质系统而定。例如 A、B、D 三点在固壁上，若考虑液体对固壁的作用，则方向如图 2-6 中所示。总之，静压强的作用方向垂直于作用面的切平面且指向受力物质（流体或固体）系统表面的内法向。

液体静力学基本方程式（2-10），还可以表示为另一种形式。如图 2-7 所示，设水箱水面的压强为 p_0，水中 1、2 点到任选基准面 0-0 的高度为 Z_1 及 Z_2，压强为 p_1 及 p_2，将式中的深度 h_1 和 h_2 分别用高度差（$Z_0 - Z_1$）和（$Z_0 - Z_2$）表示得：

$$p_1 = p_0 + \gamma(Z_0 - Z_1)$$
$$p_2 = p_0 + \gamma(Z_0 - Z_2)$$

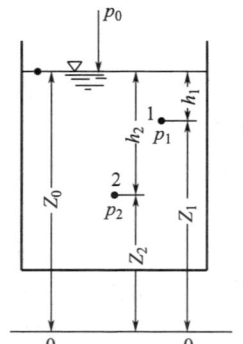

图 2-7　液体静力学方程推证

上述两式除以重度 γ，并整理后得：

$$Z_1 + \frac{p_1}{\gamma} = Z_0 + \frac{p_0}{\gamma}$$

$$Z_2 + \frac{p_2}{\gamma} = Z_0 + \frac{p_0}{\gamma}$$

两式联立得：

$$Z_1 + \frac{p_1}{\gamma} = Z_2 + \frac{p_2}{\gamma} = Z_0 + \frac{p_0}{\gamma}$$

水中 1、2 点是任选的，故可将上述关系式推广到整个液体，得出具有普遍意义的规律，即：

$$Z + \frac{p}{\gamma} = C（常数） \tag{2-11}$$

这就是液体静力学基本方程式的另一种形式，也是我们常用的水静压强分布规律的一种形式。它表示在同一种静止液体中，任意一点的 $Z + p/\gamma$ 总是一个常数。

根据液体静压强基本方程式（2-10）和式（2-11），可以得出以下结论：

（1）静止液体中任一点的压强是由液面压强 p_0 和该点在液面下的深度及重度的乘积 γh 两个部分组成。压强的大小与容器的形状无关。即只要知道液面压强 p_0 和该点在液面下的深度 h，就可求出该点的压强。

（2）当液面压强 p_0 增大或减小时，液体内各点的流体静压强也相应地增加或减少，即液面压强的增减将等值传递到液体内部其余各点，这就是著名的帕斯卡原理。水压机、液压千斤顶及液压传动装置都是利用了这一原理。

（3）液体中的压强的大小是随液体深度逐渐增大的。当重度一定时，压强随水深按线性规律增加。在实际工程中修筑堤坝，越到下面的部分越要加厚，以便承受逐渐增大的压强，其道理也在于此。

2. 液体静压强基本方程式的意义

方程式 $Z + \frac{p}{\gamma} = C$ 中，从物理学的角度来说，Z 项是

单位重量液体质点相对于基准面的位置势能；$\frac{p}{\gamma}$ 项是单位

重量液体质点的压力势能；$Z + \frac{p}{\gamma}$ 项是单位重量液体的总

势能；$Z + \frac{p}{\gamma} = C$ 表明在静止的液体中，各液体质点单位

重量的总势能均相等。

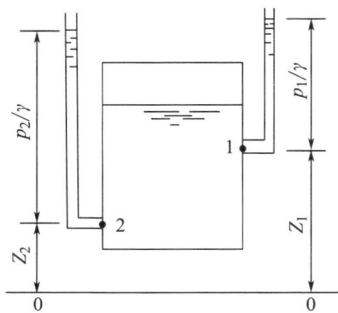

图 2-8 测压管水头

从水力学的角度来说，Z 项是该点的位置相对于基准面的高度，称为位置水头；$\frac{p}{\gamma}$ 项

是该点在压强作用下沿测压管所能上升的高度，称为压强水头，也叫测压管高度；$Z + \frac{p}{\gamma}$

项是表示测压管液面相对于基准面的高度，称为测压管水头，如图 2-8 所示；$Z + \frac{p}{\gamma} = C$ 表

示同一容器的静止液体中，所有各点的测压管水头均相等。即使各点的位置水头 Z 和压强

水头 $\frac{p}{\gamma}$ 互不相同，但各点的测压管水头必然相等。因此，在同一容器的静止液体中，所有各点的测压管液面必然在同一水平面上，测压管水头中的压强 p 必须采用相对压强表示，关于相对压强的概念将在下文中讲述。

3. 气体压强的计算

以上规律是在液体的基础上分析而得的，对于不可压缩气体也同样适用。只是气体的重度较小，所以在高差不是很大的时候，气体所产生的压强很小，认为 $\gamma h = 0$。压强基本方程式简化为

$$p = p_0$$

即认为空间各点的压强相等。但是如果高差超过一定的范围时，还应使用式（2-10）来计算气体压强。

4. 等压面

在静止液体中，由压强相等的点组成的面称为等压面。根据流体静力学基本方程可知：在连通的同种静止液体中，深度 h 相同的各点水静压强均相等。由此可得出如下结论：

（1）在连通的同种静止液体中，水平面必然是等压面；

（2）静止液体的自由液面是水平面，该自由液面上各点压强均为大气压强，所以自由液面是等压面；

（3）两种不同液体的分界面是水平面，故该面也是等压面。

现在我们以图 2-9 来具体分析判断等压面。图 2-9（a）中，位于同一水平面上的 A、B、C、D 各点压强均相等，通过该四点的水平面为等压面。图 2-9（b）中，由于液体不连通，故位于同一水平面上的 E、F 两点的水静压强不相等，因而通过 E、F 两点的水平面不是等压面。图 2-9（c）中，连通器中装有两种不同液体，且 $\rho_水 > \rho_油$，通过两种液体的分界面的水平面为等压面，位于该水平面上的 G、H 两点压强相等。而穿过两种不同液体的水平面不是等压面，位于该水平面上方的 I、J 两点压强则不等。

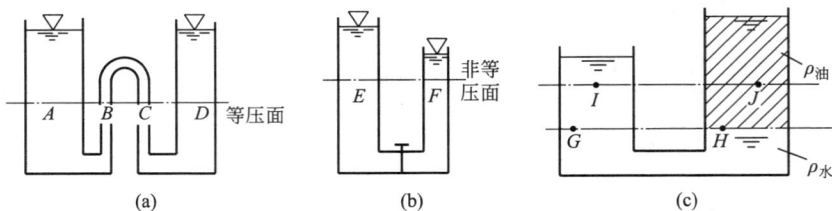

图 2-9　等压面的判断

（a）连通的容器等压面判断；（b）非连通的容器等压面判断（c）不同溶液间的等压面判断

等压面是流体静力学中的一个重要概念，利用它来推算静止液体中各点的压强，可使许多复杂问题得到简化。

教学情境 3　压强的计量基准和度量单位

量度流体中某一点或某一空间点的压强，可以有不同的计量基准和量度单位，在实际

工程中，可以选择其中的某种表示方法以方便使用。

1. 压强的计量基准

压强的大小，根据不同的计量基准可以分为：

（1）绝对压强：以没有气体存在的绝对真空状态作为零点起算的压强称为绝对压强，以 p' 表示。当要解决的问题涉及流体本身的性质时，采用绝对压强，例如采用气体状态方程式进行计算时。在表示某地当地大气压强时也常用绝对压强值。

（2）相对压强：以当地大气压强 p_a 为零点起算的压强值称为相对压强，以符号 p 表示。在工程上，相对压强又称表压。采用相对压强表示时，则大气压强值为零，即 $p_a = 0$。相对压强、绝对压强和当地大气压强三者的关系是：

$$p = p' - p_a \qquad (2\text{-}12)$$

注意：此处的 p_a 是指大气压强的绝对压强值。

若流体某处的绝对压强小于大气压强，则该处处于真空状态，其真空程度一般用真空压强 p_v 表示。

$$p_v = p_a - p'$$
$$p_v = -p$$
$$\text{真空度 } h_v = \frac{p_v}{\gamma}$$

图 2-10 表示了两种计量基准时的不同压强之间的关系。在实际工程中，常用相对压强。这是因为在自然界中，任何物体均放置在大气中，所感受到压强大小也是以大气压为其基准，引起物体的力学效应只是相对压强的数值，而不是绝对压强。在讨论问题时，如不加以说明，压强均指相对压强。

2. 压强的度量单位

（1）用单位面积上所受的压力来表示压强，即压应力表示，这是从压强的基本定义出发的。国际单位制中压强的单位是 N/m^2，也可用帕斯卡表示，符号为 Pa。较大的单位可以用 kPa 或 MPa 来表示，在工程单位制中用 kgf/m^2 或 kgf/cm^2。

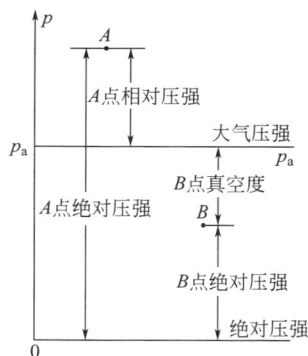

图 2-10　压强计量基准图示

（2）用液柱高度来表示压强。液柱高度与该液体的密度和重力加速度的乘积即为压强。常用的液柱高度为水柱高度或汞柱高度，其单位为 mH_2O（米水柱）、mmH_2O（毫米水柱）和 mmHg（毫米汞柱），压强的单位由单位面积上所受的压力换算成液柱高度 h 的关系式为：

$$h = \frac{p}{\gamma} \qquad (2\text{-}13)$$

$1mH_2O = 9807N/m^2 = 1000kgf/m^2$

$1mmH_2O = 9.807N/m^2 = 1kgf/m^2$

$1mmHg = 133N/m^2 = 13.6kgf/m^2$

（3）用大气压的倍数来表示，其单位为标准大气压和工程大气压。国际上规定温度 0℃，纬度 45° 处海平面上的绝对压强为标准大气压，用符号 atm 表示，其值为 101.325kPa，即 $1atm = 101.325kPa = 101325N/m^2 = 1.033kgf/cm^2$。而在工程上，为了计算方便，规定了工程大气压，用符号"at"表示，其值为 98.07kPa，即：

$$1at=98.07kPa=98070N/m^2=1kgf/cm^2。$$

换算关系为：

$$1atm=101325Pa=10.33mH_2O=760mmHg$$
$$1at=98070Pa=10mH_2O=736mmHg$$

【例 2-2】 如图 2-11 所示的容器中，左侧玻璃管的顶端封闭，液面上气体的绝对压强 $p'_{01}=0.75at$（工程大气压）。右端倒装玻璃管内液体为汞，汞柱高度 $h_2=120mm$。容器内 A 点的深度 $h_A=2m$。设当地大气压为 1at。试求：①容器内空气的绝对压强 p'_{02} 和真空度 p_{v2}；②A 点的相对压强 p_A；③左侧管内水面超出容器内水面的高度 h_1。

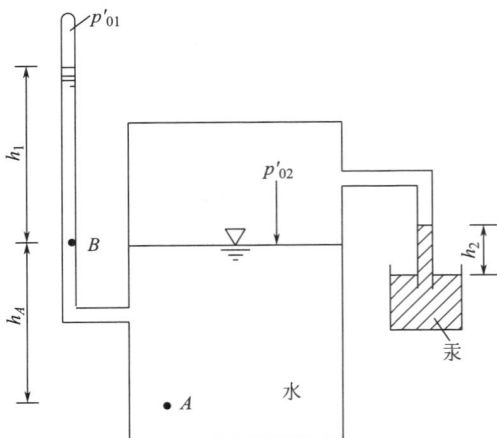

图 2-11　例题 2-2

解：（1）求 p'_{02} 和 p_{v2}

根据气体压强的计算可知，气体的密度很小，在高差不大的范围内 γh 引起的压强差很小，可以忽略。因此在小范围内一般认为各点的气体压强相等。根据静压强基本方程

$$p'_{02}=p_a-\gamma_{Hg}h_2=98070-133318\times0.12=82072N/m^2$$
$$p_{v2}=-p_{02}=\gamma_{Hg}h_2=15998N/m^2$$

（2）求 p_A

容器内空气的相对压强为

$$p_A=p_{02}+\gamma h_A$$
$$p_A=-15998+98070\times2=180142N/m^2$$

（3）求 h_1

$$p'_{01}=0.75\times98070=73553N/m^2$$
$$p'_{02}=p'_{01}+\gamma h_1\Rightarrow h_1=\frac{p'_{02}-p'_{01}}{\gamma}=\frac{82072-73553}{98070}$$

得 $h_1=0.0869m$

教学情境 4　液柱式测压计

码2-6
液柱式
测压计

流体中某点所受的压强值，不仅可以通过流体静压强方程式计算确定，更多的时候，是通过测量得到压强值，这种方法直观简单。量测压强的仪器很多，常用的有金属压力表、液柱式测压计和电测式测压计三种，下面介绍几种常用的液柱式测压计。

1. 测压管

这是一种最简单的量测仪器，开口一端为直接和大气相通的玻璃直管或 U 形管，另一端连接在需测定的管道或容器的侧壁上，如图 2-12 所示。由于相对压强的作用，与大气相接触的液面相对压强为零，根据水在玻璃管中上升或下降的高度，直接测得水柱高度。

如图 2-12（b）所示，如测压管液面低于 A 点，则 A 点相对压强或真空度分别为

$$p_A = -\gamma h'_A$$
$$p_v = \gamma h'_A$$

如果测定气体压强，可以直接用玻璃直管与待测容器相连，如图 2-12（a）所示，也可以采用 U 形管盛水，如图 2-12（b）所示。此时所测量的压强为容器中气体压强值，因为在气体高度不大时静止气体充满的空间各点压强相等。如果测压管中液体的压强较大，对于水来说，测压管高度太大，使用和观测非常不便，因此常用水银测压计，即在 U 形管中装入水银，如图 2-12（c）（d）所示。在某水管中若 A 的压强大于大气压强，则 U 形管左管液面低于右管液面，如图 2-12（c）所示；若小于大气压强，则 U 形管左管液面高于右管液面，A 点为负压，出现真空，如图 2-12（b）所示。需要指出的是，等到 U 形管中水银面平衡不动时，才能读数。取等压面 1-1，如图 2-12（c）所示，设液体重度为 γ，水银重度为 γ_{Hg}，则根据静压强基本方程式可得：

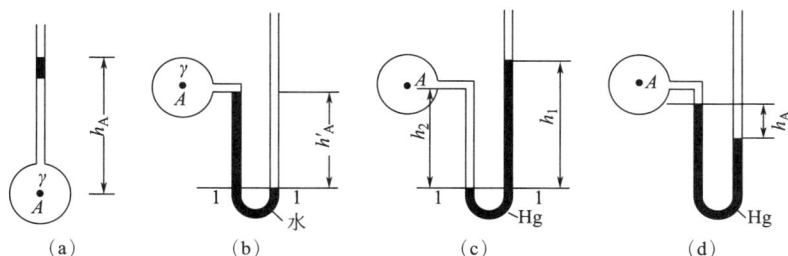

图 2-12　测压管

（a）连接直管的测压管；（b）～（d）连接 U 形管的测压管

$$p_1 = \gamma_{Hg} h_1$$
$$p_1 = p_A + \gamma h_2$$
$$p_A = \gamma_{Hg} h_1 - \gamma h_2$$

当管道或容器中为气体时，因气体重度较小，气柱高度可以忽略不计。此时 $p_A = \gamma_{Hg} h_1$。

为了消除测压管内液面上升时，受毛细管作用的影响，规定测压管内径不得小于 5mm，一般采用内径为 10mm 左右的玻璃管作为测压管。

2. 压差计

压差计是用来测量两点压强差的，而不是单独测量某一点的压强。如图 2-13 所示，压差计两端分别接到需要量测的 A、B 点上，当 U 形管中水银面平衡不动时，根据水银面的高度差，即可计算 A、B 两点的压强差。

在图 2-13 中，取等压面 0-0，根据静压强基本方程式，左右两管中 1、2 两点的压

强为

$$p_1 = p_A + \gamma_A h_1 + \gamma_A h_3$$

$$p_2 = p_B + \gamma_B h_2 + \gamma_{Hg} h_3$$

由于 1、2 两点都在等压面 0-0 上，$p_1 = p_2$，因此

$$p_A + \gamma_A h_1 + \gamma_A h_3 = p_B + \gamma_B h_2 + \gamma_{Hg} h_3$$

A、B 两点的压强差为

$$p_A - p_B = \gamma_B h_2 + \gamma_{Hg} h_3 - \gamma_A (h_1 + h_3) \tag{2-14}$$

与水银测压计一样，若两个管道或容器中都为气体，则气柱高度 $\gamma_A h_1$、$\gamma_B h_2$ 和 $\gamma_A h_3$ 都可以忽略不计，则

$$p_A - p_B = \gamma_{Hg} h_3$$

若设 $Z_A = h_1$，$Z_B = h_2$，$\gamma_A = \gamma_B = \gamma$，式（2-14）可写为

$$p_A - p_B = \gamma Z_B + \gamma_{Hg} h_3 - \gamma(Z_A + h_3)$$

移项整理后得：$\quad p_A - p_B = (\gamma_{Hg} - \gamma) h_3 + \gamma(Z_B - Z_A)$

（1）压差计顺置时，测压管水头差

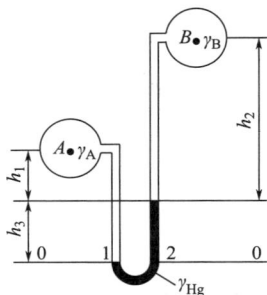

图 2-13 压差计

$$\left(Z_A + \frac{p_A}{\gamma}\right) - \left(Z_B + \frac{p_B}{\gamma}\right) = \left(\frac{\gamma_{Hg}}{\gamma} - 1\right) h_3$$

如果测量溶液由水银变为其他液体，重度以 γ' 表示，此时测压管水头差

$$\left(Z_A + \frac{p_A}{\gamma}\right) - \left(Z_B + \frac{p_B}{\gamma}\right) = \left(\frac{\gamma'}{\gamma} - 1\right) h_3$$

当 $\gamma' = \gamma_{Hg}$，$\gamma = \gamma_水$ 时，$\left(Z_A + \dfrac{p_A}{\gamma}\right) - \left(Z_B + \dfrac{p_B}{\gamma}\right) = 12.6 h_3$

当被测流体为气体时，$\left(Z_A + \dfrac{p_A}{\gamma}\right) - \left(Z_B + \dfrac{p_B}{\gamma}\right) = \dfrac{\gamma'}{\gamma} h_3$

（2）压差计倒置时，测压管水头差

如果图 2-13 中的 U 形压差计为倒立状态，测量液体是其他液体（重度用 γ' 表示）时，则可得

$$\left(Z_A + \frac{p_A}{\gamma}\right) - \left(Z_B + \frac{p_B}{\gamma}\right) = \left(1 - \frac{\gamma'}{\gamma}\right) h_3$$

3. 微压计

在量测微小压强时，为了提高量测精度，经常采用微压计，也叫斜管压力计，如图 2-14 所示。左端容器与需要量测压强的点相连，右端玻璃管改为斜放，设斜管与底板的夹角为 α，斜管读数为 l，则容器与斜管液面的高度差 $h = l \sin\alpha$，由于 $\alpha < 90°$，$\sin\alpha < l$，所以 l 必大于 h，量测同一微小压强，斜管读数 l 比用直管量测的读数 h 要大，这就使读数可以精确一些。

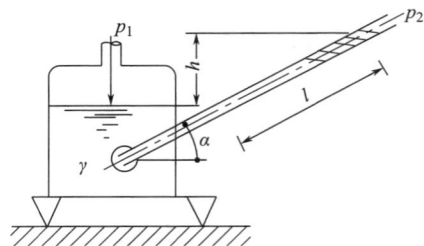

图 2-14 微压计

在图 2-14 中，根据静压强基本方程式，等压面上的压强为

$$p_1 = p_2 + \gamma h = p_2 + \gamma l \sin\alpha$$

由于 $p_2 = p_a$，所以微压计量测的绝对压强与相对压强为

$$p_1' = p_a + \gamma l \sin\alpha \tag{2-15}$$

$$p_1 = \gamma l \sin\alpha \tag{2-16}$$

微压计常用于测量通风管道的压强，因空气重度与微压计内液体重度相比要小得多，空气的重力影响可以不考虑，将微压计液面上的压强 p 就看作通风管道量测点的压强。

为了量测精确，微压计必须保持底板水平，如图 2-14 所示，可用螺旋来调整。有的微压计可以根据需要调整 α 角，其范围在 $10° \sim 30°$，这就使斜管读数比直管放大 $2 \sim 5$ 倍，如果微压计内液体不用水，选择重度比水小的液体，例如酒精 $\gamma_{jo} = 7.85 \text{kN/m}^3$，则微压计斜管读数又可放大 $\gamma_{H_2O} / \gamma_{jo} = 9.807 / 7.85 \approx 1.25$ 倍。

4. 常用压力表

日常生活中量测压强的仪器（图 2-15）有金属压力表、压力真空表、差压表、电磁测压计等。压力表在日常生活中可以用于查看压力管道是否正常运行、是否有漏损情形，可以作一个初步的判断，比如说给水管道、消防管道等；在工业生产中也可以作为检查压力罐等设备是否正常的一个依据，是一种常见的检查判断工具。

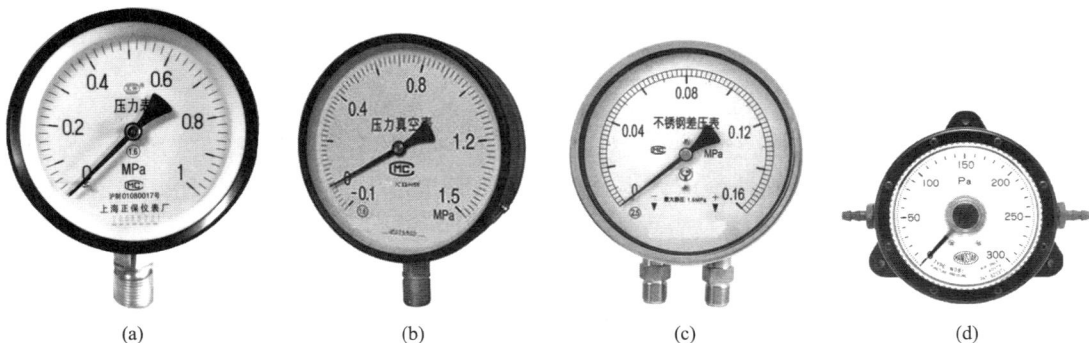

图 2-15　几种常见的压力表
（a）金属压力表；（b）压力真空表；（c）差压表；（d）电磁微压计

【例 2-3】　如图 2-16 所示，用水银测压计测量容器内气体的压强。已知测压计水银面高度差：图 2-16（a）中 $h = 30\text{cm}$，图 2-16（b）中 $h = 12\text{cm}$，试求容器内气体的压强分别为多少？

解：在图 2-16（a）（b）中分别取等压面 0-0 面，则

（1）在图 2-16（a）中，容器内压强为：

绝对压强 $p' = p_a + \gamma_{Hg} h = 98.07 + 13.6 \times 9.807 \times 0.3 = 138.08\text{kPa}$

相对压强 $p = \gamma_{Hg} h = 13.6 \times 9.807 \times 0.3 = 40.01\text{kPa}$

（2）在图 2-16（b）中，容器内压强为：

绝对压强 $p' + \gamma_{Hg} h = p_a \Rightarrow p' = p_a - \gamma_{Hg} h = 98.07 - 13.6 \times 9.807 \times 0.12 = 82.06\text{kPa}$

相对压强 $p = -\gamma_{Hg} h = -13.6 \times 9.807 \times 0.12 = -16.01\text{kPa}$

通过计算我们可以得知，图 2-16（a）中的气体处于正压状态，而图 2-16（b）中的气

体处于负压状态。

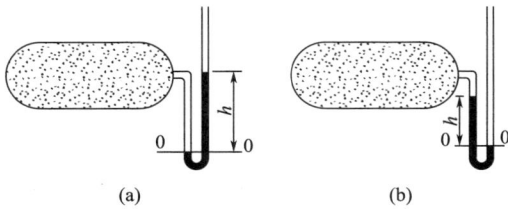

图 2-16 水银测压计量测气体压强

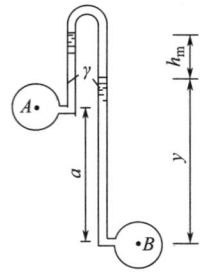

图 2-17 压差计量测压强

【例 2-4】 在图 2-17 中，已知两根输水管道 A、B 间的高度差 $a=1.2$m，压差计水面的高度差为 $h_m=0.5$m，试求 A、B 处水的压强差。

解： 压差计顶部为空气，而且高度很小，所以认为在顶部空间中压强处处相等。根据公式

$$p_A = p + \gamma_{H_2O}(h_m + y - a)$$
$$p_B = p + \gamma_{H_2O}y$$

可得 A、B 处水的压强差

$$p_A - p_B = \gamma_{H_2O}(h_m - a)$$

因为

$$a > h_m$$

所以

$$p_A - p_B = 9.807 \times (1.2 - 0.5) = 6.86\text{kPa}$$

【例 2-5】 在通风管道上连接一个微压计，量测 A 点的风压，如图 2-18 所示。若斜管倾斜 $\alpha = 30°$，读数 $l = 20$cm，微压计内液体是酒精，重度 $\gamma_{jo} = 7.85\text{kN/m}^3$，试求通风管道 A 点的相对压强。

解： 微压计量测 A 点的相对压强为

$$p_A = \gamma_{jo}l\sin\alpha = 7.85 \times 0.2 \times \sin30° = 0.785\text{kPa}$$

【例 2-6】 当量测密闭容器的较高压强时，为了增加量程，可用复式水银测压计，如图 2-19 所示。若各玻璃管中液面高程的读数为，$\nabla_1 = 1.5$m，$\nabla_2 = 0.2$m，$\nabla_3 = 1.2$m，$\nabla_4 = 0.4$m，$\nabla_5 = 2.1$m，试求容器水面上的相对压强 p_5。

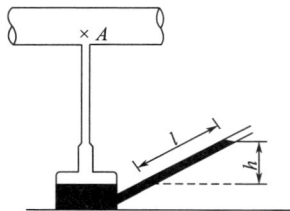

图 2-18 微压计量测气体的压强

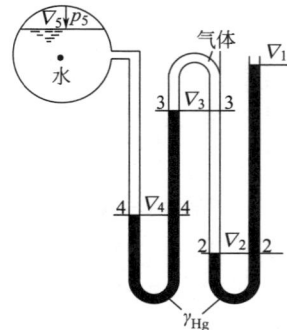

图 2-19 复式水银测压计

解：在图 2-19 中，取等压面 2-2、4-4，设等压面上相对压强为 p_2、p_4。根据静压强基本方程式，从右向左推算各处的相对压强：

$$p_1 = p_a = 0$$

$$p_2 = p_1 + \gamma_{Hg}(\nabla_1 - \nabla_2) = 0 + 13.6 \times 9.807 \times (1.5 - 0.2) = 173.4\text{kPa}$$

由于气体重度相对于液体来说是微小的，不考虑气体重力的影响，则

$$p_3 = p_2 = 173.4\text{kPa}$$

$$p_4 = p_3 + \gamma_{Hg}(\nabla_3 - \nabla_4) = 173.4 + 13.6 \times 9.807 \times (1.2 - 0.4) = 280.1\text{kPa}$$

由此可得容器水面上的相对压强：

$$p_5 = p_4 - \gamma_{H_2O}(\nabla_5 - \nabla_4) = 280.1 - 9.807 \times (2.1 - 0.4) = 263.4\text{kPa}$$

教学情境 5　作用于平面上的液体总压力

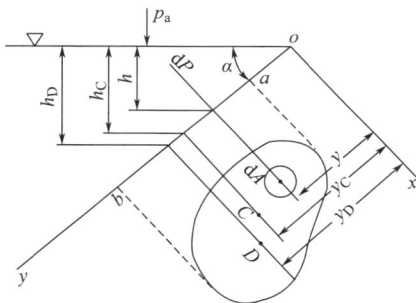

在工程实际中进行结构物（如水箱、水闸门等）设计时，还需要求出液体对整个受压面的总作用力（包括力的大小、方向和作用点）。在已知静压强分布规律后，求总压力的问题实质上是一个求受压面上分布力的合力问题。受压面可以是平面，也可以是曲面，本教学情境先介绍平面上液体总压力的计算，下一教学情境讨论曲面上的液体总压力问题。

计算平面上的液体总压力有两种方法：解析法和图解法。

1. 解析法

1) 总压力的大小

如图 2-20 所示，设静止液体中有一块任意形状的平面 ab，它与水平面的倾角为 α，面积为 A，形心为 C 点。液面上为大气压。选 xoy 坐标系对平面进行受力分析，z 轴垂直于平面。

由于面上各点的水深各不相同，故各点的流体静压力也不相同。根据静压强基本特性，流体静压力垂直且指向作用面，所以平面上作用着一组平行力系，求平面上的总静压力，实质上是求平行力系的合力。

图 2-20　平面液体压力分析

在受压面上任取一微元面 dA，它在液面下深度为 h，可以近似认为微元面上各点压强是相等的，则 dA 上所受的液体静压力 dP 为：

$$dP = p\,dA = \gamma h\,dA$$

由于 ab 为一平面，故根据静水压强基本特性，可以判定各微小面积 dA 上的液体压力 dP 的方向是互相平行的，所以作用在平面上的总静压力 P 等于各微小面积 dA 上的液体压力 dP 的代数和，即：

$$P = \int dP = \int_A \gamma h\,dA = \int_A \gamma y \sin\alpha\,dA = \gamma \sin\alpha \int_A y\,dA$$

式中，$\int_A y\mathrm{d}A$ 为受压面积 A 对 ox 轴的面积矩（静面矩），根据力学原理，它等于受压面积 A 与其形心坐标 y_C 的乘积，即

$$\int_A y\mathrm{d}A = y_C A$$

代入总压力表达式，得：

$$P = \gamma \sin\alpha\, y_C A = \gamma h_C A = p_C A \qquad (2\text{-}17)$$

式中，P 为作用于平面的液体总压力（N 或 kN）；γ 为液体的重度（N/m^3）；h_C 为受压面形心的淹没深度（m）；p_C 为受压面形心处的压强（N/m^2 或 kN/m^2）。

式（2-17）表明，作用在任意形状平面上的液体总压力的大小，等于受压面形心点液体静压强与其面积的乘积。当受压壁面水平放置，即当所讨论的面积是容器的底壁时，该壁面是压强均匀分布的受压面，如图 2-21 所示。若图中容器形状不同，但底面积相等，装入的又是同一种液体，其液深也相同，自由表面上均为大气压，则液体作用在底面上的总压力必然相等。因而，容器底面所受压力的大小仅与受压面的面积大小和液体深度有关，而与容器的容积和形状无关。

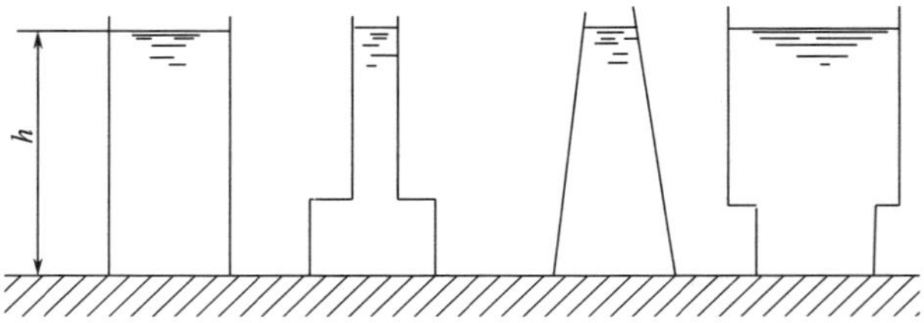

图 2-21　作用在容器底面上的液体总压力

2）总压力的方向

由于静止液体不存在切向力，故液体总压力 P 的方向总是垂直指向受压面。

3）总压力的作用点

总压力 P 的作用点称为压力中心，即图 2-20 中的 D 点。受压面一般情况下都具有位于垂直平面的对称轴，这时，压力中心位于对称轴上，即 D 点在水平方向上的位置可以很容易地确定，只要再将 D 点的垂直坐标找到，作用点 D 的位置就可以确定了。

利用力学中的合力矩定理，即合力对某轴的力矩等于各分力对同一轴力矩的代数和，则

$$P y_D = \int y\mathrm{d}P = \int_A y\gamma h\,\mathrm{d}A = \int_A y\gamma y \sin\alpha\,\mathrm{d}A = \gamma\sin\alpha\int_A y^2\mathrm{d}A = \gamma\sin\alpha J_x$$

式中，$J_x = \int_A y^2\mathrm{d}A$，是受压面积 A 对 ox 轴的惯性矩，单位为 m^4，则

$$y_D = \frac{\gamma\sin\alpha J_x}{P} = \frac{\gamma\sin\alpha J_x}{\gamma\sin\alpha y_C A} = \frac{J_x}{y_C A}$$

为计算方便，将受压面积 A 对 ox 轴的惯性矩 J_x，变换成对平行于 ox 轴且通过形心的轴的惯性矩，即由惯性矩平行移轴定理得：

$$J_x = J_C + y_C^2 A$$

所以

$$y_D = \frac{J_C + y_C^2 A}{y_C A} = y_C + \frac{J_C}{y_C A} \tag{2-18}$$

式中，y_D 为压力中心到 ox 轴的距离（m）；y_C 为受压面形心到 ox 轴的距离（m）；A 为受压面的面积（m²）；J_C 为受压面对通过形心且平行于 ox 轴之轴的惯性矩（m⁴）。

由于 $J_C/y_C A$ 总是正值，所以 $y_D > y_C$。说明压力中心 D 一般在受压面形心 C 点之下，只有当受压面为水平、均匀、对称平面时，D 和 C 才重合。

D 点在 x 轴上的位置即 x_D 取决于受压面的形状。在实际工程中，受压面常是对称平面，则 D 点在 z 轴上的位置就必然在平面的对称轴上，这就完全确定了 D 点的位置。常见图形的平面惯性矩及距下底距离见表 2-1。

常见图形的平面惯性矩及距下底距离　　　　　　　　　表 2-1

图名	平面形状	惯性矩 J_C	形心 C 距下底的距离 s
矩形	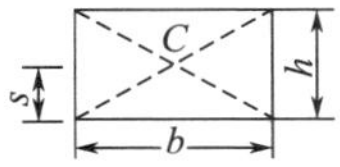	$J_C = \dfrac{bh^3}{12}$	$s = \dfrac{h}{2}$
三角形	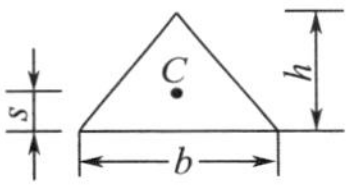	$J_C = \dfrac{bh^3}{36}$	$s = \dfrac{1}{3}h$
圆形	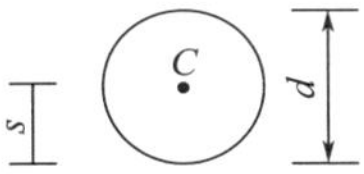	$J_C = \dfrac{\pi d^4}{64}$	$s = \dfrac{1}{2}d$
梯形	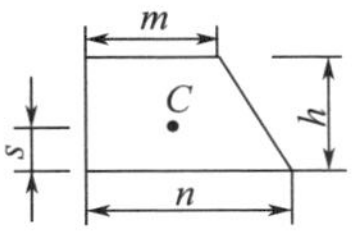	$J_C = \dfrac{h^3}{36}\dfrac{(m^2 + 4mn + n^2)}{(m+n)}$	$s = \dfrac{h}{3}\dfrac{(2m+n)}{(m+n)}$

2. 图解法

1）静压强分布图的绘制

为了形象地表示受压面上的静压强分布，可在其上绘制压强分布图。它是用按一定比例尺确定的直线段长度表示点压强的大小，用线段的箭头表示压强的作用方向。这些垂直指向受压面的线段组成的图形就是静压强分布图。由于各点压强中的表面压强 p_0 在受压面上是均匀分布的，所以一般只给出 γh 的分布图。该压强沿水深是直线分布的，对于底边与液面平行的矩形受压面，只要把最高和最低两点的压强用线段标出，中间以直线连接，就可给出该受压面上的静压强分布图。下面给出几种常见情况的静压强分布图，如图 2-22 所示。

2）求平面总静压力

在求矩形平面所受液体总压力及作用点时，图解法较为简便。

现取一矩形受压面，如图 2-23（a）所示，有一铅垂矩形平面，宽度为 b，高度为 h，顶边与液面平齐。

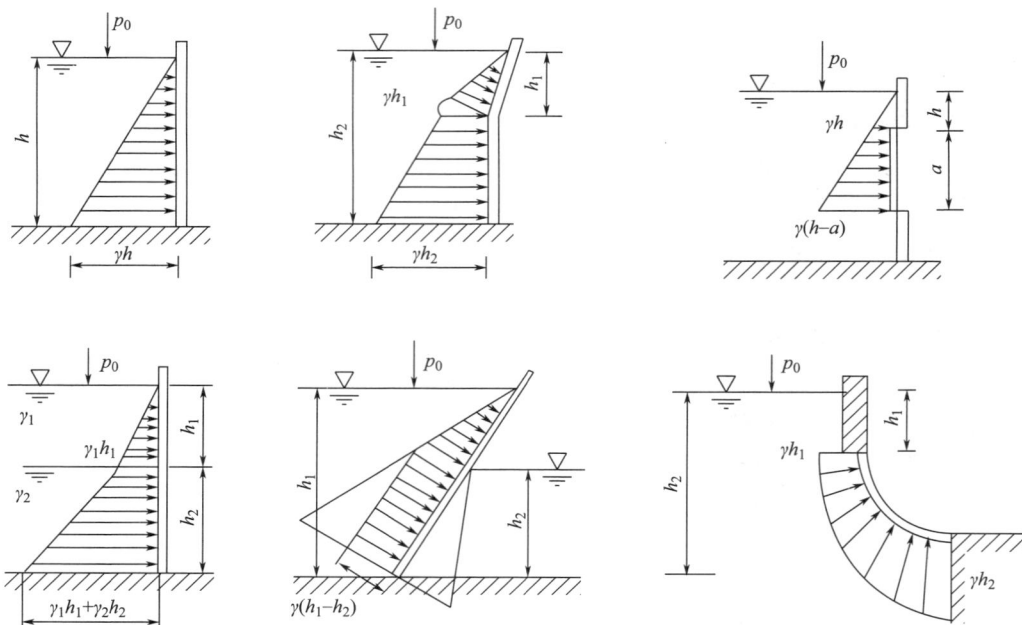

图 2-22　不同情况下静压强分布图的画法

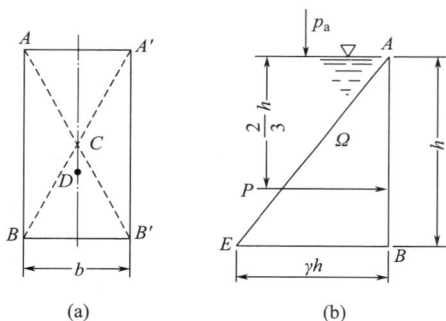

图 2-23　平面受液体总压力图解法

（1）液体总压力的大小

根据作用在平面上液体总压力公式（2-17）有

$$P = p_C A = \gamma h_C A = \gamma \frac{h}{2} bh = \frac{1}{2} \gamma bh^2$$

式中，$\gamma h^2/2$ 为液体静压强分布图面积，用 Ω 表示。故上式可写为：

$$P = b\Omega \qquad (2\text{-}19)$$

式（2-19）表明，作用在矩形平面上的液体总压力的大小等于该平面压强分布图的体积。

（2）液体总压力的方向

液体总压力的方向总是垂直指向受压面，这一点是不变的。

（3）液体总压力的作用点

由于受压面为矩形平面，故总压力 P 的作用点位置必然位于该平面的对称轴上，同时 P 的作用线一定通过压强分布图体积形心，且垂直指向受压面。

当压强分布图为三角形时（图 2-23b），由于 P 的作用线必然通过压强分布图形心点，由表 2-1 可知，三角形的形心点在距底边 $h/3$ 处，且作用点必在作用面的对称轴上，即可确定其位置，即

$$h_D = \frac{2}{3} h$$

另外，当压强分布图为梯形、圆形、矩形时也可通过表 2-1 确定总压力的作用线的

位置。

【**例 2-7**】　如图 2-24 所示，有一铅垂矩形闸门。已知 h_1 为 2m，h_2 为 4m，宽 b 为 1.5m，求作用于此闸门上的静水总压力及其作用点。

解：总压力为

$$P = p_C A = \gamma h_C A = 9.807 \times \left(2 + \frac{4}{2} \right) \times 4 \times 1.5 = 235.4 \text{kN}$$

压力作用点的位置确定

$$y_D = y_C + \frac{J_C}{y_C A} = 4 + \frac{\frac{1}{12} \times 1.5 \times 4^3}{4 \times 1.5 \times 4} = 4.33 \text{m}$$

$$x_D = \frac{b}{2} = \frac{1.5}{2} = 0.75 \text{m}$$

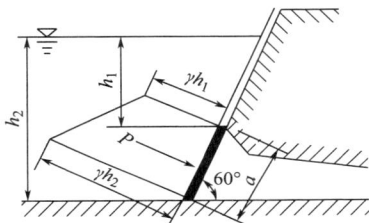

图 2-24　铅垂矩形闸门　　　　　　图 2-25　例题 2-8

【**例 2-8**】　如图 2-25 所示，一引水涵洞的进水口设一高度 a 为 2.5m 的矩形平板闸门，闸门宽 $b = 2$m，闸门前水深 $h_2 = 7$m，闸门倾斜角 $\theta = 60°$，试求闸门上所受静水总压力的大小及作用点。

解：① 解析法

先求闸门形心 C 处的水深

$$h_C = h_2 - \frac{a}{2} \sin 60° = 7 - \frac{2.5}{2} \times 0.867 = 5.92 \text{m}$$

则静水总压力

$$P = \gamma h_C A = \gamma h_C ab = 9.807 \times 5.92 \times 2.5 \times 2 = 290 \text{kN}$$

$$y_C = \frac{h_C}{\sin 60°} = \frac{5.92}{0.867} = 6.83 \text{m}$$

$$J_C = \frac{1}{12} bh^3 = \frac{1}{12} \times 2 \times 2.5^3 = 2.6 \text{m}^4$$

$$y_D = y_C + \frac{J_C}{y_C A} = 6.83 + \frac{2.6}{6.83 \times 2.5 \times 2} = 6.91 \text{m}$$

静水总压力作用点 D 距水面的高度为

$$h_D = y_D \sin 60° = 6.91 \times 0.867 = 5.99 \text{m}$$

② 图解法

先绘制压强分布图，如图 2-25 中的梯形，再求闸门上下缘的静水压强 p_1、p_2。

$$h_1 = h_2 - a \sin 60° = 7 - 2.5 \times 0.867 = 4.83 \text{m}$$

$$p_1 = \gamma h_1 = 9.807 \times 4.83 = 47.4\text{kPa}$$
$$p_2 = \gamma h_2 = 9.807 \times 7 = 68.6\text{kPa}$$

梯形面积

$$\Omega = \frac{p_1 + p_2}{2}a = \frac{47.4 + 68.6}{2} \times 2.5 = 145\text{m}^2$$

静水总压力

$$P = b\Omega = 2 \times 145 = 290\text{kN}$$

根据表 2-1 可知，梯形形心点距下底距离，根据 P 的作用线必然通过形心点以及对称轴可得静水总压力作用点在水下的深度为

$$h_D = h_2 - \frac{a}{3} \frac{(2\gamma h_1 + \gamma h_2)}{(\gamma h_1 + \gamma h_2)}\sin\alpha = 7 - \frac{2.5}{3} \times \frac{2 \times 9.807 \times 4.83 + 9.807 \times 7}{9.807 \times 4.83 + 9.807 \times 7} \times 0.867$$

$$= 5.99\text{m}$$

教学情境 6 作用于曲面上的液体总压力

工程中常遇到受压面为曲面的情况，如贮水池壁面、圆管管壁、弧形闸门等。作用在曲面上各点的流体静压力都垂直于容器壁，这就形成了复杂的空间力系，求总压力的问题便成为空间力系的合成问题。然而在工程上用到最多的是二向曲面（或称柱面），因此，本书只讨论二向曲面的静水总压力的问题。

设有一承受液体压力的二向曲面，其面积为 A，且沿宽度方向是对称的。令参考坐标系的 y 轴与此二向曲面的母线平行，则曲面在 xoz 平面上的投影便成为曲线 ab，如图 2-26 所示。在曲面 ab 上任意点取一微元面积 $\text{d}A$，它的深度为 h，则仅液体作用在它上面的总压力为

$$\text{d}P = \gamma h \text{d}A$$

图 2-26　曲面上的液体总压力

　　为了进行计算，我们需要将 $\mathrm{d}P$ 分解为水平与垂直的两个微元分力，并将此二微元分力在整个面积 A 上进行积分，这样便可求得作用在曲面上的总压力的水平分力与铅垂分力，进而求出总压力的大小、方向及作用点。

1. 曲面上的液体总压力

1）总压力的水平分力 P_x

　　设 θ 为微元面积 $\mathrm{d}A$ 的法线与 x 轴的夹角，则微元水平分力为

$$\mathrm{d}P_x = \mathrm{d}P\cos\theta = \gamma h\,\mathrm{d}A\cos\theta = \gamma h\,\mathrm{d}A_z$$

　　故总压力的水平分力为

$$P_x = \int_{A_z} \gamma h\,\mathrm{d}A_z$$

$$P_x = \gamma h_C A_z \tag{2-20}$$

　　式中，A_z 为曲面 ab 对垂直面 yoz 上的投影面的面积；h_C 为投影面 A_z 的形心在水面下的深度。

　　由此可见，作用在曲面 ab 上的静水总压力的水平分力 P_x 等于作用在该曲面对垂直坐标面 oyz 的投影面 A_z 上的总压力。P_x 的作用方向是水平指向受压面，其作用点可按式（2-20）计算。

2）总压力的铅垂分力 P_z

　　根据上述 P_x 的计算可知

$$\mathrm{d}P_z = \mathrm{d}P\sin\theta = \gamma h A\sin\theta = \gamma h\,\mathrm{d}A_x$$

　　式中，A_x 为曲面 ab 对水平面 xoy 上的投影面的面积。

　　故总压力的铅垂分力为

$$P_z = \int_{A_x} \gamma h\,\mathrm{d}A_x$$

　　由几何学知，右边的积分式中 $h\,\mathrm{d}A_x$ 为作用在微小曲面 mn（图 2-26）上的液体体积，所以 $\int_{A_x} h\,\mathrm{d}A_x$ 为作用在曲面 ab 上的液体体积 $oabdo'a'b'd'$（见图 2-27），即

$$P_z = \int_{A_x} \gamma h\,\mathrm{d}A_x = \gamma V \tag{2-21}$$

　　式中，$\int_{A_x} h\,\mathrm{d}A_x$ 代表曲面 ab 所托液体的体积，即为截面积为 $oabd$，而长为 b 的柱体体积，以 V 表示，称为压力体。

図 2-27　曲面上压力体的组成

　　式（2-21）表明，作用在曲面上静水压力的铅垂分力 P_z，等于该曲面的压力体体积的重量。

　　求 P_z 的关键是求出压力体体积。压力体即以曲面为底，以其在自由面或其延长面上的投影面为顶，曲面四周各点向上投影的垂直母线作侧面所包围的一个空间体积。

　　P_z 的作用线通过压力体的重心。

　　如果压力体和水体位于受压面的同侧，液体位于受压曲面的上方，在压力体内充满液

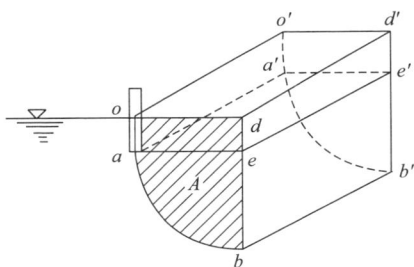

体，称为实压力体，则 P_z 的方向向下，如图 2-28（a）所示。如压力体和液体分别位于受压曲面的两侧，液体位于受压曲面的下方，压力体内无液体，称为虚压力体，则 P_z 的方向向上，如图 2-28（b）所示。

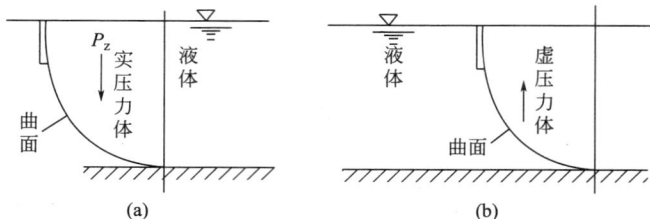

图 2-28 压力体
（a）实压力体；（b）虚压力体

3）总压力的大小

作用在曲面上的静水总压力为：

$$P = \sqrt{P_x^2 + P_z^2}$$

4）作用在受压曲面上的总压力的方向

P 的作用线与水平线的夹角 θ 为：

$$\theta = \arctan \frac{P_z}{P_x}$$

5）作用在受压曲面上的总压力的作用点

静水总压力的作用线必然通过 P_x 与 P_z 的交点，对于圆柱体曲面，必定通过圆心。总压力 P 的作用线与曲面的交点，即为静水总压力的作用点。

以上推导的求作用在平面与曲面上液体总压力 P 的公式只适用于液面压强为大气压。对密闭容器，当液面压强大于或小于大气压时，则应以相对压强为零的液面（即测压管水头所在的液面）求总压力和压力作用点。这个相对压强为零的液面和容器实际液面的距离为 $|(p_0 - p_a)|/\gamma$。

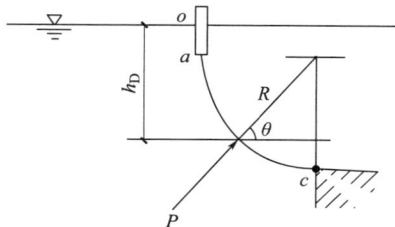

图 2-29 例 2-9

【例 2-9】 如图 2-29 所示，ac 为四分之一圆柱体曲面，半径 $R = 2.5\text{m}$，宽 $b = 4.0\text{m}$，a 点的水深 $oa = 2.0\text{m}$，求作用在曲面上的静水总压力及其作用点。

解：① 求水平分力 P_x

$$P_x = \gamma h_C A_z = 9.807 \times \left(2.0 + \frac{2.5}{2}\right) \times 2.5 \times 4$$

$$= 318.7\text{kN}$$

② 求铅垂分力 P_z

$$P_z = \gamma V = \gamma Ab = 9.807 \times \left(2.5 \times 2.0 + \frac{\pi}{4} \times 2.5^2\right) \times 4 = 388.6\text{kN}$$

③ 求合力 P

$$P = \sqrt{P_x^2 + P_z^2} = \sqrt{318.7^2 + 388.6^2} = 502.6\text{kN}$$

④ 求作用点

$$\theta = \arctan \frac{P_z}{P_x} = \arctan \frac{388.6}{318.7} = 50.72°$$

$$h_D = oa + R\sin\theta = 2.0 + 2.5\sin57.74° = 4.11\text{m}$$

【例 2-10】 已知管径为 2.0m，管内水压为 100mH₂O，管材容许应力 $[\sigma] = 150\text{MPa}$，如图 2-30 所示。试设计钢管的壁厚（忽略管路自重与水重）。

解： 管内各点因位置高度不同所引起的压强差与管内设计压强 100mH₂O 相比较是很微小的，可忽略不计。因此，认为管内同一横断面上各点处的压强分布是均匀的。

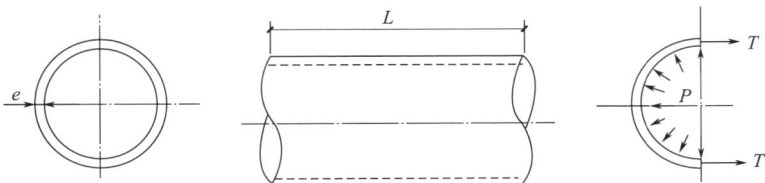

图 2-30   作用在管壁上的液体静压力

则作用在半环管内壁面上的静水总压力 P 的水平分力 P_x 等于半环垂直投影面上的压力：

$$P_x = pA_z = pLD$$

式中　p——管内静水压强（Pa）；

A_z——管道横断面在铅垂方向投影面积（m²）；

L——管道长度（m）；

D——管径（m）。

作用于管内壁面上的静水总压力水平分力 P_x 应与半环管壁承受的拉力 T 相平衡，即：

$$P_x = 2T$$

$$T = \frac{P_x}{2} = \frac{1}{2}pLD$$

设 T 在管壁厚度 e 内是均匀分布的。根据安全的要求，管壁承受的拉应力应不大于容许拉应力，即：

$$[\sigma] \geq \frac{T}{eL} = \frac{pLD}{2eL} = \frac{pD}{2e}$$

由此可求出管壁厚度 e 为：

$$e \geq \frac{pD}{2[\sigma]} = \frac{100 \times 9.807 \times 2.0}{2 \times 150000} = 0.00654\text{m}$$

取 $e = 7\text{mm}$

2. 液体的浮力

在工程设计与施工中，常常会遇到物体所受浮力及其稳定性的问题。

浮力是指浸入液体中的物体所受到的垂直向上的静水总压力。

如图 2-31 所示，有一淹没于静止液体中的六面体，各面均受到静水总压力的作用。作用在该六面体四个垂直面上的静水总压力，其大小相等、方向相反，因此互相抵消。

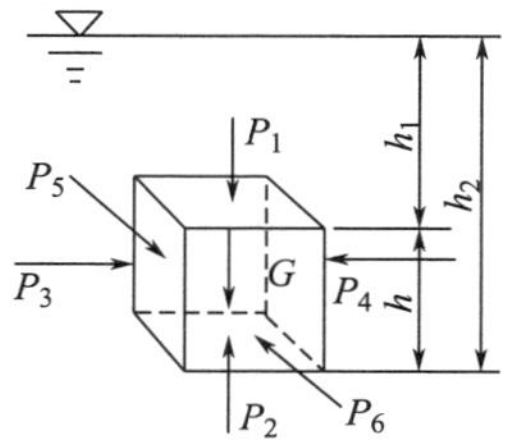

图 2-31　物体的浮力

作用在六面体顶面、底面上的静水总压力分别为 P_1、P_2，其值为：

$$P_1 = \gamma h_1 A \qquad 方向向下$$

$$P_2 = \gamma h_2 A \qquad 方向向上$$

因为 $h_1 > h_2$，所以 $P_2 > P_1$。P_1 与 P_2 之差即为该六面体所受浮力，用 P_z 表示，即：

$$P_z = P_2 - P_1 = \gamma h_2 A - \gamma h_1 A = \gamma h A = \gamma V$$

式中　V——物体所排开液体的体积（m^3）。

上式表明，作用于淹没物体上的静水总压力只有铅垂方向的分力，因该力铅垂向上，故称浮力。其大小等于物体所排开的同体积的液体的重力。这就是著名的阿基米德原理。浮力的作用点通过所排开液体的体积形心，该点称为浮心。

下面我们来讨论物体的沉浮。

沉浸在液体中的物体受到两个力的作用，即物体的重力 G 和浮力 P_z。G 与 P_z 的相对大小决定着物体的沉浮：

当 $G > P_z$ 时，物体下沉。这种物体称为沉体，例如石块在水中下沉等。

当 $G = P_z$ 时，物体可在水中任何深度保持平衡。这种物体称为潜体，例如潜水艇。

当 $G < P_z$ 时，物体浮出水面，当物体在水下部分所排开液体重力刚好等于物体所受重力时，物体保持平衡。这种物体称为浮体，例如船舶、比重计等。

思政案例

血压计的发展历程

1628 年，英国科学家威廉·哈维注意到当动脉被割破时，血液就像被压力驱动那样喷涌而出。通过触摸脉搏的跳动，会感觉到血压。

1733 年，来自英国的牧师斯蒂芬·黑尔斯在一匹马身上实现了零的突破，测量血压从梦想变成了现实。他用尾端接有小金属管、长 270cm 的玻璃管插入一只马的颈动脉内，此时血液立即倾入玻璃管内，高达 270cm，这表示马颈动脉内血压可维持 270cm 的血柱高，高度会因马的心跳而稍微升高或降低，心脏收缩时血压升高（收缩压），心脏松弛时血压下降（舒张压）。

虽然在动物身上实现了血压测量的突破，然而在人类身上实现血压测量却又过了 100 多年。因为黑尔斯的方法测血压首先做起来是很不方便的，其次，血液离开人体后会有凝固，凝血问题没有解决，也不方便测血压。

1828 年法国生理学家、物理学家泊肃叶发明了 U 形水银检压计。U 形管里面充满水银，短的一头接到动物的动脉，长的一头标上刻度。泊肃叶解决了玻璃管内的凝血问题，他用饱和碳酸氢钠溶液（俗称小苏打）阻止了血液的凝固。他还用水银柱替代了水柱，这样就大大缩短了所需要的玻璃管长度（因为水银比水重），血压的单位从英尺和英寸变为毫米汞柱。

1835 年，尤利乌斯·埃里松发明了一个血压计，它把脉搏的搏动传递给一个狭窄的水银柱，当脉搏搏动时，水银会相应地上下跳动，医生第一次能在不切开动脉的情况下测量脉搏和血压。但由于它使用不便，制作粗陋，读数并不准确。

1860 年，法国科学家艾蒂安朱尔·马雷研制成了一个当时最好的血压计，它将脉搏的搏动放大，并将搏动的轨迹记录在卷筒纸上。这个血压计也能随身携带，马雷用这个血压计来研究心脏的异常跳动。

目前，医生常用的水银血压计，如图 2-32（a）所示，是意大利科学家希皮奥内·里瓦罗奇在 1896 年发明的。它有一个能充气的袖带，用于阻断血液的流动，医生用一个听诊器听脉搏的跳动，同时在刻度表上读出血压数。

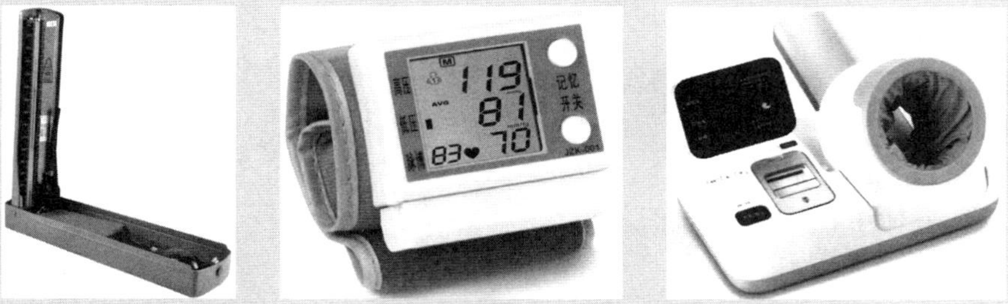

(a)	(b)	(c)

图 2-32　血压计
(a) 水银血压计；(b) 电子血压计（一）；(c) 电子血压计（二）

目前，广泛使用的电子血压计是由日本人发明的，是利用现代电子技术与血压间接测量原理进行血压测量的医疗设备。如图 2-32（b）（c）所示，电子血压计有臂式、腕式、手表式之分；其技术经历了最原始的第一代（机械式定速排气阀）、第二代（电子伺服阀）、第三代（加压同步测量）及第四代（集成气路）的发展。

2020 年 10 月 14 日，国家药监局综合司印发通知《国家药监局综合司关于履行〈关于汞的水俣公约〉有关事项的通知》（药监综械注〔2020〕95 号），要求自 2026 年1 月 1 日起，全面禁止生产含汞体温计和含汞血压计产品。随着无汞医疗的到来，电子血压计将会成为血压测量的主要工具。

单元小结 🔍

本教学单元介绍了流体静压强的定义、特性、表示方式以及测量仪器等；并根据力学平衡条件研究静压强的空间分布规律，重点介绍流体静压强的基本方程式及其在工程中的应用；对于作用于平面和曲面上的液体压力进行了分析介绍，给出了分析思路和计算公式。

本教学单元在学习中应充分认识流体静压强的表示方式，以及流体静压强的基本方程的应用，能够通过等压面来求解流体静压强的大小，能够绘制静压强分布图，并计算作用在平面上的液体总压力。

自我测评 🔍

一、填空题

1. 作用于静止（绝对平衡）液体上的表面力有_____，质量力有_____。

2. 只受重力作用，静止液体中的等压面是_____。

3. 流体静力学中，除平板水平放置外，压力中心 D 点的位置总是_____形心 C。（低于、高于）

二、选择题

1. 静止液体中同一点各方向的压强（   ）。

   A. 数值相等　　　　　　　　　　　　B. 数值不等

   C. 仅水平方向数值相等　　　　　　　D. 铅直方向数值最大

2. 在平衡液体中，质量力与等压面（   ）。

   A. 重合　　　　B. 平行　　　　C. 相交　　　　D. 正交

3. 液体中某点的绝对压强为 $100kN/m^2$，某地大气压强为 $98kPa$，则该点的相对压强为（   ）。

   A. $1kN/m^2$　　B. $2kN/m^2$　　C. $-1kN/m^2$　　D. $-2kN/m^2$

4. 如图 2-33 所示，一密闭容器内下部为水，上部为空气，液面下 4.2m 处的测压管高度为 2.2m，则容器内液面的相对压强 p 为（   ）水柱。

   A. 2m　　　　B. 1m　　　　C. 8m　　　　D. $-2m$

5. 如图 2-34 所示，容器内有一放水孔，孔口设有面积为 A 的阀门 ab，容器内水深为 h，则阀门所受静水总压力为（   ）。

   A. $0.5\gamma hA$　　B. γhA　　C. $0.5\gamma h^2A$　　D. γhA^2

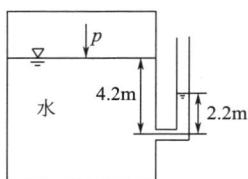

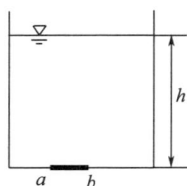

图 2-33　选择题 4　　　　　　图 2-34　选择题 5　　　　　　图 2-35　选择题 6

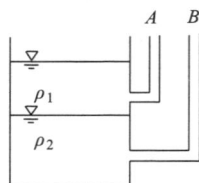

6. 如图 2-35 所示，为两种液体盛于容器中，且密度 $\rho_2 > \rho_1$，则 A、B 两测压管中的液面必为（   ）。

   A. B 管高于 A 管　　B. A 管高于 B 管　　C. A、B 两管同高　　D. 无法判断

三、判断题

1. 当平面水平放置时，压力中心与平面形心重合。（   ）

2. 一个工程大气压等于 98kPa，相当于 10m 水柱的压强。（   ）

3. 静止流体中任意一点的静压力不论来自哪个方向均相等。（   ）

4. 静止液体的自由表面是一个水平面，也是等压面。（   ）

5. 当静止液体受到表面压强作用后，将毫不改变地传递到液体内部各点。（　　）

6. 当相对压强为零时，称为真空压强。（　　）

7. 某点的绝对压强小于一个大气压强时，即称该点产生真空。（　　）

8. 压力表实际测得的压力是绝对压力。（　　）

9. 作用在流体上的静压力为质量力。（　　）

四、问答题

1. 流体静压强的特征有哪些？

2. 什么是等压面？如何判定？

3. 写出流体静力学基本方程，并说明流体静力学基本方程的物理意义和几何意义。

4. 流体静压强有几种表示方法？它们之间的关系是什么？

5. 说明液柱式测压计的测量原理。

五、计算题

1. 某地大气压强为 98kPa，求：（1）绝对压强为 117kPa 时的相对压强及其水柱高度；（2）相对压强为 $8mH_2O$ 时的绝对压强；（3）绝对压强为 $78.3kN/m^2$ 时的真空压强。

2. 封闭容器水面绝对压强 p_0' 为 85kPa，中央的玻璃管是两端开口的，如图 2-36 所示，求玻璃管伸入水面下多深时，既无空气通过玻璃管进入容器，又无水进入玻璃管。

3. 如图 2-37 所示，密闭容器中水面的绝对压强 $p_0'=107.77kN/m^2$，当地大气压强 $p_a=98.077kN/m^2$。试求：（1）水深 $h=0.8m$ 时，A 点的绝对压强和相对压强；（2）若 A 点距基准面的高度 $Z=4m$，求 A 点的测压管高度及测压管水头；（3）压力表 M 和酒精（$\gamma=7.944kN/m^3$）测压计 h_1 的读数为多少？

4. 如图 2-38 所示的复式水银测压计，试判断 A-A、B-B、C-C、D-D、C-E 中哪个是等压面，哪个不是等压面？

图 2-36　计算题 2

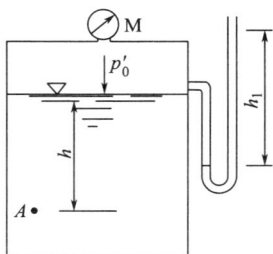

图 2-37　计算题 3

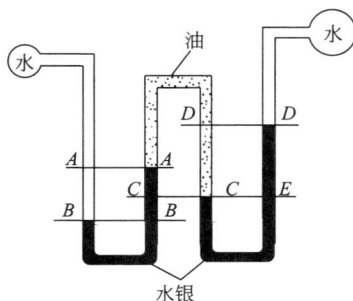

图 2-38　计算题 4

5. 如图 2-39 所示的 1、2、3 点的位置水头、压强水头及测压管水头是否相等？

6. 水管上安装一个复式水银测压计，如图 2-40 所示。试确定 p_1、p_2、p_3、p_4 的大小关系。

7. 如图 2-41 所示，一封闭容器盛有水银、水两种不同液体，试问同一水平线上的 1、2、3、4、5 各点的压强哪点最大？哪点最小？哪些点相等？

8. 图 2-42 所示为倾斜水管上测定压差的装置，测得 $Z=200mm$，$h=120mm$，当水管内为油（$\gamma_1=9.02kN/m^3$）时与空气时，分别求 A、B 两点的压差。

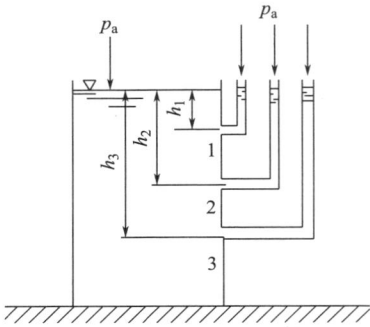

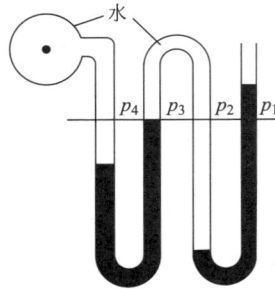

图 2-39　计算题 5　　　　　　图 2-40　计算题 6　　　　　　图 2-41　计算题 7

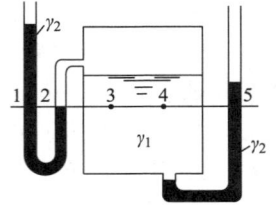

9. 重度为 γ_a 和 γ_b 的两种液体，装在同一容器中，各液面深度如图 2-43 所示。现已知 $\gamma_b = 9.807 \text{kN/m}^3$，求 γ_a 及 p_A。

图 2-42　计算题 8　　　　　　　　　　图 2-43　计算题 9

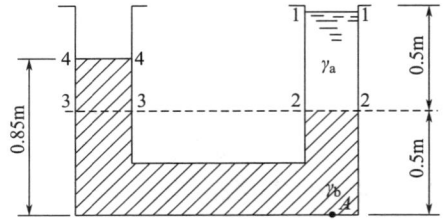

10. 封闭水箱如图 2-44 所示，各测压管的液面高度为：$\nabla_1 = 100 \text{cm}$，$\nabla_2 = 20 \text{cm}$，$\nabla_4 = 60 \text{cm}$，问 ∇_3 为多少?

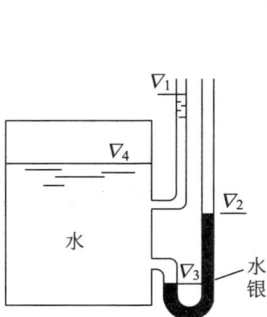

图 2-44　计算题 10　　　　　图 2-45　计算题 11　　　　　图 2-46　计算题 12

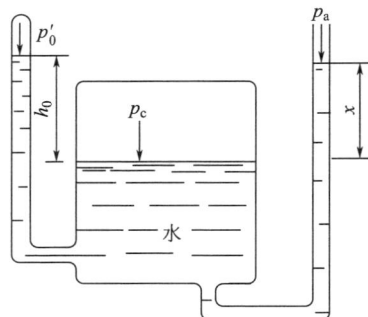

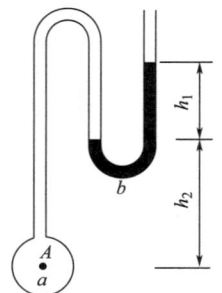

11. 一盛水的封闭容器，其两侧各接一根玻璃管，如图 2-45 所示。一管顶端封闭，其液面压强 p_0' 为 88.29kN/m²，另一管顶端敞开，液面与大气接触。已知 h_0 为 2m，试求：(1) 容器内液面压强 p_c；(2) 敞口管与容器内的液面高差 x；(3) 用真空值表示 p_0'。

12. 如图 2-46 所示，管路上安装一 U 形测压计，测得 $h_1 = 30 \text{cm}$，$h_2 = 60 \text{cm}$，又已知：(1) a 为油（$\gamma_{油} = 8.354 \text{kN/m}^3$），$b$ 为水银；(2) a 为油，b 为水；(3) a 为气体，b

为水。求这三种情况下 A 点相对压强的水柱高度。

13. 如图 2-47 所示为两高度差 $Z=20\text{cm}$ 的水管，当 a 为空气时，h 为 10cm，求两管的压差；当 a 为油（$\gamma_{油}=9\text{kN/m}^3$）时，求两管的压差及测压管水头差。

14. 如图 2-48 所示，复式测压计各液面高程为：$\nabla_1=3.0\text{m}$，$\nabla_2=0.6\text{m}$，$\nabla_3=2.5\text{m}$，$\nabla_4=1.0\text{m}$，$\nabla_5=3.5\text{m}$，求 p_5。

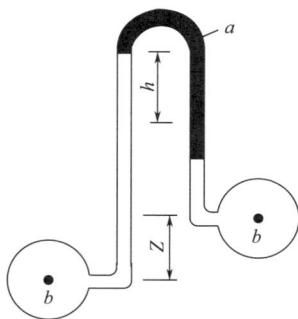

图 2-47 计算题 13　　图 2-48 计算题 14　　图 2-49 计算题 15

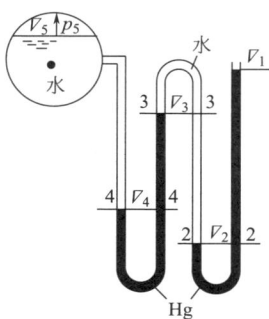

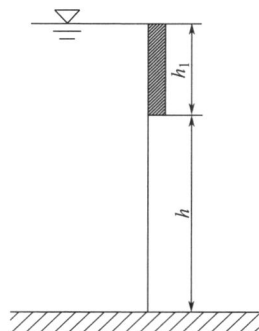

15. 一铅直矩形闸门，如图 2-49 所示，顶边水平，所在水深 $h_1=1\text{m}$，闸门高 $h=2\text{m}$，宽 $b=1.5\text{m}$，试求解水静压力 P 的大小和作用点。

16. 如图 2-50 所示，渠道上有一平面闸门，宽 $b=4.0\text{m}$，闸门在水深 $H=2.5\text{m}$ 下工作，闸门斜放角度 $\alpha=60°$，求闸门受到的静水总压力。

17. 如图 2-51 所示，水下矩形闸门高 $h=2.5\text{m}$，宽 $b=2.3\text{m}$，闸门两侧都有水作用，求作用在闸门上的静水总压力及其作用点。

18. 如图 2-52 所示，密封方形柱体容器中盛水，底部侧面开 $0.5\text{m}\times0.6\text{m}$ 的矩形孔，水面绝对压强为 117.7kN/m^2，求作用于闸门的静水压力及作用点。

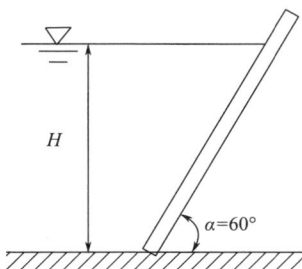

图 2-50 计算题 16　　图 2-51 计算题 17　　图 2-52 计算题 18

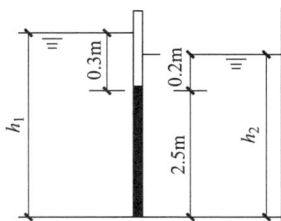

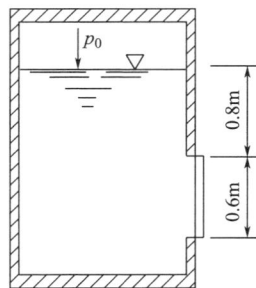

六、绘图题

请绘制图 2-53～图 2-55 的压力体，判断其方向并标注在图上。

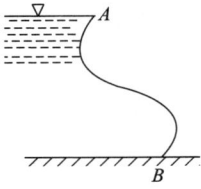

图 2-53　绘图题（1）

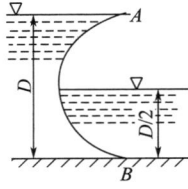

图 2-54　绘图题（2）

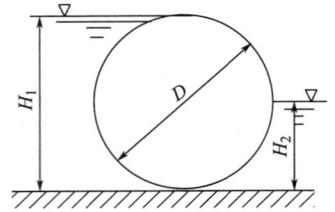

图 2-55　绘图题（3）

教学单元 3

Chapter 03

一元流体动力学基础

教学目标

【知识目标】了解描述流体运动的两种方法；理解流体运动的基本概念；掌握流体动力学三大方程：恒定流连续性方程、恒定流能量方程、恒定流动量方程及其相关的应用；熟悉恒定气流能量方程及其应用；理解总水头线与测压管水头线、总压线与势压线的绘制方法。

【能力目标】能够应用三大方程解决一些工程问题，如管路中流体速度的计算、水泵安装高度的计算、烟囱高度的计算及水流输送过程中的受力计算等。

【素质目标】结合质量守恒定律、能量守恒定律和动量守恒定律的发现过程以及欧拉的生平简介，学习科学家锲而不舍、追求科学真理的研究精神；树立抓住主要矛盾、解决关键问题的自然辩证法思维；结合工程实例，加深专业认同感，培养理论知识联系工程实际、解决工程实际问题的习惯。

```
                                    ┌─ 拉格朗日法
              描述流体运动的两种方法 ─┤
                                    └─ 欧拉法

                                    ┌─ 压力流与无压流
                                    ├─ 恒定流与非恒定流
                                    ├─ 流线与迹线
              描述流体运动的基本概念 ─┼─ 一元、二元和三元流
                                    ├─ 元流和总流
                                    ├─ 过流断面、流量和断面平均流速
                                    └─ 均匀流与非均匀流、渐变流与急变流

                                    ┌─ 质量守恒定律
              恒定流连续性方程 ──────┤
                                    └─ 恒定流连续性方程

                                    ┌─ 能量守恒定律
                                    ├─ 元流能量方程
              恒定流能量方程 ────────┼─ 总流能量方程
                                    └─ 能量方程式的意义

                                    ┌─ 应用条件
 一元流体动力学                      ├─ 解题的一般步骤及注意事项
    基础      ──── 能量方程的应用 ───┼─ 测流速——毕托管
                                    └─ 测流量——文丘里流量计

                                    ┌─ 总水头线
              总水头线与测压管水头线 ─┤
                                    └─ 测压管水头线

                                    ┌─ 方程基本表达式
              恒定气流能量方程 ──────┤
                                    └─ 方程的意义

                                    ┌─ 总压线
              总压线和势压线 ────────┤
                                    └─ 势压线

                                    ┌─ 动量守恒定律
              恒定流动量方程 ────────┼─ 恒定流动量方程
                                    └─ 应用动量方程的注意事项及例题
```

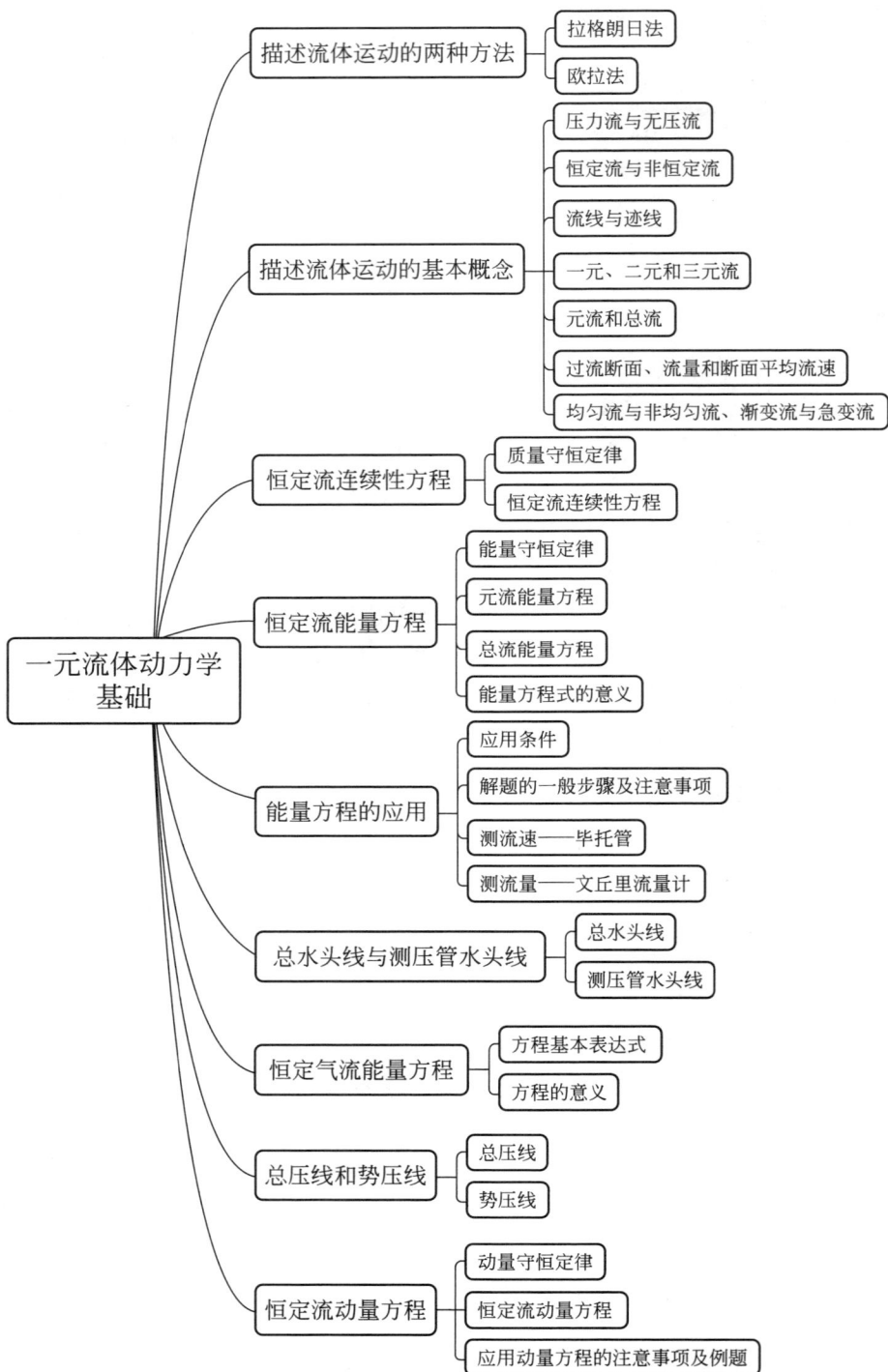

教学单元 3 思维导图

在自然界或工程实际中，流体的静止、平衡状态，都是暂时的、相对的，是流体运动的特殊形式，运动才是绝对的。流体最基本的特征就是它的流动性。因此，进一步研究流体的运动规律具有更重要、更普遍的意义。

流体动力学就是研究流体运动规律及其在工程上的实际应用的科学。本教学单元研究流体的运动要素——压强、密度、速度、作用力、加速度间的相互关系；并根据流体运动实际情况，研究反映流体运动基本规律的三个方程式，即：流体的连续性方程式、能量方程式和动量方程式。这三个方程式，称为流体动力学三大基本方程式，它们在整个工程流体力学中占有非常重要的地位。

流体静力学与流体动力学的主要区别：

一是在进行力学分析时，静力学只考虑作用在流体上的重力和压力；动力学除了考虑重力和压力外，由于流体运动，还要考虑因流体质点速度变化所产生的惯性力和流体流层与流层间、质点与质点间因流速差异而引起的黏滞力。

二是在计算某点压强时，流体的静压强只与该点所处的空间位置有关，与方向无关；动力学中的压强，一般指动压强，不仅与该点所处的空间位置有关，还与方向有关。但是由理论推导可以证明，任意一点在三个正交方向上流体动压强的平均值是一个常数，不随这三个正交方向的选取而变化，这个平均值作为点的动压强，它也只与流体所处的空间位置有关。因此，为不至于混淆，流体流动时的动压强和流体静压强均可简称为压强。

教学情境 1　描述流体运动的两种方法

描述流体运动规律的方法有拉格朗日法和欧拉法。

1. 拉格朗日法

沿袭固体力学的方法，把流体看作是由无数连续质点所组成的质点系，以研究个别流体质点的运动为基础，通过对每个流体质点运动规律的研究来确定整个流体的运动规律，这种方法称为拉格朗日法。

码3-1
描述流体
运动的两
种方法

拉格朗日法的特点是追踪流体质点的运动，这与研究固体质点运动的方法完全相同，它的优点就是可以直接运用固体力学中早已建立的质点系动力学来进行分析。然而，由于流体质点的运动轨迹非常复杂，拉格朗日法在流体动力学的研究中很少采用。

2. 欧拉法

以流体运动所处的固定空间为研究对象，考察每一时刻通过各固定点、固定断面或固定空间的流体质点的运动情况，从而确定整个流体的运动规律，这种方法称为欧拉法。

实际上，绝大多数的工程问题并不要求追踪质点的来龙去脉，而只分析一些有代表性的断面、位置上流体的速度、压强等运动要素的变化情况。例如，拧开水嘴，水从管中流出；打开门窗，空气从门窗流入；开动风机，风从工作区间抽出，我们并不追踪水的各个质点的前前后后，也不探求空气的各个质点的来龙去脉，而是研究：水从管中以怎样的速度流出；空气经过门窗，以什么流速流入；风机抽风，工作区间风速如何分布。只要分析出每一时刻流体质点经过水嘴处、门窗洞口断面上、工作区间内的运动要素，就能确定其运动规律。这种方法比较简单，在流体动力学的研究中，得到广泛的采用。

在以后的讨论中，如不加说明，均以欧拉法作为描述问题的方法。

教学情境 2 描述流体运动的基本概念

1. 压力流与无压流

流体运动时，流体充满整个流动空间并在压力作用下的流动，称为压力流。压力流的特点是没有自由表面，且流体对固体壁面的各处包括顶部（如管壁顶部）有一定的压力，如图 3-1（a）所示。

液体流动时，具有与气体相接触的自由表面，且只依靠液体自身重力作用下的流动，称为无压流。无压流的特点是具有自由表面，液体的部分周界与固体壁面相接触，如图 3-1（c）所示。

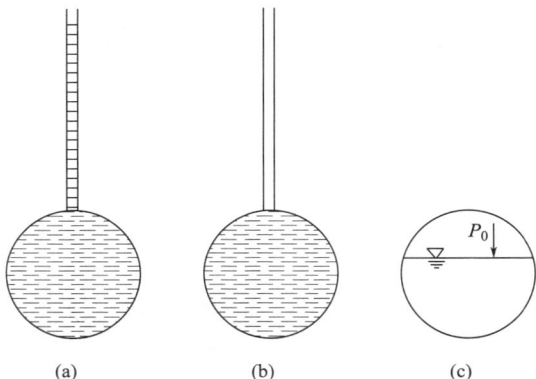

在压力流中，流体的压强一般大于大气压强（水泵吸水管等局部地区可以小于大气压强），工程实际中的给水、采暖、通风等管道中的流体运动，都是压力流。在无压流中，自由表面上的压强等于大气压强，实际中的各种排水管、明渠、天然河流等液流都是无压流。在压力流与无压流之间有一种满流状态，如图 3-1（b）所

图 3-1　压力流与无压流
（a）圆管压力流；（b）圆管满流；
（c）圆管无压流

示。其流体的整个周界均与固体壁面相接触，但对管壁顶部没有压力。在工程中，这种情况近似地按无压流看待。

2. 恒定流与非恒定流

流体运动时，流体任意一点的压强、流速、密度等运动要素不随时间而发生变化的流动，称为恒定流。如图 3-2（a）所示，水从水箱侧孔出流时，由于水箱上部的水管不断充水，使水箱中水位保持不变，因此水流任意点的压强、流速均不随时间改变，所以是恒定流。

流体运动时，流体任意一点的压强、流速、密度等运动要素随时间而发生变化的流动，称为非恒定流。如图 3-2（b）所示，水从水箱侧孔出流时，由于水箱上无充水管，水箱中的水位逐渐下降，造成水流各点的压强、流速均随时间改变，所以是非恒定流。

工程流体力学以恒定流为主要研究对象。水暖通风工程中的一般流体运动均按恒定流考虑。

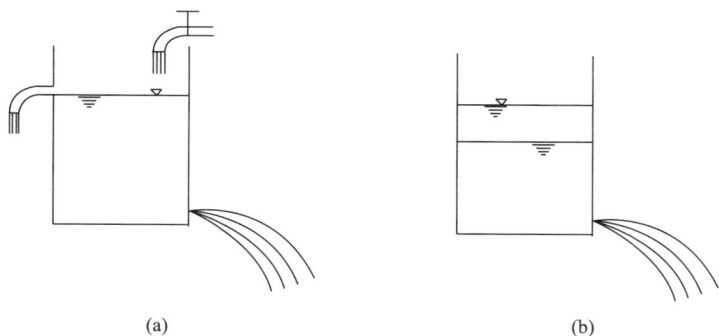

图 3-2　液体经孔口出流

(a) 恒定流；(b) 非恒定流

3. 流线与迹线

流线是指同一时刻流场中一系列流体质点的流动方向线，即在流场中画出的一条曲线，在某一瞬时，该曲线上的任意一点的流速矢量总是在该点与曲线相切。如图 3-3 所示，由于流体的每个质点只能有一个流速方向，所以过一点只能有一条流线，或者说流线不能相交；流线只能是直线或光滑曲线，而不能是折线，否则折点上将有两个流速方向，显然是不可能的。因此，流线可以形象地描绘出流场内的流体质点的流动状态，包括流动方向和流速的大小，流速大小可以由流线的疏密得到反映。流线是欧拉法对流动的描绘，如图 3-4 所示。

码3-3
流线和
迹线

图 3-3　流线分析

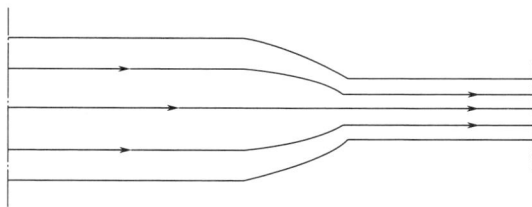

图 3-4　管流流线

迹线是指某一流体质点在连续时间内的运动轨迹。

流线和迹线，是两个截然不同的概念，学习时注意区别。对于恒定流，因为流速不随时间变化，流线与迹线完全重合，所以可以用迹线来反映流线。

4. 一元、二元和三元流

一元流是指流速等运动要素只是一个空间坐标和时间变量的函数的流动。如管道内的流动，当忽略横向尺寸上各点速度的差别时，速度只沿着管长 x 方向上有变化，其他方向无变化，这就是一元流动，其数学表达式为：

$$v_x = f(x, t)$$

二元流是指流速等运动要素是两个空间坐标和时间变量的函数的流动。如流体流过无限长圆柱的流动就属于二元流动，其数学表达式为：

码3-4
描述流体
运动的基
本概念
（二）

$$v_x = f_1(x, y, t)$$
$$v_y = f_2(x, y, t)$$

流体流过有限长圆柱时，圆柱两端也有绕流，这时流速等运动要素是三个空间坐标和时间变量的函数，就是三元流动。其数学表达式为：

$$v_x = f_1(x, y, z, t)$$
$$v_y = f_2(x, y, z, t)$$
$$v_z = f_3(x, y, z, t)$$

工程中大多是三元流动问题，但由于三元流动的复杂性，往往根据具体问题的性质把其简化为二元或一元流动来处理也能得到满意的结果。

5. 元流和总流

在流体运动的空间内，任取一封闭曲线 S，过曲线 S 上各点作流线，这些流线所构成的管状流面称为流管，流管以内的流体称为流束，当流束的过流断面无限小时，这根流束就称为元流，如图 3-5 中面积为 dA 的微小流束所示。面积为 A 的流束则是无数元流的总和，称为总流，如图 3-5 所示。

元流横断面面积无限小，其上的流速、压强等可以认为是相等的。

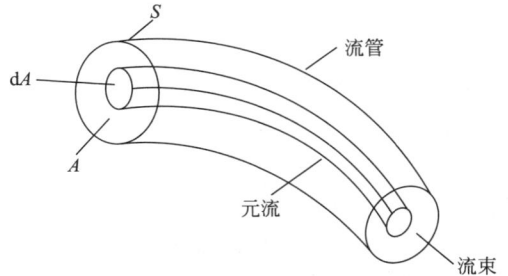

图 3-5 元流与总流

6. 过流断面、流量和断面平均流速

1）过流断面

在流束上作出的与流线相垂直的横断面，称为过流断面，如图 3-6 所示。流线互相平行时，过流断面为平面；流线互相不平行时，过流断面为曲面。

2）流量

单位时间内通过某过流断面的流体量称为流量，通常用流体的体积、质量和重量来计量，分别称为体积流量 Q（m^3/s）、质量流量 M（kg/s）、重量流量 G（N/s）。各种流量之间的换算关系：

$$M = \rho Q$$
$$G = Mg = \rho g Q = \gamma Q$$

如图 3-7 所示，设元流过流断面的面积为 dA，流速为 u，经过时间为 dt，元流相对于断面 1-1 的位移 $dl = u dt$，则该时间内通过断面 1-1 的流体体积

$$dV = dl \, dA = u \, dt \, dA$$

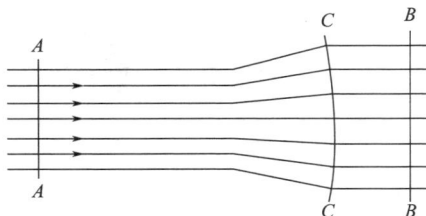

图 3-6 过流断面

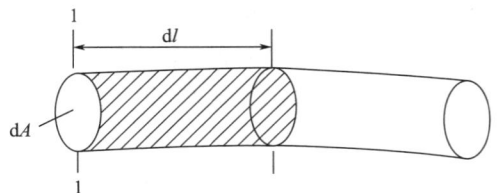

图 3-7 流量分析

将等式两端同除以 dt，即得元流体积流量

$$dQ = \frac{dV}{dt} = u\,dA \tag{3-1}$$

由于总流是无数元流的总和，则总流的体积流量

$$Q = \int_A u\,dA \tag{3-2}$$

3）断面平均流速

流体运动时，由于黏性影响，过流断面上的流速分布是不相等的。以管流为例，管壁附近流速较小，轴线上流速最大，如图 3-8 所示。为了便于计算，设想过流断面上流速 v 均匀分布，通过的流量与实际流量相等，流速 v 称为该断面的平均流速，即

$$vA = \int_A u\,dA = Q \tag{3-3}$$

则

$$v = \frac{Q}{A} \tag{3-4}$$

式中 Q——流体的体积流量（m^3/s）；

v——断面平均流速（m/s）；

A——总流过流断面面积（m^2）。

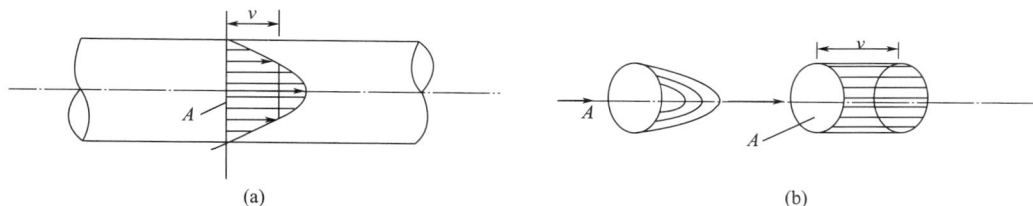

图 3-8 断面平均流速

（a）流速分布；（b）平均流速

【例 3-1】有一矩形通风管道，断面尺寸为：高 $h=0.3m$，宽 $b=0.5m$，若管道内断面平均流速 $v=7m/s$，试求空气的体积流量和质量流量（空气的密度 $\rho=1.2kg/m^3$）。

解：根据式（3-4），空气的体积流量

$$Q = vA = 7 \times 0.3 \times 0.5 = 1.05 m^3/s$$

空气的质量流量

$$M = \rho Q = 1.2 \times 1.05 = 1.26 kg/s$$

【例 3-2】已知蒸汽的重量流量 $G=19.62kN/h$，重度 $\gamma=25.7N/m^3$，断面平均流速 $v=25m/s$，试求蒸汽管道的直径。

解：由于蒸汽管道的过流面积

$$A = \frac{1}{4}\pi d^2$$

则

$$G = \gamma Q = \gamma \times v \times \frac{1}{4}\pi d^2$$

代入题中已知条件：$\gamma=25.7N/m^3$，$v=25m/s$ 得

$$G = 19.62 \text{kN/h} = \frac{19.62 \times 1000}{3600} = 5.45 \text{N/s}$$

可得蒸汽管道的直径

$$d = \sqrt{\frac{4G}{\pi \gamma v}} = \sqrt{\frac{4 \times 5.45}{3.14 \times 25.7 \times 25}} = 0.104 \text{m} = 104 \text{mm}$$

7. 均匀流与非均匀流、渐变流与急变流

均匀流是指过流断面的大小和形状沿程不变，过流断面上流速分布也不变的流动。凡不符合上述条件的流动则为非均匀流。由此可见，均匀流的特点是流线互相平行，过流断面为平面，均匀流是等速流。

工程中存在的流动大多数都不是均匀流，在非均匀流中，按流线沿流向变化的缓急程度又可分为渐变流和急变流。渐变流是指流速沿流向变化较缓，流线近似平行直线的流动。凡不符合上述条件的流动则为急变流，如图3-9所示。渐变流的特点是只受重力和压力作用，无离心力作用，过流断面近乎平面。

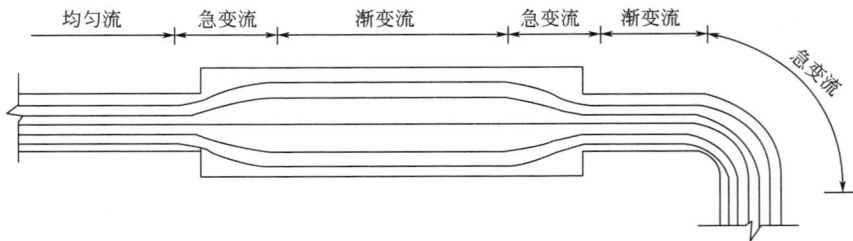

图3-9　渐变流和急变流

教学情境 3　恒定流连续性方程

码3-5
恒定流连
续性方程

流体的运动，属于机械运动范畴。因此，物理学中的质量守恒定律、能量转换与守恒定律以及动量定律等也适用于流体。本节利用质量守恒定律，分析研究流体在一定空间内的质量平衡规律。

1. 质量守恒定律

俄国科学家罗蒙诺索夫最先提出了"质量守恒定律"（物质不灭定律）的雏形。1756年，他把锡放在密闭的容器里煅烧，锡发生变化，生成白色的氧化锡，但容器和容器里物质的总质量，在煅烧前后并没有发生变化。经过反复的实验，都得到同样的结果，于是他认为在化学变化中物质的质量是守恒的。但是这一发现当时没有引起其他科学家的注意。直到1777年法国的拉瓦锡做了同样的实验，从实验上推翻了燃素说之后，也得到同样的结论，质量守恒定律才获得公认。

质量守恒定律指的是一个系统质量的改变总是等于该系统输入和输出质量的差值。质量守恒定律是自然界普遍存在的基本定律之一。它表明物质是不会消失也不会产生的，只能由一种物质转化成另一种物质，或者从一种形态转换成另一种形态，在转化中物质的总

量保持不变。

2. 恒定流连续性方程

在总流中，任取一元流段面积为 dA_1 和 dA_2 的 1-1、2-2 两个过流断面为研究对象，如图 3-10 所示，设 dA_1 的流速为 u_1，dA_2 的流速为 u_2，则 dt 时间内流入断面 1-1 的流体质量为 $\rho_1 dA_1 u_1 dt$，流出断面 2-2 的流体质量为 $\rho_2 dA_2 u_2 dt$。在恒定流条件下，两断面间流动空间内流体质量不变，流体又是连续的，根据质量守恒定律流入 1-1 断面的流体质量必等于流出 2-2 断面的流体质量。即

$$\rho_1 u_1 dA_1 dt = \rho_2 u_2 dA_2 dt$$

两端同除 dt，得

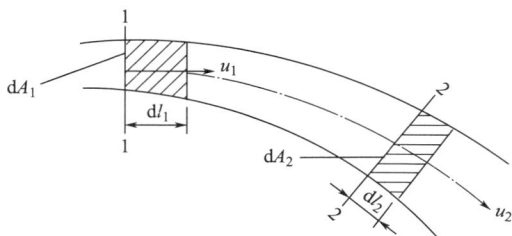

$$\rho_1 u_1 dA_1 = \rho_2 u_2 dA_2 \tag{3-5}$$

图 3-10 总流的质量平衡

式（3-5）即为恒定流可压缩流体的连续性方程式。

对总流过流断面 A_1 和 A_2 积分，则得总流连续性方程为：

$$\rho_1 \int_{A_1} u_1 dA_1 = \rho_2 \int_{A_2} u_2 dA_2 \tag{3-6}$$

即

$$\rho_1 v_1 A_1 = \rho_2 v_2 A_2 \tag{3-7}$$

$$\rho_1 Q_1 = \rho_2 Q_2 \tag{3-8}$$

即

$$M_1 = M_2 \tag{3-9}$$

当流体不可压缩时，密度为常数，$\rho_1 = \rho_2$

则有

$$Q_1 = Q_2 \tag{3-10}$$

或

$$\frac{v_1}{v_2} = \frac{A_2}{A_1} = \frac{d_2^2}{d_1^2} \tag{3-11}$$

上式表明：不可压缩流体在管内流动时，管径越大，断面上的流速越小；反之，管径越小，断面上的流速越大。

上述连续性方程所讨论的只是单进单出的简单管道。从此原理出发很容易将连续性方程推广到复杂管道，如三通管的合流与分流（图 3-11、图 3-12），据质量守恒定律可得：

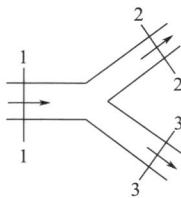

图 3-11 三通管的分流

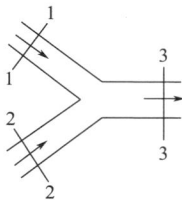

图 3-12 三通管的合流

分流时 $\qquad\qquad M_1=M_2+M_3$ (3-12)

当流体密度沿程不变时，即 $\rho_1=\rho_2=\rho_3$ 时

有 $\qquad\qquad Q_1=Q_2+Q_3$ (3-13)

$$v_1A_1=v_2A_2+v_3A_3 \tag{3-14}$$

合流时 $\qquad\qquad M_1+M_2=M_3$ (3-15)

当流体密度沿程不变时，即 $\rho_1=\rho_2=\rho_3$ 时

有 $\qquad\qquad Q_1+Q_2=Q_3$ (3-16)

$$v_1A_1+v_2A_2=v_3A_3 \tag{3-17}$$

由于连续性方程式并未涉及作用在流体上的力，因此对于理想流体和实际流体均适用。

【例 3-3】 如图 3-13 所示，有一变径水管，已知管径 $d_1=200mm$，$d_2=100mm$，若 d_1 处的断面平均流速 $v_1=0.25m/s$，试求 d_2 处的断面平均流速 v_2。

图 3-13　变径水管

解:

将 $v_1=0.25m/s$，$d_1=200mm$，$d_2=100mm$ 代入式（3-11），解得 d_2 处的断面平均流速为

$$v_2=v_1\times\frac{d_1^2}{d_2^2}=0.25\times\frac{0.1^2}{0.2^2}=0.0625m/s$$

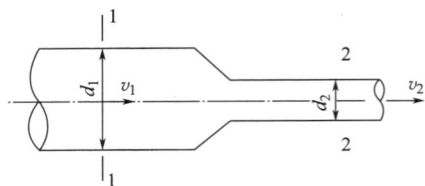

教学情境 4　恒定流能量方程

1. 能量守恒定律

这个定律发现于 19 世纪 40 年代，它是在 5 个国家、由各种不同职业的 10 余位科学家从不同角度各自独立发现的。其中迈尔、焦耳、亥姆霍兹是主要贡献者。能量守恒定律是自然科学中最基本的定律之一，它科学地阐明了运动不灭的观点。

从物理学中我们知道，自然界的一切物质都在不停地运动着，它们所具有的能量也在不停地转化。在转化过程中，能量守恒定律可以表述为：能量既不会凭空产生也不会凭空消失，它只会从一个物体转移到另一个物体，或者从一种形式转化为另一形式，而在转化或转移的过程中，能量总量保持不变。其中，总能量包括系统的机械能、内能（热能）及除机械能和内能以外的任何形式的能量。

本教学情境利用能量守恒定律，分析恒定流条件下，流体在一定空间内的能量平衡规律。流体和其他物质一样，具有动能和势能两种机械能。流体的动能和势能之间，机械能与其他形式的能量之间，也可以互相转化，并且它们之间的转化关系，同样遵守着能量守恒定律。

2. 元流能量方程

根据功能原理可以推导出元流能量方程式。在恒定流中任意取一元流断面 1-1 与 2-2 之间的元流为研究对象，如图 3-14 所示。两断面的高程和面积分别为 Z_1、Z_2 和 $\mathrm{d}A_1$、$\mathrm{d}A_2$，两断面的流速和压强分别为 u_1、u_2 和 p_1、p_2。经过 $\mathrm{d}t$ 时间，流段由原来的位置 1-2 移到新的位置 $1'$-$2'$。

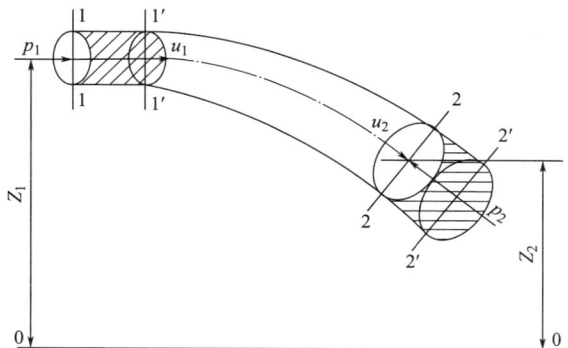

图 3-14　元流能量方程式推导

现讨论该流段中能量的变化与外界做功的关系，即外界对流段所做的功等于流段机械能的变化。

压力做功，包括断面 1-1 所受压力 $p_1\mathrm{d}A_1$，所做的正功 $p_1\mathrm{d}A_1u_1\mathrm{d}t$，和断面 2-2 所受压力 $p_2\mathrm{d}A_2$，所做的负功 $p_2\mathrm{d}A_2u_2\mathrm{d}t$。做功的正或负，根据压力方向和位移方向是相同或相反确定。元流侧面压力和流段正交，不产生位移，不做功。

所以，压力做功为：

$$p_1\mathrm{d}A_1u_1\mathrm{d}t - p_2\mathrm{d}A_2u_2\mathrm{d}t = (p_1 - p_2)\,\mathrm{d}Q\mathrm{d}t \tag{3-18}$$

流段所获得的能量，可以对比流段在 $\mathrm{d}t$ 时段前后所占有的空间来确定。流段在 $\mathrm{d}t$ 时段前后所占有的空间虽然有变动，但 $1'$-$1'$、2-2 两断面空间是 $\mathrm{d}t$ 时段前后所共有。在这段空间内的流体，不但位能不变，动能也由于流动的恒定性，各点流速不变，也保持不变。所以，能量的增加，只应就流体占据的新位置 2-$2'$ 所增加的能量，和流体离开原位置 1-$1'$ 所减少的能量来计算。

由于流体不可压缩，新旧位置 1-$1'$、2-$2'$ 所占据的体积等于 $\mathrm{d}Q\mathrm{d}t$，质量等于 $\rho\mathrm{d}Q\mathrm{d}t = \dfrac{\gamma\mathrm{d}Q\mathrm{d}t}{g}$。动能为 $\dfrac{1}{2}mu^2$，位能为 mgz。所以动能增加为：

$$\frac{\gamma\mathrm{d}Q\mathrm{d}t}{g}\left(\frac{u_2^2 - u_1^2}{2}\right) = \gamma\mathrm{d}Q\mathrm{d}t\left(\frac{u_2^2}{2g} - \frac{u_1^2}{2g}\right) \tag{3-19a}$$

位能增加为：

$$\gamma(Z_2 - Z_1)\,\mathrm{d}Q\mathrm{d}t \tag{3-19b}$$

由压力做功等于机械能量增加原理得：

$$(p_1 - p_2)\,\mathrm{d}Q\mathrm{d}t = \gamma(Z_2 - Z_1)\,\mathrm{d}Q\mathrm{d}t + \gamma\left(\frac{u_2^2}{2g} - \frac{u_1^2}{2g}\right)\mathrm{d}Q\mathrm{d}t \tag{3-20}$$

将上式中各项除以 $\mathrm{d}Q\mathrm{d}t$，并按断面分别列入等式两边，则

$$Z_1 + \frac{p_1}{\gamma} + \frac{u_1^2}{2g} = Z_2 + \frac{p_2}{\gamma} + \frac{u_2^2}{2g} \tag{3-21}$$

这就是理想不可压缩流体元流能量方程，或称为伯努利方程。在方程的推导过程中，两断面的选取是任意的。所以，很容易把这个关系推广到元流的任意断面，即

$$Z + \frac{p}{\gamma} + \frac{u^2}{2g} = C \tag{3-22}$$

实际流体考虑黏性阻力，元流的黏性阻力做负功，使机械能量沿流向不断衰减。以符号 h'_w 表示元流 1-1、2-2 两断面间单位能量的衰减，则单位能量方程式（3-21）将变为：

$$Z_1 + \frac{p_1}{\gamma} + \frac{u_1^2}{2g} = Z_2 + \frac{p_2}{\gamma} + \frac{u_2^2}{2g} + h'_w \tag{3-23}$$

3. 总流能量方程

总流是无数元流的总和，总流的能量方程就应是元流能量方程在两过流断面范围内的积分。

在式（3-23）等号两边同乘 γdQ，方程变为单位时间通过总流两过流断面的总能量方程，积分则有

$$\int_Q \left(Z_1 + \frac{p_1}{\gamma} + \frac{u_1^2}{2g} \right) \gamma dQ = \int_Q \left(Z_2 + \frac{p_2}{\gamma} + \frac{u_2^2}{2g} + h'_w \right) \gamma dQ \tag{3-24a}$$

或

$$\int_Q \left(Z_1 + \frac{p_1}{\gamma} \right) \gamma dQ + \int_Q \frac{u_1^2}{2g} \gamma dQ = \int_Q \left(Z_2 + \frac{p_2}{\gamma} \right) \gamma dQ + \int_Q \frac{u_2^2}{2g} \gamma dQ + \int_Q h'_w \gamma dQ \tag{3-24b}$$

（1）势能项积分

$$\int_Q \left(Z + \frac{p}{\gamma} \right) \gamma dQ = \gamma \int_A \left(Z + \frac{p}{\gamma} \right) u dA \tag{3-25}$$

这一积分的确定，需要知道 $\left(Z + \dfrac{p}{\gamma} \right)$ 即流体势能在总流过流断面上的分布情况，而过流断面上流体势能的分布规律与流体的运动状况有关。

如图 3-15 所示，流体在 A、C 区内的流动为渐变流；在 B 区内的流动为急变流。

根据渐变流的定义，来分析渐变流过流断面上流体质点所受到的作用力。

流体在运动过程中，一般要受到重力、黏性力、惯性力和压力四个力的作用。其中，重力是不变的，黏性力和惯性力与流体质点的流速有关，而压力则是平衡其他三力的结果。

由于流体作渐变流动时，流速沿流向变化较缓，即流速的大小和方向沿流向变化均比较缓慢。因此，由流速大小改变引起的直线惯性力以及由流速方向改变所引

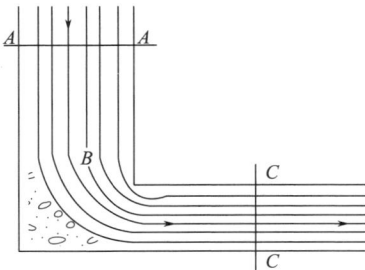

图 3-15　渐变流与急变流

起的离心惯性力均很小，所以它们在渐变流过流断面上的投影可以忽略不计。这就是说，在渐变流过流断面上，可以不考虑惯性力作用。

由于流体作渐变流动时，流线近乎平行直线，因此其过流断面可以认为是平面。据此分析，并由过流断面的定义可知，流线即流速方向线与该平面是相垂直的，而阻滞流体运动的黏性力，沿着流速方向作用，即黏性力也与渐变流过流断面相垂直，因而它在该平面上的投影为零。

事实上，渐变流过流断面并不是一个真正的平面，而是一个近似的平面（其曲率很小），因而黏性力在它上面的投影不为零，但是由于这一投影很小，可以忽略不计。所以，在渐变流过流断面上也可以不考虑黏性力作用。

综上所述，在渐变流过流断面上只考虑重力和压力作用，这与静止流体所处的条件相同，所以，渐变流过流断面上的压强分布服从静力学规律，即在同一断面上（图 3-16），流体各质点的测压管水头 $\left(Z + \dfrac{p}{\gamma}\right)$ 为常数。

应当指出，对于不同的过流断面，由于流体在运动过程中，要克服流动阻力而引起能量损失，所以渐变流各断面的测压管水头一般是不相等的。在图 3-16 中

$$Z_A + \frac{p_A}{\gamma} \neq Z_B + \frac{p_B}{\gamma} \tag{3-26}$$

至于急变流，由于流速沿流向变化较急，因流速大小改变所引起的直线惯性力和因流速方向改变所引起的离心惯性力均不能忽略。另外，由于急变流的流线不是平行直线，因而其过流断面为曲面（其曲率一般较大），所以黏性力在它上面的投影也不能忽略，也就是说，在急变流过流断面上，同时受到了重力、压力、黏性力和惯性力作用。这与静止流体所处的条件截然不同。因此，急变流过流断面上的压强分布不同于静压强分布规律。

如图 3-17 所示，流体在弯管中的流动，是流速方向沿流向急剧改变的典型例子。为了简单起见，我们把图 3-17 中的 $A\text{-}A$ 断面近似地看作为急变流的过流断面，在该断面上，由于流体受到了离心惯性力的作用，过流断面上流体质点的测压管水头随着离心力的增大而增大，表明在急变流的同一过流断面上，流体各点的测压管水头 $\left(Z + \dfrac{p}{\gamma}\right)$ 不为常数。

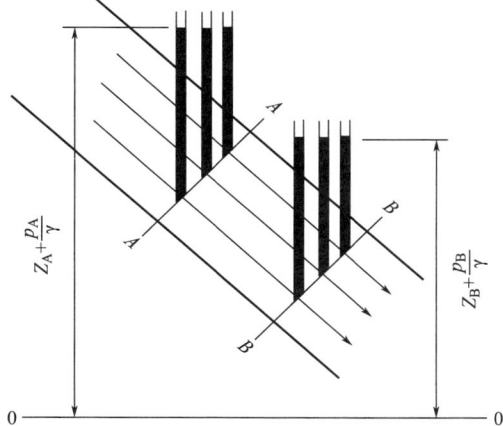

图 3-16　渐变流的测压管水头

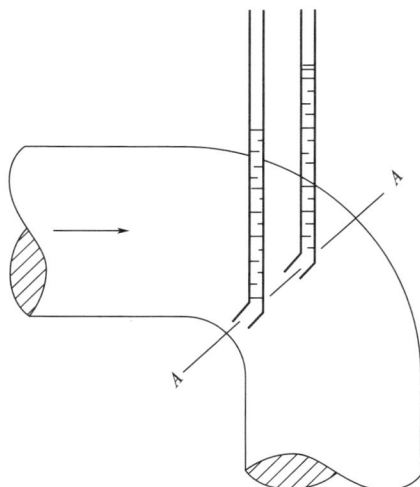

图 3-17　急变流的测压管水头

现在，让我们回到上面所讨论的第一项积分，当我们选取的过流断面为渐变流断面时，由于其过流断面上各流体质点的测压管水头 $\left(Z + \dfrac{p}{\gamma}\right)$ 为常数，于是

$$\int_Q \left(Z + \frac{p}{\gamma} \right) \gamma \, dQ = \gamma \int_A \left(Z + \frac{p}{\gamma} \right) u \, dA = \left(Z + \frac{p}{\gamma} \right) \gamma Q \tag{3-27}$$

（2）动能项积分

$$\int_Q \frac{u^2}{2g} \gamma \, dQ = \int_A \frac{u^3}{2g} \gamma \, dA = \frac{\gamma}{2g} \int_A u^3 \, dA \tag{3-28}$$

恒定总流过流断面上各点的流速不同，为使能量方程得以简化，引入动能修正系数 α，定义如下：

$$\alpha = \frac{\int_A u^3 \, dA}{\int_A v^3 \, dA} = \frac{\int_A u^3 \, dA}{v^3 A} \tag{3-29}$$

则

$$\frac{\gamma}{2g} \int_A u^3 \, dA = \frac{\gamma}{2g} \int_A \alpha v^3 \, dA = \frac{\alpha v^2}{2g} \gamma Q \tag{3-30}$$

α 值由流速在断面上分布的均匀性决定。流速分布均匀，$\alpha=1$；流速分布越不均匀，α 值越大。一般在管流的紊流流动中，流速分布较均匀，$\alpha=1.05 \sim 1.1$。在实际工程计算中，常取 $\alpha=1$。

（3）能量损失项积分

$$\int_Q h'_w \gamma \, dQ$$

其表示单位时间内流过断面的流体克服 $1 \sim 2$ 流段的阻力做功所损失的能量。总流中各元流能量损失也是沿断面变化的。为了计算方便，设 h_w 为平均单位能量损失，则

$$\int_Q h'_w \gamma \, dQ = h_w \gamma Q \tag{3-31}$$

现将以上各项积分值代入原积分式（3-24b），则有

$$\left(Z_1 + \frac{p_1}{\gamma} \right) \gamma Q + \frac{\alpha_1 v_1^2}{2g} \gamma Q = \left(Z_2 + \frac{p_2}{\gamma} \right) \gamma Q + \frac{\alpha_2 v_2^2}{2g} \gamma Q + h_w \gamma Q \tag{3-32}$$

这就是总流能量方程式。式（3-32）表明，若以两断面之间的流段作为能量收支平衡运算的对象，则单位时间流入上游断面的能量，等于单位时间流出下游断面的能量加上单位时间流段所损失的能量。

如用 $H = Z + \frac{p}{\gamma} + \frac{\alpha v^2}{2g}$ 表示断面全部单位机械能量，则两断面间能量的平衡可表示为：

$$H_1 \gamma Q = H_2 \gamma Q + h_w \gamma Q \tag{3-33}$$

现将式（3-32）各项除以 γQ，得出单位重量流量的能量方程：

$$Z_1 + \frac{p_1}{\gamma} + \frac{\alpha_1 v_1^2}{2g} = Z_2 + \frac{p_2}{\gamma} + \frac{\alpha_2 v_2^2}{2g} + h_{w1-2} \tag{3-34}$$

这就是极其重要的恒定总流能量方程式，或称恒定总流伯努利方程式。

4. 能量方程式的意义

能量方程式中各项的意义，可以从物理学和几何学角度来解释。

1）物理意义

Z 表示受单位重力作用的流体的位置势能，称为单位位能。

$\dfrac{p}{\gamma}$ 表示压力做功所能提供给受单位重力作用的流体的能量，称为单位压能。

$\dfrac{\alpha v^2}{2g}$ 表示受单位重力作用的流体的动能，称为单位动能。

h_w 表示克服阻力所引起的单位能量损失，称为能量损失。

$Z + \dfrac{p}{\gamma}$ 表示受单位重力作用的流体具有的势能，称为单位势能。

$Z + \dfrac{p}{\gamma} + \dfrac{\alpha v^2}{2g}$ 表示受单位重力作用的流体具有的总能量，称为单位总机械能。

2）几何意义

式（3-34）中各项的单位都是米（m），具有长度量纲 $[L]$，表示某种高度，可以用几何线段来表示，流体力学上称为水头。

Z 表示断面相对于选定基准面的高度，称为位置水头。

$\dfrac{p}{\gamma}$ 表示断面压强作用使流体沿测压管所能上升的高度，称为压强水头。

$\dfrac{\alpha v^2}{2g}$ 表示以断面流速为初速的铅直上升射流所能达到的理论高度，称为流速水头。

h_w 称为水头损失。

$Z + \dfrac{p}{\gamma}$ 表示断面测压管水面相对于基准面的高度，称为测压管水头，以 H_p 表示。

$Z + \dfrac{p}{\gamma} + \dfrac{\alpha v^2}{2g}$ 称为总水头，以 H 表示。

水头损失 h_w 包含沿程水头损失和局部水头损失。具体计算将在下文讨论。

能量方程式，确立了一元流动中，动能和势能，流速和压强相互转换的普遍规律。提出了理论流速和压强的计算公式。在水力学和流体力学中，有极其重要的理论分析意义和极其广泛的实际运算作用。

码3-7
知识拓展：
平行航行的
轮船相撞
现象

教学情境 5　能量方程的应用

能量方程在解决流体力学问题上有决定性的作用，它和连续性方程联立，全面地解决一元流动的断面流速和压强的计算。

一般来讲，实际工程问题，不外乎三种类型：一是求流速，二是求压强，三是求流速和压强。这里，求流速是主要的，求压强必须在求流速的基础上，或在流速已知的基础上进行。其他问题，例如流量问题、水头问题、动量问题，都是和流速、压强相关联的。

但是，必须明白能量方程是在一定条件下推导出来的，在应用时要注意其适用条件。

码3-8
恒定流能量
方程的应用
（一）

1. 应用条件

（1）流体流动是恒定流。

（2）流体是不可压缩的。

（3）建立方程式的两断面必须是渐变流断面（两断面之间可以是急变流）。

（4）建立方程式的两断面间无能量输入与输出。

若总流的两断面间有水泵等流体机械输入机械能或有水轮机输出机械能时，能量方程式应改写为

$$Z_1 + \frac{p_1}{\gamma} + \frac{\alpha_1 v_1^2}{2g} \pm H = Z_2 + \frac{p_2}{\gamma} + \frac{\alpha_2 v_2^2}{2g} + h_{w1-2} \qquad (3\text{-}35)$$

式中，$+H$ 表示单位重量流体获得的能量；$-H$ 表示单位重量流体失去的能量。

（5）建立方程式的两断面间无分流或合流。

如果两断面之间有分流或合流，应当怎样建立两断面的能量方程呢？

若 1-1、2-2 断面间有分流，如图 3-11 所示。纵然分流点是非渐变流断面，而离分流点稍远的 1-1、2-2 或 3-3 断面都是均匀流或渐变流断面，可以近似认为各断面通过流体的单位能量在断面上的分布是均匀的。而 $Q_1 = Q_2 + Q_3$，即 Q_1 的流体一部分流向 2-2 断面，一部分流向 3-3 断面。无论流到哪一个断面的流体，在 1-1 断面上单位重量流体所具有的能量都是 $Z_1 + \frac{p_1}{\gamma} + \frac{\alpha_1 v_1^2}{2g}$，只不过流到 2-2 断面时产生的单位能量损失是 h_{w1-2} 而已。

能量方程是两断面间单位能量的关系，因此可以直接建立 1-1 断面和 2-2 断面的能量方程：

$$Z_1 + \frac{p_1}{\gamma} + \frac{\alpha_1 v_1^2}{2g} = Z_2 + \frac{p_2}{\gamma} + \frac{\alpha_2 v_2^2}{2g} + h_{w1-2}$$

或 1-1 断面和 3-3 断面的能量方程：

$$Z_1 + \frac{p_1}{\gamma} + \frac{\alpha_1 v_1^2}{2g} = Z_3 + \frac{p_3}{\gamma} + \frac{\alpha_3 v_3^2}{2g} + h_{w1-3}$$

可见，两断面间虽分出流量，但写能量方程时，只考虑断面间各段的能量损失，而不考虑分出流量的能量损失。但需要注意，列能量方程的两个断面是流体的流入和流出的断面，因此不能列 2-2 断面和 3-3 断面的能量方程。

同样，可以得出合流时的能量方程。

2. 应用能量方程解题的一般步骤及注意事项

应用能量方程式解题的一般步骤：分析流动总体，选择基准面，划分计算断面，写出方程并求解。但须注意以下几点：

（1）基准面的选取，虽然基准面可以是任意的，但是为了计算方便起见，基准面一般应选在下游断面中心、管流轴心或其下方，这样可使位置水头 Z 不出现负值。但是对于不同的计算断面，必须选取同一基准面。

（2）压强基准的选取，可以是相对压强，也可以是绝对压强，但方程式两边必须选取同一基准。工程上一般选取相对压强。当问题涉及流体本身的性质（如相变等问题）时，则必须采用绝对压强。

（3）计算断面（即所列能量方程式的两个断面）的选取，一般应选在压强或压差已知的渐变流断面上，并使所求的未知量包含在所列方程之中。这样，可简化运算过程。例如水箱水面、管道出口断面等。

（4）过流断面计算点的选取，在计算过流断面的测压管水头 $\left(Z+\dfrac{p}{\gamma}\right)$ 时，可以选取过流断面上的任意一点。因为在渐变流的同一过流断面上，任意一点的测压管水头 $\left(Z+\dfrac{p}{\gamma}\right)=$ 常数。具体选用哪一点，以计算方便为宜。对于管流，一般可选在管轴中心点；对于水池、水箱等敞口容器，可以选择在自由液面。

（5）方程式中的能量损失（h_{w}）一项，应加在流动的末端断面即下游断面上。由于本教学单元没有单独讨论能量损失的计算问题，因此能量损失值，或直接给出，或按理想流体处理，不予考虑。

（6）方程中的各项单位必须统一。

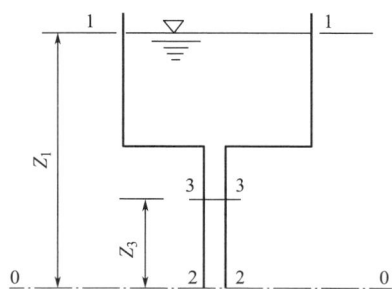

图 3-18　水经水箱立管出流

【例 3-4】　如图 3-18 所示，水箱中的水经底部立管恒定出流，已知水深 $H=1.5\mathrm{m}$，管长 $L=2\mathrm{m}$，管径 $d=200\mathrm{mm}$，不计能量损失，并取动能修正系数 $\alpha=1.0$，试求：

（1）立管出口处的流速。

（2）离立管出口 1m 处水的压强。

解：根据题中条件，水流为恒定流，水箱水面和欲求流速的出口断面均为渐变流断面，满足能量方程的应用条件。

在立管出口取 0-0 基准面，结合题目中所求参数的位置，分别选取断面 1-1、2-2、3-3，如图 3-18 所示。

（1）列 1-1 和 2-2 断面的能量方程式

$$Z_1+\frac{p_1}{\gamma}+\frac{\alpha_1 v_1^2}{2g}=Z_2+\frac{p_2}{\gamma}+\frac{\alpha_2 v_2^2}{2g}+h_{\mathrm{w}1-2}$$

以上式中七项，按断面从左至右逐项确定如下：

断面 1-1 距离基准面的垂直高度：

$$Z_1=H+L=1.5+2=3.5\mathrm{m}$$

断面 1-1 处与大气相接触，按相对压强考虑，$p_1=p_{\mathrm{a}}=0p_{\mathrm{a}}$

断面 1-1 与断面 2-2 相比，面积要大得多，因此流速 v_1 比 v_2 小得多。而流速水头 $\dfrac{\alpha_1 v_1^2}{2g}$ 远小于 $\dfrac{\alpha_2 v_2^2}{2g}$，可以忽略不计，即认为 $\dfrac{\alpha_1 v_1^2}{2g}\approx 0\mathrm{m}$。

断面 2-2 与基准面重合，$Z_2=0\mathrm{m}$。断面 2-2 处直通大气，取与 1-1 断面相同压强基准，即相对压强，则 $p_2=p_{\mathrm{a}}=0$。

不计能量损失，即 $h_{\mathrm{w}1-2}=0\mathrm{m}$，且动能修正系数 $\alpha_1=\alpha_2=0$。

把上述已知条件代入能量方程式后，可得

$$(H+L)+0+0=0+0+\frac{v_2^2}{2g}+0$$

即 $3.5=\dfrac{v_2^2}{2g}$

所以，立管出口处水的流速 $v_2 = \sqrt{3.5 \times 2g} = 8.28 \text{m/s}$

（2）离立管出口 1m 处水的压强

列断面 3-3 与 2-2 的能量方程为

$$Z_3 + \frac{p_3}{\gamma} + \frac{\alpha_3 v_3^2}{2g} = Z_2 + \frac{p_2}{\gamma} + \frac{\alpha_2 v_2^2}{2g} + h_{w3-2}$$

根据题中条件可知，$Z_3 = 1\text{m}$，$Z_2 = 0\text{m}$，$p_2 = p_a = 0 p_a$，$\alpha_3 = \alpha_2 = 1$，$h_{w3-2} = 0\text{m}$，已

知立管的直径不变，则流速水头相等，即 $\frac{v_3^2}{2g} = \frac{v_2^2}{2g}$，将以上条件代入方程可得

$$1 + \frac{p_3}{\gamma} + \frac{v_3^2}{2g} = 0 + 0 + \frac{v_2^2}{2g} + 0$$

左右两边流速水头约去，可得 $1 + \frac{p_3}{\gamma} = 0$

则离立管出口 1m 处的压强为

$$p_3 = -1 \times \gamma = -9800 \text{kPa}$$

3. 能量方程在流速测量中的应用——毕托管

毕托管是一种测量水流或气流中任意一点流速的仪器，它通过将流体的动能转化为势能来测量流速。其结构简图如图 3-19 所示。

测量流速时，把毕托管前部的小孔正对来流方向，此小孔为驻点，流体在此处静止，流速可以认为是 0。将此孔放在流体中的欲测点处，在毕托管上部的接头分别接测压管或压差计，就可以间接测出流速。

恒定流同一过流断面上，任意一点的测速管与测压管液面高差，反映流体在该点的流速水头，如图 3-20 所示，显然，只要测出流体任意一点的流速水头，根据流速水头与流速之间的关系，便可求出该点的流速。毕托管就是利用这一原理，把测速管与测压管结合为一体，用以测定流体中任意一点的流速。

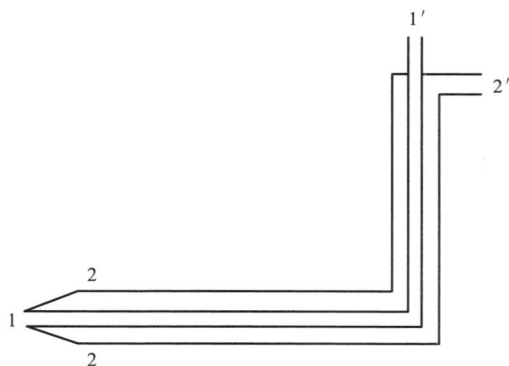

图 3-19　毕托管结构简图

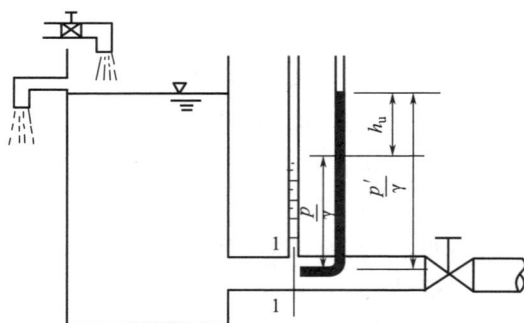

图 3-20　流速计原理

根据能量方程，可得

$$\frac{p}{\gamma} + \frac{u^2}{2g} = \frac{p'}{\gamma}$$

$$\frac{p'}{\gamma} - \frac{p}{\gamma} = \frac{u^2}{2g} = h_u$$

则有 $u = \sqrt{2gh_u}$

若设 $\dfrac{p'}{\gamma} - \dfrac{p}{\gamma} = \dfrac{\Delta p}{\gamma}$ ，则有 $u = \sqrt{2g\dfrac{\Delta p}{\gamma}}$ （3-36）

考虑到毕托管放入流体之中后对流线的干扰及流动阻力等因素影响，按上式计算的流速需要乘以一个系数 φ 加以修正，φ 称为流速系数，是指任意一点的理论流速与实际流速的比值。

因此，任意一点的实际流速

$$u = \varphi\sqrt{2g\frac{\Delta p}{\gamma}}$$ （3-37）

式中 u——流体中任意一点的实际流速（m/s）；

φ——流速系数，一般 $\varphi = 1.0 \sim 1.04$；

$\dfrac{\Delta p}{\gamma}$——由比压计或微压计以压差形式显示的任意一点的流体动能（m）。

当采用上式计算流体中任意一点的流速时，应注意对于不同的流体以及不同种类的测压计，式中 $\dfrac{\Delta p}{\gamma}$ 的表达形式有所不同。

（1）若毕托管上接两个测压管分别测量对应断面的压强时

$$\frac{\Delta p}{\gamma} = \Delta h$$ （3-38）

（2）若被测流体为液体，毕托管上接顺置的比压计时

$$\frac{\Delta p}{\gamma} = \left(\frac{\gamma'}{\gamma} - 1\right)\Delta h$$ （3-39）

当被测流体为水，采用汞比压计时

$$\frac{\Delta p}{\gamma} = \left(\frac{\gamma_{Hg}}{\gamma_{H_2O}} - 1\right)\Delta h = 12.6\Delta h$$ （3-40）

（3）若被测流体为液体，毕托管上接倒置的比压计时

$$\frac{\Delta p}{\gamma} = \left(1 - \frac{\gamma'}{\gamma}\right)\Delta h$$ （3-41）

（4）若被测流体为气体，毕托管上接比压计时

$$\frac{\Delta p}{\gamma} = \frac{\gamma'}{\gamma}\Delta h$$ （3-42）

当被测流体为空气，毕托管上接酒精比压计时

$$\frac{\Delta p}{\gamma} = \frac{\gamma_{酒精}}{\gamma_{空气}}\Delta h$$ （3-43）

以上各式中，γ 表示被测流体的重度（N/m³）；γ' 表示比压计中测量流体的重度（N/m³）；Δh 为两个测压管中的液柱高差（m）。

在通风与空调工程中，用毕托管测定风管中任意一点的流速时，常采用微压计来显示空气的流速水头即单位动能。其连接方法如图 3-21（a）所示。微压计内装有轻质液体如酒精，

根据微压计上的读数 l，计算出 Δh 和 $\dfrac{\Delta p}{\gamma}$，代入式（3-37），便可求出管中任意一点的风速。

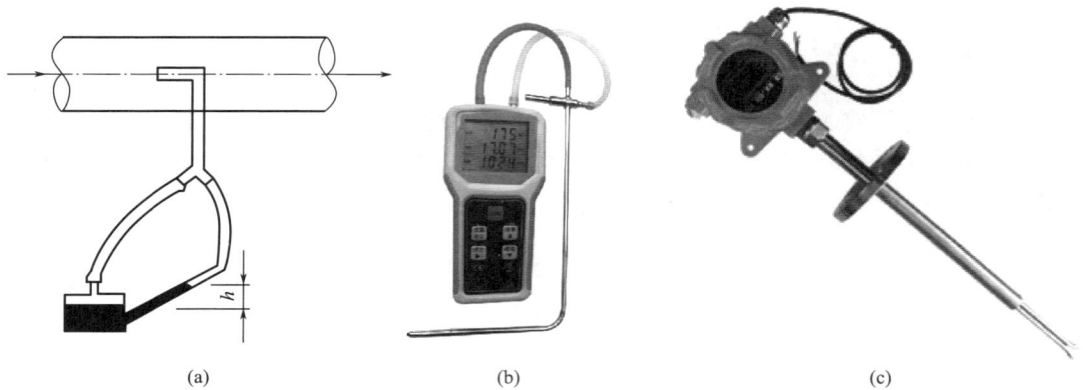

图 3-21　毕托管
（a）毕托管测量风速；（b）风速仪；（c）一体式毕托管风速传感器

应当指出，用毕托管所测定的流速，只是过流断面上某一点的实际流速 u，若要测定断面的平均流速 v，可将过流面积分为若干等份，用毕托管测定每一小等份面积上的流速，然后计算各点流速的平均值，以此作为断面平均流速。显然，面积划分越小，测点越多，计算结果就越符合实际。

工程中常用的测量流速的仪器如图 3-21（b）（c）所示。

【例 3-5】　如图 3-21 所示，在毕托管上连接酒精比压计，测定风管中的某点风速，已知微压计测压斜管的倾角 $\alpha=30°$，读数 $l=50\text{mm}$，酒精的重度 $\gamma'=7.85\text{kN/m}^3$，空气的重度 $\gamma=12.68\text{N/m}^3$，流速系数 $\varphi=1.0$，试求管内该点的风速。

解： 根据已知条件

$$\frac{\Delta p}{\gamma}=\frac{\gamma_{酒精}}{\gamma_{空气}}\Delta h=\frac{\gamma'}{\gamma}l\sin\alpha=\frac{7.85\times1000}{12.68}\times0.05\times0.5=15.5\text{m}$$

所以管内该点的风速

$$u=\varphi\sqrt{2g\frac{\Delta p}{\gamma}}=1.0\sqrt{2\times9.807\times15.5}=17.44\text{m/s}$$

4. 能量方程在流量测量中的应用——文丘里流量计

文丘里流量计如图 3-22 所示，是由一段收缩段、喉部和扩散段前后相连所组成。在收缩段前部与喉部分别安装一测压装置，将它连接在主管中，当主管水流通过此流量计时，由于喉管断面缩小，流速增加，压强相应减低，据测压计测定压强水头的变化 $\dfrac{\Delta p}{\gamma}$，即可计算出流速和流量。

取 1-1、2-2 两渐变流断面，写理想流体能量方程式：

$$0+\frac{p_1}{\gamma}+\frac{v_1^2}{2g}=0+\frac{p_2}{\gamma}+\frac{v_2^2}{2g}$$

移项得

$$\frac{p_1}{\gamma}-\frac{p_2}{\gamma}=\frac{v_2^2-v_1^2}{2g}=\frac{\Delta p}{\gamma}$$

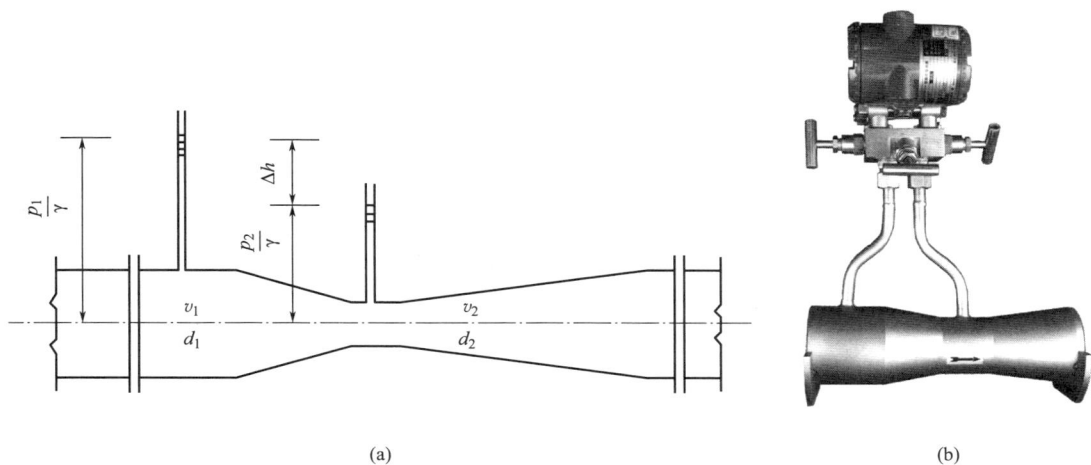

图 3-22　文丘里流量计及其原理

（a）文丘里流量计原理；（b）文丘里流量计

出现两个流速，联立连续性方程得

$$v_1 \times \frac{\pi d_1^2}{4} = v_2 \times \frac{\pi d_2^2}{4}$$

$$\frac{v_2}{v_1} = \left(\frac{d_1}{d_2}\right)^2，则\ \frac{v_2^2}{v_1^2} = \left(\frac{d_1}{d_2}\right)^4$$

代入能量方程

$$\left(\frac{d_1}{d_2}\right)^4 \times \frac{v_1^2}{2g} - \frac{v_1^2}{2g} = \frac{\Delta p}{\gamma}$$

解出流速

$$v_1 = \sqrt{\frac{2g\,\dfrac{\Delta p}{\gamma}}{\left(\dfrac{d_1}{d_2}\right)^4 - 1}}$$

流量

$$Q = v_1 \times \frac{\pi d_1^2}{4} = \frac{\pi d_1^2}{4} \sqrt{\frac{2g\,\dfrac{\Delta p}{\gamma}}{\left(\dfrac{d_1}{d_2}\right)^4 - 1}} \tag{3-44}$$

上式中 $\dfrac{\pi d_1^2}{4} \sqrt{\dfrac{2g}{\left(\dfrac{d_1}{d_2}\right)^4 - 1}}$ 只与管径有关，对于尺寸一定的流量计，它是一个常数，可以 K 表示，即

$$K = \frac{\pi d_1^2}{4} \sqrt{\frac{2g}{\left(\dfrac{d_1}{d_2}\right)^4 - 1}} \tag{3-45}$$

则

$$Q = K \sqrt{\frac{\Delta p}{\gamma}} \tag{3-46}$$

由于推导过程采用了理想流体，水头损失忽略不计，求出的流量值较实际为大。为

此，乘以 μ 值来修正。μ 值根据试验确定，称为文丘里流量系数。它的值为 $0.95\sim$ 0.98，则

$$Q = \mu K \sqrt{\frac{\Delta p}{\gamma}} \tag{3-47}$$

当采用上式计算流体中任意一点的流量时，应注意对于不同的流体以及不同种类的测压计，式中 $\frac{\Delta p}{\gamma}$ 的表达形式有所不同，具体可参考毕托管的计算方法。

现实生活和工程中也会用到其他类型的流量计，如图 3-23 所示。

(a)

(b)

(c)

(d)

图 3-23　流量计

（a）转子流量计；（b）电磁流量计；（c）浮子流量计；（d）超声波流量计

【例 3-6】　设文丘里管的两管直径为 $d_1 = 200\text{mm}$，$d_2 = 100\text{mm}$，测得两断面的压强差 $\Delta h = 0.5\text{m}$，流量系数 $\mu = 0.98$，求流量。

解： $K = \dfrac{\pi d_1^2}{4} \sqrt{\dfrac{2g}{\left(\dfrac{d_1}{d_2}\right)^4 - 1}} = \dfrac{\pi \times 0.2^2}{4} \sqrt{\dfrac{2 \times 9.8}{\left(\dfrac{200}{100}\right)^4 - 1}} = 0.036\text{m}^{2.5}/\text{s}$

$Q = 0.98 \times 0.036 \times \sqrt{0.5} = 0.0249\text{m}^3/\text{s} = 24.9\text{L/s}$

码3-10
知识拓展：
流体测量新
技术

<table>
<tr><td>教学情境 **6**</td><td>总水头线与测压管水头线</td></tr>
</table>

用能量方程计算一元流动，能够求出水流某些断面的流速和压强。但并未回答一元流的全线问题。现在，我们用总水头线和测压管水头线来求得这个问题的图形表示。总水头线和测压管水头线，直接在一元流上绘出，以它们距基准面的铅直距离，分别表示相应断面的总水头和测压管水头，如图 3-24 所示。它们是在一元流的流速水头已算出后绘出的。

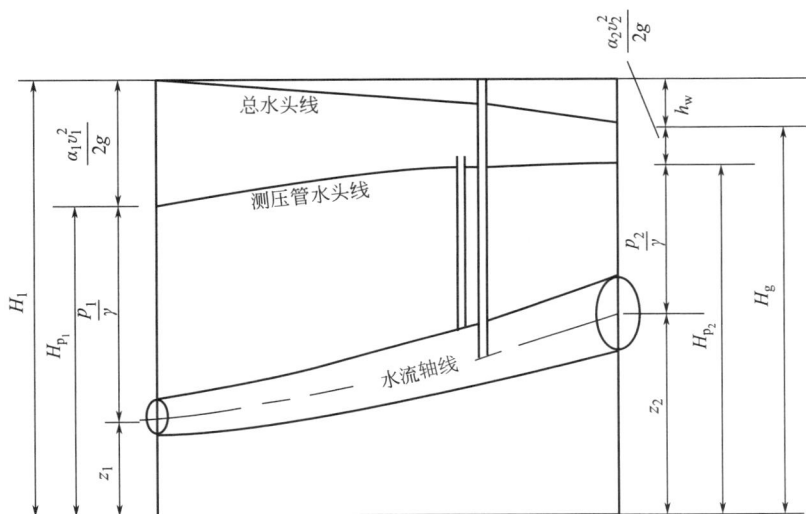

图 3-24　总水头线和测压管水头线

位置水头、压强水头和流速水头之和 $\left(Z+\dfrac{p}{\gamma}+\dfrac{\alpha v^2}{2g}=H\right)$，称为总水头。能量方程式写为上下游两断面总水头 H_1、H_2 的形式是：

$$H_1=H_2+h_w \text{ 或 } H_2=H_1-h_w \tag{3-48}$$

即每一个断面的总水头，是上游断面总水头减去两断面之间的水头损失。根据这个关系，从最上游断面起，沿流向依次减去水头损失，求出各断面的总水头，一直到流动的结束。将这些总水头，以水流本身高度的尺寸比例，直接点绘在水流上。这样连成的线，就是总水头线。由此可见，总水头线是沿水流逐段减去水头损失绘出来的。若是理想流动，水头损失为零，总水头线则是一条以 H_1 为高的水平线。

在绘制总水头线时，需注意区分沿程损失和局部损失在总水头线上表现形式的不同。沿程损失假设为沿管线均匀发生，表现为沿管长倾斜下降的直线。局部损失假设为在局部障碍铅直下降的直线。对于渐扩管或渐缩管等，也可以近似处理成损失在其全长上均匀分布，而非集中在一点。

测压管水头是同一断面总水头与流速水头之差，即：

$$H_p = H - \frac{\alpha v^2}{2g} \qquad (3\text{-}49)$$

根据这个关系，由断面的总水头减去同一断面的流速水头，即得该断面的测压管水头。将各断面的测压管水头连成的线，就是测压管水头线。所以，测压管水头线是根据总水头线逐断面减去流速水头绘出的。

【**例 3-7**】 水流由水箱经前后相接的两管流出大气中。大小管断面的比例为 2：1。全部水头损失的计算式参见图 3-25。

（1）求出口流速 v_2；

（2）绘总水头线和测压管水头线；

（3）根据水头线求 M 点的压强 p_M。

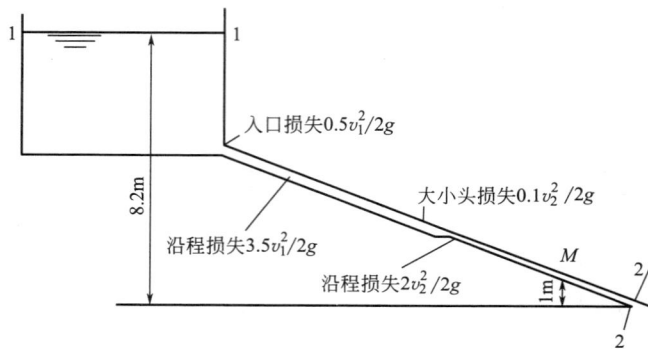

图 3-25　水头损失的计算式

解：（1）选取水面 1-1 断面及出流断面 2-2，基准面通过管轴出口，则

$$p_1 = 0 p_a \qquad z_1 = 8.2\text{m}$$
$$p_2 = 0 p_a \qquad z_2 = 0\text{m}$$

能量方程　　$8.2 + 0 + 0 = 0 + 0 + \dfrac{v_2^2}{2g} + h_{w1-2}$

根据图 3-25 知　$h_{w1-2} = 0.5\dfrac{v_1^2}{2g} + 0.1\dfrac{v_2^2}{2g} + 3.5\dfrac{v_1^2}{2g} + 2\dfrac{v_2^2}{2g}$

由于两管断面面积之比为 2：1，两管流速之比为 1：2，即 $v_2 = 2v_1$，则

$$\frac{v_2^2}{2g} = 4\frac{v_1^2}{2g} \text{ 或 } \frac{v_1^2}{2g} = \frac{1}{4}\frac{v_2^2}{2g}$$

得　　　　　　　　　　$h_{w1-2} = 3.1\dfrac{v_2^2}{2g}$

则　　　　　　　　　　$8.2 = 4.1\dfrac{v_2^2}{2g}$

$$\frac{v_2^2}{2g} = 2\text{m}$$

解得　　　　　　　　$v_2 = \sqrt{19.6 \times 2} = 6.26\text{m/s}$

$$\frac{v_1^2}{2g} = 0.5\text{m}$$

（2）如图 3-26 所示，现在从 1-1 断面开始绘总水头线，水箱静水水面高 $H=8.2\text{m}$，总水头线就是水面线。入口处有局部损失，$0.5\dfrac{v_1^2}{2g}=0.5\times0.5=0.25\text{m}$。则 $1-a$ 的铅直向下长度为 0.25m。从 A 到 B 的沿程损失为 $3.5\dfrac{v_1^2}{2g}=1.75\text{m}$，则 b 低于 a 的铅直距离为 1.75m。以此类推，直至水流出口，图 3-26 中 $1-a-b-b_0-c$ 即为总水头线。

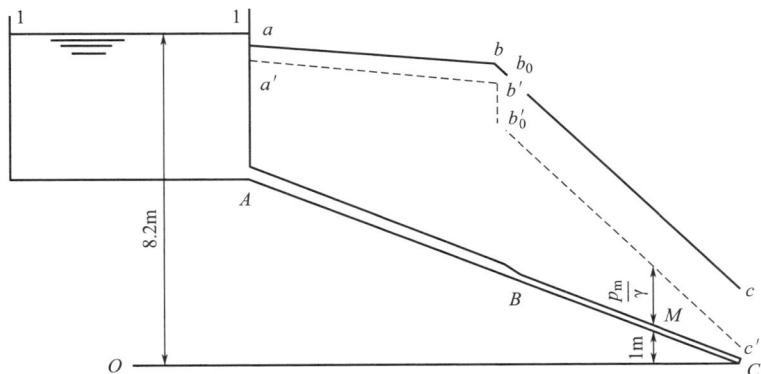

图 3-26　水头线的绘制

测压管水头线在总水头线之下，距总水头线的铅直距离：在 $A\text{-}B$ 管段为 $\dfrac{v_1^2}{2g}=0.5\text{m}$，在 $B\text{-}C$ 管段的距离为 $\dfrac{v_2^2}{2g}=2\text{m}$。由于断面不变，流速水头不变。两管段的测压管水头线，分别与各管段的总水头线平行。图 3-26 中 $1-a'-b'-b_0'-c'$ 即为测压管水头线。

（3）根据图中测压管水头线至 BC 管中点的距离，求出 M 点的压强。得出

$$\frac{p_M}{\gamma}=1\text{m}，\text{则 } p_M=9807\text{N/m}^2$$

从上例可以看出，绘制测压管水头线和总水头线之后，图形上出现四根有能量意义的线：总水头线、测压管水头线、水流轴线（管轴线）和基准面（线）。这四根线的相互铅直距离，反映了全线各断面的各种水头值。这样，水流轴线到基准线之间的铅直距离，就是断面的位置水头。测压管水头线到水流轴线之间的铅直距离，就是断面的压强水头。总水头线到测压管水头线之间的铅直距离，就是断面流速水头。

教学情境 7　恒定气流能量方程

恒定总流能量方程式为

$$Z_1+\frac{p_1}{\gamma}+\frac{\alpha_1 v_1^2}{2g}=Z_2+\frac{p_2}{\gamma}+\frac{\alpha_2 v_2^2}{2g}+h_{w1-2}$$

恒定总流能量方程式是对不可压缩流体导出的，而气体是可压缩流体，

码3-12
恒定气流
能量方程

但是对流速不太高（小于 68m/s）、压强变化不大的系统，如通风空调管道、烟道等，气流在运动过程中密度变化很小，在这样的条件下，恒定总流能量方程式也可用于气体。

由于气流的密度同外部空气的密度是相同的数量级，需要考虑外部大气压在不同高度的差值，因此，能量方程在用于气体流动时，式中的压强应为绝对压强。

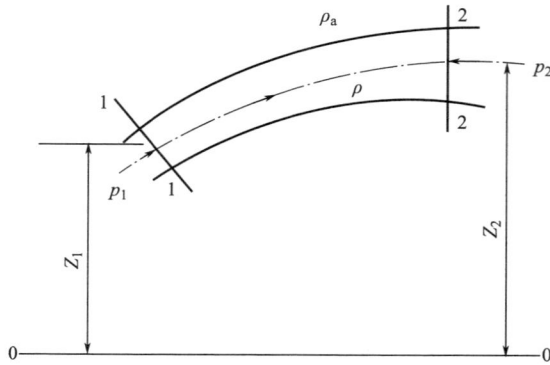

图 3-27 恒定气流

恒定气流如图 3-27 所示，设气流的密度为 ρ，外部空气的密度为 ρ_a，断面在高程 Z_1 处的大气压强为 p_a，在高程 Z_2 处，大气压强将减至 $p_a - \rho_a g\,(Z_2 - Z_1)$，过流断面上计算点的绝对压强为 p'_1、p'_2。

1-1 和 2-2 断面的能量方程为

$$Z_1 + \frac{p'_1}{\rho g} + \frac{\alpha_1 v_1^2}{2g} = Z_2 + \frac{p'_2}{\rho g} + \frac{\alpha_2 v_2^2}{2g} + h_{\mathrm{w1-2}} \tag{3-50}$$

当能量方程用于气体流动时，由于水头概念没有像液体流动那样明确具体，我们将方程各项乘以重度 ρg，转变为压强的因次。取 $\alpha_1 = \alpha_2 = 1.0$，则有

$$\rho g Z_1 + p'_1 + \frac{\rho v_1^2}{2} = \rho g Z_2 + p'_2 + \frac{\rho v_2^2}{2} + p_{\mathrm{w1-2}} \tag{3-51}$$

p_{w} 为压强损失，$p_{\mathrm{w}} = \rho g h_{\mathrm{w}}$。

将式（3-51）中的绝对压强用相对压强 p_1、p_2 表示

$$p'_1 = p_1 + p_a$$
$$p'_2 = p_2 + p_a - \rho_a g (Z_2 - Z_1)$$

将以上两式代入式（3-51），整理得

$$p_1 + \frac{\rho v_1^2}{2} + (\rho_a - \rho) g (Z_2 - Z_1) = p_2 + \frac{\rho v_2^2}{2} + p_{\mathrm{w1-2}} \tag{3-52}$$

上式即为用相对压强表示的气流能量方程式。

气流能量方程与液体能量方程比较，除各项单位为压强，表示气体单位体积的平均能量外，对应项有基本相近的意义：

p_1、p_2——断面 1-1、2-2 的相对压强，专业上习惯称为静压，但不能理解为静止流体的压强，它与管中水流的压强水头相对应。应当注意，相对压强是以同高程处大气压强为零点计算的，不同的高程引起大气压强的差异，已经计入方程的位压项了。

$\dfrac{\rho v_1^2}{2}$、$\dfrac{\rho v_2^2}{2}$——断面 1-1、2-2 处和气流速度大小有关的压力，专业中习惯称为动压。

$(\rho_a - \rho)g(Z_2 - Z_1)$——重度差与高程差的乘积，称为位压，与水流的位置水头差相应。位压是以 2-2 断面为基准量度的 1-1 断面的单位体积位能。我们知道，$(\rho_a - \rho)g$ 为单位体积气体所承受的有效浮力，气体从 Z_1 至 Z_2，顺浮力方向上升（$Z_2 - Z_1$）铅直距离时，气体所损失的位能为 $(\rho_a - \rho)g(Z_2 - Z_1)$。因此，$(\rho_a - \rho)g(Z_2 - Z_1)$ 即为断面 1-1 相对于断面 2-2 的单位体积位能。式中，$(\rho_a - \rho)g$ 的正或负，表征有效浮力的方向为向上或向下；$(Z_2 - Z_1)$ 的正或负表征气体向上或向下流动。位压是两者的乘积，因而可正可负。当气流方向（向上或向下）与实际作用力（重力或浮力）方向相同时，位压为正。当二者方向相反时，位压为负。

在讨论 1-1、2-2 断面之间管段内气流的位压沿程变化时，任一断面 Z-Z 的位压是 $(\rho_a - \rho)g(Z_2 - Z)$，仍然以 2-2 断面为基准。

应当注意，气流在正的有效浮力作用下，位置升高，位压减小；位置降低，位压增大。这与气流在负的有效浮力作用下，位置升高，位压增大；位置降低，位压减小，正好相反。

p_{w1-2}——1-1、2-2 两断面间的压强损失。

静压和位压相加，称为势压，以 p_s 表示。下标 s 表示"势压"的势的第一个拼音首字母。势压与管中水流的测压管水头相对应。

$$p_s = p + (\rho_a - \rho)g(Z_2 - Z_1) \tag{3-53}$$

静压和动压之和，专业中习惯称为全压，以 p_q 表示。表示方法同前。

$$p_q = p + \frac{\rho v^2}{2} \tag{3-54}$$

静压、动压和位压三项之和以 p_z 表示，称为总压，与管中水流的总水头相对应。

$$p_z = p + \frac{\rho v^2}{2} + (\rho_a - \rho)g(Z_2 - Z_1) \tag{3-55}$$

由上式可知，存在位压时，总压等于位压加全压。位压为零时，总压就等于全压。

在多数问题中，特别是空气在管中的流动问题，或高差甚小，或重度差甚小，$(\rho_a - \rho)g(Z_2 - Z_1)$ 可以忽略不计，则气流的能量方程简化为：

$$p_1 + \frac{\rho v_1^2}{2} = p_2 + \frac{\rho v_2^2}{2} + p_{w1-2} \tag{3-56}$$

【例 3-8】　密度 $\rho = 1.2 \text{kg/m}^3$ 的空气，用风机吸入直径为 10cm 的吸风管道，在喇叭形进口处测得水柱吸上高度为 $h_0 = 12\text{mm}$（图 3-28）。不考虑损失，求流入管道的空气流量。

解：气体由大气中流入管道。大气中的流动也是气流的一部分，但它的压强只有在距喇叭口相当远，流速接近零处，才等于零，此处取为 1-1 断面。2-2 断面也应该选取在接有测压管的地方，因为这是压强已知，与大气压有联系的断面。12mmH₂O 等于 118N/m²。

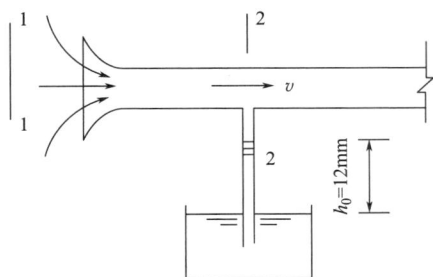

图 3-28　集流管实验装置

取 1-1、2-2 断面列能量方程：

$$0+0=\frac{1.2\times v^2}{2}-118$$

$$v=14\mathrm{m/s}$$

$$Q=vA=14\times\frac{\pi(0.1)^2}{4}=0.11\mathrm{m^3/s}$$

【例 3-9】 如图 3-29 所示，空气由炉口 a 流入，通过燃烧后，废气经 b、c、d 由烟囱流出。烟气密度 $\rho=0.6\mathrm{kg/m^3}$，空气密度 $\rho_a=1.2\mathrm{kg/m^3}$，由 a 到 c 的压强损失换算为 $9\times\dfrac{\rho v^2}{2}$，$c$ 到 d 的损失为 $20\times\dfrac{\rho v^2}{2}$。求（1）出口流速 v；（2）c 处静压 p_c。

解：（1）列进口前零高程 a 和出口 50m 高程 d 处两断面的能量方程

$$0+0+(1.2-0.6)\times9.8\times50$$
$$=0+\frac{0.6v^2}{2}+9\times\frac{0.6v^2}{2}+20\times\frac{0.6v^2}{2}$$

解得　$v=5.7\mathrm{m/s}$

（2）列 c、d 两断面的气流能量方程

$$p_c+\frac{0.6v^2}{2}+(1.2-0.6)\times9.8\times(50-5)=0+\frac{0.6v^2}{2}+20\times\frac{0.6v^2}{2}$$

解得　$p_c=-68.6\mathrm{Pa}$

由本题可见，自然排烟锅炉底部压强为负压，$p_c<0$，顶部出口压强为 $p_d=0$，且 $Z_c<Z_d$，这种情况下，是位压 $(\rho_a-\rho)g(Z_d-Z_c)$ 提供了烟气在烟囱内向上流动的能量。所以，自然排烟需要有一定的位压，为此烟气要有一定的温度，以保持有效浮力 $(\rho_a-\rho)g$，同时，烟囱还需要有一定的高度 (Z_d-Z_c)，否则将不能维持自然排烟，这就是烟囱效应。

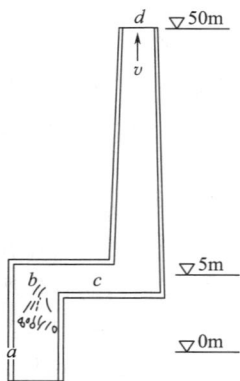

图 3-29　炉子及烟囱

教学情境 8　总压线和势压线

为了反映气流沿程的能量变化，用与总水头线和测压管水头线相对应的总压线和势压线来求得其图形表示。

气流能量方程各项单位为压强，气流的总压线和势压线一般可在选定零压线（即第二断面相对压强为零的线）的基础上，对于气流各断面进行绘制。

在选定零压线的基础上绘总压线时，根据方程

$$p_{z_1}=p_{z_2}+p_{\mathrm{w}1-2} \tag{3-57}$$

则

$$p_{z_2}=p_{z_1}-p_{\mathrm{w}1-2} \tag{3-58}$$

即第二断面的总压等于第一断面的总压减去两断面间的压强损失。依此类推，就可求

得各断面的总压。将各断面的总压值连接起来，即得总压线。

在总压线的基础上可绘制势压线，因为

$$p_z = p_s + \frac{\rho v^2}{2} \tag{3-59}$$

则

$$p_s = p_z - \frac{\rho v^2}{2} \tag{3-60}$$

即势压等于该断面的总压减去动压。将各断面的势压连成线，便得势压线。显然，当断面面积不变时，总压线和势压线是相互平行的。

位压线的绘制。由式（3-52）可知，第一断面的位压为 $(\rho_a - \rho)g(Z_2 - Z_1)$，第二断面的位压为零。1-1、2-2 断面之间的位压是直线变化的。将 1-1、2-2 两断面位压连成线，即得位压线。

绘出上述各种压线后，与液流的图示法类似，图上出现四条具有能量意义的线：总压线、势压线、位压线和零压线。总压线和势压线间铅直距离为动压；势压线和位压线间铅直距离为静压；位压线和零压线间铅直距离为位压。静压为正，势压线在位压线上方；静压为负，势压线在位压线下方。

【例 3-10】　利用例 3-9 的数据，完成：（1）绘制气流经过烟囱的总压线、势压线和位压线。（2）求 c 点的总压、势压、静压、全压。

解： 根据例 3-9 的数据：

a 断面位压为 $(1.2 - 0.6) \times 9.8 \times 50 = 294\text{Pa}$

ac 段压强损失为 $9 \times \frac{\rho v^2}{2} = 88.2\text{Pa}$

cd 段压强损失为 $20 \times \frac{\rho v^2}{2} = 196\text{Pa}$

动压为 $\frac{\rho v^2}{2} = 9.8\text{Pa}$

（1）绘总压线、势压线及位压线

选取 0 压线，标出 a、b、c、d 各点。

a 断面总压为 $p_{za} = 294\text{Pa}$，$p_{zc} = 294 - 88.2 = 205.8\text{Pa}$，$p_{zd} = 205.8 - 196 = 9.8\text{Pa}$。

将各点的总压相连，绘出总压线 $a'c'd'$。

a 断面到 b 断面气流速度由零逐渐增加，从 b 断面开始，烟囱断面不变，各段势压低于总压的动压值相同，各段势压线与总压线分别平行，出口断面势压为零。绘出势压线 $a'b''c''d$。

a 断面位压为 294Pa，从 b 到 c 的位压不变。位压值均为 $(\rho_a - \rho)g \times 45 = 264.6\text{Pa}$，出口位压为零。绘出位压线 $a'b'''c'''d$。

气流经过烟囱的各种压强线，如图 3-30 所示。

（2）求 c 点各压强值

总压和势压以零压线为基础量取：

$$p_{zc} = 205.8\text{Pa}$$

$$p_{sc} = 196\text{Pa}$$

全压、静压的起算点是位压线。从 c 点所对应的位压线上 c''' 到总压线、势压线的铅直

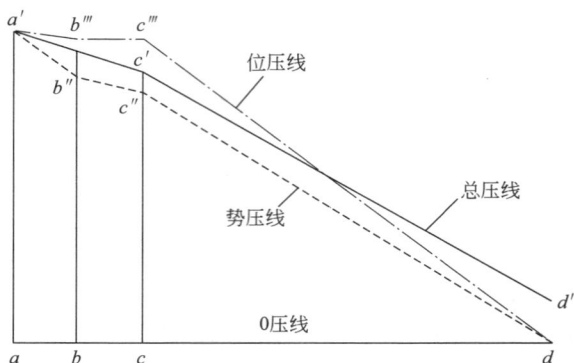

图 3-30 气流经过烟囱的各种压强线

线段 $c'''c'$ 及 $c'''c''$ 分别为 c 点的全压和静压值：

$$p_{qc} = -58.8\text{Pa}$$

$$p_c = -68.6\text{Pa}$$

由图 3-30 可以看出，整个烟囱内部都处于负压区。

教学情境 9 　恒定流动量方程

前述能量方程和连续性方程的主要作用是计算一元流动的流速或压强。现在我们再提出第三个基本方程，它的主要作用是要计算作用力，特别是流体与固体之间的总作用力，这就是恒定流动量方程。

1. 动量守恒定律

动量守恒定律是最早发现的一条守恒定律，它起源于 16—17 世纪西欧的哲学家们对宇宙运动的哲学思考。

观察周围运动着的物体，我们看到它们中的大多数，例如跳动的皮球、飞行的子弹、走动的时钟、运转的机器，都会停下来。看来宇宙间运动的总量似乎在减少。整个宇宙是不是也像一架机器那样，总有一天会停下来呢？但是，千百年来对天体运动的观测，并没有发现宇宙运动有减弱的迹象。生活在 16、17 世纪的许多哲学家认为，宇宙间运动的总量是不会减少的，只要能找到一个合适的物理量来量度运动，就会看到运动的总量是守恒的。这个合适的物理量到底是什么呢？

法国哲学家、数学家、物理学家笛卡尔（1596—1650 年）提出，质量和速率的乘积是一个合适的物理量。但是后来，荷兰数学家、物理学家惠更斯（1629—1695 年）在研究碰撞问题时发现：按照笛卡尔的定义，两个物体运动的总量在碰撞前后不一定守恒。

牛顿在总结这些人工作的基础上，把笛卡尔的定义作了重要的修改，即不用质量和速率的乘积，而用质量和速度的乘积，这样就找到了量度运动的合适的物理量。牛顿把它叫作"运动量"，就是现在说的动量。1687 年，牛顿在他的《自然哲学的数学原理》一书中指出：某一方向的运动的总和减去相反方向的运动的总和所得的运动量，不因物体间的相

互作用而发生变化；还指出了两个或两个以上相互作用的物体的共同重心的运动状态，也不因这些物体间的相互作用而改变，总是保持静止或作匀速直线运动。

动量守恒定律可以描述为：如果一个系统不受外力，或者外力的矢量和为零，则这个系统的总动量保持不变。或者说，当系统不受外力或所受外力和为零，则系统动量守恒。

动量守恒定律是自然界中最重要、最普遍的守恒定律之一，它既适用于宏观物体，也适用于微观粒子；既适用于低速运动物体，也适用于高速运动物体，它是一个实验规律，也可用牛顿第三定律和动量定理推导出来。

动量定理是动力学的普遍定理之一。动量定理的内容为：物体在一个过程始末的动量变化量等于它在这个过程中所受合外力的冲量（用字母 I 表示），即力与力作用时间的乘积，数学表达式为：

$$I = \sum \vec{F} \mathrm{d}t = m_2 \vec{v}_2 - m_1 \vec{v}_1 \tag{3-61}$$

动量定理是一个由实验观测总结的规律，也可由牛顿第二定律和运动学公式推导出来，其物理实质也与牛顿第二定律相同，这也意味着它仅能在经典力学范围内适用。

由此可见，动量定理和动量守恒定律是两个不同的概念，不能混为一谈。

由于动量定理只涉及研究对象的初末两个状态，故有时对复杂的物理过程合理地应用动量定理可以极大地优化问题解决过程；对于不涉及物体加速度 a 和物体位移 x 的运动和力的问题，应用动量定理有时会更为简便。

2. 恒定流动量方程

恒定流动量方程式是动量守恒定律在流体力学中的具体应用。我们研究动量方程式，就是在恒定流条件下，分析流体总流在流动空间内的动力平衡规律。

恒定流动量方程式，可以根据物理学中的动量定理导出。

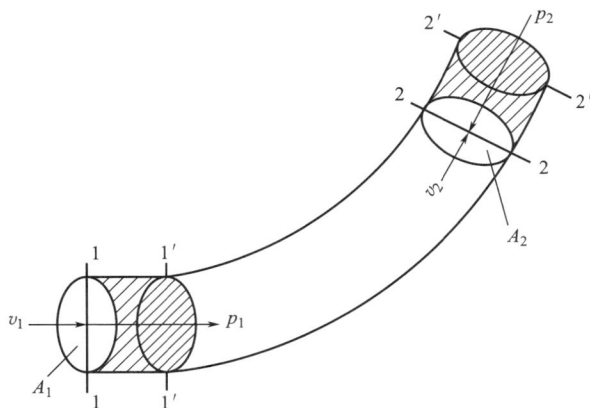

图 3-31　总流的动量变化及受力分析

将式（3-61）用于一元流动，所考察的物质系统取某时刻两断面间的流体，参看图 3-31，研究流体在 $\mathrm{d}t$ 时间内的动量增量和外力的关系。

为此，类似于元流能量方程的推导，在恒定总流中，取 1-1 和 2-2 两渐变流断面。两断面间流段（1-1）-（2-2）在 $\mathrm{d}t$ 时间后移动至（$1'$-$1'$）-（$2'$-$2'$）。由于是恒定流，$\mathrm{d}t$ 时段前后的动量变化，应为流段新占有的（2-2）-（$2'$-$2'$）体积内的流体所具有的动量减去流段退

出的 (1-1)-(1'-1') 体积内流体所具有的动量；而 dt 前后流段共有的空间 (1'-1')-(2-2) 内的流体，尽管不是同一部分流体，但它们在相同点的流速大小和方向相同，密度也未改变，因此动量也相同。

仍用平均流速的流动模型，则动量增量为

$$m_2 \vec{v}_2 - m_1 \vec{v}_1 = \rho_2 Q_2 \mathrm{d}t \vec{v}_2 - \rho_1 Q_1 \mathrm{d}t \vec{v}_1$$

由动量定理，得

$$\sum \vec{F} \mathrm{d}t = \rho_2 Q_2 \mathrm{d}t \vec{v}_2 - \rho_1 Q_1 \mathrm{d}t \vec{v}_1$$

则

$$\sum \vec{F} = \rho_2 Q_2 \vec{v}_2 - \rho_1 Q_1 \vec{v}_1 \tag{3-62}$$

这个方程是以断面各点的流速均等于平均流速这个模型列出的。实际流速的不均匀分布使上式存在着计算误差，为此，以动量修正系数 β 来修正。β 定义为实际动量和按照平均流速计算的动量的比值，即

$$\beta = \frac{\int_A \rho u^2 \mathrm{d}A}{\rho Q v} = \frac{\int_A u^2 \mathrm{d}A}{v^2 A} \tag{3-63}$$

β 取决于断面流速分布的不均匀性。不均匀性越大，β 越大。一般取 $\beta = 1.02 \sim 1.05$，为了简化计算，常取 $\beta = 1$。考虑了流速的不均匀分布，上式可写为

$$\sum \vec{F} = \beta_2 \rho_2 Q_2 \vec{v}_2 - \beta_1 \rho_1 Q_1 \vec{v}_1 \tag{3-64}$$

对于不可压缩流体，由于 $\rho_1 = \rho_2 = \rho$ 和连续性方程 $Q_1 = Q_2 = Q$，上式可写为

$$\sum \vec{F} = \rho Q (\beta_2 \vec{v}_2 - \beta_1 \vec{v}_1) \tag{3-65}$$

这就是恒定流不可压缩流体总流的动量方程式。它表明，作用在流体上所有外力的总和等于单位时间内流体的动量增量。

在式 (3-64) 中，由于力和速度都是矢量，故该式为矢量方程，为避免进行矢量运算，将力和速度向 x、y、z 三个坐标轴投影，可得轴向的标量方程，即

$$\left. \begin{array}{l} \sum F_x = \rho Q (\beta_{2x} v_{2x} - \beta_{1x} v_{1x}) \\ \sum F_y = \rho Q (\beta_{2y} v_{2y} - \beta_{1y} v_{1y}) \\ \sum F_z = \rho Q (\beta_{2z} v_{2z} - \beta_{1z} v_{1z}) \end{array} \right\} \tag{3-66}$$

式中　　$\sum F_x$、$\sum F_y$、$\sum F_z$ ——各外力在 x、y、z 坐标轴上投影的代数和；

v_{1x}、v_{1y}、v_{1z} ——流体动量改变前的流速在 x、y、z 三个坐标轴上的投影；

v_{2x}、v_{2y}、v_{2z} ——流体动量改变后的流速在 x、y、z 三个坐标轴上的投影。

码3-16
恒定流动量
方程的应用

式 (3-66) 即为恒定流动量方程式在 x、y、z 三个坐标上的投影方程式。它表明，单位时间内，流体动量增量在某轴上的投影，等于流体所受各外力在该轴上投影的代数和。在应用动量方程式分析和计算有关工程问题时，若某一轴向没有动量变化，则该轴向可不作分析。

3. 应用动量方程的注意事项及例题

恒定流总流的动量方程式，一般适用于恒定流不可压缩流体总流的渐变流断面。在工

程上，主要用于求解运动着的流体与外部物体之间的相互作用力。

应用恒定流动量方程式的条件是：恒定流；过流断面为渐变流断面；不可压缩流体。求解实际工程问题时可按以下步骤进行。

1) 取控制体

即在流体流动的区域内，把所要研究的流段用控制体隔离起来，以便分析其受力及动量变化。控制体是指某一封闭曲面内的流体体积。控制体两端的过流断面，一般应选在渐变流断面上，这样可以方便计算断面平均流速和作用在断面上的压力。控制体的周界，根据具体问题，可以是固体壁面（如管壁），也可以是液体与气体相接触的自由面，或液体与液体的分界面。

2) 分析外力

即在建立坐标系的基础上，分析作用在控制体上的所有外力，标注在图上，并向各坐标轴投影。

3) 求动量增量

即分析控制体内流体的动量变化，并向各坐标轴进行投影。必须注意控制体内流体的动量增量应为流出控制体的流体动量减去流入控制体的流体动量，两者次序不可颠倒。

在动量增量的计算中，若已知某一流速而另一流速为未知量时，可列连续性方程式求出。

4) 解出未知力

即在所有外力及动量增量分析完毕之后，把它们在各个坐标轴上的投影分别代入相应的各轴向动量方程之中，通过运算解出流体与固体间的相互作用力，并确定其方向和作用点。

【例 3-11】 水平设置的输水弯管（图 3-32），转角 $\theta = 60°$，直径 $d_1 = 200\text{mm}$，$d_2 = 150\text{mm}$。已知转弯前断面的压强 $p_1 = 18\text{kPa}$（相对压强），输水流量 $Q = 0.1\text{m}^3/\text{s}$，不计水头损失，试求水流对弯管作用力的大小。

解： 在转弯段取过流断面 1-1、2-2 及管壁所围成的空间为控制体。选直角坐标系 xoy。令 ox 轴与 v_1 方向一致。

分析作用在控制体内液体上的力，包括：过流断面上的动水压力 P_1、P_2；重力 G 在 xoy 面无分量。

假设弯管对水流的作用力为 R'，此力在要列的方程中是待求量，假定分量 R'_x、R'_y 的方向，如计算得正值，表示假定方向正确，如得负值则表示力的实际方向与假定方向相反。

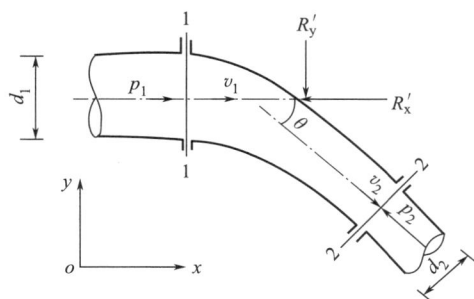

图 3-32　输水弯管

列总流动量方程的投影式

$$P_1 - P_2\cos60° - R'_x = \rho Q(\beta_2 v_2\cos60° - \beta_1 v_1)$$

$$P_2\sin60° - R'_y = \rho Q(-\beta_2 v_2\sin60°)$$

其中　$P_1 = p_1A_1 = 0.565\text{kN}$

列 1-1、2-2 断面的能量方程，忽略水头损失。

$$\frac{p_1}{\gamma} + \frac{v_1^2}{2g} = \frac{p_2}{\gamma} + \frac{v_2^2}{2g}$$

$$v_1 = \frac{4Q}{\pi d_1^2} = 3.185\text{m/s}$$

同理，$v_2 = 5.66\text{m/s}$

则：$p_2 = p_1 + \frac{v_1^2 - v_2^2}{2}\rho = 7.043\text{kPa}$

$P_2 = p_2 A_2 = 0.124\text{kN}$

将各量代入总流动量方程，解得

$$R_x' = 0.538\text{kN}$$
$$R_y' = 0.597\text{kN}$$

水流对弯管的作用力与弯管对水流的作用力为作用力与反作用力，大小相等方向相反，即

$$R_x = 0.538\text{kN}，方向沿 ox 方向。$$
$$R_y = 0.597\text{kN}，方向沿 oy 方向。$$

则水流对弯管的作用力为

$$R = \sqrt{R_x^2 + R_y^2} = 0.804\text{kN} = 804\text{N}$$

方向是与 x 轴成 α 角

$$\alpha = \arctan\frac{R_y}{R_x} = 48°$$

码3-17
知识拓展：
鸟撞飞机

思政案例

科学家莱昂哈德·欧拉

莱昂哈德·欧拉（Leonhard Euler，1707 年 4 月 15 日—1783 年 9 月 18 日），瑞士数学家、自然科学家，如图 3-33 所示。

他 1707 年 4 月 15 日出生于瑞士的巴塞尔，1783 年 9 月 18 日于俄国圣彼得堡去世。欧拉出生于牧师家庭，自幼受父亲的影响。13 岁时入读巴塞尔大学，15 岁大学毕业，16 岁获得硕士学位。欧拉是 18 世纪数学界最杰出的人物之一，他不但为数学界作出贡献，更把整个数学推至物理领域。他是数学史上最多产的数学家，平均每年写出八百多页的论文，还写了大量的力学、分析学、几何学、变分法等的课本，《无穷小分析引论》《微分学原理》《积分学原理》等都成为数学界中的经典著作。欧拉对数学的研究如此之广泛，因此在许多数学的分支中也可经常见到以他的名字命名的重要常数、公式和定理。此外，欧拉还涉及建筑

图 3-33　莱昂哈德·欧拉

学、弹道学、航海学等领域。在力学领域，他是刚体力学和流体力学的奠基者，弹性系统稳定性理论的开创人。他认为质点动力学微分方程可以应用于液体（1750 年）。他曾用两种方法来描述流体的运动，即分别根据空间固定点（1755 年）和根据确定的流体质点（1759 年）描述流体速度场。前者称为欧拉法，后者称为拉格朗日法。欧拉奠定了理想流体的理论基础，给出了反映质量守恒的连续方程（1752 年）和反映动量变化规律的流体动力学方程（1755 年）。欧拉在固体力学方面的研究成果也很多，诸如弹性压杆失稳后的形状、上端悬挂重链的振动问题等。

在欧拉的数学生涯中，他的视力一直在恶化。在 1735 年经历了一次几乎致命的发热后，他的右眼近乎失明，但他把这归咎于为圣彼得堡科学院进行的地图学工作。他在德国期间视力持续恶化，以至于弗雷德里克把他誉为"独眼巨人"。欧拉的原本正常的左眼后来又遭受了白内障的困扰。在他于 1766 年被查出有白内障的几个星期后，他的眼睛近乎完全失明。1771 年彼得堡的大火灾殃及欧拉住宅，带病而失明的 64 岁的欧拉被围困在大火中，虽然他被别人从火海中救了出来，但他的书房和大量研究成果全部化为灰烬了。沉重的打击，仍然没有使欧拉倒下，他发誓要把损失夺回来。在他完全失明之前，还能朦胧地看见东西，他抓紧这最后的时刻，在一块大黑板上疾书他发现的公式，然后口述其内容，由他的学生和大儿子 A·欧拉（数学家和物理学家）笔录。欧拉完全失明以后，仍然以惊人的毅力与黑暗搏斗，凭着记忆和心算进行研究，直到逝世，时间竟达 17 年之久。

欧拉一生为世人留下了珍贵的科学财富，他对于科学的执着追求和不畏病痛的顽强精神更值得我们学习和敬仰。

单元小结 🔍

本教学单元介绍了描述流体运动的两种方法：拉格朗日法和欧拉法，在流体力学中主要采用欧拉法。着重以流场为研究对象介绍了描述流体运动的基本概念：压力流与无压流，恒定流与非恒定流，流线与迹线，一元流、二元流和三元流，元流和总流，过流断面、流量和断面平均流速，均匀流与非均匀流，渐变流与急变流。还介绍了一元流体动力学中的三大方程：恒定流连续性方程、恒定流能量方程和恒定流动量方程，以及这些方程的应用，并由恒定流能量方程推导得到了恒定气流能量方程，最后又介绍了总水头线与测压管水头线，总压线与势压线的绘制方法。

学习中应该理解如压力流、恒定流、流线、均匀流、渐变流等基本概念。掌握流体动力学三大方程的解题方法和步骤，并能够利用这些方程解决一些流速、流量、压强、水流经过弯管时受到的水流的作用力等。能够理解总水头线与测压管水头线、总压线与势压线的绘制方法，并能利用绘制的这些线来解决一些实际问题。

自我测评

一、填空题

1. 动压强的大小不仅和空间位置有关，还和_____有关。

2. 以流体运动所处的固定空间为研究对象，考察每一时刻通过各固定点、固定断面或固定空间的流体质点的运动情况，从而确定整个流体的运动规律，这种方法称为_____。

3. 流体运动时，流体充满整个流动空间并在压力作用下的流动，称为_____。

4. 恒定流是各空间点上的运动参数不随_____变化的流动。

5. 一元流是指流速等运动要素只是_____和时间变量的函数的流动。

6. 元流横断面积无限小，其上的流速、压强等可以认为是_____的。

7. 流线互相平行时，过流断面为_____；流线互相不平行时，过流断面为_____。

8. 在非均匀流中，按流线沿流向变化的缓急程度又可分为_____和_____。

9. 均匀流的特点是流线相互_____，过流断面为_____。

10. 总水头是_____、_____和_____三项之和。

11. 势压是_____和_____两项之和。

12. 总压是_____、_____和_____三项之和。

13. 当系统不受外力或所受外力和为零，则系统_____守恒。

二、选择题

1. 流体运动最重要的两个参数是（　　）。

A. 压力、速度 　　　　　　　　　　B. 压力、温度

C. 压力、密度 　　　　　　　　　　D. 速度、密度

2. 断面平均流速 v 与断面上每一点的实际流速 u 的关系是（　　）。

A. $v < u$ 　　　　　　　　　　　　B. $v > u$

C. $v = u$ 　　　　　　　　　　　　D. $v \leqslant u$ 或 $v \geqslant u$

3. 一变径水管，管径 $d_1 : d_2 = 2$，则断面流速 $v_1 : v_2$ 等于（　　）。

A. 1 　　　　　　B. 2 　　　　　　C. 0.5 　　　　　　D. 0.25

4. 如图 3-12 所示，当流体密度沿程不变时，管路的流量关系成立的是（　　）。

A. $Q_1 = Q_2 = Q_3$ 　　　　　　　B. $Q_1 = Q_2 + Q_3$

C. $Q_1 + Q_2 = Q_3$ 　　　　　　　D. $Q_1 - Q_2 = Q_3$

5. 图 3-34 中相互之间可以列总流能量方程的断面是（　　）。

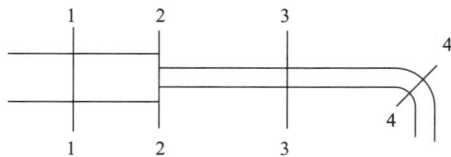

图 3-34　选择题 5

A. 1-1 断面和 2-2 断面 　　　　　　B. 2-2 断面和 3-3 断面

C. 1-1 断面和 3-3 断面　　　　　　　　　　D. 3-3 断面和 4-4 断面

6. 渐变流过流断面上，流体各质点的测压管水头满足（　　）。

A. 各点的测压管水头均不相等

B. 各点的测压管水头均相等

C. 中心管轴线处的测压管水头最大

D. 中心管轴线处的测压管水头最小

7. 分叉管（图 3-11），可以列总流能量方程的断面有（　　）。

A. 1-1 断面和 2-2 断面　　　　　　　　　B. 2-2 断面和 3-3 断面

C. 1-1 断面和 3-3 断面　　　　　　　　　D. 不能确定

8. 毕托管测量流速时，当被测流体为水，汞比压计的液面高差为 Δh 时，$\dfrac{\Delta p}{\gamma}$ 的表达形式为（　　）。

A. $10\Delta h$　　　　　　B. $11\Delta h$　　　　　　C. $12\Delta h$　　　　　　D. $12.6\Delta h$

9. 在毕托管上连接酒精比压计，测定风管中的某点风速，比压计的液面高差为 Δh 时，$\dfrac{\Delta p}{\gamma}$ 的表达形式为（　　）。

A. Δh

B. $\left(\dfrac{\gamma'}{\gamma}-1\right)\Delta h$

C. $\dfrac{\gamma_{酒精}}{\gamma_{空气}}\Delta h$

D. $\left(1-\dfrac{\gamma'}{\gamma}\right)\Delta h$

10. 流体与固体之间的作用力，可以用（　　）进行求解。

A. 恒定流连续性方程　　　　　　　　　　B. 恒定流动量方程

C. 恒定流能量方程　　　　　　　　　　　D. 恒定气流能量方程

三、判断题

1. 雨水在雨水沟中的流动是无压流。（　　）

2. 水从恒定水位的水池侧孔流出是非恒定流。（　　）

3. 自来水管，管轴线上的流速最大，管壁处流速最小。（　　）

4. 断面平均流速与断面面积的乘积计算得到的流量和实际流量相等。（　　）

5. 水流在弯管处的流动是渐变流。（　　）

6. 流线是光滑的曲线，不能是折线，流线之间可以相交。（　　）

7. 当流速分布比较均匀时，则动能修正系数的值接近于零。（　　）

8. 测压管水头线沿程一定是降低的。（　　）

9. 总压线一定是沿程降低的。（　　）

10. 当气流速度不变时，总压线和势压线平行。（　　）

四、问答题

1. "均匀流一定是恒定流"，这种说法是否正确？为什么？

2. 渐变流与急变流过流断面上的压强分布有何不同？

3. 关于水流流向问题有如下一些说法："水一定由高处向低处流""水是从压强大的地方向压强小的地方流""水是从流速大的地方向流速小的地方流"，这些说法是否正确？

为什么?

4. 举例说明工程中哪些是压力流? 哪些是无压流?

五、计算题

1. 如图 3-35 所示,水从水箱经直径 $d_1=10$cm、$d_2=5$cm、$d_3=2.5$cm 的管道流入大气中。当出口流速为 10m/s 时,求:(1) 流量及质量流量;(2) d_1 及 d_2 管段的流速。

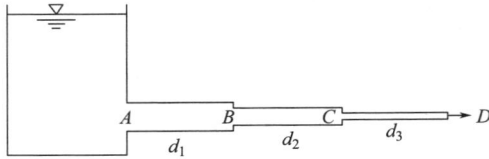

图 3-35　计算题 1

2. 一变直径的管段 AB,如图 3-36 所示,直径 $d_A=0.2$m,$d_B=0.4$m,高差 $\Delta h=1.5$m。今测得 $p_A=30$kN/m^2,$p_B=40$kN/m^2,B 处断面平均流速 $v_B=1.5$m/s。试判断水在管中的流动方向。

3. 如图 3-37 所示,利用毕托管原理,测量水管中的点流速 u。如 $\Delta h=60$mm,求该点流速。

4. 如图 3-38 所示,已知水管直径为 50mm,末端阀门关闭时,压力表读值为 21kN/m^2。阀门打开后读值降至 5.5kN/m^2,如不计水头损失,求通过的流量。

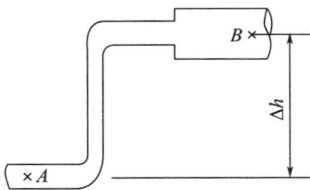

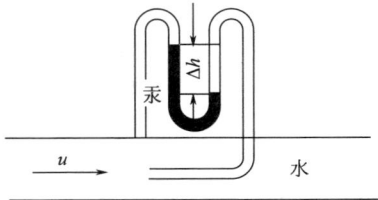

图 3-36　计算题 2　　　　图 3-37　计算题 3　　　　图 3-38　计算题 4

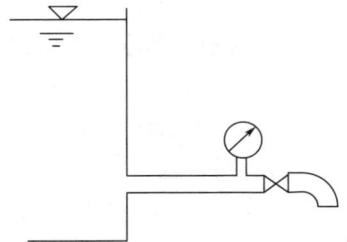

5. 如图 3-39 所示,水由断面面积为 0.2m^2 和 0.1m^2 的两根管子所组成的水平输水管系从水箱流入大气中:

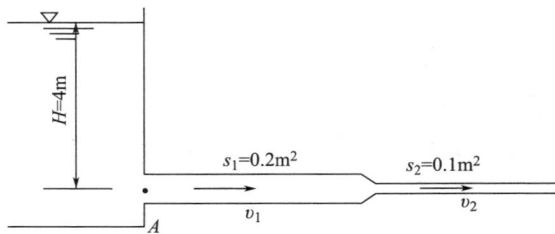

图 3-39　计算题 5

(1) 若不计损失,(a) 求断面流速 v_1 及 v_2;(b) 绘制总水头线及测压管水头线;(c) 求

进口 A 点的压强。

（2）计入损失：第一段为 $4 \times \dfrac{v_1^2}{2g}$ ，第二段为 $3 \times \dfrac{v_2^2}{2g}$ ，（a）求断面流速 v_1 及 v_2 ；（b）绘制总水头线及测压管水头线；（c）根据总水头线求各段中间的压强。

6. 如图 3-40 所示，烟囱直径 $d=1\mathrm{m}$ ，通过烟气量 $G=176.2\mathrm{kN/h}$ ，烟气密度 $\rho=0.7\mathrm{kg/m^3}$ ，周围气体的密度 $\rho_a=1.2\mathrm{kg/m^3}$ ，烟囱压强损失用 $p_w=0.035\dfrac{h}{d}\dfrac{\rho v^2}{2}$ 计算，要保证底部（1 断面）负压不小于 $10\mathrm{mmH_2O}$ ，烟囱高度至少应为多少？求 $\dfrac{H}{2}$ 高度上的压强。绘制烟囱全高程 1-M-2 的压强分布。计算时设 1-1 断面流速很低，可忽略不计。

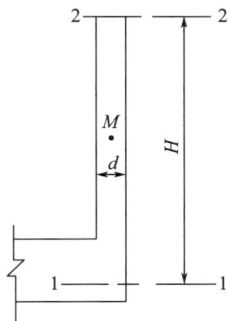

图 3-40　计算题 6

7. 高压管末端的喷嘴如图 3-41 所示，出口直径 $d=10\mathrm{cm}$ ，管端直径 $D=40\mathrm{cm}$ ，流量 $Q=0.4\mathrm{m^3/s}$ ，喷嘴和管用法兰盘连接，共用 12 个螺栓，不计水和管嘴的重量，求每个螺栓的受力。

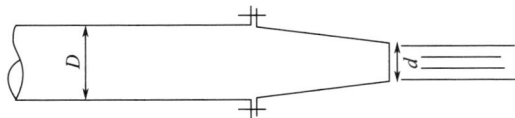

图 3-41　计算题 7

Chapter 04

教学单元4

流动阻力和能量损失

教学目标

【**知识目标**】掌握流体运动产生的阻力和能量损失的两种类型及计算方法；掌握流态特征及判定方法；熟悉均匀流基本方程；熟悉圆管流与非圆管流的沿程阻力系数和局部阻力系数的确定方法，理解圆管层流和圆管紊流的运动特征及尼古拉兹实验揭示的沿程阻力系数的变化规律；了解莫迪图及其意义；熟悉局部损失产生的原因和减阻措施；了解边界层的分离现象以及绕流阻力与升力的概念。

【**能力目标**】能够运用公式正确计算不同条件下的沿程损失和局部损失，培养学生科学的思维方法。

【**素质目标**】结合沿程阻力系数计算方法的演变过程和神舟十三号载人飞船背后的科学，培养追求真理、勇于探索的科学精神；结合减阻措施和国家碳达峰、碳中和大背景，树立节能意识、生态意识；结合本专业的节能潜力，树立社会责任感和专业使命感。

思维导图

流动阻力和能量损失
- 流动阻力和能量损失的两种形式
  - 流动阻力和能量损失的分类
  - 能量损失的计算公式
- 两种流态和雷诺数
  - 雷诺实验
  - 沿程水头损失与流态的关系
  - 流动形态的判断标准
  - 流态分析
- 均匀流基本方程式
  - 均匀流的特点
  - 均匀流基本方程式
- 圆管中的层流运动
  - 过断面速度分布规律、切应力、流量、断面平均流速、动能修正系数、动量修正系数、沿程水头损失
- 圆管中的紊流运动
  - 紊流脉动与时均化
  - 紊流阻力
  - 紊流的速度分布
    - 水力光滑管
    - 水力粗糙管
- 紊流沿程阻力系数
  - 尼古拉兹实验
    - 层流区、临界过渡区、紊流光滑区、紊流过渡区、紊流粗糙区
  - 莫迪图
    - 由雷诺数和相对粗糙度查沿程阻力系数
  - 紊流沿程阻力系数的计算公式
    - 紊流光滑区
    - 紊流过渡区
    - 紊流粗糙管区
- 非圆管的沿程损失
  - 水力半径
  - 当量直径
- 局部损失与减阻措施
  - 局部阻力产生的原因
  - 局部损失的计算
  - 减少局部阻力的措施
- 绕流阻力与升力
  - 附面层的形成及其性质
  - 绕流阻力的一般分析
  - 绕流升力的概念

教学单元 4 思维导图

在前面的内容中，介绍了理想流体的流动，特别是工程实际中最常遇到的一元流动。认识了流体微团沿微元流束（或流线）流动时，其质量守恒和机械能守恒的规律，以及流体与固体壁面间相互作用的规律。这就为进一步研究实际流体的流动规律奠定了基础。

实际流体都是有黏性的，故又称为黏性流体。黏性流体流经固体壁面时，紧贴固体壁面的流体质点将黏附在固体壁面上，它们与固体壁面的相对速度等于零，这是与理想流体大不相同的。既然流体质点要黏附在固体壁面上，受固体壁面的影响，在固体壁面和流体的主流之间必定要有一个由固体壁面的速度过渡到主流速度的流速变化的区域；倘若固体壁面是静止不动的，则要有一个由零到主流速度的流速变化区域。由此可见，在同样的通道中流动的理想流体和黏性流体，它们沿截面的速度分布是不相同的。对于流速分布不均匀的黏性流体在流动的垂直方向上出现速度梯度，在相对运动着的流层之间必定存在切向应力，形成阻力。要克服阻力，维持黏性流体的流动，就要消耗机械能。消耗掉的这部分机械能将不可逆地转化为热能。可见，在黏性流体中沿微元流束（或流线）流动的流体，其机械能是逐渐减少的，而不可能是永远守恒的。流体在流动中必须消耗能量以克服阻力，这部分能量已不可逆转地转化为热量，从而形成能量损失。流动阻力是造成能量损失的原因，因此，能量损失的变化规律就必然是流动阻力规律的反映。产生阻力的内因是流体的黏滞性和惯性力，外因是固体壁面对流体流动的阻止和扰动。在供热通风与空调工程中，要通过管道输送流体，用能量方程解释流体的能量转换规律时，必须计算出流体流动的能量损失，以便确定水泵、风机等流体机械应提供的能量。因此，本教学单元以恒定流为研究对象，介绍实际流体的流动形态、各种边界条件和不同流动形态下的能量损失变化规律及相应的计算方法。

教学情境 1　流动阻力和能量损失的两种形式

流体流动的能量损失与流体的运动状态和流动边界条件有密切的关系。根据流动的边界条件，能量损失分为沿程能量损失和局部能量损失两种形式。

1. 流动阻力和能量损失的分类

当束缚流体流动的固体边壁沿程不变，流动为均匀流时，流层与流层之间或质点之间只存在沿程不变的切应力，称为沿程阻力。沿程阻力做功引起的能量损失称之为沿程能量损失。由于沿程损失沿管路长度均匀分布，因此，沿程能量损失的大小与管路长度成正比。在管路中单位重量水流的沿程能量损失称为沿程水头损失，以 h_f 表示。

当流体流经固体边界突然变化处（也就是在教学单元3介绍的急变流处），由于固体边界的突然变化造成过流断面上流速分布的急剧变化，从而在较短范围内集中产生的阻力称为局部阻力。由于局部阻力做功引起的能量损失称为局部能量损失。在管道入口、突然扩大、突然缩小、弯头、闸阀、三通等管件处都存在局部能量损失。在这些管件处单位重量水流的局部能量损失称为局部水头损失，以 h_j 表示。

　　如图 4-1 所示，从水箱侧壁上引出的管道，其中 ab、bc、cd 段为直管段，而 a 点、b 点和 c 点分别为管道入口、突然缩小处和阀门。为了测量损失，可在管道上装设一系列的测压管。连接各测压管的水面可得相应的测压管水头线（测压管水面高度再加上相应的流速水头为各点总水头，其连线为该管道的总水头线）。图 4-1 中的 h_{fab}、h_{fbc}、h_{fcd} 就是 ab、bc、cd 段的沿程水头损失。沿程水头损失沿管道均匀分布，使实际总水头线在相应的各管段上形成一定的坡度，这就是在今后专业课中所要介绍的水力坡度。

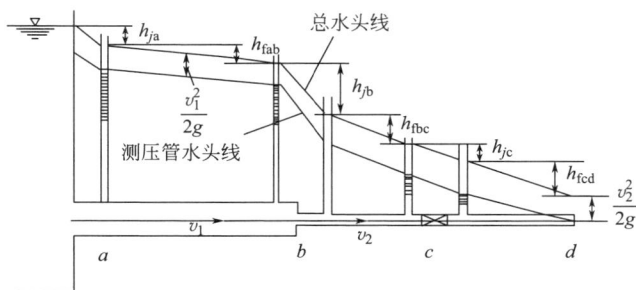

图 4-1　沿程阻力和沿程损失

　　水力坡度表示单位重量水流在单位长度上的沿程水头损失。在同一流量下，直径不同的管段水力坡度不同，直径相同的管段水力坡度不变。整个管路的沿程水头损失等于各管段的沿程水头损失之和，即

$$\sum h_{\text{f}} = h_{\text{fab}} + h_{\text{fbc}} + h_{\text{fcd}}$$

　　当水流经过管件，即图 4-1 中的 a、b、c 处时，由于水流运动边界条件发生了急剧改变，引起流速分布迅速改变，水流质点相互碰撞和掺混，并伴随有旋涡区产生，形成局部水头损失。整个管路上的局部水头损失等于各管件的局部水头损失之和，即

$$\sum h_{j} = h_{j\text{a}} + h_{j\text{b}} + h_{j\text{c}}$$

　　单位重量液体在整个管路上的总水头损失应等于各管段的沿程水头损失与各管件的局部水头损失的总和，即

$$\sum h_{\text{w}} = \sum h_{\text{f}} + \sum h_{j}$$

2. 能量损失的计算公式

能量损失的计算公式用水头损失表示时

沿程水头损失（达西公式）为：

$$h_{\text{f}} = \lambda \frac{L}{d} \frac{v^2}{2g} \tag{4-1}$$

式中　　h_{f}——沿程水头损失（m）；

　　　　λ——沿程阻力系数；

　　　　L——管道长度（m）；

　　　　d——管道直径（m）；

　　　　g——重力加速度（m/s²）；

　　　　v——管道断面平均流速（m/s）。

局部水头损失为：

$$h_j = \zeta \frac{v^2}{2g} \tag{4-2}$$

式中　　h_j——局部水头损失（m）；

　　　　ζ——局部阻力系数。

在供热通风与空调工程中，对于气体管路以及流体的密度或重度沿程发生改变的管路，其能量损失一般用压强损失来表示。

沿程压强损失为：

$$p_f = \lambda \frac{L}{d} \frac{\rho v^2}{2g} \tag{4-3}$$

局部压强损失为：

$$p_j = \zeta \frac{\rho v^2}{2g} \tag{4-4}$$

式中　　p_f——沿程压强损失（Pa）；

　　　　p_j——局部压强损失（Pa）；

　　　　ρ——流体的密度（kg/m³）。

教学情境 2　两种流态和雷诺数

码4-2
两种流态与
雷诺数

码4-3
雷诺实验动
画演示

在上一节中讨论了流动损失，事实上，流动的损失与流动是层流还是紊流这两种流动状态有着密切的关系。英国物理学家雷诺（Osborne Reynolds）在 1883 年发表的论著中，不仅通过实验肯定了这两种流动状态，而且测定了流动损失与这两种流动状态的关系。

1. 雷诺实验

如图 4-2 所示为雷诺的流态实验装置。水箱 A 中水位恒定，水流通过玻璃管 B 可以恒定出流，阀门 K 用以调节管内流量，水箱上部容器 D 中盛有带颜色的水，可以经过细管 E 注入玻璃管 B 中。

实验开始，先将 B 管末端阀门 K 微微开启，使水在管内缓慢流动。然后打开 E 管上的阀门 F，使少量颜色水注入玻璃管内，这时可以看到一股边界非常清晰的带颜色细直流束，它与周围清水互不掺混，如图 4-3（a）所示。这一现象表明玻璃管 B 内的水流呈层状流动，各流层的流体质点互不混杂，有条不紊地向前流动。这种流动形态称为层流。如果把阀门 K 逐渐开大，玻璃管内水的流速随之增大到某一数值——临界流速时，则可以看到颜色水出现摆动，且流束明显加粗，呈现出波状轮廓，但仍不与周围清水相混，如图 4-3（b）所示。此时流动形态处于过渡状态。如继续开大阀门 K，颜色水与周围清水迅速掺混，以至整个玻璃管内的水流都染上颜色，如图 4-3（c）所示。这种现象表明管内流动非常混乱，各流体质点的瞬时速度大小、方向是随时间而变的，各流层质点互相掺混。这种流动形态称为紊流。

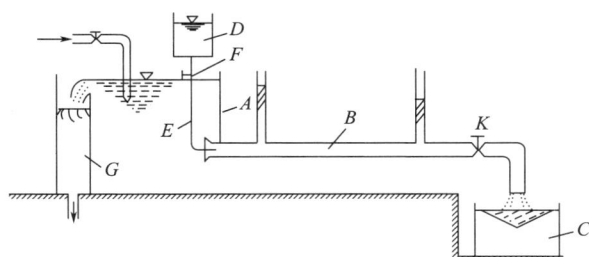

图 4-2　雷诺的流态实验装置

A—水箱；*B*—玻璃管；*C*—量水桶；*D*—色液箱；
E—细管；*F*—小阀门；*G*—溢流管；*K*—阀门

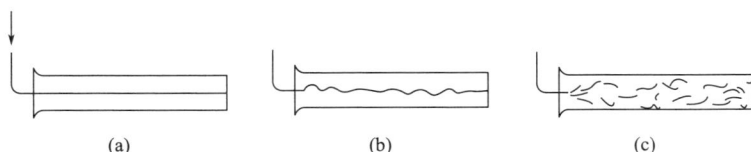

图 4-3　层流与紊流

（a）层流；（b）过渡流；（c）紊流

如果再慢慢地关小阀门，使实验以相反程序进行时，则会观察到出现的实验现象与之前相反，但紊流转变为层流的临界流速值（以 v_k 表示）要比层流转变为紊流的临界流速值（以 v'_k 表示）小，即 $v_k < v'_k$。v_k 称为下临界流速，v'_k 称为上临界流速。

2. 沿程水头损失与流态的关系

如果在玻璃管 *B* 上选取两个断面，分别安装测压管。根据能量方程可得出结论：两测压管的液面差就是两断面之间管道的沿程水头损失 h_f。在雷诺实验观察流态的同时，记录不同流速所对应的沿程水头损失值，若以 $\lg v$ 为横坐标，以 $\lg h_f$ 为纵坐标，将实验资料绘出，便可以得到如图 4-4 所示的实验曲线。从图 4-4 可以看出，当管内流速由小增大时，沿程水头损失也相应增加，实验点沿 *OABCD* 线上升；当流速由大到小时，实验点沿 *DCAO* 线下降，其中 *AC* 段不重合。图 4-4 中的实验曲线可以分为三段：

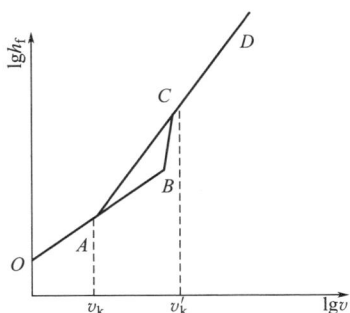

图 4-4　雷诺实验对数曲线图

当流速小于 v_k 时，实验点都分布在直线 *OA* 上，直线 *OA* 与水平线的夹角为 45°（斜率 $n = 1.0$）。

当流速大于 v'_k 时，实验点都分布在 *CD* 段上，*CD* 段的开始部分是直线，它与水平线夹角为 60°15′，以后略弯曲又变为直线，此时它与水平线的夹角为 63°25′（即 *CD* 段的斜率 $n = 1.75 \sim 2.0$）。

当流速 v 处于以上两个流速之间时，实验点比较复杂，从层流向紊流过渡时沿 *ABC* 线，从紊流向层流过渡时沿 *CA* 线，属于不稳定区。

若把上述实验曲线用方程来加以表示，则有

$$\lg h_{\mathrm{f}} = \lg k + n \lg v$$

即

$$h_{\mathrm{f}} = k v^{n} \tag{4-5}$$

式中，k 为比例常数。或写为 $h_{\mathrm{f}} \propto v^{n}$。

对应于以上三段实验曲线，沿程水头损失与流速之间的关系为：

当 $v < v_{\mathrm{k}}$ 时，$n = 1.0$，$h_{\mathrm{f}} \propto v^{1.0}$

当 $v > v'_{\mathrm{k}}$ 时，$n = 1.75 \sim 2.0$，$h_{\mathrm{f}} \propto v^{1.75 \sim 2.0}$

当 $v_{\mathrm{k}} < v < v'_{\mathrm{k}}$ 时，h_{f} 与 v 的关系不稳定。而且实验发现，v'_{k} 是不确定的，受起始扰动的影响很大，扰动越强，v'_{k} 越小。实际工程中扰动是难免的，上临界流速 v'_{k} 没有实际意义，在实用上把下临界流速 v_{k} 作为流态转变速度。

3. 流动形态的判断标准

实验证明，临界流速与流体的动力黏滞系数 μ 呈正比，与管径 d 流体密度 ρ 呈反比，即：

$$v_{\mathrm{k}} \propto \frac{\mu}{\rho d} = \frac{\nu}{d}$$

或写成

$$\frac{v_{\mathrm{k}} d}{\nu} = Re_{\mathrm{k}}$$

式中，ν 为运动黏滞系数（$\mathrm{m^2/s}$）；Re_{k} 是一个比例常数，是不随管径和流体物理性质而变化的无量纲数，称为雷诺数。较为准确的测定证明，Re_{k} 大都稳定在 2000 左右。圆管流动的实际雷诺数为

$$Re = \frac{v d}{\nu} \tag{4-6}$$

因此，有压圆管中两种流动形态的判别，只需把水流的实际雷诺数 Re 和临界雷诺数 Re_{k} 相比较即可。当 $Re > 2000$ 时，水流为紊流运动状态；当 $Re < 2000$ 时，水流为层流运动状态。临界雷诺数 Re_{k} 即为两种流态的判别准则数。

【例 4-1】 室内给水管径 $d = 40\mathrm{mm}$，如管内流速 $v = 1.1\mathrm{m/s}$，水温 $t = 10\mathrm{℃}$。

（1）试判断管内水的流态。

（2）管内保持层流状态的最大流速为多少？

解：（1）$10\mathrm{℃}$ 时水的运动黏滞系数 $\nu = 1.31 \times 10^{-6}\mathrm{m^2/s}$，管内水流的雷诺数为

$$Re = \frac{v d}{\nu} = \frac{1.1 \times 0.04}{1.31 \times 10^{-6}} = 33588 > 2000$$

故管内水流为紊流。

（2）保持层流的最大流速所对应的就是临界雷诺数 Re_{k}

由于 $Re_{\mathrm{k}} = \dfrac{v_{\mathrm{k}} d}{\nu} = 2000$

所以 $v_{\mathrm{k}} = \dfrac{Re_{\mathrm{k}} \nu}{d} = \dfrac{2000 \times 1.31 \times 10^{-6}}{0.04} = 0.066\mathrm{m/s}$

【例 4-2】 某户内煤气管道，用具前支管管径 $d = 15\mathrm{mm}$，煤气流量 $Q = 2\mathrm{m^3/h}$，煤气的运动黏度 $\nu = 26.3 \times 10^{-6}\mathrm{m^2/s}$。试判别该煤气支管内的流态。

解：管内煤气流速

$$v = \frac{Q}{A} = \frac{2}{3600 \times \frac{\pi}{4} \times (0.015)^2} = 3.15\text{m/s}$$

雷诺数为 $Re = \frac{vd}{\nu} = \frac{3.15 \times 0.015}{26.3 \times 10^{-6}} = 1797 < 2000$

故管中为层流。这说明某些户内管流也可能出现层流状态。

4. 流态分析

层流和紊流的根本区别在于层流各流层间互不掺混，只存在黏性引起的各流层间的滑动摩擦阻力；紊流时则有大小不等的涡体动荡于各流层间。除了黏性阻力，还存在着由于质点掺混、互相碰撞所造成的惯性阻力。因此，紊流阻力比层流阻力大得多。

层流到紊流的转变是与涡体的产生联系在一起的。图 4-5 绘出了涡体产生的过程。

设流体原来作直线层流运动。由于某种原因的干扰，流层发生波动（图 4-5a）。于是在波峰一侧断面受到压缩，流速增大，压强降低；在波谷一侧由于过流断面增大，流速减小，压强增大。因此，流层受到图 4-5（b）中箭头所示的压差作用。这将使波动进一步加大（图 4-5c），终于发展成涡体。涡体形成后，由于其一侧的旋转切线速度与流动方向一致，故流速较大，压强较小。而另一侧旋转切线速度与流动方向相反，流速较小，压强较大。于是涡体在其两侧压差作用下，将由一层转到另一层（图 4-5d），这就是紊流掺混的原因。

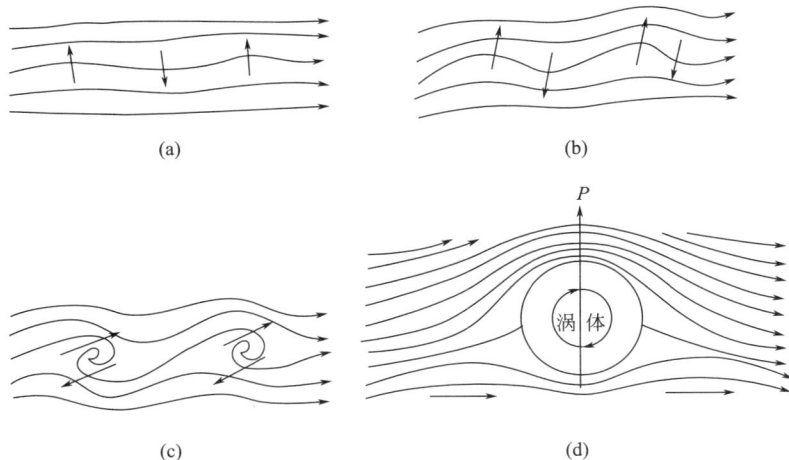

图 4-5　层流到紊流的转变过程

（a）波动受影响；（b）影响层流；（c）波动加大；（d）形成涡体

层流受扰动后，当黏性的稳定作用起主导作用时，扰动就受到黏性的阻滞而衰减下来，层流就是稳定的。当扰动占上风时，黏性的稳定作用无法使扰动衰减下来，于是流动便变为紊流。因此，流动呈现什么流态，取决于扰动的惯性作用和黏性的稳定作用相互关系。

实验表明，在 Re 为 1225 左右时，流动的核心部分就已出现线状的波动和弯曲。随着 Re 增加，其波动的范围和强度随之增大，但此时黏性仍起主导作用，层流仍是稳定的。直至 Re 达到 2000 左右时，在流动的核心部分惯性力终于克服黏性力的阻滞而开始产生涡体，掺混现象也就出现了。当 $Re > 2000$ 后，涡体越来越多，掺混也越来越强烈。直到 $Re = 3000 \sim 4000$ 时，除了在邻近管壁的极小区域外，均已发展为紊流。雷诺数之所以能判别流态，正是因为它反映了惯性力和黏性力的对比关系。

教学情境 3 均匀流基本方程式

前面研究了管路流动中的能量损失的两种形式和流动状态与沿程损失的关系。本教学情境主要讨论圆管中层流运动的规律以及从理论上导出沿程阻力系数 λ 的计算公式。

在前面已经分析过均匀流动的特点，均匀流只能发生在长直的管道或渠道这一类断面形状和大小都沿程不变的流动中，因此均匀流管段只有沿程损失，而无局部损失。为了导出沿程阻力系数的计算公式，首先建立沿程损失和沿程阻力之间的关系。在图 4-6 所示的均匀流中，就任选的两个断面 1-1 和 2-2 列能量方程：

$$Z_1 + \frac{p_1}{\gamma} + \frac{\alpha_1 v_1^2}{2g} = Z_2 + \frac{p_2}{\gamma} + \frac{\alpha_2 v_2^2}{2g} + h_{w1-2}$$

图 4-6 均匀流的沿程损失

由均匀流的性质可得：$v_1 = v_2$，$h_{w1-2} = h_f$

代入能量方程可得：

$$\left(Z_1 + \frac{p_1}{\gamma}\right) - \left(Z_2 + \frac{p_2}{\gamma}\right) = h_f \tag{4-7}$$

考虑所取流段在流向上的受力平衡条件。设两断面间的距离为 L，过流断面面积都为 A，在流向上，该流段所受的作用力有：

（1）重力

$$G = \gamma A L$$

（2）压力

断面 1-1 上的压力 $P_1 = p_1 A$，断面 2-2 上的压力 $P_2 = p_2 A$，而作用在流段（1-1）-（2-2）上的侧面压力与流动方向垂直，所以在管轴上的投影为零。

（3）黏滞力

流体与管壁存在相对运动，故存在黏滞力 $T = \tau_0 \chi L$

式中，τ_0 为流段表面上单位面积的摩擦阻力（切应力）；χ 为湿周。

在均匀流中，流体质点作等速运动，加速度为零。因此，作用在流段上各力的轴线方向的合力为零，考虑到各力的作用方向得

$$P_1 - P_2 + G \cos \alpha - T = 0$$
$$p_1 A - p_2 A + \gamma A L \cos \alpha - \tau_0 \chi L = 0$$

将 $L \cos \alpha = Z_1 - Z_2$ 代入，各项同除 γA 整理得

$$\left(Z_1 + \frac{p_1}{\gamma} \right) - \left(Z_2 + \frac{p_2}{\gamma} \right) = \frac{\tau_0 \chi L}{\gamma A} \tag{4-8}$$

将式（4-7）和式（4-8）联立得

$$h_\mathrm{f} = \frac{\tau_0 \chi L}{\gamma A}$$

整理得

$$\frac{h_\mathrm{f}}{L} = \frac{\tau_0 \chi}{\gamma A}$$

式中，$\dfrac{h_\mathrm{f}}{L}$ 为单位长度的沿程损失，称为水力坡度，以 J 表示。将 $R = \dfrac{A}{\chi}$ 代入上式得：

$$\tau_0 = \gamma J R \tag{4-9}$$

式（4-9）称为均匀流基本方程式。它反映了沿程水头损失和切应力之间的关系。R 为水力半径。

对于非圆形断面有压均匀流及无压均匀流管道，按上述步骤，同样可以得出与式（4-9）相同的结果。因此，均匀流基本方程适用于任何断面形状的有压流和无压流。

应用均匀流基本方程式，可以说明流体在均匀流过流断面上的切应力分布规律。设圆管均匀流的半径为 r_0，水力坡度为 J_0，其表面上的切应力为

$$\tau_0 = \gamma J_0 R_0 = \gamma J_0 \frac{d_0}{4} = \gamma J_0 \frac{r_0}{2}$$

而同一管轴上，半径为 r 的流束的切应力为

$$\tau = \gamma J R = \gamma J \frac{r}{2}$$

以上两式相比可得

$$\frac{\tau}{\tau_0} = \frac{J}{J_0} \frac{r}{r_0}$$

由于均匀流单位长度上的水头损失相等，即水力坡度 $J = J_0$，由此可得

$$\tau = \tau_0 \frac{r}{r_0}$$

上式表明，均匀流过流断面上的切应力是按直线规律分布。当 $r = 0$ 时，即在管轴上，切应力 $\tau = 0$；当 $r = r_0$ 时，即在管壁处，切应力为最大值，此时 $\tau = \tau_0$。

由于均匀流基本方程式是在恒定流条件下，分析均匀流段上的外力平衡得出的平衡方程，并没有反映流体流动中产生能量损失的物理本质。因此，该式对层流和紊流都适用，

只是流态不同，切应力形成的原因和表达式不同，最终决定两种流态水头损失的规律不同。

教学情境 4　圆管中的层流运动

由于流体运动存在着层流和紊流两种性质截然不同的流动形态，因此，研究沿程损失，必须分别针对这两种流态，研究它们各自的流动阻力和水头损失规律。

本教学情境以圆管压力流为例，讨论流体在管中作层流运动时的运动特征及其沿程损失规律。

在实际工程中，尽管绝大多数流体运动属于紊流，但是也有少数流体运动属于层流，如某些管径很小的管道流动，或者低速、高黏度流体的管道流动，像润滑油管、原油输油管内的流动多属层流。研究层流运动不仅有工程实用意义，更重要的还在于通过层流与紊流的对比，加深对紊流运动的认识。

层流运动的特点是流动有条不紊，流层与流层之间互不掺混，流体质点只有平行管轴方向的流动速度。所以，圆管层流可以看作是无数无限薄的圆筒层一个套着一个地向前滑动，与管壁接触的最外层流体，受黏性影响，贴附在管壁上，流速为零。越接近管轴，黏滞力越小，流速越大，最大流速发生在管轴上，这种轴对称的标准层流满足牛顿内摩擦定律：

$$\tau = -\mu \frac{\mathrm{d}u}{\mathrm{d}r}$$

根据均匀流基本方程式

$$\tau = \gamma J R$$

对于等径直管中的流动，满足均匀流的条件。圆管压力流的 $R = d/4 = r/2$，均匀流基本方程式可改写为

$$\tau = \frac{r}{2} \gamma J$$

将牛顿内摩擦定律与上式联立得

$$\frac{r}{2} \gamma J = -\mu \frac{\mathrm{d}u}{\mathrm{d}r}$$

$$\mathrm{d}u = -\frac{r}{2\mu} \gamma J \, \mathrm{d}r \tag{4-10}$$

式中，γ、μ 分别为流体的重度和动力黏滞系数，它们均为常数。而水力坡度（单位管长的水头损失）在均匀流中也是常数。因此，对式（4-10）进行积分得

$$u = -\frac{\gamma J}{4\mu} r^2 + c$$

积分常数 c 可由边界条件确定，当 $r = r_0$ 时，$u = 0$；代入上式得

$$c = \frac{\gamma J}{4\mu} r_0^2$$

故

$$u = \frac{\gamma J}{4\mu}(r_0^2 - r^2) \tag{4-11}$$

根据式（4-11）可得出圆管层流运动的各种参数。

1. 过流断面速度分布规律

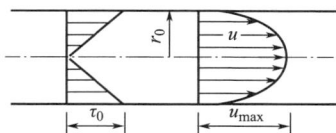

式（4-11）表明流体在圆管中作层流运动时，过流断面上的流速分布服从抛物线规律，如图 4-7 所示。

在管轴心点处，$r=0$，代入式（4-11）可得过流断面上的最大速度。

图 4-7　圆管层流速度分布

$$u_{max} = \frac{\gamma J}{4\mu}r_0^2 \tag{4-12}$$

2. 切应力 τ

根据圆管压力流条件下的均匀流基本方程

$$\tau = \frac{1}{2}r\gamma J \tag{4-13}$$

当 $r=0$ 时，$\tau=0$

当 $r=r_0$ 时，$\tau=\tau_{max}=1/2 r_0 \gamma J$

式（4-13）表明，在圆管压力流的层流流态过流断面上，切应力沿半径方向呈线性分布。

3. 流量 Q

$$Q = \int_A u\,\mathrm{d}A = \int_0^{r_0} \frac{\gamma J}{4\mu}(r_0^2 - r^2)\pi\mathrm{d}r^2$$

上式积分后，经整理可得圆管层流中流量计算公式为

$$Q = \frac{\gamma J}{8\mu}\pi r_0^4 = \frac{\gamma J}{128\mu}\pi d^4 \tag{4-14}$$

式（4-14）反映了圆管层流条件下，管道流量与单位管长沿程水头损失的关系。

4. 断面平均流速 v

$$v = \frac{Q}{A} = \frac{\frac{\gamma J}{8\mu}\pi r_0^4}{\pi r_0^2} = \frac{\gamma J}{8\mu}r_0^2 \tag{4-15}$$

$$u_{max} = \frac{\gamma J}{4\mu}r_0^2$$

故

$$v = \frac{1}{2}u_{max}$$

上式说明圆管层流运动时，断面平均流速是同断面上最大流速的一半。

5. 动能修正系数 α 和动量修正系数 β

$$\alpha = \frac{\int_A u^3\,\mathrm{d}A}{v^3 A} = \frac{1}{v^3 A}\int_0^{r_0}\left[\frac{\gamma J}{4\mu}(r_0^2 - r^2)\right]^3\pi\mathrm{d}r^2 = \frac{\int_0^{r_0}(r_0^2 - r^2)^3\,\mathrm{d}r^2}{\left(\frac{r_0^2}{2}\right)^3 r_0^2} = 2.0$$

同样，可求出圆管层流中的动量修正系数 β 为：

$$\beta = \frac{\int_A u^2 \mathrm{d}A}{v^2 A} = \frac{\int_0^{r_0} \left[\frac{\gamma J}{4\mu}(r_0^2 - r^2)\right]^2 2\pi r \, \mathrm{d}r}{\left(\frac{\gamma J}{8\mu} r_0^2\right)^2 \pi r^2} = 1.33$$

α、β 的数值都很大，说明在圆管层流中流速的分布很不均匀，所以层流运动中应用能量方程和动量方程时，不能设 α、β 两个系数为 1.0。但在实际工程中，遇到的管道流动基本都是紊流。

6. 沿程水头损失 h_f

由式（4-15）得

$$v = \frac{\gamma J}{8\mu} r_0^2 = \frac{\gamma J}{8\mu} \frac{d^2}{4} \Rightarrow J = \frac{32\mu}{\gamma d^2} v$$

由于 $J = \dfrac{h_f}{L}$，代入上式整理得

$$h_f = \frac{32\mu L}{\gamma d^2} v$$

上式可作如下变形

$$h_f = \frac{32\mu L}{r d^2} v = \frac{64}{2} \frac{\rho \nu}{\rho g d} \frac{L}{d} v = \frac{64}{\underbrace{\frac{vd}{\nu}}_{\nu}} \frac{L}{d} \frac{v^2}{2g}$$

由于 $Re = \dfrac{vd}{\nu}$，所以

$$h_f = \frac{64}{Re} \frac{L}{d} \frac{v^2}{2g} \tag{4-16}$$

根据达西公式 $h_f = \lambda \dfrac{L}{d} \dfrac{v^2}{2g}$ 可知，对于圆管层流

$$\lambda = \frac{64}{Re} \tag{4-17}$$

式（4-17）说明：圆形管道作层流运动时的沿程阻力系数 λ 只与 Re 有关，而与管壁粗糙度无关，即 $\lambda = f(Re)$。

【例 4-3】 设圆管的直径 $d = 2\mathrm{cm}$，流速 $v = 12\mathrm{cm/s}$，水温 $t = 10\mathrm{℃}$。试求在管长 $L = 20\mathrm{m}$ 上的沿程水头损失。

解： 先判明流态，查得在 10℃ 时水的运动黏度 $\nu = 1.308 \times 10^{-6} \mathrm{m^2/s}$。

$$Re = \frac{vd}{\nu} = \frac{12 \times 10^{-2} \times 2 \times 10^{-2}}{1.308 \times 10^{-6}} = 1835 < 2000$$

故为层流。

求沿程阻力系数 λ

$$\lambda = \frac{64}{1835} = 0.0349$$

沿程损失为：

$$h_\mathrm{f}=\lambda\frac{L}{d}\frac{v^2}{2g}=0.0349\times\frac{20}{2\times10^{-2}}\times\frac{(12\times10^{-2})^2}{2\times9.807}=0.026\mathrm{m}$$

【例 4-4】 在管径 $d=1\mathrm{cm}$，管长 $L=5\mathrm{m}$ 的圆管中，冷冻机润滑油作层流运动，测得流量 $Q=80\mathrm{cm}^3/\mathrm{s}$，水头损失 $h_\mathrm{f}=30\mathrm{m}$，试求油的运动黏度 ν。

解： 润滑油的平均流速为

$$v=\frac{Q}{A}=\frac{80\times(10^{-2})^3}{\frac{\pi}{4}\times(10^{-2})^2}=1.02\mathrm{m/s}$$

沿程阻力系数为

$$\lambda=\frac{h_\mathrm{f}}{\dfrac{L}{d}\dfrac{v^2}{2g}}=\frac{30}{\dfrac{5\times1.02^2}{0.01\times2\times9.807}}=1.13$$

因为是层流，雷诺数为

$$Re=\frac{64}{\lambda}=\frac{64}{1.13}=56.6$$

润滑油的运动黏度为

$$\nu=\frac{vd}{Re}=\frac{1.02\times0.01}{56.6}=1.8\times10^{-4}\mathrm{m}^2/\mathrm{s}$$

教学情境 5　圆管中的紊流运动

在供热通风与空调工程中，除了极少数流动属于层流之外，绝大多数流体的运动属于紊流，因此研究紊流运动的特征和能量损失规律，更具有实际意义和普遍性。

本教学情境以圆管为例，讨论管中紊流运动的基本特征及沿程损失规律。

1. 紊流脉动与时均化

1）紊流的脉动现象

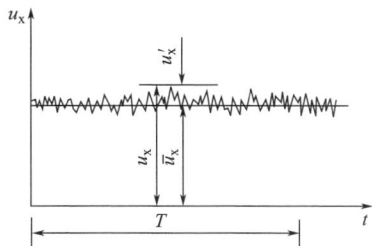

图 4-8　瞬时速度

在紊流中，流体质点的运动轨迹非常紊乱，各流层间的流体质点相互掺混，互相碰撞，质点的运动极为复杂，质点运动速度的大小和方向都随时间而无规则地改变。如图 4-8 所示是紊流速度场中某点瞬时速度 u 值在管轴方向分速度随时间变化的规律。虽然这种变化是无规则的随机变动，但实验中发现，只要观察时间足够长，某点的瞬时速度始终围绕某一平均值上下波动。同流速一样，紊流中的压强也具有这种性质。这种围绕某一平均值而上下波动的现象，称为脉动现象。

2）运动要素的时均化

紊流运动要素随时间脉动的现象，表明它不属于恒定流，但它随时间的变化却始终围绕着某一平均值而上下波动，这个平均值称为时均值。时均值可以用来代替具有脉动特征的真实值，用于分析研究紊流问题和进行有关计算。这样就必须对这个平均值给出明确定义。

速度时均化的定义：

在紊流流场中，某一时间段 T 内，以平均速度 $\bar{u}_x$，流经一微小有效断面 ΔA 的流体体积，应等于同一时间段内，以实际的有脉动的速度 u_x，流经同一微小有效断面的流体体积。这个定义也可以用数学关系表示为：

$$\bar{u}_x \Delta A T = \int_0^T u_x \Delta A \, \mathrm{d}t$$

$$\bar{u}_x = \frac{1}{T} \int_0^T u_x \, \mathrm{d}t$$

式中，$\bar{u}_x$ 就是 T 时段内，某点速度的平均值，称为时间平均速度，简称时均速度。

很显然，瞬时速度 u_x 与时均速度 $\bar{u}_x$ 的关系为：

$$u_x = \bar{u}_x + u'_x$$

式中，u'_x 为脉动速度，即瞬时速度与时均速度的差值，其值本身有正负。

把复杂的紊流运动时均化后，可为紊流运动的研究带来了很大的方便。以前我们介绍的恒定流概念以及分析流体运动规律的方法在紊流运动中仍然是适用的。

2. 紊流阻力

层流运动中，流体质点呈分层流动，其流层的黏性切应力可由牛顿内摩擦定律来确定。而紊流运动中的阻力则由两部分组成，即紊流运动可视为时均运动和脉动运动两方面阻力的叠加。

一方面是流体各层因时均流速不同而存在着相对运动，故流层间产生因黏滞性所引起的摩擦阻力。单位面积上的摩擦阻力即黏性切应力，以符号 τ_1 表示，可按牛顿内摩擦定律确定，即

$$\tau_1 = \mu \frac{\mathrm{d}u}{\mathrm{d}y}$$

式中，$\dfrac{\mathrm{d}u}{\mathrm{d}y}$ 为时均速度梯度。

另一方面，由于紊流的脉动现象，流层间质点相互掺混，低速流层的质点进入高速流层后，对高速流层起阻滞作用；反之，高速流层的质点进入低速流层后，对低速流层起拖动作用。即由于流层间质点的动量交换，从而在流层分界面上形成紊流附加切应力 τ_2。附加切应力可由德国科学家普朗特提出的半经验理论——动量传递理论导出。

普朗特用气体分子自由行程的概念，来描述流体质点的动量交换。假定流体质点的流速、动量等运动要素在从某一流层脉动到另一流层之后，才突然发生改变，而和周围流体的流速、动量取得一致，即流体质点横向渗混过程中，存在一段自由行程，在此行程内，不与其他质点碰撞，保持原有的运动特性，经过自由行程之后才与周围质点相碰撞混合，发生能量交换，失去原有运动特性。这段自由行程的长度，称为混合长度，以符号 l 表示。

根据混合长度理论，上述紊流附加切应力可表示为

$$\tau_2 = \rho l^2 \left(\frac{\mathrm{d}u}{\mathrm{d}y} \right)^2$$

为了简便起见，从这里开始，时均值不再标以时均符号。

考虑到流体的黏滞性和紊流脉动的共同作用，紊流的全部切应力应为黏性切应力与附加切应力之和，即

$$\tau = \tau_1 + \tau_2 = \mu \frac{du}{dy} + \rho l^2 \left(\frac{du}{dy}\right)^2$$

上式两部分切应力的大小随流体运动情况而有所不同。在雷诺数较小时，流体质点的碰撞和掺混较弱，黏性切应力占主要地位。雷诺数越大，紊动越剧烈，黏性切应力的影响就越小。工程中的实际流体运动，一般雷诺数都足够大，紊流得到充分发展，τ_2 远大于 τ_1，而此时 τ_1 往往可以忽略不计。

3. 紊流的速度分布

实验证明，流体在圆管内作紊流运动时，其过流断面上的流速分布如图 4-9 所示。在靠近管壁处存在着一层很薄的流层，由于受固体边壁的约束，流层内沿边界法线方向上的速度分布是由零急剧增加的，速度梯度很大。而且，由于固体边壁的制约，该层内质点的横向运动受到抑制，脉动运动几乎不存在，因此，该流层的切应力主要是黏性切应力，且流速分布也符合层流的流速分布规律。这一紧靠管壁，以黏性切应力起控制作用的薄层，称为层流边界层，其厚度以 δ 表示。因此，紊流并非整个断面都是紊流形态，在层流边界层以外的部分才是紊流，称为紊流核心。

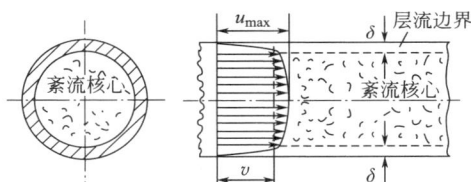

图 4-9 层流边界与紊流核心

层流边界层的厚度 δ 随 Re 的增大而减小，可用半经验公式表示

$$\delta = \frac{32.8d}{Re\sqrt{\lambda}} \tag{4-18}$$

式中 Re——管内流体的雷诺数；

d——管径；

λ——沿程阻力系数。

从式（4-18）可以看出，紊流运动越强，雷诺数越大，层流边界层越薄。层流边界层的厚度一般只有十分之几毫米，但它对紊流沿程能量损失规律的研究却具有重大意义。现以圆管为例说明。

紊流流动可以分为三部分。

层流边界：紧贴固体壁面有一层很薄的流体，受壁面限制，脉动运动完全消失，保持着层流状态。层流底层的厚度很薄，通常只有几分之一毫米。

紊流中心：紊流流动中，绝大部分流动属于紊流，即紊流充分发展的中心区域。

过渡部分：即由层流底层向完全紊流过渡的部分；它很薄，一般不单独考虑，而把它

和中心区域合在一起统称为紊流部分。

由于管道受加工方法和材质的影响，管壁表面总是粗糙不平的，粗糙突出管壁的平均高度称为绝对粗糙度，以 Δ 表示。由于 δ 是随 Re 而变化的，因此 δ 可能大于也可能小于 Δ。

当 δ 大于 Δ 若干倍时，则粗糙突出的高度被淹没在层流边界层中，此时紊流核心就像在一个非常光滑的水套内流动，如图 4-10（a）所示。此时流体的能量损失与管壁的粗糙度无关，这种管道称为水力光滑管。当 δ 小于 Δ 时，管壁粗糙的突出部分伸入到紊流核心，紊流核心的流体绕过粗糙突出部分时，会形成小的旋涡，如图 4-10（b）所示，加剧了流体流动的紊动强度，增大沿程能量损失。此时沿程能量损失与管壁的粗糙度有关，这种情况称为水力粗糙管。

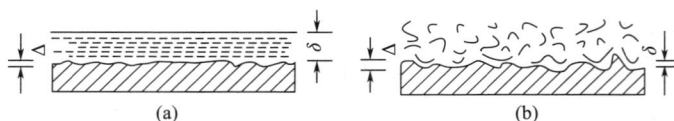

图 4-10　水力光滑管和水力粗糙管
（a）水力光滑管；（b）水力粗糙管

从以上分析可以看出，水力光滑管或水力粗糙管并非只取决于管壁的光滑或粗糙程度，还取决于层流边界层的厚度 δ，而 δ 与雷诺数等因素有关，所以水力光滑管与水力粗糙管没有绝对不变的意义。同样的管道在雷诺数小时，可能是水力光滑管，而随着管内流速的提高，雷诺数增大时就又可能变为水力粗糙管了。

在紊流的过流断面上，除靠近管壁的一层很薄的层流边界层以外的区域，都属于紊流核心。由于紊流时流体质点相互掺混，使流速分布趋于平均化。从理论上可以证明紊流核心过流断面上流速分布是对数型的，即：

$$u = \frac{1}{\beta}\sqrt{\frac{\tau_0}{\gamma}}\ln y + C \tag{4-19}$$

式中　τ_0——紊流中靠近管壁处流速梯度较大的流层内的切应力；

　　　y——质点离圆管管壁的距离；

　　　β——卡门通用常数，由实验确定；

　　　C——由管道边界条件决定的积分常数；

　　　γ——流体的重度。

式（4-19）是根据普朗特半经验理论得出的紊流流速分布公式，它表明紊流过流断面上的流速呈对数规律分布。实验表明，该流速分布规律在紊流核心的过流断面上，同实际流速分布相符。

教学情境 6　紊流沿程阻力系数

由前面的讨论已知，不论是流体的层流流动，还是紊流流动，它们的沿程水头损失均按式（4-1）进行计算，对于确定的管道流动，公式中只有沿程阻力系数较难确定。对于层流，沿程阻力系数已经用分析方法推导出来，$\lambda = 64/Re$，并为实验所证实；对于紊流，其沿程阻力系数的计算公式，主要是借助于实验研究来分析其变化规律，提出某些假设，经过分析和根据实验进行修正，而归纳出来沿程阻力系数的经验和半经验公式。

下面我们将介绍尼古拉兹（J. Nikuradse）实验和对工业管道比较实用的莫迪（L. F. Moody）图。

1. 尼古拉兹实验

为了求得沿程阻力系数 λ 的值，人们长期以来作了大量的实验和理论分析，尼古拉兹实验就是其中之一，并且具有代表性。1933 年尼古拉兹对不同直径不同流量的管流进行了实验。为了验证管壁粗糙度对流动阻力的影响，他把不同粒径的均匀砂粒分别粘贴到管道内壁上，以得到不同的相对粗糙度，进行系列实验。实验范围很广，雷诺数 $Re = 5 \times 10^2 \sim 10^6$，相对粗糙度 $\Delta/d = 1/1041 \sim 1/30$。尼古拉兹实验曲线在对数坐标中的图像如图 4-11 所示，图中每一条曲线都表示一种相对粗糙度的管道 λ 值和 Re 的关系。这些实验曲线可以分为五个区域：

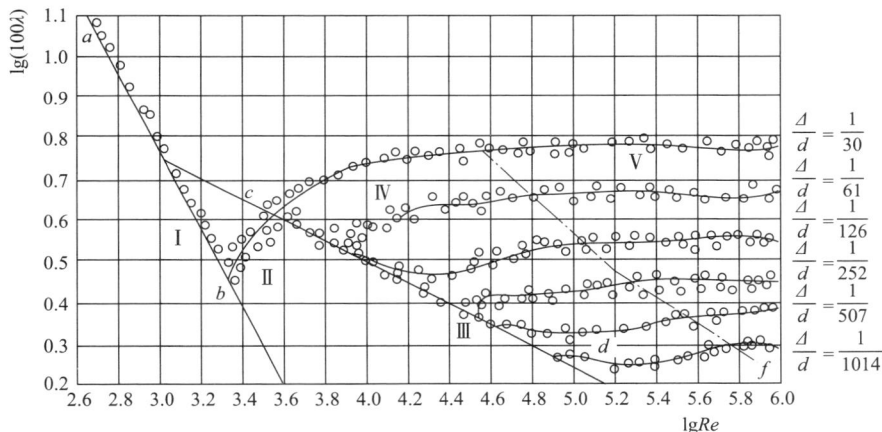

图 4-11　尼古拉兹实验曲线

（1）第 Ⅰ 区：当 $Re < 2000$（即 $\lg Re < 3.3$）时，流体流动处于层流状态，所有的实验点，不论其相对粗糙度如何，都落在直线 Ⅰ 上。这说明在层流区沿程阻力系数 λ 与 Δ/d 无关，只与 Re 有关。将从理论推导出来的方程 $\lambda = 64/Re$ 的函数图像点绘到图中，正好与直线 Ⅰ 重合，因此，尼古拉兹实验证明了由理论分析得到的层流沿程损失计算公式是正确的。该区沿程水头损失 h_f 与流速 v 的一次方成正比。

（2）第 Ⅱ 区：在 $Re = 2000 \sim 4000$（即 $\lg Re = 3.3 \sim 3.6$）的范围内，六条相对粗糙度不同的管道的实验点偏离直线 Ⅰ 分布在 bc 曲线上。该区域是层流向紊流的过渡区，相当于上、下临界流速之间的区域，λ 随 Re 的增大而增大，而与相对粗糙度无关。该区域在工程上实用意义不大。

（3）第 Ⅲ 区：当 $Re > 4000$（即 $\lg Re > 3.6$）以后，相对粗糙度最大的管道的实验点单独分离出去，而相对粗糙度不同的其他管道的实验点都集中在直线 Ⅲ 上。随着 Re 的增大，相对粗糙度较大的管道，其实验点在 Re 较低时就偏离直线 Ⅲ。而相对粗糙度较小的管道，其实验点要在 Re 较大时才脱离直线 Ⅲ。相对粗糙度不同的管道的实验点集中在直线 Ⅲ 上，表明沿程阻力系数只与雷诺数有关，与相对粗糙度无关。这是因为管内流态虽是紊流，但靠近管壁的层流边界层在雷诺数不大时，其厚度完全掩盖了管壁的糙粒突起高度，水流处于水力光滑管状态。但随着雷诺数的增大，层流边界层的厚度不断减小，相对粗糙度大的管道，其实验点就脱离了该区域。而相对粗糙度较小的管道只有在雷诺数较高时，才脱离直线Ⅲ。因此，在直线Ⅲ范围内，λ 只与 Re 有关而与 Δ/d 无关，该区称为水力光滑管区（也称为"紊流光滑区"）。

（4）第Ⅳ区：随着雷诺数的不断提高，不同相对粗糙度的管道的实验点都脱离了直线Ⅲ，在图中的Ⅳ区范围内各自形成独立的曲线，这说明沿程阻力系数 λ 不但与 Re 有关，而且与 Δ/d 也有关。这是因为靠近管壁的层流边界层的厚度随雷诺数的增大而变薄之后，管壁的粗糙度已开始影响到紊流核心的运动，水流处于水力光滑管向水力粗糙管转变的过渡状态，所以该区称为紊流过渡区。

（5）第Ⅴ区：在这个区域里，不同相对粗糙度的实验点分别分布在与横坐标平行的各自直线上，这说明 λ 分别保持某一常数，只与该管道的 Δ/d 有关，而与 Re 无关。这是因为 Re 足够大，管道的层流边界层的厚度很薄，管壁的糙粒几乎全部都伸入到紊流核心，此时影响管道沿程阻力系数 λ 的唯一因素是管壁的粗糙度，因此该区称为紊流粗糙区。在该区只要管道的相对粗糙度已定，管道的沿程阻力系数 λ 就是常数，沿程水头损失 h_f 与 v 的平方成正比，故该区又称为阻力平方区。

综上所述，尼古拉兹实验所揭示的沿程阻力系数 λ 的变化规律，可归纳如下：

Ⅰ. 层流区：$\lambda = f_1(Re)$

Ⅱ. 临界过渡区：$\lambda = f_2(Re)$

Ⅲ. 紊流光滑区：$\lambda = f_3(Re)$

Ⅳ. 紊流过渡区：$\lambda = f_4(Re、\Delta/d)$

Ⅴ. 紊流粗糙区（阻力平方区）：$\lambda = f_5(\Delta/d)$

尼古拉兹实验的重要意义在于比较完整地反映了沿程阻力系数 λ 的变化规律，找出了影响 λ 值变化的主要因素，提出了紊流阻力分区的概念，为推导紊流沿程阻力系数 λ 的半经验公式提供了可靠的依据。

部分常用工业管道的当量粗糙度 Δ 值见表 4-1。

部分常用工业管道的当量粗糙度 Δ 值 表 4-1

管道材料	Δ（mm）	管道材料	Δ（mm）
钢板制风管	0.15	聚氯乙烯管	0～0.002
塑料板制风管	0.01	铅管、铜管、玻璃管	0.01
矿渣石膏风管	1.0	镀锌钢管	0.15
表面光滑的砖风道	4.0	钢管	0.046
矿渣混凝土板风道	1.5	涂沥青铸铁管	0.12
钢丝抹灰风道	10～15	混凝土管	0.3～3.0
胶合板风道	1.0	木条拼合圆管	0.18～0.9
地面沿墙砌造风道	3～6	新铸铁管	0.15～0.5
墙内砌砖风道	5～10	旧铸铁管	1～1.5

2. 莫迪图

尼古拉兹实验是在人工粗糙管中进行的，而工业管道的实际粗糙与人工均匀粗糙有较大差异，因此，尼古拉兹实验结果用于实际管道时，必须分析这种差异，并寻求解决问题的方法。

1）当量粗糙度

由于实际管道壁面粗糙度难以测定，为了应用尼古拉兹实验的结果解决工业管道的计算问题，需要引入"当量粗糙度"的概念。

当量粗糙度是指将和实际管道在紊流粗糙区 λ 值相等的同直径尼古拉兹人工粗糙管的粗糙度作为该实际管道的当量粗糙度。

2）莫迪图

为了计算工业管道的沿程损失，柯列勃洛克将大量工业管道实验资料与尼古拉兹综合阻力曲线比较后发现，尼古拉兹过渡区的实验资料对工业管道不适用，从而提出了工业管道 λ 计算公式，即柯列勃洛克公式

$$\frac{1}{\sqrt{\lambda}} = -2\lg\left(\frac{\Delta}{3.7d} + \frac{2.51}{Re\sqrt{\lambda}}\right) \tag{4-20}$$

式中，Δ 为工业管道的当量粗糙度。该公式中，当 Re 小时，公式右边括号内第二项很大，第一项相对很小，适用于光滑管区。当 Re 很大时，公式右边括号内第二项很小，这样它也适用于粗糙管区。也就是说该式其实适用于工业管道紊流流态的三个阻力区，并与工业管道的实验结果较符合。

为了简化计算，1944 年莫迪以式（4-20）为基础，绘制出工业管道的阻力系数变化曲线图，即莫迪图。如图 4-12 所示，该图反映了工业管道的沿程阻力系数 λ 的变化规律，从图上可以按管道中流体的雷诺数 Re 和工业管道的相对粗糙度 Δ/d 直接查出 λ 值，进而求出管道的沿程损失。

3. 紊流沿程阻力系数的计算公式

综上所述，紊流流态影响沿程阻力系数 λ 的因素很多，而且也比较复杂，因此到目前为止还不能从纯理论方面提出 λ 的计算方法，只能根据实验资料结合理论分析，而总结出经验或半经验公式，这些公式尽管在理论上还不十分严密，但却都与实验结果较好符合，可以满足工程中水力计算要求，因而得到广泛应用。

1）紊流光滑区

（1）布拉修斯公式

$$\lambda = \frac{0.3164}{Re^{0.25}} \tag{4-21}$$

该公式在 $Re < 10^5$ 范围内使用，准确度较高。

（2）尼古拉兹光滑管公式

$$\frac{1}{\sqrt{\lambda}} = 2\lg\frac{Re\sqrt{\lambda}}{2.51} \tag{4-22}$$

该公式为半经验公式，适用于 $Re < 10^6$ 的范围内。

（3）适用于硬聚乙烯给水管道的计算公式

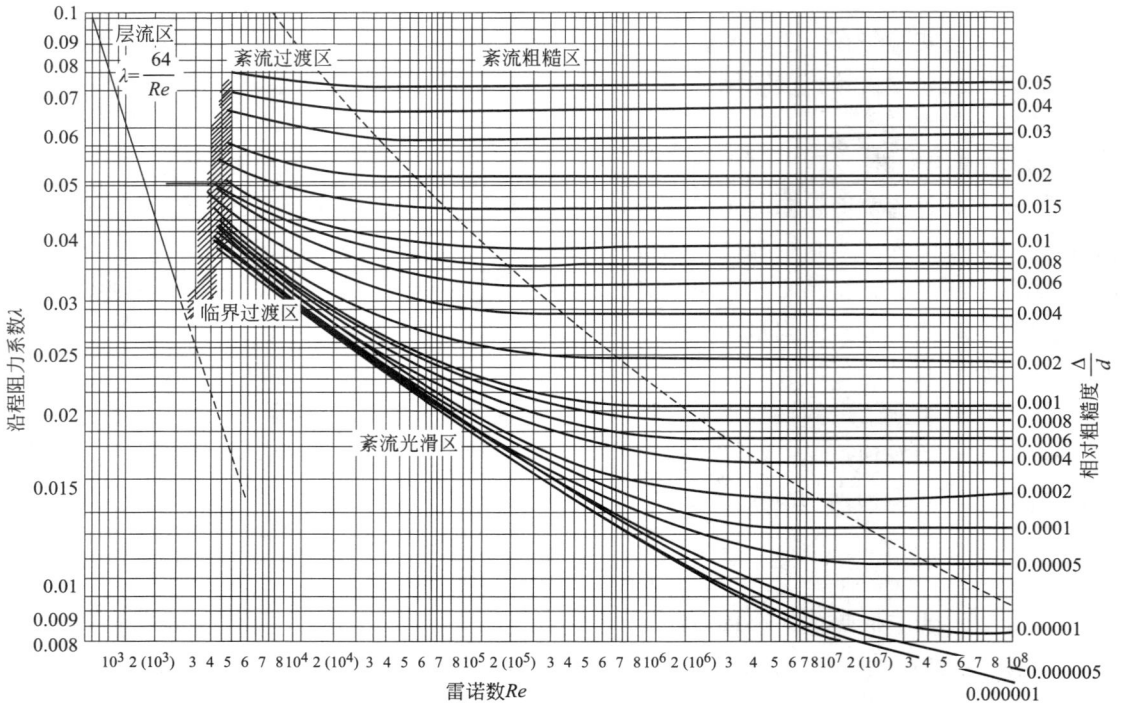

图 4-12 莫迪图

$$\lambda = \frac{0.304}{Re^{0.239}} \tag{4-23}$$

式（4-23）是上海市市政工程设计院在中国建设技术发展中心和哈尔滨工业大学建筑工程学院的共同配合下，提出的 λ 的计算公式。该式适用于流速小于 3m/s 的塑料管道。对于玻璃管和一些非碳钢类的金属管道，由于它们的内壁光滑，当流速小于 3m/s 时，同样也可用式（4-23）计算 λ 值。

2）紊流过渡区

除上面提出的柯列勃洛克公式以外，还有以下公式。

（1）莫迪公式

$$\lambda = 0.0055\left[1 + \left(20000\frac{\Delta}{d} + \frac{10^6}{Re}\right)^{\frac{1}{3}}\right] \tag{4-24}$$

该公式在 $Re = 4000 \sim 10^7$、$\Delta/d \leqslant 0.01$、$\lambda < 0.05$ 时与柯氏公式相比较，误差不超过 5%。

（2）阿里特苏里公式

$$\lambda = 0.11\left(\frac{\Delta}{d} + \frac{68}{Re}\right)^{0.25} \tag{4-25}$$

该公式主要用于热水采暖管道的 λ 值计算，并编有专用计算图表。

（3）在给水管道中适用于旧钢管、旧铸铁管的舍维列夫公式

当 $v < 1.2$m/s（紊流过渡区）时

$$\lambda = \frac{0.0179}{d^{0.3}}\left(1 + \frac{0.867}{v}\right)^{0.3} \tag{4-26}$$

在给水工程中，使用金属管道考虑锈蚀的影响，会使管壁粗糙度增大，为了保证计算可靠，钢管和铸铁管的阻力系数都是按旧管的粗糙度考虑。

3）紊流粗糙管区

（1）适用于旧钢管和旧铸铁管的舍维列夫公式

当 $v > 1.2\text{m/s}$（紊流粗糙管区）时

$$\lambda = \frac{0.021}{d^{0.3}} \tag{4-27}$$

式（4-26）、式（4-27）中，d 为管道内径，单位只能为"米（m）"。

（2）希弗林松公式

$$\lambda = 0.11\left(\frac{\Delta}{d}\right)^{0.25} \tag{4-28}$$

这是一个指数公式，由于形式简单，计算方便，因此，工程上经常采用。

【例 4-5】　在管径 $d = 100\text{mm}$，管长 $l = 300\text{m}$ 的圆管中，流动着 $t = 10℃$ 的水，其雷诺数 $Re = 80000$，试分别求下列三种情况下的水头损失。

（1）管内壁为 $\Delta = 0.15\text{mm}$ 的均匀砂粒的人工粗糙管。

（2）光滑铜管（即流动处于紊流光滑区）。

（3）工业管道，其当量糙粒高度 $\Delta = 0.15\text{mm}$。

解：（1）$\Delta = 0.15\text{mm}$ 的人工粗糙管的水头损失

根据 $Re = 80000$ 和 $\Delta/d = 0.15/100 = 0.0015$

查图 4-12 得，$\lambda = 0.02$。$t = 10℃$时，$\nu = 1.3 \times 10^{-6}\text{m}^2/\text{s}$。

根据

$$Re = vd/\nu$$

$$80000 = \frac{v \times 0.1}{1.3 \times 10^{-6}}，\text{得 } v = 1.04\text{m/s}$$

$$h_\text{f} = \lambda\frac{l}{d}\frac{v^2}{2g} = 0.02 \times \frac{300}{0.1} \times \frac{1.04^2}{2 \times 9.807} = 3.31\text{m}$$

（2）光滑黄铜管的沿程水头损失

在 $Re < 10^5$ 时可用布拉修斯公式

$$\lambda = \frac{0.3164}{Re^{0.25}} = \frac{0.3164}{80000^{0.25}} = 0.0188$$

$$h_\text{f} = \lambda\frac{l}{d}\frac{v^2}{2g} = 0.0188 \times \frac{300}{0.1} \times \frac{1.04^2}{2 \times 9.807} = 3.11\text{m}$$

（3）$\Delta = 0.15\text{mm}$ 工业管道的沿程水头损失

根据莫迪图查得 $\lambda \approx 0.024$。

$$h_\text{f} = \lambda\frac{l}{d}\frac{v^2}{2g} = 0.024 \times \frac{300}{0.1} \times \frac{1.04^2}{2 \times 9.807} = 3.97\text{m}$$

教学情境 7 非圆管的沿程损失

前面已经研究了圆管内流体在两种不同流态时的沿程损失的计算方法，但是在工程中为了配合建筑结构或工艺上的需要，也常用到非圆形管道来输送流体。例如，通风、空调系统中的风道，有很多就是采用矩形断面。如果设法把非圆管折合成圆管来计算，那么根据圆管制定的上述公式和图表，也就适用于非圆管了。这种由非圆管折合到圆管的方法是从水力半径的概念出发，通过建立非圆管的当量直径来实现的。

1. 水力半径

管道对沿程损失的影响除了壁面的粗糙度之外，主要是体现在过流断面的面积和湿周（即流体与固体壁面接触的周界）两个水力要素上。当流量一定时，过流断面的大小决定管内流速的高低。而当流速不变时，湿周的大小又决定了流体与固体壁面的接触面积。而前面的研究也证明了紊流运动状态，过流断面上流速的变化主要发生在与固体壁面接触的边界处，即流动阻力主要集中在边界附近。所以，湿周大的断面，水头损失也大；而过流断面面积大的，单位时间通过的流量大，单位重量流体损失的能量小。因此，两个断面水力要素对流体能量损失的影响完全不同，而水力半径是一个基本上能反映过流断面和湿周对沿程损失影响的综合物理量。

由式（4-9）可求水力半径 R，无论是圆管还是非圆管，只要两者流速相等，同时它们的水力半径也相等，两者在相同管长的条件下，沿程损失也相等。

圆管满流的水力半径为

$$R = \frac{A}{\chi} = \frac{\frac{\pi d^2}{4}}{\pi d} = \frac{d}{4}$$

边长分别为 a 和 b 的矩形断面满流水力半径为

$$R = \frac{A}{\chi} = \frac{ab}{2(a+b)}$$

边长为 a 的正方形断面满流水力半径为

$$R = \frac{A}{\chi} = \frac{a^2}{4a} = \frac{a}{4}$$

2. 当量直径

根据以上分析，我们引入当量直径的概念。当量直径是指与非圆形管道水力半径相同的圆形管道的直径。例如，非圆形管道的水力半径为 R，即

$$R = R_{圆} = \frac{d}{4}$$

$$d_e = d = 4R \tag{4-29}$$

式中，d_e 为非圆形管道的当量直径。

式（4-29）为非圆形管道当量直径的计算公式，该式表明非圆形管道的当量直径等于该管道水力半径的 4 倍。

边长分别为 a、b 的矩形管道，其当量直径为

$$d_e = 4R = 4\frac{ab}{2(a+b)} = \frac{2ab}{a+b}$$

同样可得边长为 a 的正方形管道的当量直径

$$d_e = 4R = 4\frac{a}{4} = a$$

有了当量直径，就可以利用前面介绍的圆管能量损失的计算公式和图表来进行非圆管的沿程损失计算，即

$$h_f = \lambda \frac{L}{d_e} \frac{v^2}{2g} = \lambda \frac{L}{4R} \frac{v^2}{2g}$$

当然，也可以将当量相对粗糙度 Δ/d_e 代入相应的沿程阻力系数计算公式来计算 λ 值。

计算非圆管的 Re 时，同样可以用当量直径 d_e 代替式中的 d，即

$$Re = \frac{vd_e}{\nu} = \frac{v(4R)}{\nu}$$

也可以近似地用这个 Re 来判别非圆管中的流态，其临界雷诺数仍取 2000。

但是需要在这里强调，采用当量直径计算非圆管沿程损失的方法，并不适用于所有情况。计算时要注意以下两个方面：

（1）实验证明，对矩形、正方形、三角形断面使用当量直径原理，所获得的实验数据结果和圆管是很接近的，但长缝形（$b/a > 8$）和星形断面与圆管差别较大。也就是说只有非圆管断面的形状与圆形的偏差越小，计算的准确性才越高。

（2）用当量直径来计算非圆管能量损失只能适用于紊流流态，而不适用于层流流态。这是因为紊流的流速变化主要集中在管壁附近，而层流过流断面上切应力是按线性规律分布，这样用湿周的大小作为影响能量损失的主要外部条件是不充分的，所以在层流中应用当量直径的方法计算，就会存在很大误差。

【例 4-6】　某矩形风道，断面尺寸 250mm×200mm，风速 $v = 5$m/s，空气温度为 30℃。

（1）该风道的当量直径是多少？

（2）试判断风道内气体的流态。

（3）该风道的临界流速是多少？

解：（1）风道的水力半径为

$$R = \frac{A}{\chi} = \frac{0.25 \times 0.2}{2 \times (0.25 + 0.2)} = 0.056\text{m}$$

则当量直径　　　　　　　　$d_e = 4R = 0.224\text{m}$

（2）30℃空气的运动黏滞系数 $\nu = 16.6 \times 10^{-6}\text{m}^2/\text{s}$，风管内雷诺数为

$Re = \dfrac{v(4R)}{\nu} = \dfrac{5 \times 0.224}{16.6 \times 10^{-6}} = 67470 > 2000$，故为紊流

（3）临界流速 $v_k = \dfrac{Re_k \nu}{4R} = \dfrac{2000 \times 16.6 \times 10^{-6}}{0.224} = 0.148\text{m/s}$

【例 4-7】　一个钢板制风道，断面尺寸为宽 $b = 0.6$m，高 $a = 0.4$m，风道内风速 $v = 10$m/s，空气温度 $t = 20$℃，风道长 100m，求风道压强损失是多少？

解： 计算风道当量直径

$$d_e = \frac{2ab}{a+b} = \frac{2 \times 0.4 \times 0.6}{0.4+0.6} = 0.48\text{m}$$

$t = 20℃$时空气的运动黏度 $\nu = 15.7 \times 10^{-6}\text{m}^2/\text{s}$

计算管内雷诺数

$$Re = \frac{vd}{\nu} = \frac{10 \times 0.48}{15.7 \times 10^{-6}} = 3.1 \times 10^5$$

查表 4-1，取 $\Delta = 0.15\text{mm}$

$$\frac{\Delta}{d} = \frac{0.15 \times 10^{-3}}{0.48} = 3.125 \times 10^{-4}$$

由莫迪图查得 $\lambda = 0.0152$

$$p_f = \lambda \frac{L}{d} \frac{\rho v^2}{2} = 0.0152 \times \frac{100}{0.48} \times \frac{1.2 \times 10^2}{2} = 190\text{N/m}^2$$

教学情境 8 局部损失与减阻措施

码4-7
局部损失的
计算与减阻
措施

前面几节中研究了沿程损失的计算方法，但这些计算只适用于过流断面的大小及形状沿程不变的均匀流管道。实际的管道系统由于运行和安装位置的需要，要安装一些变径管、阀门、弯管、三通等管道配件，流体流经这些配件处时，由于固体边壁或流量的改变，使均匀流状态发生变化，从而引起流速的方向、大小以及断面流速分布的变化，因而在局部管件处会产生集中的局部阻力，流体因克服局部阻力所引起的能量损失称为局部损失。

局部阻力用流速水头按式（4-2）表示。所以局部阻力的计算问题归结为求解局部阻力系数 ζ 的问题。

1. 局部阻力产生的原因

管道中产生局部损失的管道配件种类繁多，形状各异，由于边界面的变化，使流体流动发生急剧改变，因此局部阻力系数 ζ 除少数管件可用分析方法求得外，大部分管件都是由实验测定的。图 4-13 所示为流体通过一些常见管道配件时的局部阻力。从边壁变化的急缓情况来看，局部阻力可以分为急变和渐变两大类，其中图 4-13 的（a）（c）（e）（g）是急变的，当流体经过急变的部分时，惯性力处于主导地位，流体是不能像边壁一样进行突然转折的，这样就会出现主流与周围边壁发生脱离的现象。在主流与边壁之间会形成旋涡区，旋涡区的流体不是固定不变的，形成的旋涡会随着主流被带走，补充到主流的流体中，然后后面的流体又会由于急变出现新的旋涡，如此循环往复进行。图 4-13 的（b）（d）（f）（h）属于渐变的，当流体经过渐变的部分，虽然边壁无突然变化，但是沿流动方向出现减速增压现象的地方，也会产生旋涡区。图 4-13（b）所示的渐扩管中，流速沿程减小，压强不断增加，在这样的减速增压区，流体质点受到与流动方向相反的压差作用，靠近管壁的流体质点的流速本来就很小，在这个反向压力差的作用下，速度会逐渐减小到零，继续这一反向压力差，会出现与主流相反的流动，也就是在这些流速等于零的地方，主流开始与壁面脱离，出现反向的旋涡区。图 4-13（d）与图 4-13（b）相反，一直在减压增速区，流体质点受到与流动方向一致的正压差作用，会继续加速，所以渐缩管内不会出现旋涡区，但是如果收缩角不是很小，会在紧挨着渐缩管之后出现一个不大的旋涡区。对于流体经过弯管，如图 4-13（e）(f) 所示，整个过流断面沿程不变，但弯管内流体质点受到离心力作用，在弯管前半段，外侧压强沿程增大，内侧压力沿程减小，而流速外侧减小，内侧增大，所以弯管前半段沿外壁是减速增压的，是可能出现旋涡区的，而弯管的后半段，由于惯性作用，在 Re 较大和弯管的转角较大而曲率半径较小的情况下，旋涡区又在内侧出现，弯管内侧的旋涡，无论是大小还是强度，一般都比外侧大。

　　本书就局部损失的规律进行一些定性的分析，并以对断面突然扩大这种可以通过理论计算得出局部损失的配件为例，导出局部损失的计算公式。

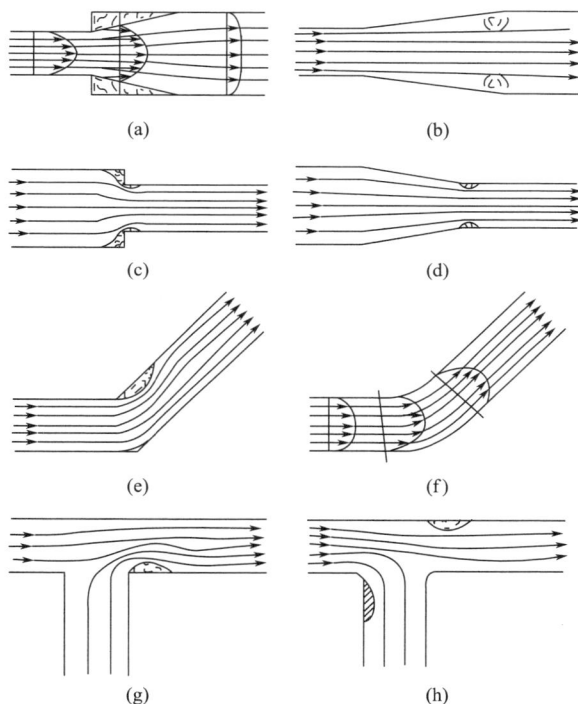

图 4-13　几种典型的局部阻力

（a）突然扩大；（b）渐扩管；（c）突然缩小；（d）渐缩管；
（e）折弯管；（f）圆弯管；（g）直角三通；（h）圆角三通

　　（1）流体流过管道配件时，由于惯性作用，流体不能随边界条件的突然变化而改变方向，致使主流与固体壁面分离，从而在主流边界与固体壁面之间形成旋涡区。在旋涡区内流体作回转运动要消耗能量，同时形成的旋涡又不断被主流带走，并随之扩散，又会加大主流的紊流强度，增加阻力。

　　（2）由于固体边界的突然变化，造成主流流速分布的迅速重新改组和流体质点的剧烈变形，致使流体流动中的黏性阻力和惯性阻力都显著增大，也会造成一定的水头损失。

对各种局部阻力处产生能量损失的原因进行对比后可以发现，无论是改变流速的大小，还是改变方向，局部损失在很大程度上取决于旋涡区的大小。如果固体边壁的变化仅使流体质点变形和流速分布重新改组，而不出现旋涡区，其局部损失一般都比较小。

2. 局部损失的计算

实验研究表明，局部损失和沿程损失一样，对于不同的流态遵循不同的规律。如果层流状态在流经局部阻力处受到干扰之后仍能保持层流运动，那么局部损失还是由各流层之间的黏滞力所引起的，但是由于边壁的改变，促使了流速分布重新调整，相邻流层之间产生了相对运动，使得在这个局部的水头损失加大，这种情况下局部阻力系数是与雷诺数成反比的。不过要使得流体在局部阻力处受到边壁的干扰时仍保持层流状态，其雷诺数 Re 需要远小于 2000，所以一般在常见的管道中是少见的，所以本书主要以紊流的局部损失进行说明。实际中，在局部阻力范围内损失的能量，只占到了局部损失中的一部分，另一部分在局部阻力的下游一定长度范围内消耗掉，这段长度就称为局部阻力的影响长度，经过了影响长度之后，流速分布和紊流脉动才能达到均匀流动的正常状态。

对于各种局部阻力进行的大量实验研究表明，紊流的局部阻力系数一般与局部阻力的几何形状、边壁的相对粗糙度和雷诺数有关，即

$$\zeta = f(局部阻力形状, 相对粗糙度, Re)$$

但在不同情况下，各因素所起的作用不同，但是局部阻力形状一直是起主导作用的因素；相对粗糙度的影响，只有对尺寸较长的局部阻力形状（如圆锥角小的渐扩管或渐缩管）且相对粗糙度较大时才需要考虑；Re 对 ζ 的影响与 λ 类似，随着 Re 由小变大，ζ 一般逐渐减小，当 Re 达到一定数值后，ζ 几乎与 Re 无关，一般认为流体进入阻力平方区，也就是 $Re > 2 \times 10^5$，仅考虑局部阻力的几何形状。一般对于突变的局部阻力，流动进入紊流之后，很快进入阻力平方区，就只需要考虑局部阻力的几何形状。

以突然扩大管为例进行计算，如图 4-14 所示，为圆管突然扩大处的流动，流体从小直径的管道流往大直径的管道，由于流体的惯性作用，它不可能按照管道的形状突然扩大，而是离开小管后逐渐地扩大。因此，主流与固体边壁分离，从而在管壁拐角与流束之间形成旋涡区，在旋涡区内的流体作回转运动要消耗能量，主流束把能量传递给旋涡区的流体，这些流体又把得到的能量消耗在旋转运动中（变成热而消失）。另外，从小直径管道中流出的流体有较高的速度，必然要碰撞大直径管道中流速较低的流体，产生碰撞损失。下面讨论管道截面突然扩大的能量损失。

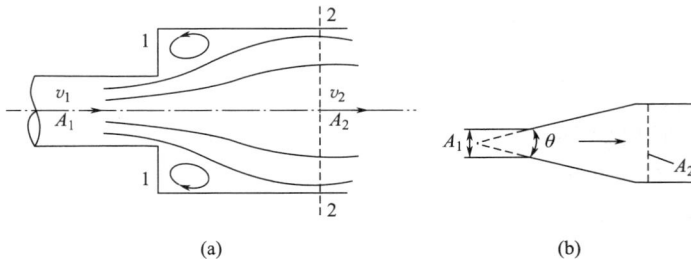

图 4-14　变径管道

（a）截面突然扩大管道；（b）渐扩管

取图 4-14（a）中 1-1、2-2 截面以及它们之间的管壁为控制面，计算流体流过该控制面的能量变化和动量变化，从而求出局部损失的大小，因为管道之间的距离较小，损失以局部阻力为主，沿程损失可以忽略。

根据连续性方程 $A_1 v_1 = A_2 v_2 = Q$ 得

$$v_2 = \frac{A_1}{A_2} v_1 \text{ 或 } v_1 = \frac{A_2}{A_1} v_2$$

对截面 1-1 与 2-2 列出能量方程

$$Z_1 + \frac{p_1}{\gamma} + \frac{v_1^2}{2g} = Z_2 + \frac{p_2}{\gamma} + \frac{v_2^2}{2g} + h_j$$

$$h_j = \frac{1}{\gamma}(p_1 - p_2) + \frac{1}{2g}(v_1^2 - v_2^2) \tag{4-30}$$

以断面 1-1 和 2-2 之间的流体作为控制体，忽略流体内摩擦力，分析作用在该控制体上的所有外力及动量变化。

作用在该控制体上的外力有表面力和质量力。

1）表面力

端面压力：$p_1 A_1$、$p_2 A_2$、$p(A_2 - A_1)$。其中，$p(A_2 - A_1)$ 是作用于扩大管凸肩圆环上的压力。实验证明，$p = p_1$。

侧面压力：作用在控制体上的侧面压力与管轴垂直，在管轴上投影为零。

2）质量力

重力 $G = \gamma A_2 L$，垂直于控制体的管轴，在管轴上投影为零。但是需要指出的是，如果所取控制体与水平面成一夹角 θ，则重力沿管轴方向的分力为 $G = \gamma A_2 L \cos\theta$，其中 L 为管长。

根据动量方程有（水平向右为正方向）

$$p_1 A_1 - p_2 A_2 + p(A_2 - A_1) = \rho Q(v_2 - v_1)$$

因为 $p = p_1$，于是上式可改写为

$$(p_1 - p_2)A_2 = \rho Q(v_2 - v_1)$$

两边同除以 A_2 可得

$$p_1 - p_2 = \rho v_2(v_2 - v_1)$$

把上式代入式（4-30）得

$$h_j = \frac{1}{\gamma}\left[\rho v_2(v_2 - v_1)\right] + \frac{(v_1^2 - v_2^2)}{2g}$$

把 $v_2 = \frac{A_1}{A_2} v_1$ 或 $v_1 = \frac{A_2}{A_1} v_2$ 代入上式得

$$h_j = \frac{1}{g} v_2(v_2 - v_1) + \frac{1}{2g}(v_1^2 - v_2^2) = \frac{1}{2g}(v_1 - v_2)^2 = \frac{v_1^2}{2g}\left(1 - \frac{A_1}{A_2}\right)^2 = \frac{v_2^2}{2g}\left(\frac{A_2}{A_1} - 1\right)^2 \tag{4-31}$$

故根据达西公式有

$$h_j = \zeta_1 \frac{v_1^2}{2g} = \zeta_2 \frac{v_2^2}{2g}$$

按小截面流速计算的局部阻力系数

$$\zeta_1 = \left(1 - \frac{A_1}{A_2}\right)^2$$

按大截面流速计算的局部阻力系数

$$\zeta_2 = \left(\frac{A_2}{A_1} - 1\right)^2$$

若 $A_2 \gg A_1$，$h_j = \frac{v_1^2}{2g}$，$\zeta_1 \approx 1$，例如管道出口能量损失，或者管道与大面积水池相连都是符合的，也就是认为管道中水流的流速水头完全消散在水池中。在需要变径的情况下，如果用突然扩大管道连接会产生较大的损失，因此在实际工程应用中，需要改变管径时，一般用渐扩管，如图 4-14（b）所示，而不是用突然扩大管道连接，这样损失将大大减少。实验表明，流体流经渐扩管时，沿程损失不可略去，因此其能量损失应包括沿程损失和局部损失两部分。相当于截面 1-1 的速度的局部阻力系数

$$\zeta_1 = \frac{\lambda}{8\sin\frac{\theta}{2}}\left[1 - \left(\frac{A_1}{A_2}\right)^2\right] + k\left(\tan\frac{\theta}{2}\right)^{1.25}\left(1 - \frac{A_1}{A_2}\right)^2$$

式中，λ 为沿程阻力系数；θ 为管的扩张角；k 为与 θ 有关的系数，当 $\theta = 10° \sim 40°$时，圆锥管 $k = 4.8$，方形锥管 $k = 9.3$，当 $\theta < 10°$时，上式等号右边第二项可略去。

表 4-2 列出了常用管道的局部水头损失系数 ζ 值。

应当注意，表 4-2 中的 ζ 值，都是针对某一过流断面平均流速而言的。因此，在计算局部损失时，必须使查得的 ζ 值与表中所指的断面平均流速相对应，凡未标明者，均应采用局部管件以后的流速。

常用管道的局部水头损失系数

表 4-2

序号	名称	示意图	ζ 值及其说明					
1	断面突然扩大		$\zeta = \left(\frac{A_2}{A_1} - 1\right)^2$（应用 $h_j = \zeta\frac{v_2^2}{2g}$） $\zeta = \left(1 - \frac{A_1}{A_2}\right)^2$（应用 $h_j = \zeta\frac{v_1^2}{2g}$）					
2	圆形渐扩管		$\zeta = k\left(\frac{A_2}{A_1} - 1\right)^2$（应用 $h_j = \zeta\frac{v_2^2}{2g}$）					
			α	8°	10°	12°	15°	20°	25°
			k	0.14	0.16	0.22	0.30	0.42	0.62
3	断面突然缩小		$\zeta = 0.5\left(1 - \frac{A_2}{A_1}\right)$（应用 $h_j = \zeta\frac{v_2^2}{2g}$）					
4	圆形渐缩管		$\zeta = k_1\left(\frac{1}{k_2} - 1\right)^2$（应用 $h_j = \zeta\frac{v_2^2}{2g}$）					
			α	10°	20°	40°	60°	80°	100°	140°
			k_1	0.40	0.25	0.20	0.20	0.30	0.40	0.60
			$\frac{A_2}{A_1}$	0.1	0.3	0.5	0.7	0.9
			k_2	0.40	0.36	0.30	0.20	0.10

序号	名称	示意图	ζ值及其说明
5	管道进口		圆形喇叭口: $\zeta=0.05$ 安全修圆: $\dfrac{r}{d}\geqslant0.15,\zeta=0.10$ 稍加修圆: $\zeta=0.20\sim0.25$ 直角进口: $\zeta=0.50$ 内插进口: $\zeta=1.0$
6	管道出口		流入渠道: $\zeta=\left(1-\dfrac{A_1}{A_2}\right)^2$ 流入水池: $\zeta=1.0$
7	折管		圆形 α: 10° 20° 30° 40° 50° 60° 70° 80° 90° ζ: 0.04 0.1 0.2 0.3 0.4 0.55 0.70 0.90 1.10 矩形 α: 15° 30° 45° 60° 90° ζ: 0.025 0.11 0.26 0.49 1.20
8	弯管		$\alpha=90°$ d/R: 0.2 0.4 0.6 0.8 1.0 ζ: 0.132 0.138 0.158 0.206 0.294 d/R: 1.2 1.4 1.6 1.8 2.0 ζ: 0.440 0.660 0.976 1.406 1.975
9	缓弯管		α 为任意角度, $\zeta=k\zeta_{90°}$ α: 20° 40° 60° 90° 120° 140° 160° 180° k: 0.47 0.66 0.82 1.00 1.16 1.25 1.33 1.41
10	分岔管		$\zeta_{1-3}=2, h_{j1-3}=2\dfrac{v_3^2}{2g}$　$h_{j1-2}=\dfrac{v_1^2-v_2^2}{2g}$

序号	名称	示意图	ζ值及其说明					
11	分岔管	ζ=0.5　ζ=1.0　ζ=3.0　ζ=0.1　ζ=1.5						

12	板式阀门		e/d	0	0.125	0.2	0.3	0.4	0.5

板式阀门

e/d	0	0.125	0.2	0.3	0.4	0.5
ζ	∞	97.3	35.0	10.0	4.60	2.06
e/d	0.6	0.7	0.8	0.9	1.0	
ζ	0.98	0.44	0.17	0.06	0	

蝶阀

α	5°	10°	15°	20°	25°	30°
ζ	0.24	0.52	0.90	1.54	2.51	3.91
α	35°	40°	45°	50°	55°	60°
ζ	6.22	10.8	18.7	32.6	58.8	118
α	65°	70°	90°	全开		
ζ	256	751	∞	0.1~0.3		

截止阀

d(cm)	15	20	25	30	35	40	50	≥60
ζ	6.5	5.5	4.5	3.5	3.0	2.5	1.8	1.7

滤水网

无底阀:ζ＝2~3

有底阀:

d(cm)	4.0	5.0	7.5	10	15	20
ζ	12	10	8.5	7.0	6.0	5.2
d(cm)	25	30	35	40	50	75
ζ	4.4	3.7	3.4	3.1	2.5	1.6

3. 减少局部阻力的措施

减小阻力长期以来就是流体力学中一个重要的研究课题。其研究成果，对国民经济和国防建设的很多部门都有十分重大的意义。例如，对于在流体中航行的各种运载工具（飞机、轮船等），减小阻力就意味着减小发动机的功率和节省燃料消耗，或者在可能提供的动力条件下提高航行速度。对于经常运转的其他管道系统，减阻在节约能源上的意义也是不容忽视的。因此，近年来减阻问题的研究，日益引起各有关领域的重视。

减小管中流体运动的阻力有两条完全不同的途径：一是改进流体外部的边界，改善边壁对流动的影响；二是在流体内部投加极少量的添加剂，使其影响流体运动的内部结构来实现减阻。

下面介绍改变流体边界条件的减阻措施。

1）减小管壁的粗糙度可以达到一定的效果。

在实际工程中采用对钢管、铸铁管内部喷涂的工艺，既可达到管道防腐的目的，又可减小管道阻力。另外，随着管道材料的多样化，采用塑料管道、玻璃钢管道代替金属管道也可达到很好的效果。

2）改变流体外边界条件，避免旋涡区的产生或减小旋涡区的大小和强度，是减小局部损失的重要措施。

（1）管道进口

图 4-15 表明，平顺的管道进口可以大幅度减小进口处的局部阻力系数。

（2）渐扩管和突扩管

渐扩管的阻力系数随扩散角的大小而增减，如渐扩管制成图 4-16（a）所示的形式，其阻力系数大约可减小一半。对突然扩大的管件如制成图 4-16（b）所示的台阶式，阻力系数也能有所减小。

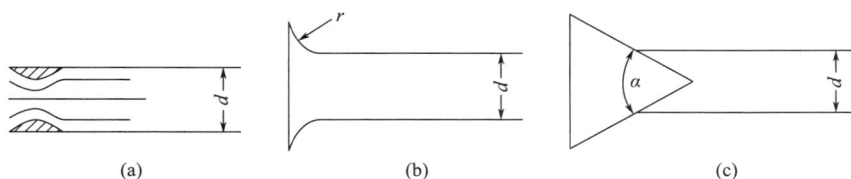

图 4-15　几种管道进口的阻力系数

（a）$\zeta=1$；（b）$r/d=0.2$，$\zeta=0.03$；（c）$\alpha=40°\sim80°$，$\zeta=0.1\sim0.2$

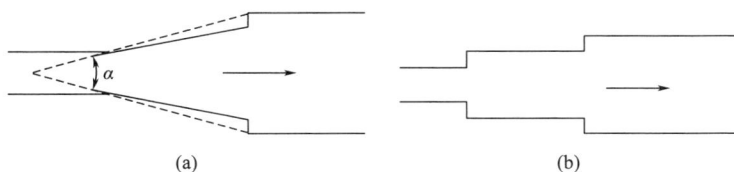

图 4-16　管径扩大管

（a）复合式渐扩管；（b）台阶式突扩管

（3）弯管

弯管的阻力系数在一定范围内随曲率半径 R 的增大而减小。表 4-3 给出了 90°弯管在不同的 R/d 时的 ζ 值。

不同 R/d 时 90°弯管的 ζ 值（$Re=10^6$） 表 4-3

R/d	0	0.5	1	2	3	4	6	10
ζ	1.14	1.00	0.246	0.159	0.145	0.167	0.20	0.24

从表 4-13 中可以看出，在 $R/d<1$ 时，ζ 值随 R/d 的增大而急剧减小。但在 $R/d>3$ 之后，ζ 值又随 R/d 的加大而增加。这是因为随 R/d 的增加，弯管长度增大，管道的摩阻增大造成的，所以弯管的 R 最好选在 $(1\sim4)d$ 的范围内。

（4）三通

尽可能地减小支管与合流管之间的夹角，如将正三通改为斜三通或顺水三通，都能改进三通的工作效果，减小局部阻力系数。配件之间的不合理衔接，也会使局部阻力加大，例如在既要转 90°，又要扩大断面的流动中采用先弯后扩的水头，要比先扩后弯的水头损失大数倍，因此，如果没有其他原因，先弯后扩是不合理的。

教学情境 9 绕流阻力与升力

以上分析了流体在固体边壁束缚下运动（如管道内）时的流动阻力及其能量损失的计算问题。现在讨论另一种情况：流体在固体边界以外绕过固体的流动，例如在锅炉内高温烟气横向冲刷受热面的流动、水流流经桥墩、风绕过建筑物的流动等，这些称为绕流。

在绕流中，流体作用在物体上的力可以分为两个分量：一是垂直于来流方向的作用力，叫作升力；另一个是平行于来流方向的作用力，叫作阻力。绕流阻力由两部分组成，即摩擦阻力和形状阻力。流体在绕过物体运动时，其摩擦阻力主要发生在紧靠物体表面的一个流速梯度很大的流体薄层内，这个薄层就称为附面层。形状阻力主要是指流体流经固体边界条件变化处会出现附面层与固体边界分离，同时伴生旋涡所造成的阻力。这种阻力与物体形状有关，故称为形状阻力。这两种阻力都与附面层有关，所以，我们先建立附面层概念。

1. 附面层的形成及其性质

图 4-17 所示为流体在极薄的平板上作绕流运动时的情况。来流流速 u_0 是均匀分布的，它的方向与平板平行。当流体接触平板表面之后，由于流体的黏性以及平板阻滞作用的影响，在紧贴平板表面的流体薄层内，沿垂直平板方向，流速迅速降低，致使平板表面上的流速 $u_0 = 0$。紧贴平板表面的这一流速梯度很大的流体薄层，称为附面层，其厚度以符号 δ 表示。尽管附面层的厚度较小，但是其中的流速梯度却很大，因此附面层的存在必然对绕流产生摩擦阻力。在附面层以外的流体，可以认为基本上没有受平板的阻滞影响，仍以原速 u_0 向前流动。

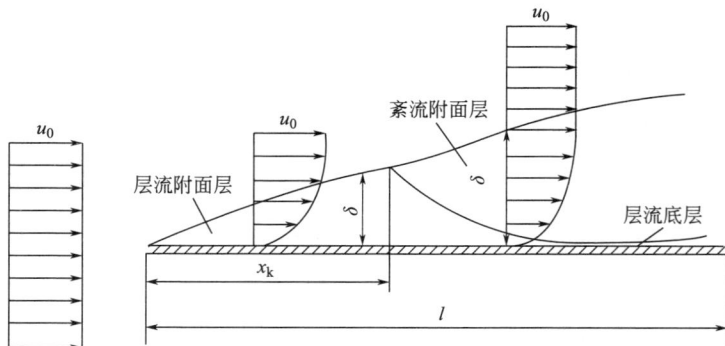

图 4-17 平板附面层

在平板表面上，从平板迎流面的端点开始，附面层厚度 δ 从零沿流向逐渐增加。在平板前部，作层流运动。随着附面层不断加厚，到达一定距离 x_k 处，层流转变为紊流。在作紊流运动的附面层内，也还存在一层极薄的层流底层，这与流体在管道中的流动相似。

附面层由层流转化为紊流的条件，仍可以用临界雷诺数来判别，但在计算公式中，应以特征长度 x 代替管径 d，以来流速度 u_0 代替断面平均流速 v，即

$$Re_k = \frac{u_0 x}{\nu} = (3.5 \sim 5.0) \times 10^5 \tag{4-32}$$

式中　Re_k——附面层的临界雷诺数；

　　　u_0——流体的来流速度（m/s）；

　　　x——板前缘至流动形态转化点的距离（m）；

　　　ν——流体的运动黏滞系数（m^2/s）。

2. 绕流阻力的一般分析

以上分析的是流体在极薄平板上的绕流运动，对于实际绕流物体，它们都具有一定的厚度，而且形状也有变化，这样就会出现附面层与绕流物体脱离的现象。如图 4-18 所示，当流体流经曲面形状的物体时，在图 4-18 中 B 点之前，由于绕流的过流断面面积减小，引起流线加密，流速增大，即动能增大，根据能量方程式分析，动能增大之后，势能必然减小（对于图 4-18 中气体主要是压力势能减小），因此附面层在 AB 段处于减压增速状态。但在 B 点之后断面增大，动能沿程减小，而压强增加，即在 BCD 段处于减速增压状态。而且，由于附面层内摩擦阻力的存在，要消耗一部分动能，从而使流速进一步降低。在 C 点处，附面层内的流速下降为零。由于流速 $u_0 = 0$，压强 $p_C < p_D < p_A$，流体在反向压差的作用下，迫使附面层脱离固体边壁向外流去，这样就产生了附面层的分离现象。C 点称为分离点，而在分离点的下游，流体回流填补主流所空出的区域而形成旋涡区。

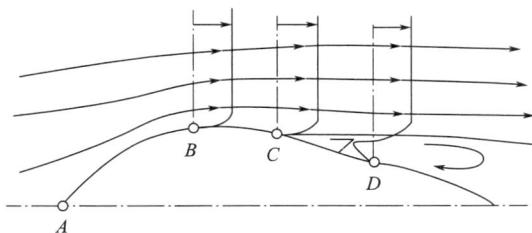

图 4-18　附面层的分离

旋涡区的存在会造成流体运动的能量损失，引起能量损失的流动阻力称为旋涡阻力。因为旋涡区的大小与附面层分离点的位置有关，分离点越靠前，旋涡区就越大。而分离点的位置和旋涡区的大小都与物体的形状有关，因此这个阻力也称为形状阻力。

通过以上分析可知，流体绕流阻力由两部分组成：第一是附面层与固体壁面分离形成旋涡区产生的形状阻力。第二是流体受固体壁面的影响，附面层内产生很大的速度梯度而形成的摩擦阻力。所以，绕流阻力的大小不但与物体形状有关，还与物体表面的粗糙程度及流体流动状态等因素有关。绕流阻力可以用式（4-33）计算：

$$D = C_d A \frac{\rho u_0^2}{2} \tag{4-33}$$

式中　D——物体所受的绕流阻力；

　　　C_d——无因次绕流阻力系数，通常与物体的形状、物体在流动中的方位和流动的雷

诺数及物体表面粗糙状况有关；C_d 值可由实验确定，也可由有关手册查得；

  A——物体的投影面积，如主要受形状阻力时，采用垂直于来流速度方向的投影面积；

  u_0——未受干扰时的来流速度；

  ρ——流体的密度。

  一般情况下，绕流阻力中形状阻力大于摩擦阻力，所以为了达到减小形状阻力的目的，运动物体的外形尽量做成流线形，就是为了推后分离点，缩小旋涡区。但有的时候也可以对附面层分离产生的旋涡区加以利用。例如，工业厂房自然通风，在天窗设置挡风板，要求气流在指定区域绕流时形成旋涡区，利用旋涡区内局部低压以达到增强通风的效果。如果天窗两侧都设置挡风板，其通风效果将不受风向的影响。

  3. 绕流升力的概念

  当绕流物体为非对称形时，如图 4-19（a）所示，或虽为对称形，但其对称轴与来流方向不平行时，如图 4-19（b）所示，由于绕流的物体上下所受压力不相等，存在着垂直于来流方向的绕流升力。其原因主要是绕流物体上部流线较密，而下部流线较稀，根据能量方程式，动能大的部位压能低，动能小处压能高。因此，在物体的上下存在压差，从而获得升力。升力对于轴流泵和轴流风机的叶片设计有重要意义。良好的叶片形状应该具有较大的升力和较小的阻力。升力的计算公式为：

$$L = C_L A \frac{\rho u_0^2}{2} \tag{4-34}$$

式中 L——物体的绕流升力；

  C_L——无因次绕流升力系数，一般由实验确定。

  其他符号的意义同前。

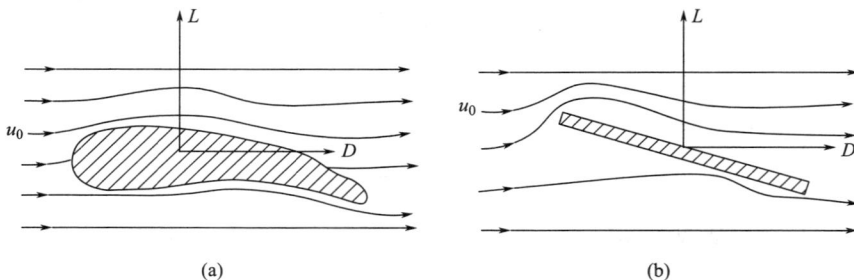

图 4-19 绕流升力示意图

  以上我们分析了附面层产生的原因以及绕流阻力的概念，对于管路沿程阻力和局部阻力的分析也完全适用。附面层的产生和分离，是产生绕流摩擦阻力和旋涡阻力的基本原因，也是流体在管路中运动时产生沿程损失和局部损失的基本原因。当流体在管道内作层流或紊流运动时，流体质点就完全处于相应附面层的影响之中。管路的沿程阻力是由附面层内的流速梯度引起；而局部阻力则是由附面层的分离产生，并且与旋涡区直接有关。因此，附面层概念及影响对绕流和管流均适用。

码4-9
知识拓展：
飞机飞行的
原理

神舟十三号载人飞船背后的科学

2021 年 10 月 16 日 0 时 23 分，搭载神舟十三号载人飞船的长征二号 F 遥十三运载火箭，在酒泉卫星发射中心按照预定时间精准点火发射，约 582s 后，神舟十三号载人飞船与火箭成功分离，进入预定轨道，顺利将翟志刚、王亚平、叶光富 3 名航天员送入太空，飞行乘组状态良好，发射取得圆满成功。

2022 年 4 月 16 日，神舟十三号返回舱（图 4-20）在东风着陆场成功着陆，3 名航天员身体状态良好，神舟十三号首次实施快速返回，将返回所需时间由以往的 11 个飞行圈次压缩至 5 个飞行圈次。中国空间站关键技术验证阶段任务圆满完成。

细心的朋友可能还发现了返回舱的一个细节，在返回舱的一侧颜色比较淡，而另一侧却被烧成了黑炭色，返回舱表面的隔热层变成了蜂窝状。这些飞船出厂的时候，都是很干净、整洁的，去一趟外太空返回地球以后，却变得"面目全非"了，这是怎么回事？在返回地球的时候，飞船到底经历了什么？

图 4-20　返回舱

火箭、飞船因为地球的引力束缚，速度只能一点点地加快，因此在穿过大气层时速度差不多为第一宇宙速度，在此过程中会与周围的空气产生黏滞力，但是此时的速度与第一宇宙速度类似，故黏滞力不特别大，不会使得火箭、飞船发生燃烧。而在火箭、飞船返回地球，在刚刚进入大气层的时候，返回舱的速度非常快，大约能达到 11km/s，因此其外壳会与大气层发生激烈的摩擦，产生的黏滞力非常大，这个时候发生的能量转换只能是动能变为热能，因此会产生大量的热量，这个过程叫作"气动加热"。在离地面 80～40km 的稠密大气层时，气流的动力黏度增加，气动加热过程达到最高点，返回舱表面温度达到 1000～3000℃，整个返回舱看起来就像一颗着火的流星。因此，超高的速度是燃烧的原因之一，这大量的热量会使得返回舱发生灼蚀现象。

　　除了返回舱灼蚀现象这种关于气体运动的能量损失的情况，也有科学家对不同管材的沿程阻力系数作了研究，像布拉修斯公式、莫迪公式等都是用来计算沿程阻力系数的，上海市市政工程设计院在中国建设技术发展中心和哈尔滨工业大学建筑工程学院的共同配合下，经过反复实验，反复验算，提出了适用于硬聚乙烯的给水管道的沿程阻力系数的计算公式。

　　列夫托尔斯泰说过，人类的使命在于自强不息地追求完美。我们不仅要学习前辈们留下的理论成果，更要应用于我们的新时期、新情况，同时还需要不断地完善，我们当继续勇于实践、勇于探索，追求真理的路从未停止，我们一直在路上。

单元小结 🔍

　　本教学单元介绍了流动阻力与能量损失的两种形式：沿程损失和局部损失；两种流态：层流和紊流，以及流态判定的方法——雷诺数；重点介绍了两种流态在有压管流中的水头损失的计算，通过尼古拉兹实验和莫迪图等内容，介绍了 5 个阻力区 λ 的计算；对于常见的局部损失的类型以及不同类型的 ζ 值进行介绍；对圆管层流的运动规律，圆管紊流的特征等进行了分析，还对边界层、绕流阻力与升力等进行了简单介绍。

　　在学习中应能够掌握管路水头损失的计算方法，包括沿程损失的计算和局部损失的计算，并熟知造成水头损失的原因及减阻措施；了解均匀流动计算，了解边界层概念和边界层分离现象以及绕流阻力与升力的基本知识。

自我测评 🔍

一、填空题

1. 根据流体接触的边壁沿程是否变化，把能量损失分为_____和_____。

2. 流体运动存在两种流态，分别是_____和_____。

3. 流体质点的运动是极不规则的，各部分流体相互剧烈掺混，这种流动称为_____。

4. 圆管流的临界雷诺数 Re_k 为_____。

5. 紊流转变为层流的临界流速以 v_k 表示，层流转变为紊流的临界流速以 v'_k 表示，其中 v'_k 称为_____，v_k 称为_____，两者的大小关系是 v_k _____ v'_k。

6. 圆管层流的沿程阻力系数 λ 仅与_____有关，且成_____，而和_____无关。

7. 根据 λ 的变化特征，尼古拉兹实验曲线可分为五个阻力区，分别是_____、_____、_____、_____和_____。

二、选择题

1. 雷诺数可以用来判别流体的流动状态，当（　　）时，有压圆管是紊流状态。
   A. $Re > 2000$　　　　B. $Re < 2000$　　　　C. $Re > 1000$　　　　D. $Re < 1000$

2. 有一直径 $d=25$mm 的水管，流速 $v=1.0$m/s，水温为 10℃时的运动黏度 $\nu=1.31\times10^{-6}$m²/s，则管中流体的流态为（ 　　 ）。

A. 层流 　　　　　B. 紊流 　　　　　C. 临界流 　　　　　D. 不确定

3. 流体流动时引起能量损失的主要原因是（ 　　 ）。

A. 流体的压缩性 　　　　　　　　　B. 流体的膨胀性

C. 流体的不可压缩性 　　　　　　　D. 流体的黏滞性

4. 圆管层流运动时，下列哪个选项不成立？（ 　　 ）

A. $v=\dfrac{1}{2}u_{max}$ 　　　B. $\alpha=2$ 　　　C. $\beta=1.33$ 　　　D. $\beta=1.2$

5. 水流经过一个渐扩管，小断面的直径为 d_1，大断面的直径为 d_2，若 $d_2/d_1=2$，则 $Re_1/Re_2=$（ 　　 ）。

A. 1 　　　　　B. 2 　　　　　C. 4 　　　　　D. 8

6. 有压管道的管径与管流水力半径的比值 $d/R=$（ 　　 ）。

A. 8 　　　　　B. 4 　　　　　C. 2 　　　　　D. 1

三、判断题

1. 弯管曲率半径 R 与管径 d 之比越大，则弯管的局部损失系数越大。（ 　　 ）

2. 流动雷诺数越大，管流壁面黏性底层的厚度也越大。（ 　　 ）

3. 在水流过水断面面积相等的前提下，湿周越大，水力半径越小。（ 　　 ）

4. 圆形管的直径就是其水力半径。（ 　　 ）

5. 为了减少摩擦阻力，必须把物体做成流线形。（ 　　 ）

6. 在研究紊流边界层的阻力特征时，所谓的紊流粗糙区是指层流边界层的实际厚度小于绝对粗糙高度。（ 　　 ）

四、问答题

1. 层流与紊流各有什么特点？如何判别？

2. 圆管层流与紊流的沿程水头损失与哪些因素有关？

3. 有压管路中直径一定时，随着流量增大雷诺数是增大还是减小？当流量一定时，随着管径增大，雷诺数将如何变化？

4. 为什么在紊流管道中会产生层流底层？为什么一根绝对粗糙度 Δ 为定值的管道，既可能是水力光滑管，也可能是水力粗糙管？

5. 直径为 d，长度为 L 的管路，通过恒定的流量 Q，试问：

（1）当流量增大时，沿程阻力系数会如何变化？

（2）当流量增大时，沿程水头损失会如何变化？

五、计算题

1. 水流经变断面管道，已知小管径为 d_1，大管径为 d_2，$d_2/d_1=2$，问哪个断面的雷诺数大，并求两断面雷诺数之比。

2. 水管直径 $d=50$mm，测点 A 和 B 相距 15m，高差 3m，向上流动的流量为 6L/s，连接此两点的汞比压计中的读数 $\Delta h=250$mm，求此管路的沿程阻力系数 λ。

3. 油在管中以 $v=1$m/s 的速度流动，油的密度 $\rho=920$kg/m³，$l=3$m，$d=25$mm，水银压差计测得 $h=9$cm，如图 4-21 所示，试求：（1）油在管中的流态？（2）油的运动黏

滞系数 ν?（3）若保持相同的平均流速反向流动，压差计的读数有何变化？

4. 油的流量 $Q=77cm^3/s$，流过直径 $d=6mm$ 的细管，如图 4-22 所示，在 $l=2m$ 长的管段两端水银压差计读数 $h=30cm$，油的密度 $\rho=900kg/m^3$，求油的 μ 和 ν 值。

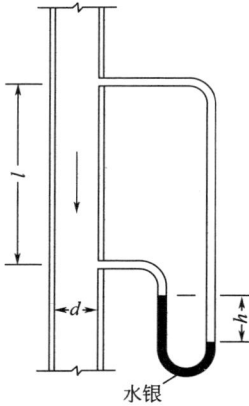

图 4-21　计算题 3

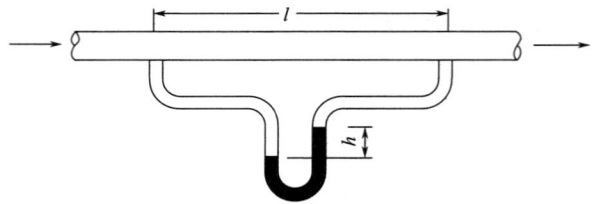

图 4-22　计算题 4

5. 如图 4-23 所示，矩形风道的断面尺寸为 $1200mm \times 600mm$，风道内空气的温度为 $45℃$，流量为 $42000m^3/h$，风道壁面材料的当量粗糙度 $\Delta=0.1mm$，今用酒精微压计测风道水平段 AB 两点的压差，微压计读值 $a=7.5mm$，已知 $\alpha=30°$，$l_{AB}=12m$，酒精的密度 $\rho=860kg/m^3$，试求风道的沿程阻力系数 λ。

6. 如图 4-24 所示，烟囱的直径 $d=1m$，通过的烟气流量 $Q=18000kg/m^3$，烟气的密度 $\rho_1=0.7kg/m^3$，外面大气的密度按 $\rho_2=1.29kg/m^3$ 考虑，如烟道的 $\lambda=0.035$，要保证烟囱底部 1-1 断面的负压不小于 $100N/m^2$，烟囱的高度至少应为多少？

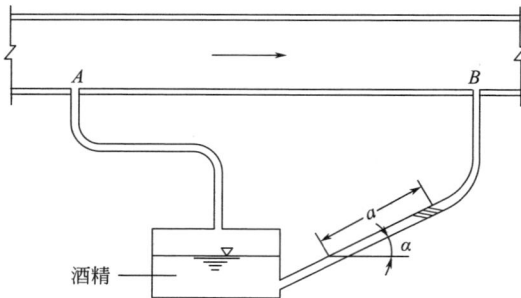

图 4-23　计算题 5

图 4-24　计算题 6

7. 为测定 $90°$ 弯头的局部阻力系数 ζ，可采用如图 4-25 所示的装置。已知 AB 段管长 $l=10m$，管径 $d=50mm$，$\lambda=0.03$，实测数据为：（1）AB 两断面测压管水头差 $\Delta h=0.629m$；（2）经 2 分钟流入水箱的水量为 $0.329m^3$。求弯管的局部阻力系数 ζ。

8. 测定一阀门的局部阻力系数，在阀门的上下游装设了三个测压管，如图 4-26 所示，其间距 $L_1=1\text{m}$，$L_2=2\text{m}$，若直径 $d=50\text{mm}$，实测 $H_1=150\text{cm}$，$H_2=125\text{cm}$，$H_3=40\text{cm}$，流速 $v=3\text{m/s}$。求阀门的 ζ 值。

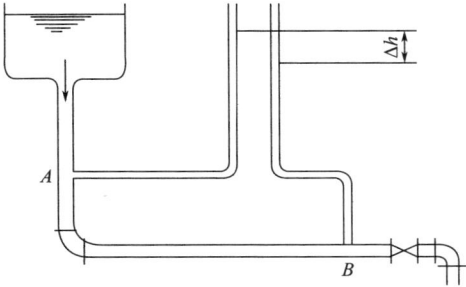

图 4-25　计算题 7

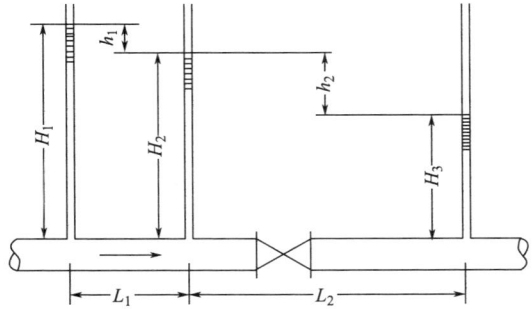

图 4-26　计算题 8

9. 如图 4-27 所示为直立的突然扩大水管，已知 $d_1=150\text{mm}$，$d_2=300\text{mm}$，$h=1.5\text{m}$，$v_2=3\text{m/s}$。试确定水银比压计中的水银液面哪一侧较高？差值为多少？

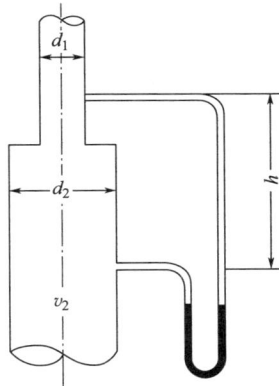

图 4-27　计算题 9

Chapter 05

教学单元**5**
孔口管嘴管路流动

▶▶

教学目标

【**知识目标**】了解孔口出流的分类，掌握孔口出流的流速和流量计算；熟悉管嘴出流的定义，掌握管嘴出流的流速和流量计算，熟悉管嘴出流正常工作的条件；熟悉简单管路、串联管路和并联管路的定义、特点，掌握水力计算的方法；了解管网计算方法；了解水击的产生过程和压力变化，熟悉防止水击危害的措施。

【**能力目标**】能够应用孔口和管嘴的流量公式解决实际工程中的流量计算，能够灵活应用阻抗公式进行损失的计算，能够应用串联和并联管路的结论进行工程中管路的水力计算。

【**素质目标**】结合管网计算的工程案例，培养学生运用理论知识分析和解决问题的能力，提升逻辑思维和推理能力；结合水击现象，培养创新思维和严谨的职业道德；结合三峡工程的介绍，培养学生的社会责任感、节能环保和可持续发展意识，激发民族自豪感和爱国情怀。

思维导图

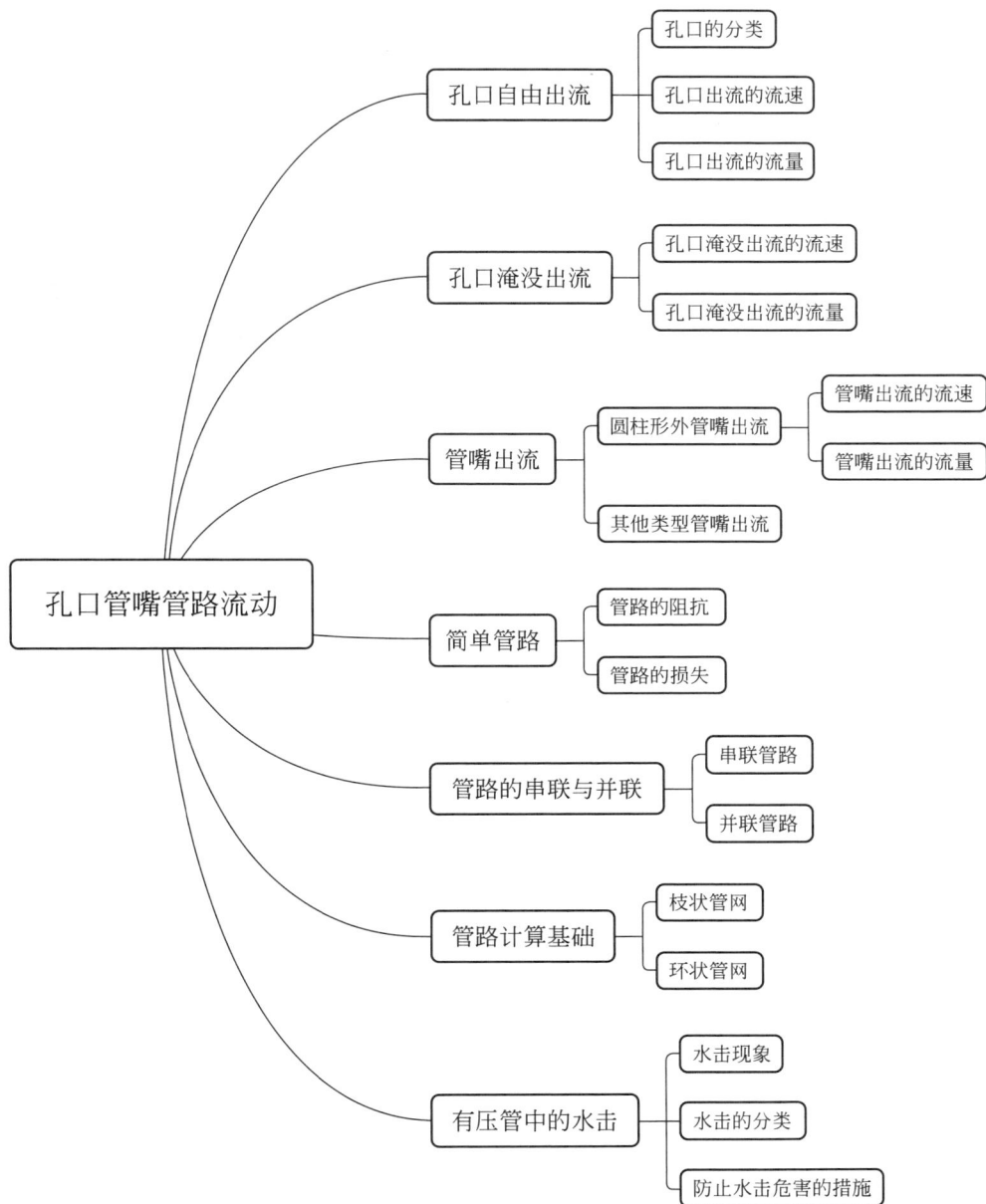

孔口管嘴管路流动
- 孔口自由出流
  - 孔口的分类
  - 孔口出流的流速
  - 孔口出流的流量
- 孔口淹没出流
  - 孔口淹没出流的流速
  - 孔口淹没出流的流量
- 管嘴出流
  - 圆柱形外管嘴出流
    - 管嘴出流的流速
    - 管嘴出流的流量
  - 其他类型管嘴出流
- 简单管路
  - 管路的阻抗
  - 管路的损失
- 管路的串联与并联
  - 串联管路
  - 并联管路
- 管路计算基础
  - 枝状管网
  - 环状管网
- 有压管中的水击
  - 水击现象
  - 水击的分类
  - 防止水击危害的措施

教学单元5思维导图

本教学单元应用流体力学基本原理，结合具体流动条件，研究孔口、管嘴及管路的流动。

研究流体经容器壁面上孔口或管嘴出流，以及流体沿管路的流动，对供热通风及燃气工程具有很大的实用意义。如自然通风中空气通过门窗的流量计算，供热管路中节流孔板的计算，工程上各种管道系统的计算，都需要掌握这方面的规律及计算方法。

教学情境 1 孔口自由出流

在容器侧壁或底部开孔，容器内的流体经孔口流出的流动现象，称为孔口出流。孔口出流时，如图 5-1 所示，孔口具有很薄的边缘，流体与孔壁接触仅是一条周线，孔的壁厚对出流无影响，这样的孔口称为薄壁孔口。

当孔口直径 d 与孔口形心以上的水头高 H 相比很小时，就可以认为孔口断面上各点水头相等，因此，根据 d/H 的比值将孔口分为大孔口与小孔口两类：

若 $d \leqslant H/10$，这种孔口称为小孔口，这种情况可认为孔口断面上各点的水头都相等，各点的流速相同。

若 $d > H/10$，则称为大孔口，计算中应考虑孔口断面上不同高度的水头不相等，因此流速也是变化的。

经孔口出流的流体与周围的静止流体是属于同一相时，这种孔口出流称为淹没出流。如果不是同一相时，则属于自由出流，例如从水箱侧壁孔口流出的水流如进入空气中就是自由出流。

本教学情境讨论在恒定流条件下，流体通过圆形薄壁小孔口的出流规律。

如图 5-1 所示，容器中液体从四面八方流向孔口，由于质点的惯性，当绕过孔口边缘时，流线不能成直角突然地改变方向，只能以圆滑曲线逐渐弯曲。在孔口断面上仍然继续弯曲且向中心收缩，造成孔口断面上的急变流。直至出流流股距孔 $d/2$（d 为孔径）处，断面收缩达到最小，流线趋于平直，成为渐变流，该断面称为收缩断面，即图 5-1 中的 C-C 断面。

下面讨论出流规律。通过收缩断面形心引基准线 0-0，列出 A-A 及 C-C 两断面的能量方程。

图 5-1　孔口自由出流

$$Z_A + \frac{p_A}{\gamma} + \frac{\alpha_A v_A^2}{2g} = Z_C + \frac{p_C}{\gamma} + \frac{\alpha_C v_C^2}{2g} + h_w$$

式中，h_w 为孔口出流的能量损失。由于水在容器中流动的沿程损失甚微，故仅在孔口处发生局部能量损失。若孔壁厚度和形状促使流股收缩后又扩开，与孔壁接触形成面而不是线，则这种孔口称为厚壁孔口或管嘴。

无论薄壁、厚壁孔口或管嘴，能量损失都发生在孔与嘴的局部，为局部损失，对比管路流动而言，这正是该流动的特点。对于薄壁孔口来说 $h_w = h_j = \zeta_1 \dfrac{v_C^2}{2g}$，代入上式，经移

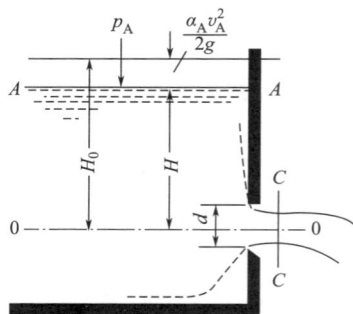

项整理得

$$Z_A - Z_C + \frac{p_A - p_C}{\gamma} + \frac{\alpha_A v_A^2}{2g} = (\alpha_C + \zeta_1) \frac{v_C^2}{2g}$$

令

$$H_0 = Z_A - Z_C + \frac{p_A - p_C}{\gamma} + \frac{\alpha_A v_A^2}{2g} \tag{5-1}$$

得

$$v_C = \frac{1}{\sqrt{\alpha_C + \zeta_1}} \sqrt{2gH_0} \tag{5-2}$$

式中，H_0 称为作用水头，是促使出流的全部能量。从式（5-1）可知，H_0 包括孔口上游对孔口收缩断面 C-C 位差、压差及上游来流的流速水头。H_0 中一部分用来克服阻力而损失，一部分变成 C-C 断面上的动能使之出流。

在孔口自由出流时（图 5-1），H_0 中的位差 $Z_A - Z_C = H$，即液面至孔口中心的高度差。对小孔口来说（孔径 $d < 0.1H$），可忽略孔中心与上下边缘高差的影响，认为孔口面上所有各点均受同一 H 作用，其出流速度相同。

H_0 中的压差，因自由出流 $p_C = p_a$，且具有自由液面 $p_A = p_a$，故该项为零。

H_0 中的上游流速水头，因自由液面速度可略而不计，于是得出具有自由液面，自由出流时，$H_0 = H$ 的结论。

对于其他条件下孔口出流 H_0，应视其具体条件，从 H_0 的定义式（5-1）出发，计算出作用水头。

式（5-2）给出了薄壁孔口自由出流收缩断面 C-C 上的速度公式，现令

$$\varphi = \frac{1}{\sqrt{\alpha_C + \zeta_1}} \tag{5-3}$$

则式（5-2）变为

$$v_C = \varphi \sqrt{2gH_0} \tag{5-4}$$

式中，φ 称为速度系数，φ 的意义可以从下面讨论得知。若在 $\alpha_C = 1$ 且无损失情况下，$\zeta_1 = 0$，则 $\varphi = 1$。这时是理想流体的流动，其速度为 $v_C' = 1 \cdot \sqrt{2gH_0}$。与式（5-2）相比便得 φ。

$$\frac{v_C}{v_C'} = \frac{\varphi \sqrt{2gH_0}}{1 \cdot \sqrt{2gH_0}} = \varphi, \varphi = \frac{\text{实际流体的速度}}{\text{理想流体的速度}}$$

φ 值可通过实验测得，对圆形薄壁小孔口速度系数 $\varphi = 0.97 \sim 0.98$。

现来推求通过孔口出流的流量公式。

$$Q = v_C A_C \tag{5-5}$$

式中，A_C 是收缩断面的面积。由于一般情况下会给出孔口面积，故引入

$$\varepsilon = A_C / A \tag{5-6}$$

式中，ε 为收缩系数。由实验得知，圆形薄壁小孔口时 $\varepsilon = 0.62 \sim 0.64$。现用 $\varepsilon A = A_C$ 代入流量公式

$$Q = v_C \varepsilon A = \varepsilon \varphi A \sqrt{2gH_0} \tag{5-7}$$

令

$$\mu = \varepsilon \varphi$$

式中，μ 为流量系数。对于圆形薄壁小孔口，其值为 $\mu = (0.62 \times 0.97) \sim (0.64 \times 0.97) \approx 0.60 \sim 0.62$，则

$$Q = \mu A \sqrt{2gH_0} \tag{5-8}$$

式（5-9）就是孔口自由出流的基本公式。当计算流量 Q 时，根据具体的孔口及出流条件，确定 μ 及 H_0。

μ 值与 ε、φ 有关。φ 值接近于 1；ε 值则因孔口开设的位置不同而造成收缩情况不同，因而有较大的变化。如图 5-2 所示，上孔口 I、III、IV 四周的流线全部发生弯曲，水股在各方向都发生收缩，为全部收缩孔口。而孔口 II 只有 1、2 边发生收缩，3、4 边没有收缩，称为非全部收缩孔口。在相同的作用水头下，非全部收缩时的收缩系数 ε 比全部收缩时大，其流量系数 μ' 值也将相应增大，两者之间的关系可用下列经验公式表示。

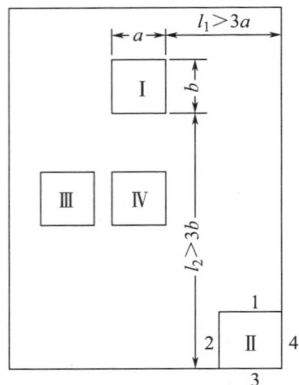

$$\mu' = \mu \left(1 + C \frac{S}{X} \right) \tag{5-9}$$

式中　μ——全部收缩时孔口流量系数；

　　　S——未收缩部分周长（图 5-2 中 3 与 4 边长之和）；

　　　X——孔口全部周长（图 5-2 中 1、2、3、4 边长之和）；

　　　C——系数，圆孔取 0.13，方孔取 0.15。

图 5-2　孔口收缩与位置关系

全部收缩孔口，又根据器壁对流线弯曲有无影响而分为完善收缩孔口与不完善收缩孔口。图 5-2 中上孔口 I，周边离侧壁的距离大于 3 倍孔口在该方向的尺寸，即 $l_1 > 3a$，$l_2 > 3b$。此时出流流线弯曲率最大，收缩得最充分，为完善收缩孔口；否则称为不完善收缩孔口，如图 5-2 中 III、IV。对于薄壁小孔口出流的完善收缩，流量系数为 $\mu = 0.6 \sim 0.62$。

当孔口任何一边到器壁的距离不满足上述条件时，如孔口 III 和 IV 则将减弱流线的弯曲，减弱收缩，使 ε 增大，相应 μ 值也将增大。不完善收缩的 μ'' 可用下式估算。

$$\mu'' = \mu \left[1 + 0.64 \left(\frac{A}{A_0} \right)^2 \right] \tag{5-10}$$

式中　μ——全部完善收缩时孔口流量系数；

　　　A——孔口面积；

　　　A_0——孔口所在壁的全部面积。

式（5-10）适用条件是，孔口处在壁面的中心位置，如孔口 IV，各方向上影响不完善收缩的程度近于一致。

教学情境 2　孔口淹没出流

如前述，经孔口出流的流体与周围的静止流体属于同一相时，这种孔口出流称为淹没出流，如图 5-3 所示。

现以孔口中心线为基准线，取上下游自由液面 1-1 及 2-2，列能量方程：

$$H_1 + \frac{p_1}{\gamma} + \frac{\alpha_1 v_1^2}{2g} = H_2 + \frac{p_2}{\gamma} + \frac{\alpha_2 v_2^2}{2g} + \zeta_1 \frac{v_C^2}{2g} + \zeta_2 \frac{v_C^2}{2g}$$

令 $H_0 = H_1 - H_2 + \dfrac{p_1 - p_2}{\gamma} + \dfrac{\alpha_1 v_1^2 - \alpha_2 v_2^2}{2g}$（称为作用水头），

则

$$H_0 = (\zeta_1 + \zeta_2) \frac{v_C^2}{2g}$$

求解 v_C 得

$$v_C = \frac{1}{\sqrt{\zeta_1 + \zeta_2}} \sqrt{2gH_0} \tag{5-11}$$

则出流流量为

$$Q = v_C A_C = v_C \varepsilon A = \frac{1}{\sqrt{\zeta_1 + \zeta_2}} \varepsilon A \sqrt{2gH_0} \tag{5-12}$$

式中　ζ_1——液体经孔口处的局部阻力系数；

　　　ζ_2——液体在收缩断面之后突然扩大的局部阻力系数。2-2 断面比 C-C 断面大得多，所以

$$\zeta_2 = \left(1 - \frac{A_C}{A_2}\right)^2 \approx 1$$

于是令

$$\varphi = \frac{1}{\sqrt{\zeta_1 + \zeta_2}} = \frac{1}{\sqrt{\zeta_1 + 1}} \tag{5-13}$$

则式（5-11）可写作 $v_C = \varphi \sqrt{2gH_0}$。

φ 为淹没出流速度系数。对比自由出流 φ 在孔口形状、尺寸相同情况下，其值相等，但其含义有所不同。自由出流时 $\alpha_C \approx 1$，淹没出流时 $\zeta_2 \approx 1$。引入 $\mu = \varepsilon \varphi$，$\mu$ 为淹没出流流量系数。则式（5-12）可写成：

$$Q = \varepsilon \varphi A \sqrt{2gH_0} = \mu A \sqrt{2gH_0}$$

这就是淹没出流流量公式。与自由出流流量公式相同，式中 φ、μ 相同，只是作用水头 H_0 中流速水头略有不同，自由出流时上游断面的流速水头全部转化为作用水头，而淹没出流时，仅上下游断面的流速水头之差转化为作用水头。

孔口自由出流与淹没出流其公式形式完全相同，φ、μ 在孔口相同条件下也相等，只需注意作用水头 H_0 中各项，按具体条件代入。

如图 5-3 所示，具有自由液面的淹没出流 $p_1 = p_2 = p_a$，且忽略上下游液面的流速水头时，则作用水头为：

$$H_0 = H_1 - H_2 = H \tag{5-14}$$

于是出流流量为

$$Q = \mu A \sqrt{2gH} \tag{5-15}$$

从式（5-15）可得，当上下游液面高度一定时，即 H 一定时，出流流量与孔口在液面下开设的位置高低无关。

图 5-4 为具有 p_0 表面压强（相对压强）的有压容器，液体经孔口出流。流量应用下式计算。

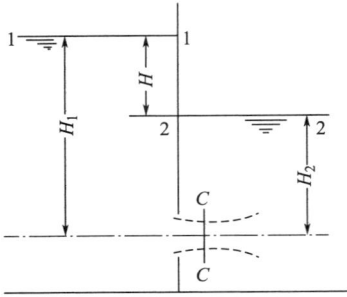

图 5-3 孔口淹没出流

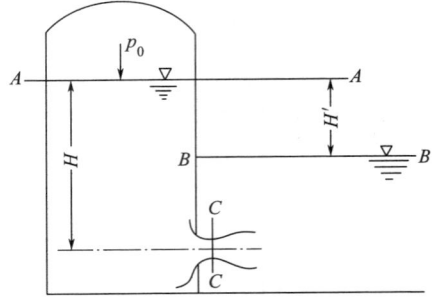

图 5-4 压力容器出流

$$Q = \mu A \sqrt{2gH_0}$$

当自由出流时

$$H_0 = Z_A - Z_C + \frac{p_0 - p_a}{\gamma} + \frac{\alpha_A v_A^2}{2g}$$

$$= H + \frac{p_0}{\gamma} + \frac{\alpha_A v_A^2}{2g}$$

忽略 $= \frac{\alpha_A v_A^2}{2g}$ 项,则 $H_0 = H + \frac{p_0}{\gamma}$

当淹没出流时 $\quad H_0 = H_A - H_B + \frac{p_A - p_B}{\gamma} + \frac{\alpha_A v_A^2 - \alpha_B v_B^2}{2g}$

$$= H' + \frac{p_0}{\gamma} + \frac{\alpha_A v_A^2 - \alpha_B v_B^2}{2g}$$

气体出流一般为淹没出流,流量计算与式(5-8)相同,但用压强差代替水头差

$$Q = \mu A \sqrt{\frac{2\Delta p_0}{\rho}} \tag{5-16}$$

$$\Delta p_0 = p_A - p_B + \frac{\rho(\alpha_A v_A^2 - \alpha_B v_B^2)}{2}$$

式中　　Δp_0——同式(5-8)中 H_0 的含义,是促使出流的全部能量;

ρ——气体的密度。

气体管路中装一有薄壁孔口的隔板,称为孔板(图 5-5),此时通过孔口的出流是淹没出流。因为流量、管径在给定条件下不变,所以测压断面上 $v_A = v_B$。故

$$\Delta p_0 = p_A - p_B$$

结合式(5-16)有

$$Q = \mu A \sqrt{\frac{2\Delta p_0}{\rho}} = \mu A \sqrt{\frac{2}{\rho}(p_A - p_B)} \tag{5-17}$$

在管道中装设如上所说孔板,测得孔板前后渐变断面上的压差,即可求得管中流量。这种装置叫孔板流量计。

孔板流量计的流量系数 μ 值如前所说,是通过实验测定得来。为了便于练习,现给出圆形薄壁孔板的流量系数曲线(图 5-6),以供参考。工程中应按具体孔板查有关孔板流量计手册获得 μ 值。

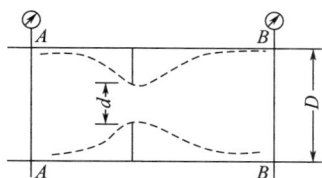

图 5-5　孔板流量计

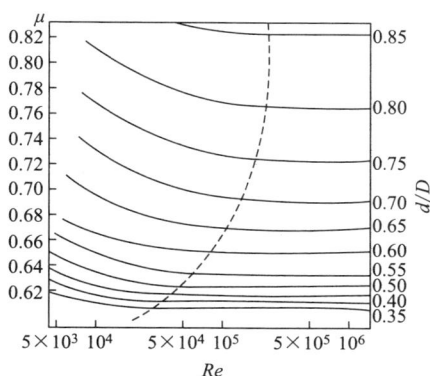

图 5-6　圆形薄壁孔板的流量系数曲线

【**例 5-1**】　有一孔板流量计，测得 $\Delta p = 50\,\text{mmH}_2\text{O}$，管道直径 $D = 200\,\text{mm}$，孔板直径 $d = 80\,\text{mm}$，试求水管中流量 Q。

解：（1）此题为液体淹没出流，用式（5-8）求 Q

$$H_0 = H_1 - H_2 + \frac{p_1 - p_2}{\gamma} + \frac{\alpha_1 v_1^2 - \alpha_2 v_2^2}{2g}$$

此时 $H_1 = H_2$，$v_1 = v_2$

则

$$H_0 = \frac{p_1 - p_2}{\gamma} = \frac{50}{1000} = 0.05\,\text{m}$$

（2）$\dfrac{d}{D} = \dfrac{80}{200} = 0.4$。若认为流动处在阻力平方区，$\mu$ 与 Re 无关，则在图 5-6 上查得 $\mu = 0.61$。

（3）$Q = \mu A \sqrt{2gH_0} = 0.61 \times 0.785 \times 0.08^2 \times \sqrt{2 \times 9.81 \times 0.05}$

$\qquad = 0.61 \times 0.00502 \times \sqrt{0.981} = 0.003033\,\text{m}^3/\text{s}$

【**例 5-2**】　已知条件同上例，孔板流量计装在气体管路中，测得 $p_1 - p_2 = 50\,\text{mmH}_2\text{O}$，其 D、d 尺寸同上例，求气体流量。

解：（1）此题为气体淹没出流，可由式（5-16）求 Q。

$$\Delta p = 50 \times 9.81 = 490.5\,\text{N/m}^2$$

（2）$d/D = 0.4$，采用上题的 $\mu = 0.61$

（3）$Q = \mu A \sqrt{\dfrac{2\Delta p}{\rho}}$

$\qquad = 0.61 \times 0.00502 \times \sqrt{\dfrac{2 \times 490.5}{1.2}} = 0.0876\,\text{m}^3/\text{s}$

图 5-7　孔板送风

【**例 5-3**】　房间顶部设置夹层，把处理过的清洁空气用风机送入夹层中，并使层中保持 300Pa 的压强。清洁空气在此压强作用下，通过孔板的孔口向房间流出，这就是孔板送风（图 5-7）。求每个孔口出流的流量及速度。已知孔的直径为 1cm。

解： 孔口流量采用式（5-16）计算

$$Q = \mu A \sqrt{2 \frac{\Delta p}{\rho}}$$

孔板流量系数 $\mu = 0.6$，速度系数 $\varphi = 0.97$（从有关手册中查到），空气的密度 ρ 取为 1.2kg/m^3

孔口的面积

$$A = \frac{\pi}{4} d^2 = 0.785 \times 0.01^2 = 0.785 \times 10^{-4} \text{m}^2$$

$$Q = 0.6 \times 0.785 \times 10^{-4} \times \sqrt{\frac{2 \times 300}{1.2}} = 0.6 \times 0.785 \times 10^{-4} \times 22.4 = 10.5 \times 10^{-4} \text{m}^3/\text{s}$$

由

$$v_\text{C} = \varphi \sqrt{2 \frac{\Delta p}{\rho}}$$

得

$$v_\text{C} = 0.97 \times \sqrt{\frac{2 \times 300}{1.2}} = 0.97 \times 22.4 = 21.73 \text{m/s}$$

教学情境 3 管嘴出流

码5-3
管嘴出流

1. 圆柱形外管嘴出流

当圆孔壁厚 δ 等于 $(3 \sim 4)d$ 时，或者在孔口处外接一段长 $l = (3 \sim 4)d$ 的圆管时（图5-8），此时的出流称为圆柱形外管嘴出流，外接短管称为管嘴。

水流入管嘴时如同孔口出流一样，流股也发生收缩，存在着收缩断面 $C\text{-}C$。在收缩断面流体与管壁脱离，并伴有旋涡产生，然后流体逐渐扩张，至出口断面上完全充满管嘴断面流出。

图5-8 管嘴出流

在收缩断面 $C\text{-}C$ 前后，流股与管壁分离，中间形成旋涡区，产生负压，出现了管嘴的真空现象。如前讨论孔口的作用水头 H_0，其中压差项 $\frac{p_\text{A} - p_\text{C}}{\gamma}$，在管嘴出流中由于 p_C（绝对压强）小于大气压，从而使 H_0 增大，则出流流量也增大。所以，由于管嘴出流出现真空现象，促使出流流量增大，这是管嘴出流不同于孔口出流的基本特点。

下面讨论管嘴出流的速度、流量计算公式。

列 $A\text{-}A$ 及 $B\text{-}B$ 断面的能量方程，以管嘴中心线为基准线。

$$Z_\text{A} + \frac{p_\text{A}}{\gamma} + \frac{\alpha_\text{A} v_\text{A}^2}{2g} = Z_\text{B} + \frac{p_\text{B}}{\gamma} + \frac{\alpha_\text{B} v_\text{B}^2}{2g} + \zeta \frac{v_\text{B}^2}{2g}$$

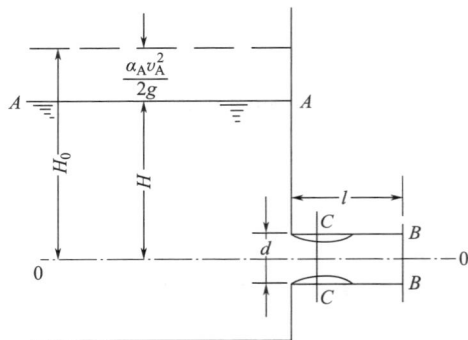

$$Z_A - Z_B + \frac{p_A - p_B}{\gamma} + \frac{\alpha_A v_A^2}{2g} = (\alpha_B + \zeta)\frac{v_B^2}{2g}$$

与孔口出流一样，令

$$H_0 = (Z_A - Z_B) + \frac{p_A - p_B}{\gamma} + \frac{\alpha_A v_A^2}{2g} \tag{5-18}$$

则由上式可得

$$H_0 = (\alpha_B + \zeta)\frac{v_B^2}{2g}$$

所以

$$v_B = \frac{1}{\sqrt{\alpha_B + \zeta}}\sqrt{2gH_0} = \varphi\sqrt{2gH_0} \tag{5-19}$$

$$Q = v_B A = \varphi A\sqrt{2gH_0} = \mu A\sqrt{2gH_0} \tag{5-20}$$

由于出口断面 B-B 流股完全充满（不同于孔口）， $\varepsilon = 1$ ，则 $\varphi = \mu = \dfrac{1}{\sqrt{\alpha_B + \zeta}}$ ，取 $\alpha_B = 1$ ，则 $\varphi = \mu = \dfrac{1}{\sqrt{1 + \zeta}}$ 。

管嘴的阻力损失主要是进口损失，沿程阻力损失很小，可略去。于是从表 4-2 中查得直角进口 $\zeta = 0.5$ ，作为管嘴的阻力系数。于是 $\varphi = \mu = \dfrac{1}{\sqrt{1 + 0.5}} = 0.82$ 。

式（5-18）中 H_0 为管嘴出流的作用水头。在图 5-8 所给的具体条件下， $Z_A - Z_B = H$ ， $p_A = p_B = p_a$ ， v_A 与 v_B 相比可忽略不计，于是 $H_0 = H$ 。流量则为

$$Q = \mu A\sqrt{2gH} \tag{5-21}$$

式（5-19）及式（5-21）就是管嘴自由出流的速度 v_B 与流量 Q 的计算公式。

管嘴真空现象及真空值，可通过收缩断面 C-C 与出口断面 B-B 建立能量方程得到证明。

$$\frac{p_C}{\gamma} + \frac{\alpha_C v_C^2}{2g} = \frac{p_B}{\gamma} + \frac{\alpha_B v_B^2}{2g} + h_w$$

$$h_w = 突扩损失 + 沿程损失 = \left(\zeta_m + \lambda\frac{l}{d}\right)\frac{v_B^2}{2g}$$

取

$$\alpha_C = \alpha_B = 1$$

$$v_C = \frac{A}{A_C}v_B = \frac{1}{\varepsilon}v_B$$

$$p_B = p_a$$

得

$$\frac{p_C}{\gamma} = \frac{p_B}{\gamma} - \left(\frac{1}{\varepsilon^2} - 1 - \zeta_m - \lambda\frac{l}{d}\right)\frac{v_B^2}{2g}$$

从式（5-19）可得 $\dfrac{v_B^2}{2g} = \varphi^2 H_0$ ，从突扩阻力系数计算式求得 $\zeta_m = \left(\dfrac{1}{\varepsilon} - 1\right)^2$ ，因此

$$\frac{p_C}{\gamma} = \frac{p_a}{\gamma} - \left[\frac{1}{\varepsilon^2} - 1 - \left(\frac{1}{\varepsilon} - 1\right)^2 - \lambda\frac{l}{d}\right]\varphi^2 H_0$$

当 $\varepsilon = 0.64$，$\lambda = 0.02$，$l/d = 3$，$\varphi = 0.82$ 时

$$\frac{p_C}{\gamma} = \frac{p_a}{\gamma} - 0.75 H_0$$

则圆柱形管嘴在收缩断面 C-C 上的真空值为：

$$\frac{p_a - p_C}{\gamma} = 0.75 H_0 \qquad (5\text{-}22)$$

可见 H_0 越大，收缩断面上真空值越大。当真空值达到 $7\sim 8\text{mH}_2\text{O}$ 时，常温下的水发生汽化而不断产生气泡，破坏了连续流动。同时，空气在较大的压差作用下，经 B-B 断面冲入真空区，破坏了真空。气泡及空气都使管嘴内部液流脱离管内壁，不再充满断面，于是成为孔口出流。因此，为保证管嘴的正常出流，真空值必须控制在 $7\text{mH}_2\text{O}$ 以下，从而决定了作用水头 H_0 的极限值 $[H_0] = \dfrac{7}{0.75} = 9.3\text{m}$。这就是外管嘴的正常工作条件之一。

管嘴长度也有一定极限值，太长阻力大，使流量减少。太短则流股收缩后来不及扩大到整个断面而呈非满流流出，仍如孔口一样，因此一般取管嘴长度 $[l] = (3 \sim 4)d$。这就是外管嘴正常工作条件之二。

2. 其他类型管嘴出流

对于其他类型的管嘴出流，速度、流量计算公式与圆柱形外管嘴公式形式相同。但速度系数、流量系数各有不同。下面介绍工程上常用的几种管嘴。

1）流线形管嘴

如图 5-9（a）所示，流速系数 $\varphi = \mu = 0.97$，适用于要求流量大，水头损失小，出口断面上速度分布均匀的情况。

2）收缩圆锥形管嘴

如图 5-9（b）所示，出流与收缩角度 θ 有关。$\theta = 30°24'$，$\varphi = 0.963$，$\mu = 0.943$ 为最大值。适用于要求加大喷射速度的场合，如图 5-10（a）所示的消防水枪。

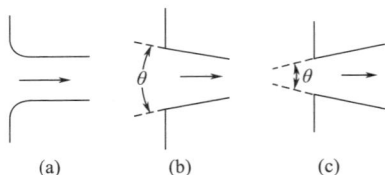

图 5-9　各种常用管嘴

3）扩大圆锥形管嘴

如图 5-9（c）所示，当 $\theta = 5° \sim 7°$ 时，$\mu = \varphi = 0.42 \sim 0.50$。用于要求将部分动能恢复为压能的情况，如图 5-10（b）所示的文丘里射流器。

【例 5-4】 液体从封闭的立式容器中经管嘴流入开口水池（图 5-11），管嘴直径 $d = 8\text{cm}$，$h = 3\text{m}$，要求流量为 $5 \times 10^{-2}\text{m}^3/\text{s}$。试求作用于容器内液面上的压强为多少？

解： 按管嘴出流流量公式

$$Q = \mu A \sqrt{2g H_0}$$

求作用水头 H_0

$$H_0 = \frac{Q^2}{2g \mu^2 A^2}$$

取 $\mu = 0.82$

则

图 5-10　工程中用到的管嘴

（a）消防水枪；（b）文丘里射流器

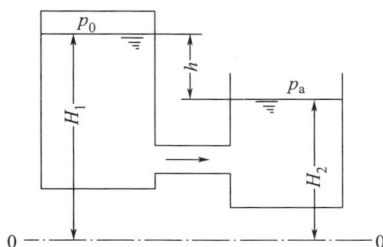

图 5-11　管嘴计算例题

$$H_0 = \frac{0.05^2}{2 \times 9.8 \times 0.82^2 \times (3.14/4 \times 0.08^2)^2} = 7.5 \text{m}$$

在图 5-11 所给具体条件下，忽略上下游液面速度，则 $H_0 = \dfrac{p_0 - p_a}{\gamma} + (H_1 - H_2) = \dfrac{p_0}{\gamma} + h$

于是解出

$$\frac{p_0}{\gamma} = H_0 - h = 7.5 - 3 = 4.5 \text{ m}$$

$$p_0 = 4.5 \times 1000 \times 9.8 = 4.41 \text{ kN/m}^2$$

教学情境 4　简单管路

为了研究流体在管路中的流动规律，首先讨论流体在简单管路中的流动。所谓简单管路就是具有相同管径 d、相同流量 Q 的管段，它是组成各种复杂管路的基本单元，如图 5-12（a）所示。

当忽略自由液面速度，且出流至大气。以 0-0 为基准线，列 1-1、2-2 两断面间的能量方程式：

$$H = \lambda \frac{l}{d} \frac{v^2}{2g} + \sum \zeta \frac{v^2}{2g} + \frac{v^2}{2g}$$

$$H = \left(\lambda \frac{l}{d} + \sum \zeta + 1 \right) \frac{v^2}{2g}$$

码5-4
简单管路

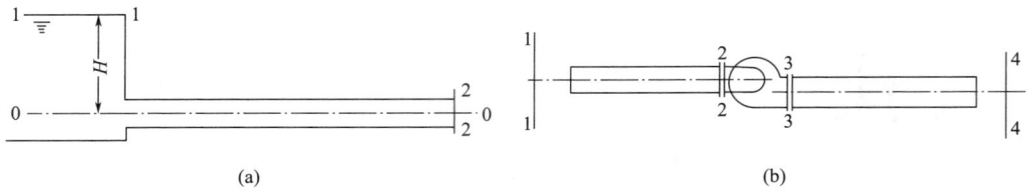

图 5-12　简单管路

因出口局部阻力系数 $\zeta_0 = 1$，若将 1 作为 ζ_0 包含到 $\sum\zeta$ 中去，则上式为

$$H = \left(\lambda\frac{l}{d} + \sum\zeta\right)\frac{v^2}{2g}$$

将 $v^2 = \left(\dfrac{4Q}{\pi d^2}\right)^2$ 代入上式

$$H = \frac{8\left(\lambda\dfrac{l}{d} + \sum\zeta\right)}{\pi^2 d^4 g}Q^2$$

令

$$S_H = \frac{8\left(\lambda\dfrac{l}{d} + \sum\zeta\right)}{\pi^2 d^4 g} \tag{5-23}$$

则

$$H = S_H Q^2 \tag{5-24}$$

对于图 5-12（b）所示风机带动的气体管路，式（5-24）仍适用。气体常用压强表示，于是

$$p = \gamma H = \gamma S_H Q^2$$

令

$$S_p = \gamma S_H = \frac{8\left(\lambda\dfrac{l}{d} + \sum\zeta\right)\rho}{\pi^2 d^4} \tag{5-25}$$

则

$$p = S_p Q^2 \tag{5-26}$$

式（5-26）多应用于不可压缩的气体管路计算中，如空调、通风管道计算。而式（5-24）则多用于液体管路计算上，如给水管路计算。

无论 S_p 或 S_H，对于一定的流体（即 γ、ρ 一定），在 d、l 已给定时，S 只随 λ 和 $\sum\zeta$ 变化。从教学单元 4 可知 λ 值与流动状态有关，当流动处在阻力平方区时，λ 仅与 K/d 有关，所以在管路的管材已定的情况下，λ 值可视为常数。$\sum\zeta$ 项中只有进行调节的阀门的 ζ 可以改变，而其他局部构件已确定，局部阻力系数是不变的。所以，从式（5-23）、式（5-25）两式可知：S_p、S_H 对已给定的管路是一个定数，它综合反映了管路上的沿程阻力和局部阻力情况，故称为管路阻抗。引入这一概念对分析管路流动较为方便。式（5-23）、式（5-25）即为阻抗的两种表达式。两者形式上的区别仅在于有无重度 γ。

从式（5-24）、式（5-26）可看出，用阻抗表示的图 5-12（a）（b）两种简单管路流动规律非常简练。两式所表示的规律为：简单管路中，作用水头（或作用压强）用来克服管路总阻力损失，而总阻力损失与体积流量平方成正比。这一规律在管路计算中广为应用。

【例 5-5】 某矿渣混凝土板风道，断面积为 $1m \times 1.2m$，长为 50m，局部阻力系数

$\sum \zeta = 2.5$，流量为 $14\text{m}^3/\text{s}$，空气温度为 $20℃$，求压强损失。

解：（1）矿渣混凝土板 $\Delta = 1.5\text{mm}$，$20℃$ 空气的运动黏度 $\nu = 15.7 \times 10^{-6}\text{m}^2/\text{s}$。

对矩形风道计算阻力损失应用当量直径 d_e

$$d_e = \frac{2ab}{a+b} = \frac{2 \times 1 \times 1.2}{1+1.2} = 1.09\text{m}$$

求矩形风道流动速度 v

$$v = \frac{Q}{A} = \frac{14}{1 \times 1.2} = 11.67\text{m/s}$$

求雷诺数 Re

$$Re = \frac{v d_e}{\nu} = \frac{11.67 \times 1.09}{15.7 \times 10^{-6}} = 8 \times 10^5$$

$$\frac{\Delta}{d_e} = \frac{1.5}{1.09 \times 10^3} = 1.38 \times 10^{-3}$$

然后应用莫迪图查得 $\lambda = 0.021$

（2）计算 S_p 值

因为

$$v = \frac{Q}{A}, \quad v^2 = \frac{Q^2}{A^2}$$

$$p = \left(\lambda \frac{l}{d} + \sum \zeta\right)\frac{Q^2/A^2}{2}\rho = \frac{\left(\lambda \dfrac{l}{d} + \sum \zeta\right)\rho}{2A^2}Q^2 \tag{5-27}$$

则对矩形管道

$$S_p = \frac{\left(\lambda \dfrac{l}{d_e} + \sum \zeta\right)\rho}{2A^2}$$

$$S_p = \frac{\left(0.021 \times \dfrac{50}{1.09} + 2.5\right) \times 1.2}{2 \times (1 \times 1.2)^2} = 1.443\text{kg/m}^7$$

$$p = S_p Q^2 = 1.443 \times 14^2 = 282.83\text{ N/m}^2$$

式（5-24）及式（5-26）是在图 5-12 的具体条件下（出流至大气，1-1 断面 $p_1 = p_a$，无高差）导出，得到水池水位 H 及风机风压 p 全部用来克服流动阻力。但对另一些管路并不如此，必须具体加以分析。

下面讨论工程中常用的虹吸管。所谓虹吸管即管道中一部分高出上游供水液面的简单管路，见图 5-13。

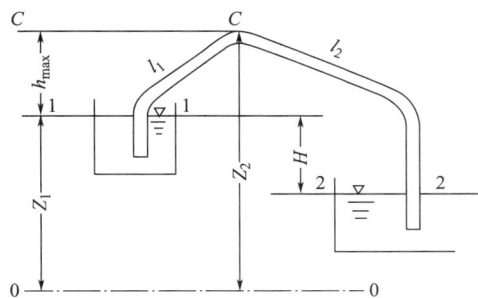

图 5-13　虹吸管

正因为虹吸管的一部分高出上游供水液面，在虹吸管中必然存在真空区段。当真空达到某一限值时，将使溶解在水中的空气分离出来，随真空度加大，空气量增加。大量气体集结在虹吸管顶部，缩小了有效过流断面，阻碍流动。严重时造成气塞，破坏液体连续输送。

为了保证虹吸管正常流动，必须限定管中最大真空高度不得超过允许值 $[h_v]$。

$$[h_v] = 7 \sim 8.5 \text{m}$$

虹吸管中存在真空区段是它的流动特点，控制真空高度则是虹吸管的正常工作条件。

现以水平线 0-0 为基准线，列出图 5-13 中 1-1、2-2 断面的能量方程。

$$Z_1 + \frac{p_1}{\gamma} + \frac{\alpha_1 v_1^2}{2g} = Z_2 + \frac{p_2}{\gamma} + \frac{\alpha_2 v_2^2}{2g} + h_{w1\text{-}2}$$

令

$$H_0 = (Z_1 - Z_2) + \frac{p_1 - p_2}{\gamma} + \frac{\alpha_1 v_1^2 - \alpha_2 v_2^2}{2g} \tag{5-28}$$

于是

$$H_0 = h_{w1-2} = S_H Q^2 \tag{5-29}$$

$$Q = \sqrt{\frac{H_0}{S_H}} \tag{5-30}$$

这就是虹吸管流量计算公式。

在图 5-13 的条件下：

$$l = l_1 + l_2$$

$$\sum \zeta = \zeta_e + 3\zeta_b + \zeta_0$$

式中　ζ_e——进口阻力系数；

　　　ζ_b——转弯阻力系数；

　　　ζ_0——出口阻力系数。

式（5-28）中，在图 5-13 条件下：

$$p_1 = p_2 = p_a, v_1 = v_2 = 0$$

$$H_0 = Z_1 - Z_2 = H$$

将以上各式代入式（5-30）中，得流量为：

$$Q = \frac{\frac{1}{4}\pi d^2}{\sqrt{\zeta_e + 3\zeta_b + \zeta_0 + \lambda \dfrac{l_1 + l_2}{d}}} \sqrt{2gH} \tag{5-31}$$

因为

$$Q = vA = v \times \frac{\pi d^2}{4}$$

所以

$$v = \frac{1}{\sqrt{\zeta_e + 3\zeta_b + \zeta_0 + \lambda \dfrac{l_1 + l_2}{d}}} \sqrt{2gH} \tag{5-32}$$

式（5-31）、式（5-32）即是图 5-13 情况下虹吸管的流量及速度计算公式。

为了计算最大真空高度，取 1-1 断面及最高断面 C-C 列能量方程。

$$Z_1 + \frac{p_1}{\gamma} + \frac{\alpha_1 v_1^2}{2g} = Z_C + \frac{p_C}{\gamma} + \frac{\alpha v^2}{2g} + \left(\zeta_e + 2\zeta_b + \lambda \frac{l_1}{d}\right)\frac{v^2}{2g}$$

在图 5-13 条件下，$p_1 = p_a$，$v_1 \approx 0$，$a \approx 1$，上式为

$$\frac{p_a - p_C}{\gamma} = (Z_C - Z_1) + \left(1 + \zeta_e + 2\zeta_b + \lambda \frac{l_1}{d}\right)\frac{v^2}{2g}$$

将式（5-32）代入上式得

$$\frac{p_a - p_C}{\gamma} = (Z_C - Z_1) + \frac{1 + \zeta_e + 2\zeta_b + \lambda l_1/d}{\zeta_e + 3\zeta_b + \zeta_0 + \lambda \dfrac{l_1 + l_2}{d}} H \tag{5-33}$$

为了保证虹吸管正常工作，由式（5-33）计算所得的真空高度 $\dfrac{p_a - p_C}{\gamma}$ 应小于最大允许值 $[h_v]$。

【例 5-6】　图 5-13 中的具体数值如下：$H = 2\text{m}$，$l_1 = 15\text{m}$，$l_2 = 20\text{m}$，$d = 200\text{mm}$，$\zeta_e = 1$，$\zeta_b = 0.2$，$\zeta_0 = 1$，$\lambda = 0.025$，$[h_v] = 7\text{m}$。求通过虹吸管的流量及管顶最大允许安装高度。

解：由式（5-31）求得流量。

$$\begin{aligned}
Q &= \frac{\frac{1}{4}\pi d^2}{\sqrt{\zeta_e + 3\zeta_b + \zeta_0 + \lambda \dfrac{l_1 + l_2}{d}}} \sqrt{2gH} \\
&= \frac{0.0314}{\sqrt{1 + 3\times0.2 + 1 + 4.38}} \times \sqrt{39.2} \\
&= 0.0745 \text{ m}^3/\text{s}
\end{aligned}$$

由式（5-33）求得最大安装高度。

$$Z_C - Z_1 = \frac{p_a - p_C}{\gamma} - \frac{1 + \zeta_e + 2\zeta_b + \lambda l_1/d}{\zeta_e + 3\zeta_b + \zeta_0 + \lambda \dfrac{l_1 + l_2}{d}} H$$

当 $\dfrac{p_a - p_C}{\gamma} = [h_v]$ 时，$Z_C - Z_1 = h_{\max}$

$$h_{\max} = [h_v] - \frac{1 + \zeta_e + 2\zeta_b + \lambda l_1/d}{\zeta_e + 3\zeta_b + \zeta_0 + \lambda \dfrac{l_1 + l_2}{d}} H$$

$$= 7 - \frac{4.275}{6.98} \times 2 = 5.78\text{m}$$

教学情境 5　管路的串联与并联

任何复杂管路都是由简单管路经串联、并联组合而成。因此研究串联、并联管路的流动规律十分重要。

1. 串联管路

串联管路是由许多简单管路首尾相接组合而成，如图 5-14 所示。

管段相接之点称为节点，如图 5-14 中 a、b 点。在每一个节点上都遵循质量平衡原理，即流入的质量流量与流出的质量流量相等，当 ρ 为常数时，流入的体积流量等于流出

的体积流量，取流入流量为正，流出流量为负，则对于每一个节点可以写出 $\sum Q = 0$。因此，对串联管路（无中途分流或合流）则有

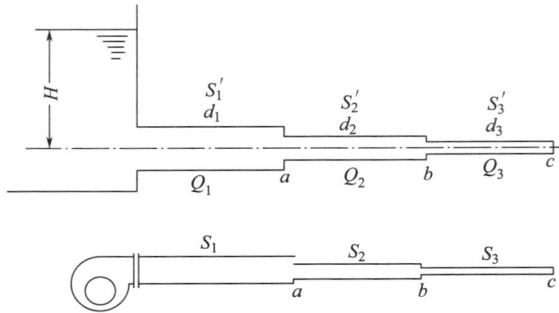

图 5-14　串联管路

$$Q_1 = Q_2 = Q_3 \tag{5-34}$$

串联管路阻力损失，按阻力叠加原理有：

$$h_{w1-3} = h_{w1} + h_{w2} + h_{w3} = S_1 Q_1^2 + S_2 Q_2^2 + S_3 Q_3^2 \tag{5-35}$$

因各段流量 Q 相等，于是得

$$S = S_1 + S_2 + S_3 \tag{5-36}$$

由此得出结论：无中途分流或合流，则流量相等，阻力叠加，总管路的阻抗 S 等于各管段的阻抗叠加。这就是串联管路的计算原则。

2. 并联管路

流体从总管路节点 a 上分出两根以上的管段，而这些管段同时又汇集到另一节点 b 上，在节点 a 和 b 之间的各管段称为并联管路，如图 5-15 所示。

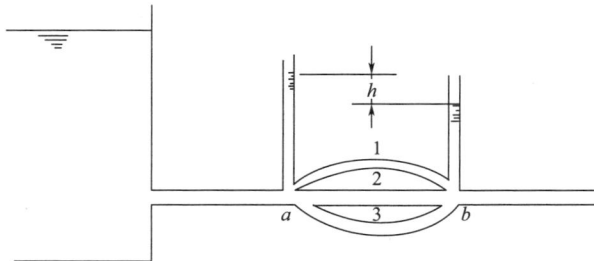

图 5-15　并联管路

同串联管路一样，遵循质量平衡原理，ρ 为常数时，应满足 $\sum Q = 0$，则 a 点上流量为

$$Q = Q_1 + Q_2 + Q_3 \tag{5-37}$$

并联节点 a、b 间的阻力损失，从能量平衡观点来看，无论是 1 支路、2 支路、3 支路均等于 a、b 两节点的压头差。于是

$$h_{w1} = h_{w2} = h_{w3} = h_{wa-b} \tag{5-38}$$

设 S 为并联管路的总阻抗，Q 为总流量，则有

$$S_1Q_1^2=S_2Q_2^2=S_3Q_3^2=SQ^2 \tag{5-39}$$

$$Q=\frac{\sqrt{h_{wa-b}}}{\sqrt{S}};Q_1=\frac{\sqrt{h_{w1}}}{\sqrt{S_1}};Q_2=\frac{\sqrt{h_{w2}}}{\sqrt{S_2}};Q_3=\frac{\sqrt{h_{w3}}}{\sqrt{S_3}} \tag{5-40}$$

将式（5-40）和式（5-38）代入式（5-37）中得出：

$$\frac{1}{\sqrt{S}}=\frac{1}{\sqrt{S_1}}+\frac{1}{\sqrt{S_2}}+\frac{1}{\sqrt{S_3}} \tag{5-41}$$

于是得到并联管路计算原则：并联节点上的总流量为各支管中流量之和；并联各支管上的阻力损失相等；总的阻抗平方根倒数等于各支管阻抗平方根倒数之和。

现在进一步分析式（5-40），将它变为：

$$\frac{Q_1}{Q_2}=\sqrt{\frac{S_2}{S_1}};\frac{Q_2}{Q_3}=\sqrt{\frac{S_3}{S_2}};\frac{Q_3}{Q_1}=\sqrt{\frac{S_1}{S_3}} \tag{5-42}$$

写成连比形式：

$$Q_1:Q_2:Q_3=\frac{1}{\sqrt{S_1}}:\frac{1}{\sqrt{S_2}}:\frac{1}{\sqrt{S_3}} \tag{5-43}$$

以上两式即为并联管路流量分配规律。式（5-43）的意义在于，各分支管路的管段几何尺寸、局部构件确定后，按照节点间各分支管路的阻力损失相等，来分配各支管上的流量，阻抗 S 大的支管其流量小，S 小的支管其流量大。在专业上并联管路设计计算中，必须进行"阻力平衡"，它的实质就是应用并联管路中的流量分配规律，在满足用户需要的流量下，设计合适的管路尺寸及局部构件，使各支管上阻力损失相等。

【例 5-7】　某两层楼的供暖立管，管段 1 的直径为 20mm，总长为 20m，$\sum \zeta_1=15$。管段 2 的直径为 20mm，总长为 10m，$\sum \zeta_2=15$，管路的 $\lambda=0.025$，干管中的流量 $Q=1\times10^{-3}\,\mathrm{m^3/s}$，求 Q_1 和 Q_2。

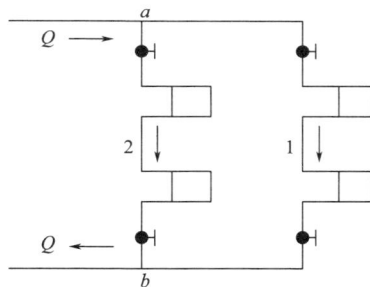

图 5-16　例 5-7 图

解：从图 5-16 可知，节点 a、b 间并联有 1、2 两管段。

由 $S_1Q_1^2=S_2Q_2^2$ 得

$$\frac{Q_1}{Q_2}=\sqrt{\frac{S_2}{S_1}}$$

计算 S_1、S_2：

$$S_1=\left(\lambda_1\frac{l}{d}+\sum\zeta_1\right)\frac{8\rho}{\pi^2d^4}=\left(0.025\times\frac{20}{0.02}+15\right)\times\frac{8\times1000}{3.14^2\times0.02^4}=2.03\times10^{11}\,\mathrm{kg/m^7}$$

$$S_2=\left(0.025\times\frac{10}{0.02}+15\right)\times\frac{8\times1000}{3.14^2\times0.02^4}=1.39\times10^{11}\,\mathrm{kg/m^7}$$

所以

$$\frac{Q_1}{Q_2}=\sqrt{\frac{1.39\times10^{11}}{2.03\times10^{11}}}=0.828$$

则

$$Q_1=0.828Q_2$$

又因

$$Q=Q_1+Q_2=0.828Q_2+Q_2=1.828Q_2$$

$$Q_2 = \frac{1}{1.828} Q = 0.55 \times 10^{-3} \text{ m}^3/\text{s}$$

于是得 $\qquad Q_1 = 0.828 Q_2 = 0.828 \times 0.55 \times 10^{-3} = 0.45 \times 10^{-3} \text{ m}^3/\text{s}$

从计算看出：支管 1 中的阻抗 S_1 比支管 2 中阻抗 S_2 大，所以支管 1 中流量小于支管 2 中流量。如果要求两管段中流量相等，显然现有的管径 d 及 $\sum \zeta$ 必须进行调整，使 S 相等才能达到流量相等。这种改变 d 及 $\sum \zeta$，使在 $Q_1 = Q_2$ 的条件下达到 $S_1 = S_2$，$h_{w1} = h_{w2}$ 的计算，就是"阻力平衡"计算。

教学情境 6 管网计算基础

管网是由简单管路、并联管路、串联管路组合而成，基本上可分为枝状管网和环状管网两种。

1. 枝状管网

如图 5-17 所示为枝状管网类型之一，是由 3 个吸气口、6 根简单管路，串联、并联而成的排风枝状管网。

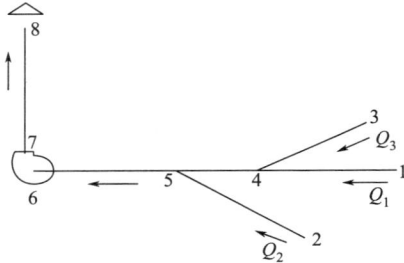

图 5-17 枝状管网

根据串联管路的计算原则，可得到该风机具有的压头为

$$H = \frac{p}{\gamma} = h_{w1-4} + h_{w4-5} + h_{w5-6} + h_{w7-8} \tag{5-44}$$

风机应具有的风量为

$$Q = Q_1 + Q_2 + Q_3 \tag{5-45}$$

在节点 4 与大气（相当于另一节点）间，存在着 1-4 管段、3-4 管段两根并联的支管。通常以管段最长，局部构件最多的一支参加阻力叠加。而另外一支则不应加入，只按并联管路的规律，在满足流量要求的前提下，与第一支管段进行阻力平衡。

常遇到的水力计算，基本有两类：

（1）管路布置已定，则管长 l 和局部构件的形式和数量均已确定。在已知各用户所需流量 Q 及末端要求压头 h_C 的条件下，求管径 d 和作用压头 H。

这类问题先按流量 Q 和限定流速 v 求管径 d（即 $d = \sqrt{\dfrac{4Q}{\pi v}}$）。所谓限定流速，是专业中根据技术、经济要求所规定的合适速度，在这个速度下输送流量经济合理。如除尘管路中，防止灰尘沉积堵塞管路，限定了管中最小速度；热水供暖供水干管中，为了防止抽吸作用造成的支管流量过少，而限定了干管的最大速度。各类管路有不同的限定流速，可在专业设计手册中查得。

在管径 d 确定之后，对枝状管网便可按式（5-44）进行压头计算。然后按总压头 H 及总流量 Q 选择泵或风机。

（2）已有泵或风机，即已知作用水头 H，及用户所需流量 Q 和末端水头 h_C，在管路布置之后已知管长 l，求管径 d。这类问题首先按 $H-h_C$ 求得单位长度上允许损失的水头 J，即水力坡度

$$J = \frac{h_w}{\sum l} = \frac{H-h_C}{l+l'} \tag{5-46}$$

式中，l' 是局部阻力的当量长度，其定义为：

$$\lambda \frac{l'}{d} \frac{v^2}{2g} = \sum \zeta \frac{v^2}{2g} \tag{5-47}$$

于是

$$\lambda \frac{l'}{d} = \sum \zeta; l' = \sum \zeta \frac{d}{\lambda} \tag{5-48}$$

引入当量长度之后，计算阻力损失 h_w 较为方便：

$$h_w = \lambda \frac{l+l'}{d} \frac{v^2}{2g} \tag{5-49}$$

在管径 d 尚不知道的情况下，l' 难以确切得出。所以在式（5-46）中，l' 可按专业设计手册中查得，估计各种局部构件的当量长度后，再代入。

在求出 J 之后，根据

$$J = \frac{h_w}{l+l'} = \frac{\lambda v^2}{d 2g} = \frac{\lambda}{d} \frac{1}{2g} \left(\frac{Q}{\frac{\pi}{4}d^2}\right)^2$$

简化后得

$$J = \frac{8\lambda Q^2}{\pi^2 g d^5} \tag{5-50}$$

求出管径 d，并确定局部构件形式及尺寸。

最后进行校核计算，计算出总阻力并与已知水头核对。

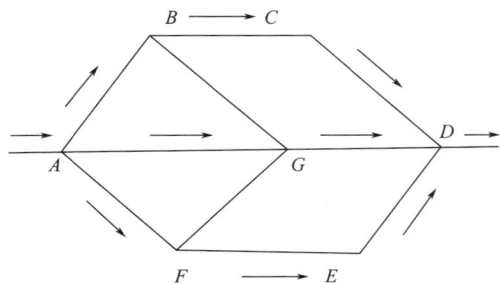

图 5-18　环状管网

2. 环状管网

如图 5-18 所示为环状管网。它的特点是管段在某一共同的节点分支，然后又在另一共同节点汇合，是很多个并联管路组合而成。因此，环状管网遵循串联和并联管路的计算原则，并存在下列两个条件：

（1）任一节点（如 G 点）流入和流出的流量相等，即

$$\sum Q_G = 0 \tag{5-51}$$

这是质量平衡原理的反映。

（2）任一闭合环路（如 $ABGFA$）中，如规定顺时针方向流动的阻力损失为正，反之为负，则各管段阻力损失的代数和必等于零，即

$$\sum h_{ABGFA} = 0 \tag{5-52}$$

这是并联管路节点间各分支管段阻力损失相等的反映。

环状管网根据上述两个条件进行计算，理论上没什么困难，但在实际计算程序上是相当烦琐的。因此，环状管网的计算方法较多，这里仅对哈迪·克罗斯的方法作一简单介绍，采用此方法，易于编制计算机程序。

计算程序如下：

（1）如图 5-19 所示，将管网分成 Ⅰ、Ⅱ、Ⅲ 三个闭合环路。按节点流量平衡确定流量 Q，选取限定流速 v，定出管径 D。

（2）按照前文规定的流量与损失在环路中的正负值，求出每一环路的总损失 $\sum h_H$（以后写作 $\sum h_i$）。

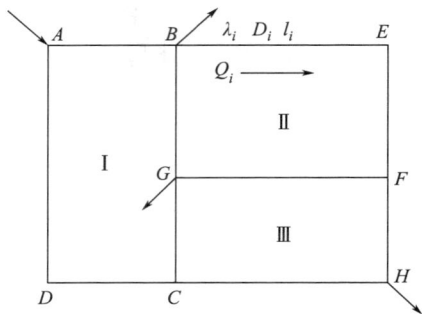

图 5-19　环路划分

（3）根据前文给定的流量 Q，若计算出来的 $\sum h_i$ 不为零，则每段管路应加校正流量 ΔQ，而与此相适应的阻力损失修正值为 Δh_i，所以

$$h_i + \Delta h_i = S_i(Q_i + \Delta Q)^2 = S_i Q_i^2 + 2S_i Q_i \Delta Q + S_i \Delta Q^2$$

略去二阶微量 ΔQ^2 得

$$h_i + \Delta h_i = S_i Q_i^2 + 2S_i Q_i \Delta Q \tag{5-53}$$

所以

$$\Delta h_i = 2S_i Q_i \Delta Q$$

对于整个环路应满足 $\sum h_i = 0$，则

$$\sum (h_i + \Delta h_i) = \sum h_i + \sum \Delta h_i = \sum h_i + 2\sum S_i Q_i \Delta Q = 0$$

根据上式可得出了闭合环路的校正流量 ΔQ 的计算公式。

$$\Delta Q = -\frac{\sum h_i}{2\sum S_i Q_i} = \frac{-\sum h_i}{2\sum \dfrac{S_i Q_i^2}{Q_i}} = \frac{-\sum h_i}{2\sum \dfrac{h_i}{Q_i}} \tag{5-54}$$

式中，$\sum h_i$ 为整个环路的阻力损失之和。注意各管段损失的正负号。

当计算出环路的 ΔQ 之后，加到每一管段原来的流量 Q 上，便得到第一次校正后的流量 Q_1。

（4）用同样的程序，计算出第二次校正后的流量 Q_2，第三次校正后的流量 Q_3……直至 $\sum h_i = 0$ 满足工程精度要求为止。

【例 5-8】 图 5-20 给出了两个闭合环路的管网。l、D、Q 已标在图上。忽略局部阻力，试求第一次校正后的流量。

解：（1）按节点 $\sum Q = 0$ 分配各管段的流量，列在表 5-1 中假定流量栏内。

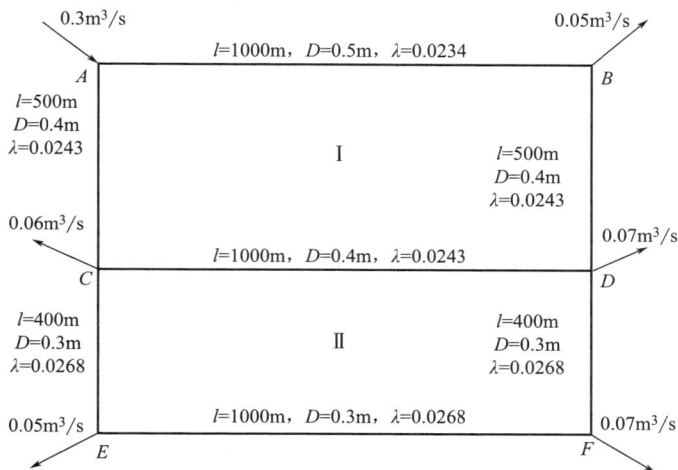

图 5-20　环网计算图

（2）计算各管段阻力损失 h_i

$$h_i = \lambda_i \frac{l_i}{D_i} \frac{1}{2g} \left(\frac{4}{\pi D_i^2} \right)^2 Q_i^2 = S_i Q_i^2$$

$$S_i = \lambda_i \frac{l_i}{D_i} \frac{1}{2g} \left(\frac{4}{\pi D_i^2} \right)^2$$

λ_i 在图 5-20 各管段上已注出。

先算出 S_i 填入表中 S_i 栏，再计算出 h_i 填入相应栏内。列出各管段 $\dfrac{h_i}{Q_i}$，并计算

$\sum h_i$、$\sum \dfrac{h_i}{Q_i}$。

（3）按校正流量公式，计算出环路中的校正流量 ΔQ

环网计算表　　　　　　　　　　　　　　　　　表 5-1

环路	管段	假定流量 Q_i (m³/s)	S_i (S²/m⁵)	h_i (m)	h_i/Q_i (S/m²)	ΔQ (m³/s)	管段校正流量 (m³/s)	校正后流量 Q_i (m³/s)	备注
I	AB	+0.15	59.76	+1.3346	8.897	$\Delta Q = \dfrac{-\sum h_i}{2\sum \dfrac{h_i}{Q_i}}$ $= -0.0014$	−0.0014	0.1486	
	BD	+0.10	98.21	+0.9821	9.821		−0.0014	0.0986	
	DC	−0.01	196.42	−0.0196	1.960		−0.0014	−0.0289	
	CA	−0.15	98.21	−2.2097	14.731		−0.0175		
	共计（Σ）			0.0874	35.410		−0.0014	−0.1514	
II	CD	+0.01	196.42	+0.0196	1.960	$\Delta Q = 0.0175$	+0.0175	0.0289	
	DF	+0.04	364.42	+0.5830	14.575		+0.0014		
	FE	−0.03	911.05	−0.8199	27.330		+0.0175	0.0575	
	EC	−0.08	364.42	−2.3323	29.154		+0.0175	−0.0125	
	共计（Σ）			−2.5496	73.019		+0.0175	−0.0625	

（4）将求得的 ΔQ 加到原假定流量上，便得出第一次校正后流量。

（5）在两环路的共同管段上，相邻环路的 ΔQ 符号应反号再加上去。参看表中 CD、DC 管段的校正流量。

教学情境 7　有压管中的水击

前文所研究的水流运动，一般不需要考虑液体的压缩性，但对液体在有压管中所发生的水击现象，则必须考虑液体的可压缩性，同时还要考虑管壁材料的弹性。

在有压管中运动着的液体，由于阀门或水泵突然关闭，使得液体速度和动量发生急剧变化，从而引起液体压强的骤然变化，这种现象称为水击。水击所产生的增压波和减压波交替进行，对管壁或阀门的作用犹如锤击一样，故又称为水锤。

由于水击产生的压强增加可能达到管中原来正常压强的几十倍甚至几百倍，而且增压和减压交替频率很高，其危害性很大，严重时会使管路发生破裂。

下面分析图 5-21 所示管路发生水击时压强变化。

(a)

(b)

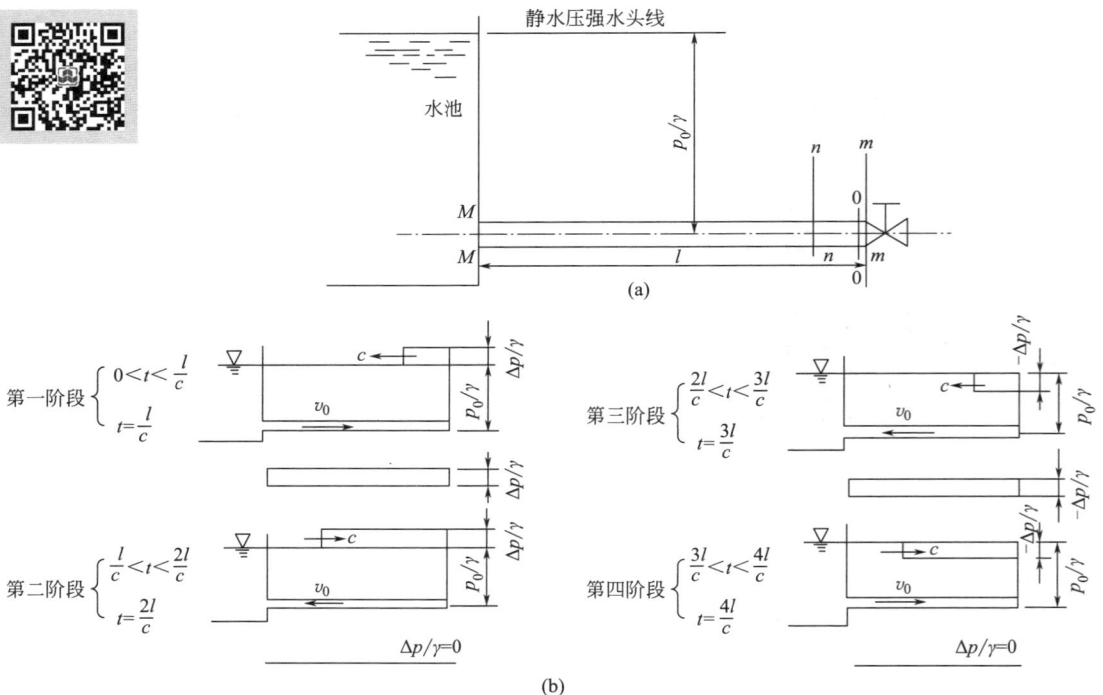

图 5-21　管中水击

第一阶段：在水头 $+\dfrac{p_0}{\gamma}$ 的作用下，水以 $+v_0$ 的速度从上游水池流向下游出口。当水管下游阀门突然关闭，则紧靠阀门的第一层水 $m-n$ 受阀门阻碍停止流动，它的动量在阀门关闭这一瞬间便发生突然变化，由 mv_0 变为零。液体以 (mv_0-0) 的力作用于阀门，使得阀门附近 O 处的压强骤然升高至 $p_0+\Delta p$。于是在 $m-n$ 段上产生两种变形：水的压缩及管壁的胀大。当靠近阀门的第一层水停止运动后，第二层以后的各层都相继地停止下来，直到靠近水池的 $M-M$ 层为止。水流速度 v_0 与动量相继减小必然引起压强相继升高，出现了全管液体暂时的静止受压和整个管壁胀大的状态。

这种减速增压的过程，是以增压 $(p_0+\Delta p)$ 弹性波往上游水池传递的，称为"水击波"。以 c 表示水击波的传递速度（简称"波速"），l 表示水管长度，则经过时间 $t=\dfrac{l}{c}$ 后，自阀门开始的水击波便传到了水池，这时管内的全部液体便处在 $p_0+\Delta p$ 作用下的受压缩状态。

第二阶段：由于水池中压强不变，在管路进口 M 处的液体，便在管中水击压强与水池静压强的压差 Δp 作用下，以 $-v_0$ 速度向着水池方向流动。这样，管中水受压缩的状态，便自进口 M 处开始以波速 c 向下游方向逐层地迅速解除，这就是从水池反射回来的常压 p_0 弹性波。当 $t=2\dfrac{l}{c}$ 时，整个管中水流恢复到正常压强 p_0，而且都具有向水池方向的流动速度 $-v_0$。

第三阶段：当在阀门 O 处的压强恢复到常压 p_0 后，由于液体运动的惯性作用，管中的液体仍然存在往水池方向流动的趋势，致使阀门 O 处的压强急剧降低至常压之下 $(p_0-\Delta p)$，并使得 $m-n$ 段液体停止下来，$v_0=0$。这一低压 $(p_0-\Delta p)$ 弹性波由阀门 O 处又以波速 c 向上游进口 M 处传递，直至时间 $t=3\dfrac{l}{c}$ 后传到水池口为止，此时管中液体便处在瞬时减压 $(p_0-\Delta p)$ 的减压状态。

第四阶段：由于进口 M 处，水池压强为 p_0，而管路中的压强为 $p_0-\Delta p$，则在压差的作用下，水又开始从水池以 $+v_0$ 流向管路。管中的水又逐层获得向阀门方向的 $+v_0$，压强也相应地逐层升到常压 p_0，这是自水池第二次反射回的常压 p_0 弹性波。当 $t=4\dfrac{l}{c}$ 时，阀门 O 处的压强也恢复到正常压强 p_0，此时水流恢复到水击未发生时的起始正常状态。

设水击波在全管长上来回传递一次所用时间 $t=2\dfrac{l}{c}$ 为半周期，则两个半周期的时间 $t=4\dfrac{l}{c}$ 为水击波的全周期，到达此时间后，管中全部液体便恢复到水击未发生时的起始状态。此后在液体的可压缩性及惯性作用下，上述的弹性波传递、反射、水流方向的变动，都将周而复始地进行着，直到水流的阻力损失、管壁和水因变形做功而耗尽了引起水击的能量时，水击现象方才终止。不难得出：引起管路中速度突然变化的因素，如阀门突然关闭，这只是水击现象产生的外界条件，而液体本身具有可压缩性和惯性是发生水击现象的内在原因。

图 5-22 给出了理想液体在水击现象下阀门断面 O 处的水击压强随时间的周期变化。

实际液体水击压强变化曲线如图 5-23 所示，水击压强增加值逐渐减小，直至完全消失。

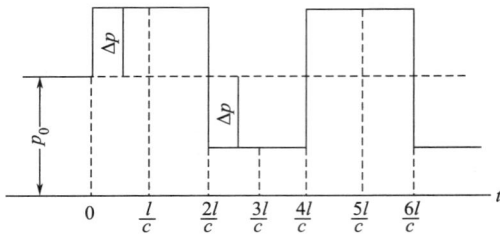

图 5-22　断面 0 处水击压强随时间的周期变化

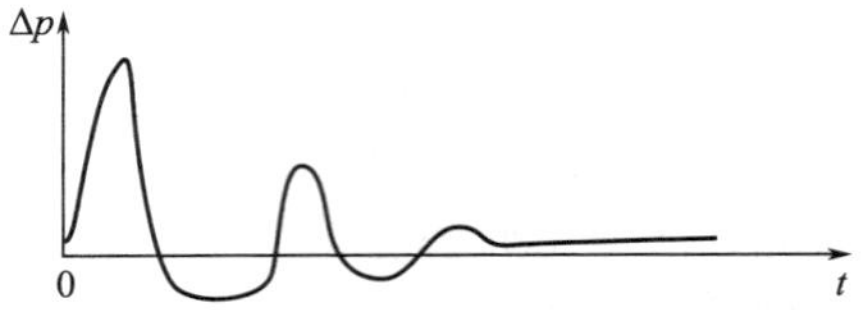

图 5-23　实际液体水击压强变化曲线

以上分析的条件是在管路阀门瞬间关闭时产生水击。但实际上关闭用的时间不会是零，而总是一个有限的间隔 T_s。这样关闭时间 T_s 与水击波在全管长度上来回传递一次所需时间 $t = \dfrac{2l}{c}$ 存在下列两种关系：

1）$T_s < \dfrac{2l}{c}$，即阀门关闭的时间很短，从水池返回来的弹性波未到阀门处时，已关闭完了。这种情况下的水击称为直接水击。以不等式表示管长与时间的关系：

$$l > \frac{cT_s}{2}$$

直接水击时，阀门处所受的压强增加值达到水击所能引起的最大压强，按茹柯夫斯基公式计算：

$$\Delta p = \rho c (v_0 - v) \tag{5-55}$$

式中　ρ——密度；

v——关阀后速度（完全关闭时 $v = 0$）；

v_0——水锤前管中平均速度；

c——水击波的传递速度。

$$c = \frac{c_0}{\sqrt{1 + \dfrac{\varepsilon d}{E\delta}}} \tag{5-56}$$

式中　c_0——水中声音传播速度（m/s），在平均情况下 $c_0 \approx 1425\text{m/s}$；

ε——液体的弹性系数，对于水 $\varepsilon = 2.07 \times 10^4 \text{kg/cm}^2$；

d——管道内径（m）；

δ——管壁厚度（m）；

E——管路材料的弹性系数（kg/cm²），参见表 5-2。

各种常见管壁材料的弹性系数 E　　　　　　　　　　　表 5-2

材料	$E(\text{kg/cm}^2)$	ε/E
钢管	2×10^6	0.01
铸铁管	1×10^6	0.02
混凝土管	2×10^5	0.10

$\dfrac{E\delta}{d}$ 表示管道的刚度。管道刚度越大,水锤的压强数值也越大。

2) $T_s > \dfrac{2l}{c}$,即 $l < \dfrac{cT_s}{2}$,此时从水池返回来的弹性波,在阀门尚未关完时到达,所发生的水击称间接水击。这种情况下水击压强比直接水击压强为小。

水击的危害是较大的,当压力增加时,易将管子胀破,当压力为负值时,则管子易被大气压扁。所以,必须减弱水击。具体的办法主要是满足 $T_s > \dfrac{2l}{c}$ 即 $l < \dfrac{cT_s}{2}$ 条件,尽量减少直接水击,使 Δp 值减小。在实际工程中,可以采取以下措施,保证管路的安全:

(1) 延长管路阀门的启闭时间 T_s,使过程延长。

(2) 在管路上安装安全阀,如图 5-24 所示,这种阀件能在压强升高到某一限值时自动开启,将管中一部分水放出,从而降低水击的压强增量,而当升高的压强消失后,阀件自动关闭。

(3) 在管路中安装水锤消除器,如图 5-25 所示,可以有效地消除各类流体在传输系统可能产生的水外锤和浪涌发生的不规则水击波震荡,从而达到消除具有破坏性的冲击波的目的,起到保护作用。

在生活和工程中,也可以利用水锤作用实现水流的输送。如水锤泵,如图 5-26 所示,是以流水为动力,通过机械作用,产生水锤效应,将低水头能转换为高水头能的高级提水装置。其主要由进水管、泵体、泄水阀、中心阀、压力罐、出水管六大部分组成。其是可以将动能转换为压力能的一种简单机械。其可广泛应用于山区、半山区、丘陵地带以及平原河流或水库附近茶山、果园、林地、农田的浇灌、喷灌或滴灌;山区小镇、村庄的人畜用水;山庄、度假村、农家乐等场所的水景观用水、鱼池用水和饮用水等。

图 5-24　安全阀　　　　图 5-25　水锤消除器　　　　图 5-26　水锤泵

思政案例 📖

三峡工程——中华民族复兴的丰碑

三峡工程，如图 5-27 所示，位于湖北省宜昌市夷陵区三斗坪镇，地处长江干流西陵峡河段，三峡水库东端，控制流域面积约 100 万 km^2。1994 年 12 月 14 日，经过长达 40 年论证的三峡工程正式开工建设。2006 年 5 月 20 日，三峡工程全线竣工。三峡工程集防洪、发电、航运、水资源利用等为一体。

三峡工程主要由挡水泄洪主坝体、发电建筑物、通航建筑物等建筑组成，坝体为混凝土重力坝，坝顶高程 185m，最大坝高 181m。三峡工程按千年一遇洪水流量 9.88 万 m^3/s 设计，相应的挡水位为 175m；校核按万年一遇洪水加大 10% 洪水流量 12.43 万 m^3/s 设计，相应的挡水位为 180.4m。三峡工程可以改善长江航运条件，使长江年单向通航能力由 1000 万 t 提高到 5000 万 t，运输成本降低 35%~37%。

图 5-27 三峡工程

三峡工程的设计指标主要有：

(1) 三峡水库总库容 393 亿 m^3，防洪库容 221.5 亿 m^3，水库调洪可削减洪峰流量达 2.7 万~3.3 万 m^3/s，能有效控制长江上游洪水，保护长江中下游荆江地区 1500 万人口、2300 万亩土地。

(2) 三峡水电站总装机 2250 万 kW，年平均发电量超 1000 亿 kWh。

(3) 三峡大坝坝轴线全长 2309.47m，泄流坝段长 483m，水电站机组 70 万 kW×26 台，双线 5 级船闸+升船机。

（4）三峡工程主体建筑物土石方挖填量约 1.34 亿 m^3，混凝土浇筑量 2794 万 m^3，钢筋 46.30 万 t，金属构件 25.65 万 t。

三峡工程主要有三大效益，即防洪、发电和航运，其中防洪被认为是三峡工程最核心的效益。

（1）防洪

历史上，长江上游河段及其多条支流频繁发生洪水，每次特大洪水时，宜昌以下的长江荆州河段（荆江）都要采取分洪措施，淹没乡村和农田，以保障武汉的安全。在三峡工程建成后，其巨大库容所提供的调蓄能力将能使下游荆江地区抵御百年一遇的特大洪水，也有助于洞庭湖的治理和荆江堤防的全面修补。

（2）发电

三峡工程的经济效益主要体现在发电。该工程是中国西电东送工程中线的巨型电源点，所发的电力将主要供予华中电网的湖北省、河南省、湖南省、江西省、重庆市，华东电网的上海市、江苏省、浙江省、安徽省，以及南方电网的广东省，缓解了我国的电力供应紧张局面。

（3）航运

三峡蓄水前，川江单向年运输量只有 1000 万 t，万吨级船舶根本无法到达重庆。三峡工程结束了"自古川江不夜航"的历史，三峡几次蓄水使川江通航条件日益改善。2024 年 12 月 14 日，三峡工程迎来开工建设 30 周年。水利部数据显示，三峡工程累计发电量超 1.7 万亿 kWh，拦洪次数近 70 次，改善长江通航，累计过闸货运量超 21 亿 t，长江中下游补水总量超 3600 亿 m^3，库区生态环境改善，污水日处理规模新增 158 万 t，林草覆盖面积增加 447 万亩，库区自 2003 年以来未发生蓄退水相关地质灾害。

三峡大坝是迄今世界上综合效益最大的水利枢纽工程，是当之无愧的大国重器，也是综合国力的体现。作为同样从事土建行业的我们，应该为国家拥有这样伟大的工程而感到自豪，同时更应该努力学习专业知识，为国家富强和民族复兴贡献自己的力量。

单元小结 🔍

本教学单元主要介绍了孔口、管嘴出流的分类、基本概念和水力计算方法；简单管路、串联管路和并联管路的定义、计算方法；枝状、环状管网的水力计算基础；水击的概念、过程等。

学习中应理解孔口及其分类、管嘴的概念，理解孔口、管嘴自由出流与淹没出流的特点，掌握孔口、管嘴出流在工程中的应用及水力计算方法；掌握短管（如虹吸管等）、长管（串联管、并联管等）的水力计算方法；了解水击及其传播过程，熟悉防止水击危害的措施。

自我测评 🔍

一、填空题

1. 孔口具有很薄的边缘，流体与孔壁接触仅是一条周线，这样的孔口称为_____孔口，反之，流体与孔壁接触形成面，称为_____孔口。

2. 若 $d \leqslant H/10$，这种孔口称为_____，这种情况可认为孔口断面上各点的水头都相等，各点的流速相同；若 $d > H/10$，则称为_____。

3. 水由孔口直接流入大气中的出流，称为_____出流，水由孔口直接流入另一水体中的出流，称为_____出流。

4. 当圆孔壁厚 $\delta = (3 \sim 4)d$（其中 d 为孔径）时，或者在孔口处外接一段长 $l = (3 \sim 4)d$ 的圆管时，此时的出流称为_____出流。

5. 由直径不同的几段简单管路顺次连接起来的管路称为_____管路，在两节点之间并设两条或两条以上的管路称为_____管路。

6. 对于水击现象，$T_s < t$ 时的水击称为_____水击，$T_s > t$ 时的水击称为_____水击。

7. 管嘴正常工作的两个条件是_____和_____。

8. 在相同的作用水头作用下，同样口径管嘴的出流量比孔口的出流量_____。

二、选择题

1. 在并联管路问题中，（　　　）。
A. 流经每一管路的水头损失相加得总水头损失
B. 流经所有管路的流量相同
C. 并联的任一管路的水头损失相同
D. 当总流量已知时，可直接解得各管的流量

2. 相同条件（$d_1 = d_2$，$H_1 = H_2$）的孔口与管嘴出流，孔口流量 Q_1 和管嘴流量 Q_2 的关系是（　　　）。
A. $Q_1 > Q_2$ 　　　B. $Q_1 < Q_2$ 　　　C. $Q_1 = Q_2$ 　　　D. 无法比较

3. 直接水击和间接水击哪个危害大？（　　　）
A. 直接水击 　　　B. 间接水击 　　　C. 都一样 　　　D. 不确定

4. 淹没出流，孔板上各孔口的大小、形状相同，A 孔口位置高于 B 孔口，则孔口出流量的关系是（　　　）。
A. $Q_A > Q_B$ 　　　B. $Q_A < Q_B$ 　　　C. $Q_A = Q_B$ 　　　D. 不能确定

5. 串联管路总的阻抗 S 和各管段的阻抗 S_1、S_2 和 S_3 之间的关系是（　　　）。
A. $S = S_1 + S_2$ 　　B. $S = S_1 + S_2 + S_3$ 　　C. $S = S_1 = S_2 = S_3$ 　　D. 不能确定

6. 串联管路总的损失 h_w 和各管段的损失 h_{w1}、h_{w2} 和 h_{w3} 之间的关系是（　　　）。
A. $h_w = h_{w1} + h_{w2}$
B. $h_w = h_{w1} + h_{w2} + h_{w3}$
C. $h_w = h_{w1} = h_{w2} = h_{w3}$
D. 不能确定

7. 如图 5-28 所示，并联管道 A、B，两管材料、直径相同，长度 $l_B = 2l_A$，两管的水头损失关系为（　　　）。

A. $h_{wB}=h_{wA}$ 　　　　B. $h_{wB}=2h_{wA}$

C. $h_{wB}=1.41h_{wA}$ 　　D. $h_{wB}=4h_{wA}$

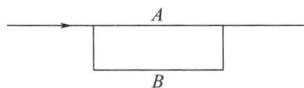

图 5-28　选择题 7

三、判断题

1. 管嘴出流的局部水头损失可由两部分组成，即孔口的局部水头损失及收缩断面处突然缩小产生的局部水头损失。（　　）

2. 大孔口与小孔口都可认为其断面上压强、流速分布均匀，各点作用水头可以认为是一常数。（　　）

3. 虹吸管虹吸高度取决于管内真空值。（　　）

4. 相同条件下，管嘴出流的流量大于孔口出流的流量。（　　）

5. 串联管路中，各管段的流量沿程不变。（　　）

6. 并联管路中，总管的流量等于各并联支路的流量之和。（　　）

四、问答题

1. 什么是孔口的自由出流？什么是孔口的淹没出流？

2. 孔口自由出流和孔口淹没出流的计算中的作用水头有何不同？

3. 什么叫管嘴出流？在孔口、管嘴断面面积和作用水头相等的条件下，为什么管嘴比孔口的过水能力大？

4. 保证圆柱管嘴能正常出流的条件是什么？

5. 液体经孔口淹没出流，如孔口中心在液面下的深度不同时，其出流量是否会发生变化？为什么？

6. 水击危害如何？怎样减弱水击危害？如何利用水击现象？

五、计算题

1. 一隔板将水箱分为 A、B 两格，隔板上有直径为 $d_1=40\text{mm}$ 的薄壁孔口，如图 5-29 所示，B 箱底部有一直径 $d_2=30\text{mm}$ 的圆柱形管嘴，管嘴长 $l=0.1\text{m}$，A 箱水深 $H_1=3\text{ m}$ 恒定不变。

（1）分析出流恒定性条件（H_2 不变的条件）。

（2）在恒定出流时，B 箱中水深 H_2 等于多少？

（3）求水箱流量 Q_1。

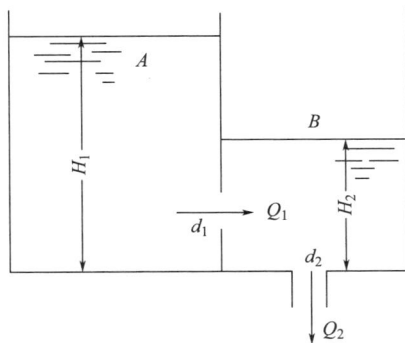

图 5-29　计算题 1

2. 某恒温室采用多孔板送风，风道中的静压为 200Pa，孔口直径为 20mm，空气温度为 20℃，$\mu = 0.8$。通风量为 $1m^3/s$。问需要布置多少孔口？

3. 如图 5-30 所示，水从 A 水箱通过直径为 10cm 的孔口流入 B 水箱，流量系数为 0.62。设上游水箱的水面高程 $H_1 = 3m$ 保持不变。

（1）B 水箱中无水时，求通过孔口的流量。

（2）B 水箱水面高程 $H_2 = 2m$ 时，求通过孔口的流量。

（3）A 箱水面压力为 2000Pa，$H_1 = 3m$，B 水箱水面压力为 0，$H_2 = 2m$ 时，求通过孔口的流量。

4. 如图 5-31 所示，室内空气温度为 30℃，室外空气温度为 20℃，在厂房上下部各开有 $8m^2$ 的窗口，两窗口的中心高程差为 7m，窗口流量系数 $\mu = 0.64$，气流在自然压头作用下流动。求车间自然通风换气量。

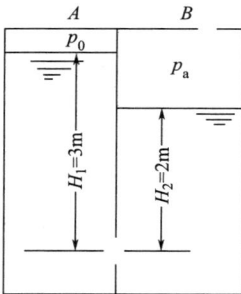

图 5-30　计算题 3

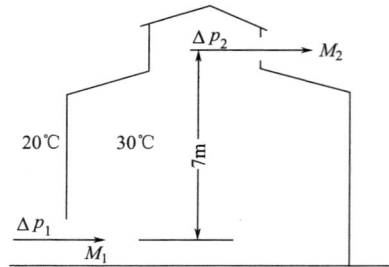

图 5-31　计算题 4

5. 某供热系统，原流量为 $0.005m^3/s$，总水头损失 $h = 5mH_2O$，现在要把流量增加到 $0.0085m^3/s$，水泵应供给多大压头？

6. 图 5-32 所示为水泵抽水系统，管长、管径单位为 "m"，ζ 值见图 5-32，流量 $Q = 40 \times 10^{-3} m^3/s$，$\lambda = 0.03$。求：

（1）吸水管及压水管的阻抗 S。

（2）求水泵所需水头。

（3）绘制总水头线。

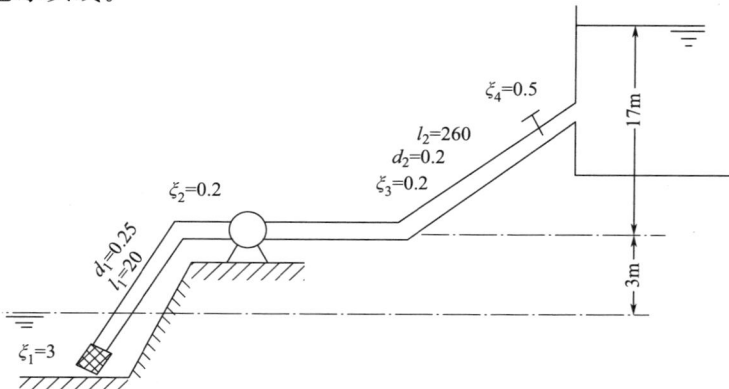

图 5-32　计算题 6

7. 有一简单并联管路，如图 5-33 所示，总流量 $Q=80\times10^{-3}\text{m}^3/\text{s}$，$\lambda=0.02$，求各管段间的流量及两节点间的水头损失。

8. 已知条件同上题。若使 $Q_1=Q_2$，如何改变第二支路?

9. 如图 5-34 所示管路，设其中的流量 $Q_A=0.6\text{m}^3/\text{s}$，$\lambda=0.02$，不计局部损失，求 A、D 两点间的水头损失。

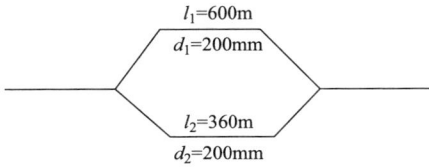

图 5-33　计算题 7

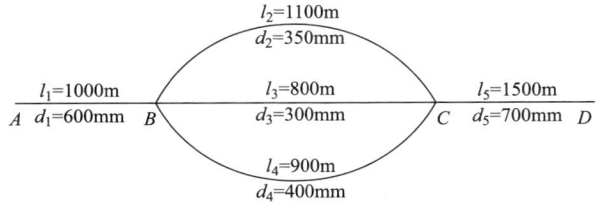

图 5-34　计算题 9

教学单元**6**

Chapter 06

气体射流

教学目标

【**知识目标**】熟悉无限空间淹没紊流射流的特征，理解圆断面、平面射流主体段运动参数的意义及计算，理解温差或浓差射流及射流弯曲，了解有限空间射流。

【**能力目标**】能够应用气体射流相关的理论知识对供暖通风工程中的流体射流状态进行分析。

【**素质目标**】结合专业工程案例，培养学生理论知识联系工程实际、解决工程实际问题的习惯，进一步强化专业认同感，理解工程师的社会责任；结合水射流专家沈忠厚院士的生平介绍，培养追求真理、勇于奋斗、无私奉献的精神。

思维导图

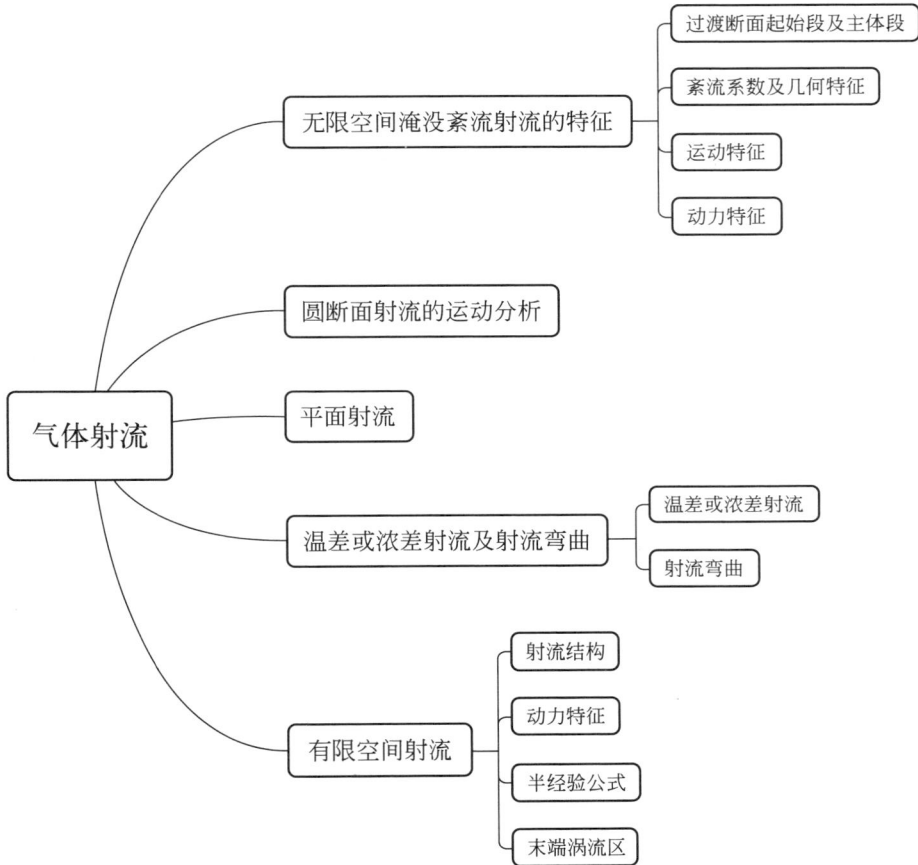

教学单元 6 思维导图

流体经孔口管嘴喷出，流入另一部分流体介质中的流动现象，称为射流。在供热通风与空调工程中，对所遇射流可进行如下简单分类：

依照流体种类，射流分为气体射流和液体射流。

按射流与射流流入空间的流体是否相同，分为淹没射流和自由射流。

按照出流空间大小、对射流的流动是否有影响，分为无限空间射流和有限空间射流。当出流到无限大空间中，流动不受固体边壁的限制时，为无限空间射流，又称自由射流。反之，为有限空间射流，又称受限射流。

按照喷口形状，又可分为圆形射流（图 6-1）、矩形射流（图 6-2）和条缝射流（图 6-3）。圆形射流是轴对称射流。如矩形喷口的长短边之比不超过 3：1 时，矩形射流能够迅速发展为圆形射流，只需要根据当量直径，就可采用圆形射流公式进行计算。当矩形喷口长短边之比超过 10：1 时，就属于条缝射流，条缝射流又称为平面射流。

图 6-1　圆形射流

图 6-2　矩形射流

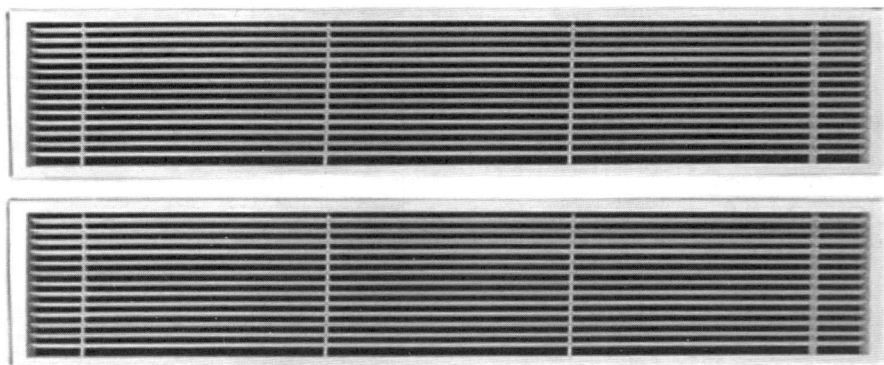

图 6-3　条缝射流

按照射流的流态，分层流射流和紊流射流。当出口速度较大，流动呈紊流状态时，叫作紊流射流。在采暖通风空调工程上所应用的射流，多为气体紊流射流。层流射流几乎是不存在的。

本教学单元主要论述无限空间射流，对有限空间射流仅作简单介绍。

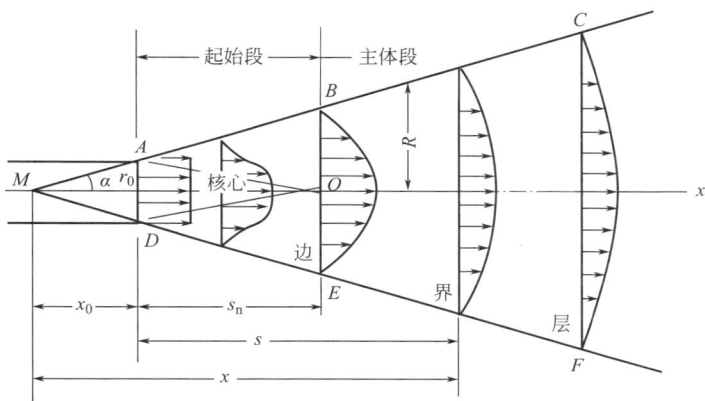

教学情境 1　无限空间淹没紊流射流的特征

本教学情境讨论无限空间气体淹没紊流射流，简称气体紊流射流。这里需要指出的是，射流与周围气体温度相同。本教学情境主要研究气体紊流射流的运动规律。

现以无限空间中圆断面紊流射流为例，讨论射流运动。

气流自半径为 r_0 的圆断面喷嘴喷出。出口断面上的速度认为均匀分布，皆为 u_0，且流动为紊流。取射流轴线 Mx 为 x 轴。

经过许多学者的实验和观测，得出这种射流的流动特性及结构图形，如图 6-4 所示。

图 6-4　射流结构

由于射流为紊流型，紊流的横向脉动造成射流与周围介质之间不断发生质量、动量交换，带动周围介质流动，使射流的质量流量、射流的横断面积沿 x 方向不断增加，形成了向周围扩散的锥体状流动场，如图 6-4 中的锥体 $CAMDF$。

下面说明紊流射流的结构及特性。

1. 过渡断面（又称转折断面）起始段及主体段

刚喷出的射流速度仍然是均匀的。沿 x 方向流动，射流不断带入周围介质，不仅使边界扩张，而且使射流主体的速度逐渐降低。速度为 u_0 的部分（如图 6-4 中的 AOD 锥体）称为射流核心，其余部分速度小于 u_0，称为边界层。显然，射流边界层从出口开始沿射程不断地向外扩散，带动周围介质进入边界层，同时向射流中心扩展，至某一距离处，边界层扩展到射流轴心线，核心区域消失，只有轴心点上速度为 u_0。射流这一断面为图 6-4 上的 BOE，称为过渡断面或转折断面。以过渡断面分界，出口断面至过渡断面称为射流起始段。过渡断面以后称为射流主体段。起始段射流轴心上速度都为 u_0，而主体段轴心速度沿 x 方向不断下降，主体段中完全为射流边界层所占据。

2. 紊流系数及几何特征

实验结果及半经验理论都得出射流外边界是一条直线，其上速度为零，如图 6-4 上的

AB 及 DE 线。AB、DE 延至喷嘴内交于 M 点，此点称为极点，$\angle AMD$ 的一半称为极角 α，又称扩散角 α。

BO 为圆断面射流截面的半径 R（或平面射流边界层的半宽度 b）。它和从极点起算的距离成正比，即 $R = Kx$。

截面到极点的距离为 x。由图 6-4 可看出

$$\tan\alpha = \frac{R}{x} = \frac{Kx}{x} = K \tag{6-1}$$

式中　K——实验系数，对圆断面射流 $K = 3.4a$，对条缝射流 $K = 2.44a$；

　　　a——紊流系数，由实验决定，是表示射流流动结构的特征系数。

紊流系数 a 与出口断面上的紊流强度（即脉动速度的均方根值与平均速度值之比）有关，紊流强度越大，说明射流在喷嘴前已"紊乱化"，具有较大的与周围介质混合的能力，则 a 值也大，使射流扩散角 α 增大，被带动的周围介质增多，射流速度沿程下降加速。a 值还与射流出口断面上速度分布的均匀性有关。如果速度分布均匀，$u_{最大}/u_{平均} = 1$，则 $a = 0.066$；如果不太均匀，例如 $u_{最大}/u_{平均} = 1.25$，则 $a = 0.076$。各种不同形状喷嘴的紊流系数和扩散角的实测值见表 6-1。

常用喷口的紊流系数、扩散角　　　　　　　　　表 6-1

喷口种类	紊流系数 a	扩散角 α	喷口种类	紊流系数 a	扩散角 α
带有收缩口的光滑卷边喷嘴	0.066	12°40′	带有导风板或栅栏的喷管	0.09	17°00′
圆柱形喷口	0.076	14°30′	平面狭缝喷口	0.12	16°20′
方形喷管	0.10	18°45′	带有金属网的轴流风机	0.24	39°20′
带有导风板的轴流式通风机	0.12	22°15′	带导流板的直角弯管	0.2	34°15′
收缩极好的平面喷口	0.108	14°40′	具有导叶且加工磨圆边口的风道上的纵向条缝	0.155	20°40′

从表 6-1 中数值也可知，喷嘴上装置不同形式的风板、栅栏，则出口截面上气流的扰动紊乱程度不同，因而紊流系数 a 也就不相同。扰动大的紊流系数 a 值增大，扩散角 α 也增大。

由式（6-1）可知，α 值确定，K 值就确定，射流边界层的外边界线也就被确定，射流即按一定的扩散角 α 向前作扩散运动，这就是它的几何特征。应用这一特征，对圆断面射流可求出射流半径沿射程的变化规律，见图 6-4。

$$\frac{R}{r_0} = \frac{x_0 + s}{x_0} = 1 + \frac{s}{r_0/\tan\alpha} = 1 + 3.4a\frac{s}{r_0} = 3.4\left(\frac{as}{r_0} + 0.294\right) \tag{6-2}$$

又　　　　$$\frac{R}{r_0} = \frac{x_0/r_0 + s/r_0}{x_0/r_0} = \frac{\overline{x_0} + \overline{s}}{1/\tan\alpha} = 3.4a(\overline{x_0} + \overline{s}) = 3.4a\overline{x} \tag{6-3}$$

以直径表示

$$\frac{D}{d_0} = 6.8\left(\frac{as}{d_0} + 0.147\right) \tag{6-4}$$

式（6-2）是以出口截面起算的无因次距离 $\overline{s} = \dfrac{s}{r_0}$ 表达的无因次半径 $\overline{R} = \dfrac{R}{r_0}$ 的变化规律，而式（6-3）则是以极点起算的无因次距离 $\overline{x} = \dfrac{x_0 + s}{r_0} = \overline{x_0} + \overline{s}$ 的表达式。式（6-4）说

明了射流半径与射程的关系，即无因次半径正比于由极点算起的无因次距离。

3. 运动特征

为了找出射流速度分布规律，许多学者作了大量实验，对不同横截面上的速度分布进行了测定。这里仅给出特留彼尔在轴对称射流主体段的实验结果，以及阿勃拉莫维奇在起始段内的测定结果，见图 6-5（a）及图 6-6（a）。

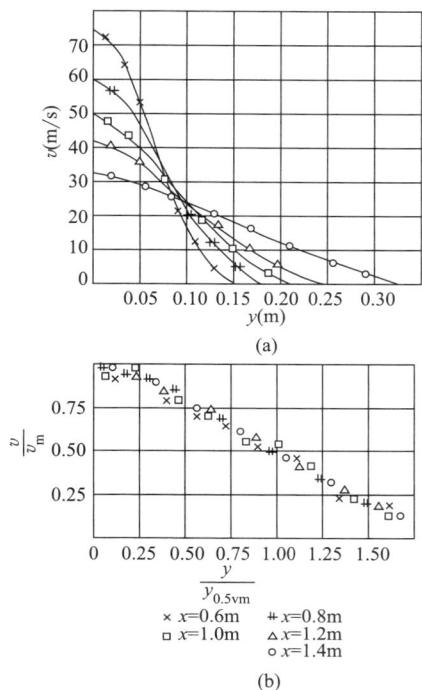

(a)

(b)

× $x=0.6$m　╫ $x=0.8$m
□ $x=1.0$m　△ $x=1.2$m
　　　○ $x=1.4$m

(b)

图 6-5　主体段流速分布

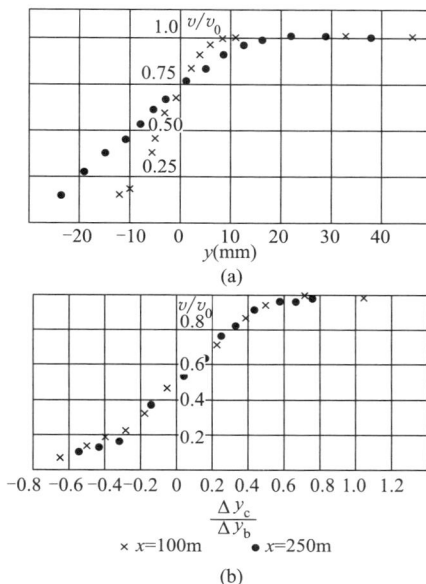

(a)

(b)

× $x=100$m　● $x=250$m

图 6-6　起始段流速分布

无论主体段或起始段内，轴心速度最大，从轴心向边界层边缘，速度逐渐减小至零。同时可以看出，距喷嘴距离越远（即 x 值增大），边界层厚度越大，而轴心速度则越小，也就是，随着 x 增大，速度分布曲线不断地扁平化。

如果纵坐标用相对速度，或无因次速度；横坐标用相对距离，或无因次距离以代替原图中的速度 v 和横向距离 y，就得到如图 6-5（b）、图 6-6（b）所示的曲线。对照图 6-7（b），主体段内无因次距离与无因次速度的取法规定为：

$$\frac{y}{y_{0.5v_m}} = \frac{\text{截面上任一点至轴心的距离}}{\text{同截面上 } 0.5v_m \text{ 点至轴心的距离}}$$

在上式中，$0.5v_m$ 点表示速度为轴心速度的一半之处的点。

$$\frac{v}{v_m} = \frac{\text{截面上 } y \text{ 点的速度}}{\text{同截面上轴心点的速度}}$$

阿勃拉莫维奇整理起始段时，所用无因次量为：

$$\frac{\Delta y_c}{\Delta y_b} = \frac{y - y_{0.5v_0}}{y_{0.9v_0} - y_{0.1v_0}}$$

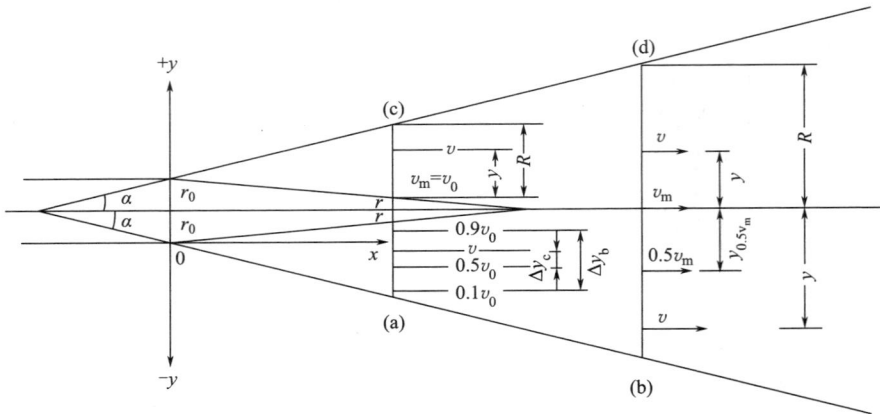

图 6-7 流速分布的距离规定

（a）起始段实验资料；（b）主体段实验资料；（c）起始段半经验式；（d）主体段半经验式

$$\frac{v}{v_0} = \frac{y \text{ 点速度}}{\text{核心速度}}$$

式中（参看图 6-7a）

y——起始段任一点至 ax 线的距离。ax 线是以喷嘴边缘所引平行轴心线的横坐标轴。

$y_{0.5v_0}$——同一截面上 $0.5v_0$ 点至边缘轴线 ox 的距离。

$y_{0.9v_0}$——同一截面上 $0.9v_0$ 点至边缘轴线 ox 的距离。

$y_{0.1v_0}$——同一截面上 $0.1v_0$ 点至边缘轴线 ox 的距离。

可以看到原来各截面不同的速度分布曲线，经过这样操作均变换成为同一条无因次分布线。这种同一性说明，射流各截面上速度分布的相似性。这就是射流的运动特征。

用半经验公式表示射流各横截面上的无因次速度分布如下：

$$\frac{v}{v_m} = \left[1 - \left(\frac{y}{R}\right)^{1.5}\right]^2 \tag{6-5}$$

令

$$\frac{y}{R} = \eta$$

$$\frac{v}{v_m} = (1 - \eta^{1.5})^2 \tag{6-6}$$

式（6-5）如用于主体段，参看图 6-7（d），则式中

y——横截面上任意点至轴心的距离；

R——该截面上射流半径（半宽度）；

v——y 点上速度；

v_m——该截面轴心速度。

式（6-5）如用于起始段，仅考虑边界层中流速分布，参看图 6-7（c），则式中

y——截面上任意点至核心边界的距离；

R——同截面上边界层厚度；

v——截面上边界层中 y 点的速度；

v_m——核心速度 v_0。

由此得出 $\dfrac{y}{R}$ 从轴心或核心边界到射流外边界的变化范围为 $0 \rightarrow 1$。$\dfrac{v}{v_m}$ 从轴心或核心边界到射流边界的变化范围为 $1 \rightarrow 0$。

4. 动力特征

实验证明，射流中任意点上的静压强均等于周围气体的压强。现取图 6-8 中 1-1、2-2 所截的一段射流脱离体，分析其上受力情况。因各面上所受静压强均相等，则 x 轴向外力之和为零。据动量方程可知，各横截面上轴向动量相等——动量守恒，这就是射流的动力学特征。

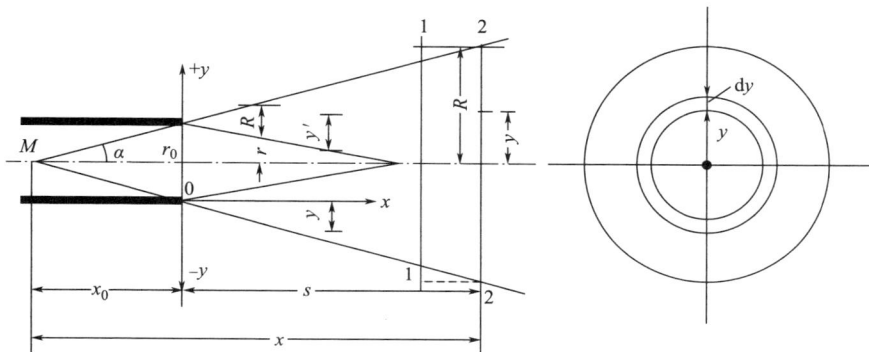

图 6-8　射流计算式的推证

以圆断面射流为例应用动量守恒原理：

出口截面上动量流量为 $\rho Q_{v_0} v_0 = \rho \pi r_0^2 v_0^2$，任意横截面上轴向的动量流量则需积分。

$$\int_0^R v \rho 2\pi y \,\mathrm{d}y v = \int_0^R 2\pi \rho v^2 y \,\mathrm{d}y$$

列动量守恒式：

$$\pi \rho r_0^2 v_0^2 = \int_0^R 2\pi \rho v^2 y \,\mathrm{d}y \tag{6-7}$$

教学情境 2　圆断面射流的运动分析

教学情境 1 介绍了圆截面射流的结构及特征。根据射流的几何特征，可以得出射流沿流程的作用范围（即射流半径沿程的变化规律）。

而在实际工程中我们不但要了解射流运动的扩散范围，还要掌握射流在运动中的流速与流量沿射程的变化规律。

根据射流的结构，射流沿射程可以分为起始段和主体段两部分。由于紊流射流的卷吸作用，流速沿程衰减，射流轴心保持喷口速度的起始段一般很短，在工程中具有实用价值

码6-3
空调风口

的主要为主体段，因此掌握射流在主体段上流速和流量的变化规律更有意义。

根据紊流射流的运动特性，射流主体段各断面的无因次速度分布的数学表达式，只要知道主体段任一断面的轴心速度 v_m，并利用其几何特征求出相应断面的半径，就可以计算出主体段任意一断面上任意一点的流速。所以，计算圆断面射流的流速，关键是要求出任一断面的轴心速度。

轴心速度的计算公式是根据射流动力特征，即各断面动量守恒的原理推导得出的。本书由于篇幅所限不进行公式的推导，而直接给出其计算公式

$$\frac{v_m}{v_0} = \frac{0.48}{\frac{as}{d_0} + 0.147} \tag{6-8}$$

式中　v_m——射流主体段任意一断面轴心流速（m/s）；

　　　v_0——射流喷口气流流速（m/s）；

　　　a——紊流系数；

　　　s——所求断面到喷口的距离（m）；

　　　d_0——喷口的直径（m）。

利用上式可计算出射流主体段中各断面的轴心流速，将这一流速带入无因次速度的数学表达式，即可求出主体段中各断面上任一点的气流速度。

在掌握了主体段各断面流速的分布规律后，可得出主体段各断面流量的计算公式：

$$\frac{Q}{Q_0} = 4.4 \left(\frac{as}{d_0} + 0.147 \right) \tag{6-9}$$

式中　Q——射流主体段任一断面的流量（m³/s）；

　　　Q_0——射流喷口的出流量（m³/s）；

a、s、d_0 的意义同式（6-8）。

在讨论了射流主体段各断面流量及任意一点流速的计算方法之后，有时还需要计算任意一断面的断面平均流速。根据断面平均流速的概念 $v_1 = \frac{Q}{A}$，式中 v_1 为射流主体段任意一断面的断面平均流速，Q 为该断面的流量，A 为断面面积，可得

$$\frac{v_1}{v_0} = \frac{QA_0}{Q_0 A} = \frac{Q}{Q_0} \left(\frac{r_0}{R} \right)^2 = \frac{Q}{Q_0} \left(\frac{d_0}{D} \right)^2$$

将式（6-4）、式（6-9）代入上式得

$$\frac{v_1}{v_0} = \frac{0.095}{\frac{as}{d_0} + 0.147} \tag{6-10}$$

式中　v_0——喷口断面平均流速（m/s）；

　　　Q_0——喷口的出流量（m³/s）；

　　　A_0——喷口过流断面面积（m²）；

a、s、d_0 的意义同前。

断面平均流速 v_1 表示射流主体段断面上各点流速的算术平均值。比较式（6-8）与式（6-10）可得 $v_1 \approx 0.2 v_m$，这说明断面平均流速仅为同断面轴心流速的 20%，而在实际工程中使用的往往是靠近轴心的射流区。由于断面平均流速与轴心流速相差较大，工程中若

按断面平均流速进行设计和计算，就会造成不应有的浪费。所以用 v_1 不能恰当地反映被使用区的速度。为此引入质量平均流速 v_2，其定义为：用 v_2 乘以质量流量 ρQ，即得单位时间内射流任意一断面的动量。根据射流的动力特征，射流各断面的动量沿程不变。因此，对于射流出口断面和主体段任意一断面，单位时间内的动量平衡方程式为

$$\rho Q_0 v_0 = \rho Q v_2$$

$$\frac{v_2}{v_0} = \frac{Q_0}{Q} = \frac{0.23}{\dfrac{as}{d_0} + 0.147} \tag{6-11}$$

比较式（6-8）与式（6-11），$v_2 \approx 0.48 v_m$。因此，用 v_2 代表使用区的流速要比 v_1 更合适。但必须注意，v_1、v_2 不仅在数值上不同，更重要的是定义上有根本区别，所以不可混淆。

以上介绍的是圆截面气体射流运动参数的计算，这些计算公式也同样适用于矩形喷口，但是在计算中要将矩形喷口换算成流速当量直径，才能代入上述公式进行计算。

【例 6-1】　锻工车间装有空气淋浴（即岗位送风）设备，已知送风口距地面的高度为 4.5m，选择的风口为带有栅栏的圆形风口。要求在离地面 1.5m 处形成一个空气淋浴作用区，该区直径为 2m，中心处流速为 2m/s，试求风口直径、出口流速及送风量。

解：查表 6-1，带栅栏的圆形风口紊流系数 $a = 0.09$，风口至工作区的垂直距离

$$s = 4.5 - 1.5 = 3\text{m}$$

根据

$$\frac{D}{d_0} = 6.8 \left(\frac{as}{d_0} + 0.147 \right)$$

则送风口直径

$$d_0 = \frac{D - 6.8as}{6.8 \times 0.147} = \frac{2 - 6.8 \times 0.09 \times 3}{6.8 \times 0.147} = 0.16\text{m} = 160\text{mm}$$

则

$$\frac{v_m}{v_0} = \frac{0.48}{\dfrac{as}{d_0} + 0.147} = \frac{0.48}{\dfrac{0.09 \times 3}{0.16} + 0.147} = 0.26$$

所以，当 $v_m = 2\text{m/s}$ 时，送风口的流速为

$$v_0 = \frac{v_m}{0.26} = \frac{2}{0.26} = 7.69\text{m/s}$$

则送风口的送风量为

$$Q = \frac{1}{4} \pi d_0^2 v_0 = \frac{1}{4} \times 3.14 \times 0.16^2 \times 7.69 = 0.15\text{m}^3/\text{s} = 540\text{m}^3/\text{h}$$

教学情境 3　平面射流

气体从狭长缝隙中作外射运动时，射流只能在垂直条缝长度的平面上作扩散运动。如果条缝相当长，这种流动可视为平面运动，故称为平面射流。

平面射流的喷口高度以 $2b_0$（b_0 为喷口半高度）表示，紊流系数 a 值见

码6-4
平面射流、
温差或浓差
射流及
射流弯曲

表 6-1 或查阅通风空调设计手册相关内容。条缝形喷口的形状系数 φ 为 2.44。

平面射流的特征（如几何特征、运动特征、动力特征）则完全与圆形断面射流相似，所以各运动参数规律的推导基本与圆形断面类似，这里不再推导。

为了方便计算，现将圆形断面射流和平面射流参数的计算公式列于表 6-2 中，以便对比和查阅。

在平面射流的计算公式中 b_0 是条缝喷口的半高度，其余各参数的意义都与圆形断面射流相同。

射流参数计算公式 表 6-2

段名	参数名称	符号	圆形断面射流	平面射流
主体段	扩散角	α	$\tan\alpha=3.4\alpha$	$\tan\alpha=2.44\alpha$
	射流直径或半高度	D b	$\dfrac{D}{d_0}=6.8\left(\dfrac{as}{d_0}+0.147\right)$	$\dfrac{b}{b_0}=2.44\left(\dfrac{as}{b_0}+0.41\right)$
	轴心速度	v_m	$\dfrac{v_m}{v_0}=\dfrac{0.48}{\dfrac{as}{d_0}+0.147}$	$\dfrac{v_m}{v_0}=\dfrac{1.2}{\sqrt{\dfrac{as}{b_0}+0.41}}$
	流量	Q	$\dfrac{Q}{Q_0}=4.4\left(\dfrac{as}{d_0}+0.147\right)$	$\dfrac{Q}{Q_0}=1.2\sqrt{\dfrac{as}{b_0}+0.41}$
	断面平均流速	v_1	$\dfrac{v_1}{v_0}=\dfrac{0.095}{\dfrac{as}{d_0}+0.147}$	$\dfrac{v_1}{v_0}=\dfrac{0.492}{\sqrt{\dfrac{as}{b_0}+0.41}}$
	质量平均流速	v_2	$\dfrac{v_2}{v_0}=\dfrac{0.23}{\dfrac{as}{d_0}+0.147}$	$\dfrac{v_2}{v_0}=\dfrac{0.833}{\sqrt{\dfrac{as}{b_0}+0.41}}$
起始段	流量	Q	$\dfrac{Q}{Q_0}=1+0.76\dfrac{as}{r_0}+1.32\left(\dfrac{as}{r_0}\right)^2$	$\dfrac{Q}{Q_0}=1+0.43\dfrac{as}{b_0}$
	断面平均流速	v_1	$\dfrac{v_1}{v_0}=\dfrac{1+0.76\dfrac{as}{r_0}+1.32\left(\dfrac{as}{r_0}\right)^2}{1+6.8\dfrac{as}{r_0}+11.56\left(\dfrac{as}{r_0}\right)^2}$	$\dfrac{v_1}{v_0}=\dfrac{1+0.43\dfrac{as}{b_0}}{1+2.44\dfrac{as}{b_0}}$
	质量平均流速	v_2	$\dfrac{v_2}{v_0}=\dfrac{1}{1+0.76\dfrac{as}{r_0}+1.32\left(\dfrac{as}{r_0}\right)^2}$	$\dfrac{v_2}{v_0}=\dfrac{1}{1+0.43\dfrac{as}{b_0}}$
	核心长度	s_n	$s_n=0.672\dfrac{r_0}{a}$	$s_n=1.03\dfrac{b_0}{a}$
	喷嘴至极点距离	x_0	$x_0=0.294\dfrac{r_0}{a}$	$x_0=0.41\dfrac{b_0}{a}$
	收缩角	θ	$\tan\theta=1.49a$	$\tan\theta=0.97a$

与圆形断面射流相比，平面射流的流量沿程的增加、流速沿程的衰减都要慢些。这是因为运动的扩散被限定在垂直于条缝长度的平面上。

教学情境 4　温差或浓差射流及射流弯曲

前文我们研究的射流与周围气体的温度和密度是相同的。所以，射流轴线与喷口流速 v_0 的方向相同，形成一条直线，这种射流称为等温射流。但在供热通风与空调工程中，射流往往与周围流体存在着温度差或所含固体颗粒及其他物质的浓度差，这类射流称为温差射流或浓差射流。

夏天向房间喷送冷空气降温，冬天向房间喷送热空气取暖，这是温差射流的实例。向含尘浓度高或散发大量有害气体的生产车间喷送清洁空气，用以降低粉尘或有害气体的浓度，改善工作区的环境，则属浓差射流。

分析射流的温度或浓度分布规律，以及由于射流与周围空气之间存在温度差或浓度差造成的射流轴线弯曲，是本教学情境所要讨论的问题。

1. 温差或浓差射流

与周围气体存在温度差或浓度差的射流，当从喷口高速喷出后，由于紊流质点运动的横向掺混，射流除了与周围气体发生动量交换之外，还存在着热量交换和浓度交换。对于温差射流，热量交换，使原来温度较低的气体，温度有所升高，而原来温度较高的气体，温度有所下降。所以，射流各断面上的温度分布是不同的，同理，射流各断面上的浓度分布也不同，这将使射流内出现温度或浓度的不均匀连续分布。

在供热通风与空调工程中出现的温度差或浓度差一般都不大，引起的密度变化很小，在分析中仍可按不可压缩流体处理，也不考虑异质的存在对流动的影响。

研究发现，由于射流的卷吸作用，使射流与周围气体之间存在的质量、热量、浓度的交换中，热量和浓度的扩散要比动量扩散快一些，所以射流的温度和浓度边界层比速度边界层发展要快一些，然而在工程应用中为了简便起见，可以认为温度或浓度边界层的外边界与速度边界层的外边界重合。这样处理的好处是，我们在前文得出的等温射流参数 R、Q、v_m、v_1、v_2 仍可采用已介绍的公式计算。而仅对温差射流中出现的轴心温差（或浓差）、平均温差（或浓差）等沿射程的变化规律进行讨论。

根据以上分析提出在温差或浓差射流中所要研究的参数。

对温差射流：

T——射流任意断面上任意一点的温度（K）；

T_0——喷口处射流的温度（K）；

T_m——射流任意一断面轴心处的温度（K）；

T_e——周围空气的温度（K）。

对浓差射流：

X——射流任意断面上任意一点某种物质的浓度（mg/L 或 g/m³）；

X_0——喷口处射流某种物质的浓度（mg/L 或 g/m³）；

X_m——射流任意一断面轴心处某种物质的浓度（mg/L 或 g/m³）；

X_e——周围空气中某种物质的浓度（mg/L 或 g/m³）。

根据以上参数我们要掌握其温度差或浓度差的变化规律。相应的温度差和浓度差为：

对温差射流：

出口断面温度差　　$\Delta T_0 = T_0 - T_e$

轴心温差　　$\Delta T_m = T_m - T_e$

射流任意一断面上任意一点的温差　　$\Delta T = T - T_e$

对浓差射流：

出口断面浓差　　$\Delta X_0 = X_0 - X_e$

轴心浓差　　$\Delta X_m = X_m - X_e$

射流任意一断面上任意一点的浓度差　　$\Delta X = X - X_e$

尽管温差射流中各断面的温度分布有所不同，但是根据热力学可知，在射流压强相等的条件下，如果以周围气体的焓值为基准，则射流各横截面上的相对焓值不变。温差射流的这一特点，称为射流的热力特征。

实验证明，在射流主体段内，各横截面上的温差分布、浓差分布与流速分布之间，存在如下关系

$$\frac{\Delta T}{\Delta T_m} = \frac{\Delta X}{\Delta X_m} = \sqrt{\frac{v}{v_m}} = 1 - \left(\frac{y}{R}\right)^{1.5} \tag{6-12}$$

从上式可以看出，温差射流与浓差射流虽是两种完全不同的射流，但它们在各横截面上的温差分布和浓差分布与无因次流速和无因次距离的函数关系却是相同的，这表明这两种射流的运动规律相似。这是由于温差射流和浓差射流在其本质上没有区别，即这两种射流都与周围气体的密度不同。因此，它们的运动参数的计算公式也具有相同的表达形式。

温差射流与浓差射流的温度差与浓度差沿射程的变化规律，可以射流各横截面上的相对焓值不变的热力特征为基础，根据热力平衡方程式推导得出。由于篇幅所限，其推导过程从略，现将计算公式列于表 6-3 中。

温差、浓差射流的计算公式　　　　　　　　　　表 6-3

段名	参数名称	符号	圆形断面射流	平面射流
主体段	轴心温差	ΔT_m	$\dfrac{\Delta T_m}{\Delta T_0} = \dfrac{0.35}{\dfrac{as}{d_0} + 0.147}$	$\dfrac{\Delta T_m}{\Delta T_0} = \dfrac{1.032}{\sqrt{\dfrac{as}{b_0} + 0.147}}$
	质量平均温差	ΔT_2	$\dfrac{\Delta T_2}{\Delta T_0} = \dfrac{0.23}{\dfrac{as}{d_0} + 0.147}$	$\dfrac{\Delta T_2}{\Delta T_0} = \dfrac{0.833}{\sqrt{\dfrac{as}{b_0} + 0.41}}$
	轴心浓差	ΔX_m	$\dfrac{\Delta X_m}{\Delta X_0} = \dfrac{0.35}{\dfrac{as}{d_0} + 0.147}$	$\dfrac{\Delta X_m}{\Delta X_0} = \dfrac{1.032}{\sqrt{\dfrac{as}{b_0} + 0.41}}$
	质量平均浓差	ΔX_2	$\dfrac{\Delta X_2}{\Delta X_0} = \dfrac{0.23}{\dfrac{as}{d_0} + 0.147}$	$\dfrac{\Delta X_2}{\Delta X_0} = \dfrac{0.833}{\sqrt{\dfrac{as}{b_0} + 0.41}}$

段名	参数名称	符号	圆形断面射流	平面射流
主体段	温差射流轴线偏差	y'	$y'=\dfrac{Ar}{D_0}\left(0.51\dfrac{a}{D_0}s^3+0.35s^2\right)$	$y'=\dfrac{0.113Ar}{b_0a^2}\left(\dfrac{T_0}{T_e}\right)^{\frac{1}{2}}(as+0.205)^{\frac{5}{2}}$
	浓差射流轴线偏差	y'	$y'=\dfrac{Ar}{D_0}\left(0.51\dfrac{a}{D_0}s^3+0.35s^2\right)$	$y'=\dfrac{0.113Ar}{b_0a^2}\left(\dfrac{X_0}{X_e}\right)^{\frac{1}{2}}(as+0.205)^{\frac{5}{2}}$
	轴线轨迹方程	y	$\dfrac{y}{d_0}=\dfrac{x}{d_0}\tan\alpha+Ar\left(\dfrac{x}{d_0\cos\alpha}\right)^2$ $\times\left(0.51\dfrac{ax}{d_0\cos\alpha}+0.35\right)$	$\dfrac{y}{2b_0}=\dfrac{0.226Ar\left(a\dfrac{x}{2b_0}+0.205\right)^{5/2}}{a^2\sqrt{T_1/T_2}}$ $\dfrac{y}{2b_0}\dfrac{\sqrt{T_1/T_2}}{Ar}=\dfrac{0.226}{a^2}\left(a\dfrac{x}{2b_0}+0.205\right)^{5/2}$
起始段	质量平均温差	ΔT_2	$\dfrac{\Delta T_2}{\Delta T_0}=\dfrac{1}{1+0.76\dfrac{as}{r_0}+1.32\left(\dfrac{as}{r_0}\right)^2}$	$\dfrac{\Delta T_2}{\Delta T_0}=\dfrac{1}{1+0.43\dfrac{as}{b_0}}$
	质量平均浓差	ΔX_2	$\dfrac{\Delta X_2}{\Delta X_0}=\dfrac{1}{1+0.76\dfrac{as}{r_0}+1.32\left(\dfrac{as}{r_0}\right)^2}$	$\dfrac{\Delta X_2}{\Delta X_0}=\dfrac{1}{1+0.43\dfrac{as}{b_0}}$

2. 射流弯曲

由于温差射流和浓差射流的密度与周围气体不同，射流在运动过程中，所受重力与浮力不平衡，导致射流在流动过程中会发生向上或向下的弯曲。也就是说温差或浓差射流的轴心线不再是一条与喷口轴线方向相同的直线，而是一条曲线。但整个射流仍可看作是对称于轴心线。为了能利用前面介绍的公式计算射流沿射程的运动参数及温差或浓差的变化规律，就必须了解射流轴心线的偏移量或它的轨迹。

根据理论推导和实验证明，圆形截面温差与浓差射流的轴线偏移量，可按式（6-13）计算。

$$y'=\frac{Ar}{d_0}\left(0.51\frac{a}{d_0}s^3+0.35s^2\right) \tag{6-13}$$

式中　y'——射流轴线上任意一点偏离喷口轴线的垂直距离（m）（图 6-9）；

　　d_0——射流喷口的直径（m）；

　　a——紊流系数；

　　s——射流计算断面到喷口的距离（m）；

　　Ar——阿基米德数，是一个无因次量。

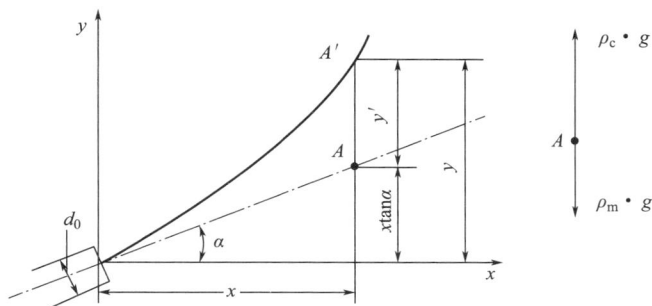

图 6-9　射流轴线的弯曲

对圆形断面温差射流，阿基米德数可按式（6-14）计算。

$$Ar = \frac{d_0 g \Delta T_0}{v_0^2 T_e} \tag{6-14}$$

式中　Ar——阿基米德数；

$\quad\quad g$——重力加速度（m/s²）；

$\quad\quad d_0$——喷口直径（m）；

$\quad\quad v_0$——喷口速度（m/s）；

$\quad\quad \Delta T_0$——射流喷口计算温差（K），即 $\Delta T_0 = T_0 - T_e$；

$\quad\quad T_e$——周围气体的温度（K）。

对于圆形断面浓差射流

$$Ar = \frac{d_0 g \Delta X_0}{v_0^2 X_e} \tag{6-15}$$

式中　ΔX_0——射流喷口计算浓度差（mg/L 或 g/m³），即 $\Delta X_0 = X_0 - X_e$；

$\quad\quad X_e$——周围气体的浓度（mg/L 或 g/m³）；

其他符号意义同前。

在表 6-3 中的质量平均温差是以该温差乘以 $\rho Q C$，作为射流某断面的相对焓值。

在平面射流的公式中 b_0 为射流喷口的半高度。但在计算阿基米德数 Ar 时，应以 $2b_0$ 代入相应公式中进行计算。

【例 6-2】　工作区质量平均风速要求为 2m/s，工作面直径 3m，采用带导叶的通风机水平送风，已知送风温度为 12℃，车间空气温度为 32℃，若要求把工作区的质量平均温度降到 25℃，试计算：

（1）送风口的直径及气流速度。

（2）送风口到工作面的距离。

（3）射流轴线在工作面的偏移量。

解： 喷口温差　$\Delta T_0 = T_0 - T_e = (273 + 12) - (273 + 32) = -20\text{K}$

质量平均温差　$\Delta T_2 = T_2 - T_e = (273 + 25) - (273 + 32) = -7\text{K}$

$$\frac{\Delta T_2}{\Delta T_0} = \frac{0.23}{\dfrac{as}{d_0} + 0.147} = \frac{-7}{-20}$$

求出

$$\frac{as}{d_0} + 0.147 = 0.23 \times \frac{20}{7} = 0.66$$

将结果代入下式

$$\frac{D}{d_0} = 6.8 \left(\frac{as}{d_0} + 0.147 \right) = 6.8 \times 0.66 = 4.49$$

所以送风口直径

$$d_0 = \frac{D}{4.49} = \frac{3}{4.49} = 0.67\text{m}$$

根据工作区质量平均流速与喷口流速之间的关系得

$$\frac{v_2}{v_0} = \frac{0.23}{\dfrac{as}{d_0} + 0.147} = \frac{-7}{-20} = \frac{7}{20}$$

已知工作区要求的质量平均流速为 2m/s，因此可解得送风口的气体流速

$$v_0 = \frac{20}{7}v_2 = \frac{20}{7} \times 2 = 5.71\text{m/s}$$

由于

$$\frac{as}{d_0} + 0.147 = 0.66$$

代入紊流系数 $a = 0.12$，送风口直径 0.67m，由此可得到送风口至工作面的距离

$$s = (0.66 - 0.147)\frac{d_0}{a} = (0.66 - 0.147) \times \frac{0.67}{0.12} = 2.86\text{m}$$

根据射流偏移量计算公式

$$y' = \frac{Ar}{d_0}\left(0.51\frac{a}{d_0}s^3 + 0.35s^2\right)$$

将 $Ar = \frac{d_0}{v_0^2}\frac{\Delta T_0}{T_e}g$ 代入上式并代入 $d_0 = 0.67$m，$a = 0.12$，$s = 2.83$m 得

$$\begin{aligned}
y' &= \frac{\Delta T_0 g}{v_0^2 T_e}\left(0.51\frac{a}{d_0}s^3 + 0.35s^2\right)\\
&= \frac{9.8 \times (-20)}{5.71^2 \times (273 + 32)} \times \left(0.51 \times \frac{0.12}{0.67} \times 2.86^3 + 0.35 \times 2.86^2\right)\\
&= -0.1\text{m}
\end{aligned}$$

即射流轴心线在工作面相对于送风口中心的水平轴线下降了 0.1m。

码6-6
知识拓展：
射流技术在
现代工业
中的应用

教学情境 5　有限空间射流

我们前面介绍的射流属于无限空间射流，其流动不受周围固体壁面的影响，在空间内可以自由扩散。但在供热通风与空调工程中应用的射流，如果房间比较小，射流在空间中会受到墙壁、顶棚及地面等围护结构的限制和影响，从而限制了射流的扩散运动，射流结构及其运动规律和无限空间射流相比，有着明显的不同，因此必须研究受限后的射流即有限空间射流运动规律。

码6-7
有限空间
射流

目前有限空间射流理论尚不完全成熟，设计计算所用公式多为根据实验结果整理而成，所以本书仅对有限空间射流运动的特征及其有关运动参数的计算作一般性介绍。

1. 射流结构

当射流经喷口喷入房间后，由于房间边壁限制了射流边界层的发展扩散，射流半径及流量不是一直增加，增大到一定程度后反而逐渐减小，使其边界线呈椭圆形，如图 6-10 所示。重要的特征是椭圆形的边界外部与固体边壁间形成与射流方向相反的回流区，于是流线呈闭合状。这些闭合流线环绕的中心，就是射流与回流共同形成的旋涡中心 C。

有限空间射流在运动空间内引起的回流，是区别于无限空间射流的重要特征之一。供热通风和空调工程上正是利用射流的这一特征，在回流区组织气流运动，来改善环境气候条件。

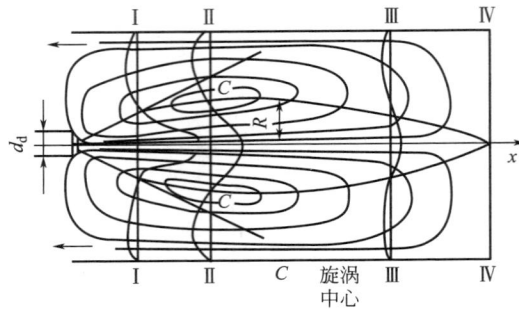

图 6-10　有限空间射流流场

　　射流出口至断面 Ⅰ-Ⅰ，因为固体边壁尚未妨碍射流边界层的扩展，各运动参数所遵循的规律与自由射流一样，计算也可用自由射流公式。Ⅰ-Ⅰ 断面称为第一临界断面，从喷口至 Ⅰ-Ⅰ 为自由扩张段。

　　从断面 Ⅰ-Ⅰ 开始，射流边界层扩展受到影响，卷吸周围气体的作用减弱，因而射流半径和流量的增加速率逐渐减慢，与此同时，射流中心速度减小的速率也变慢些。但总的趋势还是半径逐增，流量逐增。到达 Ⅱ-Ⅱ 断面，即包含旋涡中心的断面，射流各运动参数发生了根本转折，射流流线开始越出边界层产生回流，射流主体流量开始沿程减少。仅在 Ⅱ-Ⅱ 断面上主体流量为最大值，称 Ⅱ-Ⅱ 为第二临界断面，从 Ⅰ-Ⅰ 至 Ⅱ-Ⅱ 为有限扩张段。

　　在 Ⅱ-Ⅱ 断面处实验得知：回流的平均流速、回流流量为最大，而射流半径则在 Ⅱ-Ⅱ 断面稍后一点达到最大值。

　　从 Ⅱ-Ⅱ 断面以后，射流主体流量、回流流量、回流平均流速都逐渐减小，直到射流主体流量在到达 Ⅳ-Ⅳ 断面处减小为零。从 Ⅱ-Ⅱ 至 Ⅳ-Ⅳ 为收缩段。

　　各横截面上速度分布情况，见图 6-10。橄榄形边界内部为射流主体的速度分布线，外部是回流的速度分布线。

　　射流结构与喷嘴安装的位置有关。如喷嘴安置在房间高度、宽度的中央处，射流结构上下、左右对称。射流主体呈橄榄状，四周为回流区。但实际送风时多将喷嘴靠近顶棚安置，如安置高度 $h \geqslant 0.7H$（房高）时，射流出现贴附现象，整个贴附于顶棚上，而回流区全部集中于射流主体下部与地面间。这种射流称为贴附射流。贴附现象的产生是由于靠近顶棚流速增大静压减小，而射流下部静压大，上下压差致使射流不得脱离顶棚。

　　贴附射流可以看成完整射流的一半，规律相同。

2. 动力特征

　　在实验中发现，有限空间射流，在第一临界断面以后，射流边界层内的压强受回流影响随射程逐渐增大，而且射程越大，压强越大。在橄榄形射流主体的前端压强达到最大值，它略高于周围静止气体的压强。这样射流各横断面上的动量也不相等，其动量沿射程不断减小以至消失。即射流各横断面的动量是不守恒的，这是有限空间射流与无限空间射流的又一主要区别，也是从理论上还无法对有限空间射流各运动参数的计算公式进行推导的主要原因。

3. 半经验公式

有限空间射流主要用于集中式通风和空调工程中，多采用贴附射流。这样工作区域就处于射流的回流区内，并且对回流区的气流速度要有一定的限制。

对于 $h \geqslant 0.7H$ 的贴附射流，回流平均流速 v 的半经验公式为

$$\frac{v}{v_0} \frac{\sqrt{F}}{d_0} = 1.77(10\overline{L}) \mathrm{e}^{10.7\overline{L}-37\overline{L}^2} = f(\overline{L}) \tag{6-16}$$

式中　v——回流平均流速（m/s）；

　　　v_0——喷口出流速度（m/s）；

　　　d_0——射流喷口直径（m）；

　　　F——垂直于射流的房间横截面积（m²）；

　　　$\overline{L}$——射流计算断面至喷口的无因次距离。

$\overline{L}$ 可按式（6-17）计算。

$$\overline{L} = \frac{aL}{\sqrt{F}} \tag{6-17}$$

式中　a——紊流系数；

　　　L——计算断面至射流喷口的距离（m）。

由射流的运动特征可知，在 Ⅱ-Ⅱ 断面处的回流流速最大，以 v_1 表示。Ⅱ-Ⅱ 断面距喷嘴出口的无因次距离通过实验已得出，为 $\overline{L} = 0.2$，代入式（6-16）得到最大回流速度为：

$$\frac{v_1}{v_0} \frac{\sqrt{F}}{d_0} = 0.69 \tag{6-18}$$

设距送风口 L 处的计算断面回流速度为 v_2，代入式（6-16）可得

$$\frac{v_2}{v_0} \frac{\sqrt{F}}{d_0} = f(\overline{L}) \tag{6-19}$$

联立式（6-16）、式（6-18）与式（6-19）可得：

$$0.69 \frac{v_2}{v_1} = 1.77(10\overline{L}) \mathrm{e}^{10.7\overline{L}-37\overline{L}^2} = f(\overline{L}) \tag{6-20}$$

由于 v_1、v_2 是根据工程要求确定的设计参数，是已知量，把它们代入式（6-16）即可求出无因次距离 $\overline{L}$。然后把计算出的 $\overline{L}$ 值代入式（6-17）便可求出射流的作用距离，即回流速度为 v_2 的断面到送风口距离。

$$L = \overline{L} \frac{\sqrt{F}}{a}$$

由于式（6-16）的函数关系比较复杂，为了简化计算，将不同的 v_1、v_2 值代入式（6-16），计算出相应的无因次距离 $\overline{L}$，整理成表 6-4。

无因次距离 $\overline{L}$

表 6-4

v_1(m/s)	v_2(m/s)					
	0.07	0.10	0.15	0.20	0.30	0.40
0.50	0.42	0.40	0.37	0.35	0.31	0.28
0.60	0.43	0.41	0.38	0.37	0.33	0.30

v_1(m/s)	v_2(m/s)					
	0.07	0.10	0.15	0.20	0.30	0.40
0.75	0.44	0.42	0.40	0.38	0.35	0.33
1.00	0.46	0.44	0.42	0.40	0.37	0.35
1.25	0.47	0.46	0.43	0.41	0.39	0.37
1.50	0.48	0.47	0.44	0.43	0.40	0.38

但要注意的是，以上所给公式仅适用于喷嘴安装高度 $h \geqslant 0.7H$ 的贴附射流。当喷嘴安装高度 $h = 0.5H$ 时，射流上下对称，四周均有回流区。由于工程上一般仅利用射流的下部回流区，如果以通过射流轴线的水平面为界，射流下部的过流面积为 $0.5F$，因此应以 $0.5F$ 代替 F 代入相应的公式中进行计算，而且其射程要短一些，一般约为贴附射流的 70%。

【例 6-3】 车间长 70m，高 11.5m，宽 30m。在一端布置送风口及回风口，送风口高为 6m，流量为 10m³/s。试设计送风口尺寸。

解： 与射流垂直的房间横截面积 $F = 30 \times 11.5 = 345\text{m}^2$

限定工作区内空气流速 $v_1 = 0.5\text{m/s}$；接近末端的射流回流平均速度 $v_2 = 0.15\text{m/s}$。

通过表 6-4 可查出 $\overline{L} = 0.37$。

选用带有收缩口的圆喷嘴，查表 6-1 知，$a = 0.066$。

已知送风口高 $h = 6\text{m}$，约为 $0.5H$，射程为

$$L = \frac{\overline{L}}{a}\sqrt{0.5F} = \frac{0.37}{0.066} \times \sqrt{0.5 \times 345} = 73.63\text{m}$$

也可从 $h = 0.5H$ 时，射程仅为贴附射流的 70% 计算 L。

$$L = 0.7\frac{\overline{L}}{a}\sqrt{F} = 0.7 \times \frac{0.37}{0.066} \times \sqrt{345} = 72.89\text{m}$$

说明两者所得结果基本相符。

送风口直径 d_0 可联立下面两式

$$\frac{v_1}{v_0}\frac{\sqrt{F}}{d_0} = 0.69$$

$$Q = v_0 \times \frac{\pi d_0^2}{4}$$

求出

$$d_0 = \frac{0.69Q}{\frac{\pi}{4}v_1\sqrt{F}} = \frac{0.69 \times 10}{0.785 \times 0.5 \times \sqrt{345}} = 0.945\text{m}$$

4. 末端涡流区

从喷嘴出口截面至收缩段终了 Ⅳ-Ⅳ 截面的射程长度 L_4，可用下列半经验公式计算。

$$\frac{L_4}{d_0} = 3.58\frac{\sqrt{F}}{d_0} + \frac{1}{a}\left(0.147\frac{\sqrt{F}}{d_0} - 0.133\right) \tag{6-21}$$

在房间长度 l 大于 L_4 情况下，实验证明在封闭末端产生涡流区，如图 6-11 所示。涡

流区的出现是通风空调工程所不希望的，应采取措施加以消除。

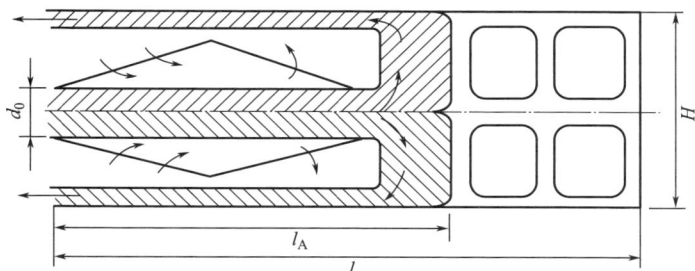

图 6-11 末端产生涡流区

【例 6-4】 条件如例 6-3，试判断有无涡流区出现。

解：由式（6-21）得

$$L_4 = 0.945 \times \left[3.58 \times \frac{\sqrt{345}}{0.945} + \frac{1}{0.07} \times \left(0.147 \times \frac{\sqrt{345}}{0.945} - 0.133 \right) \right] \approx 103.7 \text{m}$$

房间长度为 70m，小于 L_4，故不出现涡流区，若房间长度超过 103.7m，仍用带收缩的圆喷嘴，直径为 0.945m，将出现涡流区，此时可采取双侧射流送风等措施，消除涡流区。

思政案例

认真做好一件事：水射流专家沈忠厚院士

沈忠厚（1928 年 2 月 13 日—2021 年 2 月 5 日），四川大竹人，我国著名的油气井工程技术专家、水射流专家、教育家，油气井工程学科奠基人，如图 6-12 所示。长期从事高压水射流理论与技术研究工作，在淹没非自由射流、自振空化射流理论与技术等方面取得重要突破，将射流技术与钻井工程相结合，开辟了我国石油钻井技术的新领域，为我国石油行业培养了大批专业人才。

图 6-12 沈忠厚（前排中）

沈忠厚一直教导学生"要上山不要下海":"上山"就是要迎难而上,勇攀科研高峰;"下海"就是利用科研成果谋取个人利益。他常说:"一个人一辈子能够认真做好一件事就够了。"而他也用自己的一生践行了这两句话。

熟悉沈忠厚的人都对他有一个深刻的印象,那就是锲而不舍,认准了一件事就一定会坚持做下去,直到成功。在科研上,他研究的四代钻头,每代都要经过约七年的时间才能研制成功,而他硬是一个七年又一个七年地坚持了下来,并且打算再花七年研究出第五代。沈忠厚常对学生们说,做科研要有恒心,要坐得住冷板凳,绝对不能追求短平快,要踏踏实实地打好每一步基础。他总结自己成功的原因时,说自己有一种"傻子"思维,不会投机取巧,认准了一件事就会一门心思做下去。

沈忠厚淡泊名利是出了名的,对他而言,个人的荣誉和利益远没有科研成果有诱惑力。学术成果署名、教研室排名、选干部、评优秀……所有跟个人利益有关的事情他永远都以他人为先。他始终觉得自己作为一名教师、一名科研工作者,不能只顾追求个人利益,而是应该好好地做学问、做科研,为国家创造财富和培养人才,这才是他的本职工作和快乐所在。

沈忠厚院士用一辈子的时间来研究射流,他留给我们的绝不仅仅是先进的射流理论和几代钻头,还有他的崇高的学术追求和高尚的人格魅力。

单元小结 🔍

本教学单元重点介绍了无限空间淹没紊流射流的特征,同时对圆形断面射流、平面射流、温差或浓差射流及射流弯曲进行了分析,最后还介绍了有限空间射流。学习中应熟悉气体紊流射流及温差或浓差射流的特性,并能用相关知识解释工程中气体射流的特点。

自我测评 🔍

一、填空题

1. 依照流体种类,射流分为_____和_____。
2. 按射流与射流流入空间的流体是否相同,分为_____和_____。
3. 按照出流空间大小、对射流的流动是否有影响,分为_____和_____。
4. 按照喷口形状,可分为_____、_____和_____。
5. 按照射流的流态,分为_____和_____。

二、问答题

1. 无限空间气体紊流射流为什么沿射程流量会增大?
2. 无限空间气体紊流射流的运动特征主要表现在哪一方面?
3. 什么是射流的质量平均流速?为什么要引入这一流速?
4. 什么是温差射流的热力特征?

三、计算题

1. 某体育馆的圆柱形送风口，$d_0 = 0.6$m。风口至比赛区为 60m。要求比赛区风速（质量平均风速）不得超过 0.3m/s。求送风口的送风量最大值。

2. 高出地面 5m 处设一孔口 $d_0 = 0.1$m，以 2m/s 的速度向房间水平送风。送风温度 $t_0 = -10℃$，室内温度 $t_e = 27℃$。试求距出口 3m 处的 v_2、t_2。

3. 已知圆喷口的紊流系数 $a = 0.12$，送风温度 15℃，车间空气温度 30℃，已知工作地点的质量平均风速为 3m/s，轴线温度为 23.8℃，工作面射流直径为 2.5m，求：

(1) 风口直径和送风速度。

(2) 风口到工作面的距离。

Chapter 07

教学单元7

泵与风机的理论基础

教学目标

【**知识目标**】了解泵与风机的分类和应用场景，掌握泵与风机的基本性能参数、基本构造和工作原理，了解叶轮形式对泵与风机工作的影响；了解欧拉方程的含义，熟悉离心式泵与风机的基本方程式；了解轴流式泵与风机基本构造、工作原理、性能曲线；熟悉力学相似性原理、相似律和比转数在泵与风机运行、调节和选型中的应用。

【**能力目标**】理解泵与风机的性能参数，学会阅读泵与风机的铭牌；能够理解不同类型的泵与风机之间性能曲线的差异；能够运用相似律进行相似工况下泵与风机的参数计算；能够理解比转数的实用意义。

【**素质目标**】结合泵与风机的分类和应用，能够根据不同需求选择合适的泵与风机，树立具体问题具体分析的意识；结合泵与风机在工程中的广泛应用及水泵的节能技术，培养节能环保意识，增强社会责任感；结合欧拉方程，进一步了解欧拉生平故事，开拓视野，学习不畏艰难的科学精神；结合相似律树立唯物主义辩证法思维。

思维导图

```
                                                                      ┌─── 离心式
                                                             ┌── 叶片式 ├─── 轴流式
                                                             │        └─── 混流式
                                          ┌── 泵与风机的分类 ┤
                              ┌── 泵与风机的分类和应用 ┤        └── 容积式 ┌─── 往复式
                              │                      │                └─── 回转式
                              │                      └── 其他类型
                              │
                              │                      └── 泵与风机的应用
                              │
                              │── 离心式泵与风机的基本性能参数 ── 流量、扬程(全压)、功率、效率、转速等
                              │
                              │                                      ┌── 离心式泵与风机的基本构造
                              │── 离心式泵与风机的基本构造、工作原理 ┤
                              │                                      └── 离心式泵与风机的工作原理
                              │
                              │                              ┌── 流体在叶轮中的流动过程
  泵与风机的理论基础 ─────────┤── 离心式泵与风机的基本方程 ┤── 基本方程——欧拉方程
                              │                              └── 欧拉方程的修正
                              │
                              │                          ┌── 泵与风机的理论性能曲线
                              │── 泵与风机的性能曲线 ┤
                              │                          └── 泵与风机的实际性能曲线
                              │
                              │                      ┌── 基本构造
                              │── 轴流式泵与风机 ┤── 工作原理
                              │                      └── 性能曲线的特点
                              │
                              │                    ┌── 几何相似
                              │── 力学相似性原理 ┤── 运动相似
                              │                    └── 动力相似
                              │
                              │                      ┌── 泵与风机的相似条件
                              │                      ├── 相似律
                              └── 相似律与比转数 ┤── 相似律的实际应用
                                                     ├── 风机的无因次性能曲线
                                                     └── 比转数
```

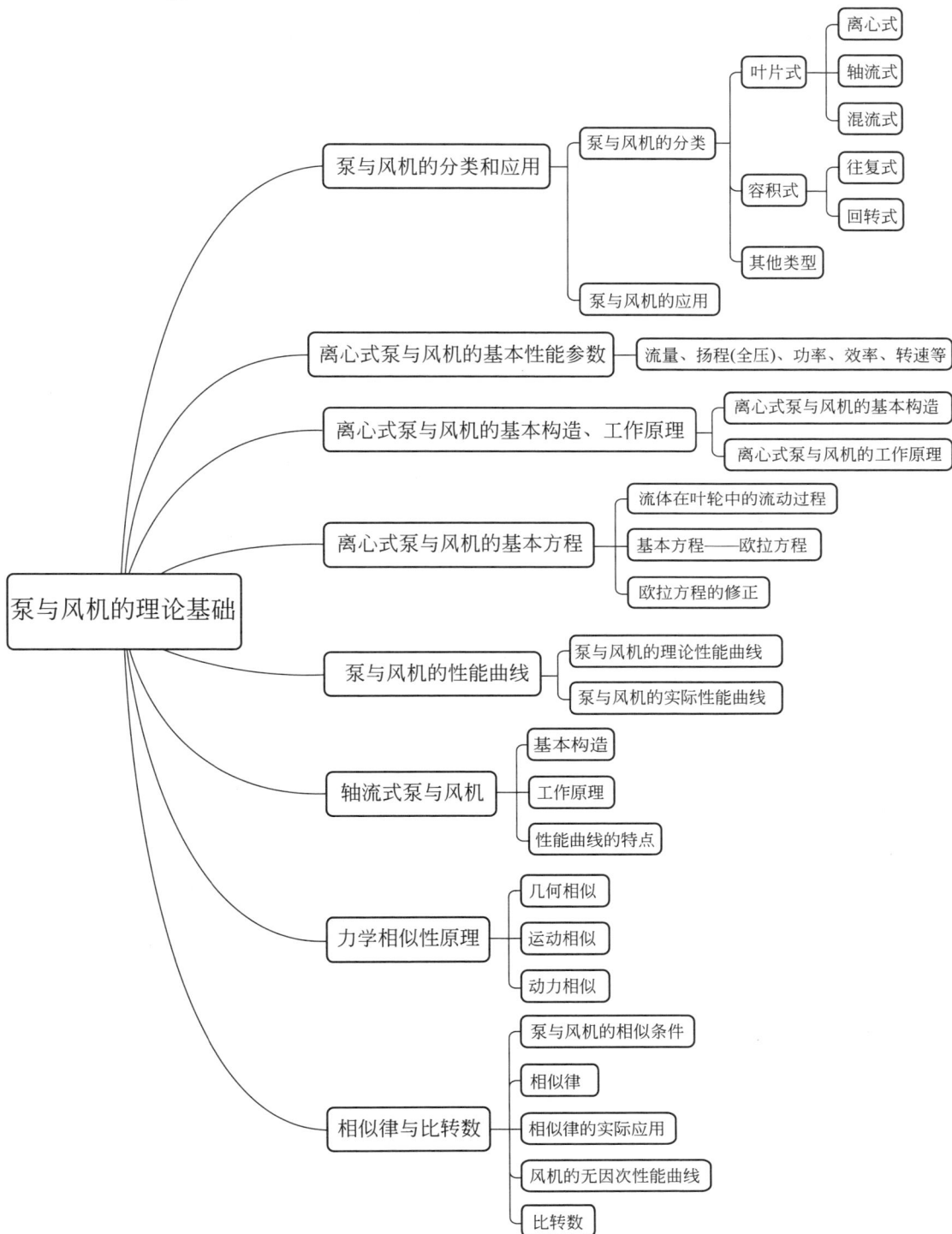

教学单元7思维导图

教学情境 1 泵与风机的分类和应用

泵与风机是利用原动机（常用为电动机）提高流体能量，进而提升或输送流体的一种流体机械。其中，以液体为工作介质的流体机械称为泵；以气体为工作介质的流体机械称为风机。

1. 泵与风机的分类

根据泵与风机的工作原理，通常可以分类如下。

1）叶片式

叶片式泵与风机是由装在主轴上的叶轮通过旋转对流体做功，从而使流体获得能量。根据流体的流动情况又可以分为如下类型：

（1）离心式

流体轴向进入叶轮后，主要沿径向流动，并利用叶轮产生的离心力来输送或提高其扬程。如离心式泵（下文可简称"离心泵"）按照泵轴上的叶轮数量又可以分为：

① 单级泵

只有一个叶轮的泵，具有结构简单、性能平稳、转速高、体积小、重量轻、效率高、容易操作和维修等优点。

② 多级泵

有两个或两个以上叶轮的泵，从泵壳外观来看，泵壳比较长、呈筒状的大部分是多级泵。多级泵性能高，但结构相对单级泵更复杂，维修更困难一些。

离心泵按照安装方式又可以分为：

① 立式泵

立式离心泵的主轴位置竖直，泵体和电机在同一轴线上，可以直接安装在管道上，占地面积较小，可直接开停，但维修时需要将上方全部拆除，相对卧式泵检修比较困难。

② 卧式泵

卧式离心泵的主轴位置水平，安装需水平放置，相比立式泵占地面积较大，且因吸出高度的限制，水泵安装位置很低，容易受潮、受淹。但是具有结构简单、维修方便、固定安装无振动、密封较好、噪声低、维护方便、价格便宜等优点。大型泵一般采用卧式泵。

离心泵按用途不同还可以分为给水泵、污水泵、污泥泵、泥浆泵、雨水泵、冷凝水泵、锅炉给水泵、加药泵等，实际使用时应根据不同应用场景选择合适类型的泵。

（2）轴流式

流体轴向流入叶轮后，近似地在圆柱形表面上沿轴线方向流动，并借助旋转叶轮产生的升力来输送，或提高其扬程。轴流式泵或风机所输送的流体流量比离心式泵或风机大，但扬程要比离心式泵或风机低。

（3）混流式

流体进入叶轮后，流动的方向处于轴流式和离心式之间，近似沿锥面流动。

2）容积式

容积式泵与风机是靠机械运转时，内部工作容积不断变化对流体做功，从而吸入或排出流体。容积式泵与风机按结构不同又可以分为：

（1）往复式

借活塞在汽缸内的往复作用使缸内容积反复变化，以吸入和排出流体，如蒸汽活塞泵。

（2）回转式

机壳内的转子或转动部件旋转时，转子与机壳之间的工作容积发生变化，借以吸入和排出流体，如齿轮泵、转子泵、罗茨鼓风机等。

3）其他类型的泵与风机

除了叶片式和容积式以外的泵与风机均可列入这一类，如引射器、空气扬水机（气升泵）、真空泵、水锤泵等。

2. 泵与风机的应用

泵与风机是一般的通用机械，广泛应用于国民经济发展和社会生产生活中。给水排水、供热、工业通风、空调制冷、冲灰除渣、消烟除尘、煤气工程等都离不开泵与风机。如果把城市市政管网比作人身上的血管系统，那么泵与风机就是输送血液的心脏。

码7-2
水泵在给水排水工程中的应用

各种类型的泵与风机的使用范围是不相同的，在给水排水、供热通风与空调工程中，应用较多的是离心式泵与风机，本书主要介绍叶片式中的离心式泵与风机，简要介绍轴流式泵与风机，对往复式泵、活塞式压缩机等其他形式的泵与风机仅摘选几种作一般简介。

由于本专业常用泵是以不可压缩流体为工作对象，而风机的增压量也不高（通常在 9807Pa 或 1000mmH$_2$O 以下），所以本书中的工作流体按照不可压缩流体进行论述。

码7-3
知识拓展：泵与风机在工程应用中的发展趋势

教学情境 2　离心式泵与风机的基本性能参数

离心式泵与风机的基本性能，通常用以下参数来表示。

1. 流量

单位时间内泵或风机所输送的流体量称为流量。常用体积流量表示，符号为字母 Q，单位是"m³/s"或"m³/h"；若采用质量流量表示时，其单位为"kg/h"。

码7-4
离心式泵与风机的基本性能参数

2. 泵的扬程或风机的全压

泵的扬程或风机的全压分别表示单位重量或单位体积的流体流经泵或风机时所获得的能量。

流经泵的出口断面与进口断面单位重量流体所具有的总能量之差称为泵的扬程，用字母 H 表示，其单位为"mH$_2$O"或"Pa"。

流经风机出口断面与进口断面单位体积流体具有的总能量之差称为风机的全压，用字

母 P 表示，其单位为"Pa"或"mmH$_2$O"。

3. 功率

1）有效功率

单位时间内流体从泵或风机中所获得的总能量称为有效功率，用字母 N_e 表示，其等于重量流量与扬程的乘积，单位为"kW"。

$$N_e = \gamma QH = QP \tag{7-1}$$

式中　γ——被输送流体的重度（kN/m^3）；

　　　Q——被输送流体的流量（m^3/s）；

　　　H——泵的扬程（m）；

　　　P——风机的全压（kPa）。

2）轴功率

原动机传递到泵或风机轴上的输入功率称为轴功率，用字母 N 表示，单位为"kW"。

4. 效率

泵或风机的有效功率与轴功率之比称为全效率（简称效率），用字母 η 表示，以百分比计。

$$\eta = N_e/N \tag{7-2}$$

效率反映损失的大小和输入的轴功率被利用的程度，效率高，即损失小，也即轴功率被利用的程度高。从不同角度出发，还可以定义出容积效率、传动效率等不同的效率参数，将在教学单元7教学情境5中进一步论述。

5. 转速

转速指泵或风机的叶轮每分钟的转数，单位为"r/min"，常用字母 n 表示。

6. 允许吸上真空高度和气蚀余量

泵的允许吸上真空高度 H_s 和气蚀余量 Δh 是从不同角度反映泵吸水性能强弱的参数，将在教学单元8教学情境2中进一步论述。

泵与风机的性能参数还有比转数 n_s 等，将在教学单元7教学情境8中进一步论述。

为了方便用户使用，水泵或风机的制造厂家提供两种性能资料：一是水泵或风机样本。在样本中，除了水泵或风机的用途、结构、尺寸外，主要提供一套各性能参数相互之间关系的性能曲线（将在教学单元7教学情境5中进一步论述），以便用户全面了解该水泵或风机的性能。二是在每台泵或风机的机壳上都钉有一块铭牌，铭牌上简明地列出了该泵或风机在设计转速下运转时，效率达到最高时的流量、扬程（或全压）、转速、电机功率及允许吸上真空高度值等，即性能曲线上效率最高点的各参数值。现举例如下：

IS65-50-125 型单级单吸悬臂离心式清水泵铭牌：

单级单吸悬臂离心式清水泵		
型号：IS65-50-125		转速：2900r/min
流量：25m^3/h		效率：69%
扬程：20m		电机功率：3kW
允许吸上真空高度：7m		重量：
出厂编号：		出厂：　　年　　月　　日

铭牌上泵的型号为 IS65-50-125，其中 IS 表示国际标准离心泵；65 表示进口直径为 65mm；50 表示出口直径为 50mm；125 表示叶轮名义直径为 125mm。

4-72 型离心式通风机铭牌如下：

离心式通风机	
型号：4-72	No5
流量：11830m³/h	电机功率：13kW
全压：290mmH₂O	转速：2900r/min
出厂编号：	出厂：　年　月　日

铭牌上风机的型号为 4-72，其中 4 表示风机在最高效率点时全压系数乘 10 后的化整数，本例风机的全压系数为 0.4；72 表示比转数；No5 代表风机的机号，以风机叶轮外径的分米数表示，No5 表示叶轮外径为 500mm。

教学情境 3　离心式泵与风机的基本构造、工作原理

1. 离心泵的基本构造

离心泵主要由叶轮、泵壳、泵轴、泵座、密封环和轴封装置（油封）等部件构成，其基本构造如图 7-1 所示。

码7-5
离心泵
的基本
结构

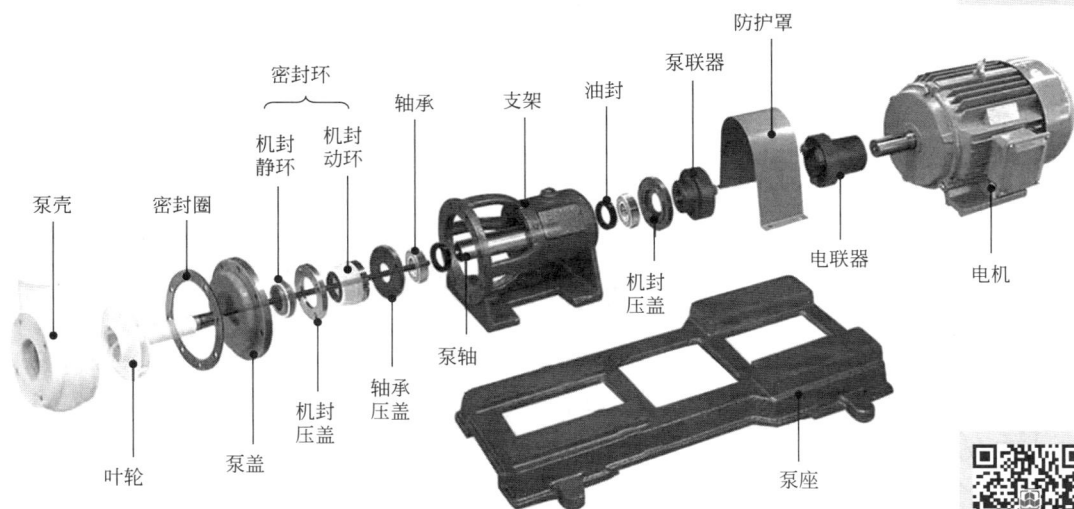

图 7-1　离心泵的基本构造

码7-6
离心泵
的工作
原理

1）叶轮

叶轮是离心泵最主要的部件。它一般由两个圆形盖板以及盖板之间若干片弯曲的叶片和轮毂所组成，如图 7-2 所示。叶片固定在轮毂上，轮毂中间有穿轴孔与泵轴相连接。

图 7-2   叶轮结构简图

1—前盖板；2—后盖板；3—叶片；4—流道；5—吸水口；6—轮毂；7—泵轴

　　离心泵的叶轮可分为单吸叶轮和双吸叶轮两种。目前多采用铸铁、铸钢和青铜制成。叶轮按其盖板情况可分为封闭式叶轮、半开式叶轮和敞开式叶轮三种形式，如图 7-3 所示。凡具有两个盖板的叶轮，称为封闭式叶轮，这种叶轮应用最广，前述的单吸式、双吸式叶轮均属于这种形式。只有后盖板，没有前盖板的叶轮，称为半开式叶轮。只有叶片没有完整盖板的叶轮称为敞开式叶轮。一般用于抽吸含有悬浮物的污水泵中，为了避免堵塞，有时采用半开式或敞开式叶轮。半开式或敞开式叶轮的特点是叶片少，一般仅 2~5 片。而封闭式叶轮一般有 6~8 片，多的可至 12 片。

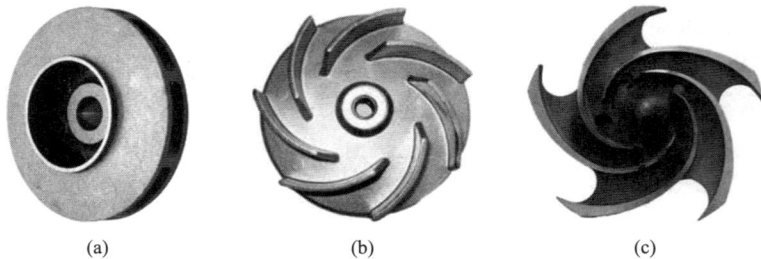

(a)   (b)   (c)

图 7-3   叶轮形式

（a）封闭式叶轮；（b）半开式叶轮；（c）敞开式叶轮

2）泵壳

　　离心泵的泵壳常铸成蜗壳形，其过水部分要求有良好的水力条件，如图 7-4 所示。泵壳的作用是收集来自叶轮的液体，并使部分液体的动能转换为压力能，最后将液体均匀地导向排出口。泵壳顶上设有充水和放气的螺孔以便在水泵启动前用来充水和排走泵壳内的空气。底部设有放水的方头螺栓，以便停用和检修时排水。

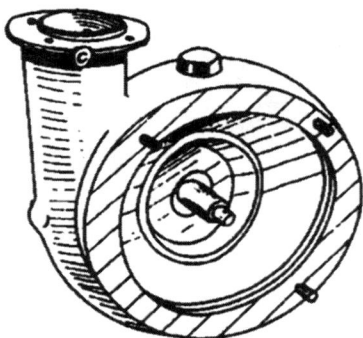

3）泵轴

　　泵轴是用来旋转叶轮并传递扭矩的。常用的材料是碳素钢和不锈钢。泵轴应有足够的抗扭强度和刚度。泵轴与叶轮用键进行连接，离心泵当中一般采用平键，如图 7-5 所示。

图 7-4   蜗壳形泵壳

图 7-5　平键连接示意

（a）平键连接拆解；（b）平键连接组装剖面

4）泵座

泵座上有与底板和基础固定的法兰孔，有收集轴封滴水的水槽，轴向的水槽底设有泄水螺孔，以便随时排出由填料盖内渗出的水。

5）密封环

密封环也叫减漏环，主要用于减小高速转动的叶轮和固定的泵壳之间的缝隙，从而减少泵壳内高压区泄漏到低压区的液体量，如图 7-6 所示。减漏环的另一个作用是用来承磨，当间隙磨大后只需更换密封环而不至于更换叶轮和泵壳，因此又叫承磨环。

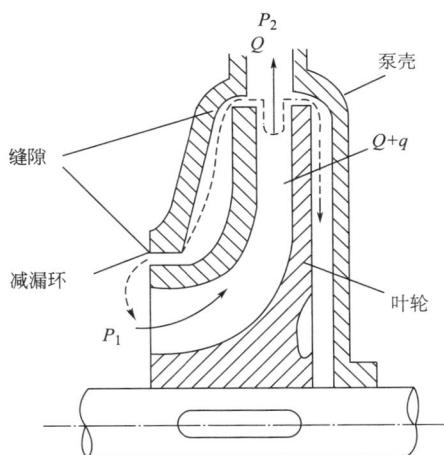

图 7-6　减漏环

减漏环是一种金属口环，通常镶嵌在缝隙处的泵壳上，或在泵壳与叶轮上各镶一个。此环的接缝面可以做成阶梯形，以增加液体的回流阻力，提高减漏效果，图 7-7 所示为三种不同形式的减漏环。

6）轴封装置

离心泵的泵轴穿出泵壳时，在轴与壳之间存在着间隙，如不采取措施，间隙处就会泄漏。当间隙处的液体压力大于大气压力（如单吸式离心泵）时，泵壳内的高压水就会通过

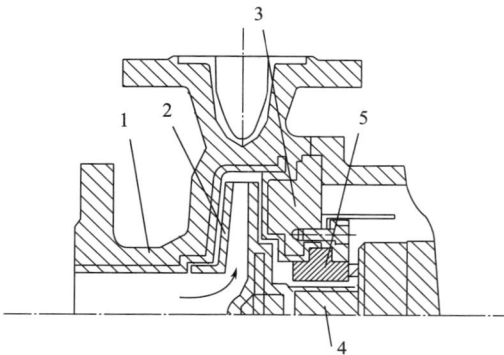

图 7-7　减漏环的形式

（a）单环形；（b）双环形；（c）双环迷宫形

1—泵壳；2—镶在泵壳上的减漏环；3—叶轮；4—镶在叶轮上的减漏环

此间隙向外大量泄漏，当间隙处的液体压力为真空（如双吸式离心泵）时，大气就会从间隙处漏入泵内，从而降低泵的吸水性能。为此，需在轴与泵之间的间隙处设置密封装置，称为轴封，如图 7-8 所示。常用的轴封有填料轴封和机械轴封两种类型。

7）轴向力平衡措施

单吸式离心泵，由于叶轮盖板不具对称性，当离心泵工作时，作用于前后盖板上的压力不相等，结果作用于叶轮上有一个指向吸入端的轴向推力 ΔP，如图 7-9 所示。从而造成叶轮轴向位移与泵壳发生磨损，水泵消耗的功率也相应增大。

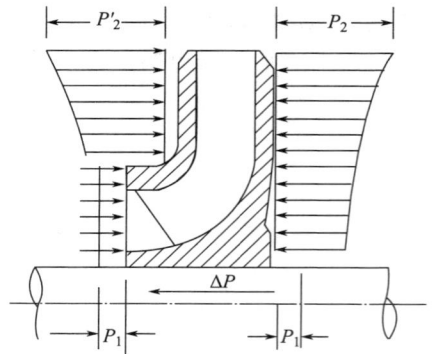

图 7-8　轴封装置示意

1—泵壳；2—叶轮；3—泵盖；

4—泵轴；5—轴封装置

图 7-9　轴向推力

对于单级单吸式离心泵，一般采取在叶轮后盖板上钻开平衡孔，并在后盖板上加装减漏环的办法来实现轴向力平衡，如图 7-10 所示。开孔口位置接近轮毂且要尽可能对称，开孔面积及个数应由实验决定，开孔后应作叶轮的静、动平衡实验。为配合开平衡孔需加装减漏环，其目的是增加回流通道阻力，降低开孔区水压。用这种办法平衡轴向推力会使水泵效率有所降低，但构造简单，容易实行。对于多级单吸式离心泵，轴向推力 ΔP 数值较大，可以安装轴向力平衡装置或对称布置叶轮等。常用的轴向力平衡装置是在最后一级装设平衡盘，其结构示意如图 7-11 所示。从末级出来的带压液体流入平衡盘前的空腔中，空腔处于高压状态，平衡盘后的平衡室通过平衡管与泵入口相连，压力近似为泵入口压力，因此在平衡盘两侧压力不相等，产生与轴向推力相反的平衡力。

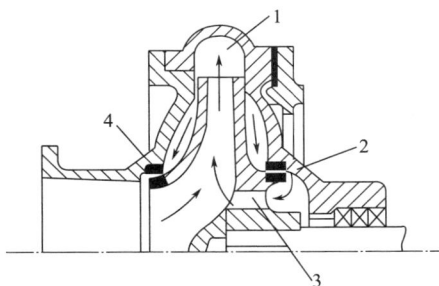

图 7-10　平衡孔
1—排出压力；2—加装的减漏环；
3—平衡孔；4—泵壳上的减漏环

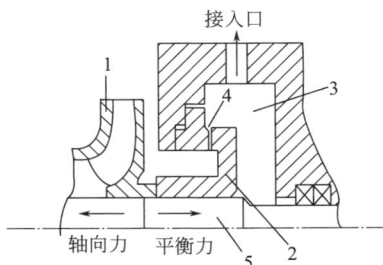

图 7-11　平衡盘结构示意
1—末级叶轮；2—平衡盘；3—平衡室；
4—轴向间隙；5—泵轴

2. 离心式风机的基本构造

离心式风机（下文可简称"离心风机"）根据其增压量大小，可分为：①低压风机：增压值小于 1000Pa；②中压风机：增压值为 1000～3000Pa；③高压风机：增压值大于 3000Pa。低压和中压风机多用于通风换气、排尘系统和空气调节系统。高压风机一般用于强制通风、气力输送系统等。此外，离心风机根据用途不同还可以分为锅炉引风机、排尘通风机、煤粉输送机等。不同类型的风机在构造上也有所不同。

离心风机主要由叶轮、机壳、支承等部件构成，如图 7-12 所示。对于大型离心风机，一般还有进风箱、前导器和扩散器，现分述如下。

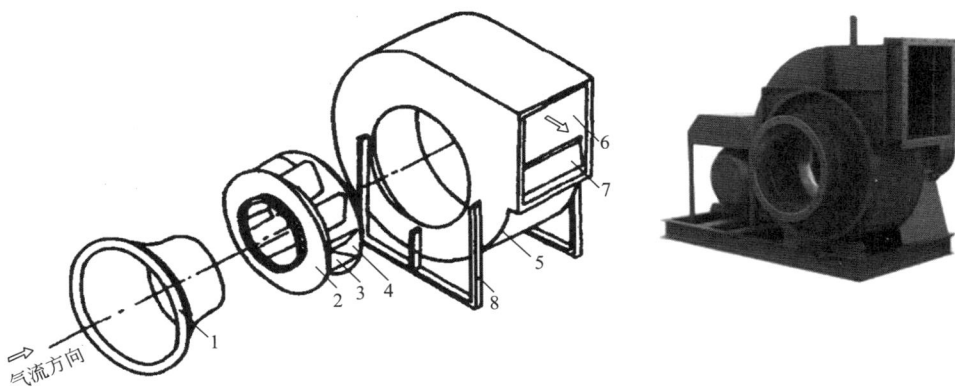

图 7-12　离心风机主要结构分解示意图
1—进风口；2—叶轮前盘；3—叶片；4—后盘；5—机壳；6—出口；
7—截流板（风舌）；8—支架

1）叶轮

叶轮是离心风机最主要的部件，一般由前盘、叶片、后盘和轮毂组成，如图 7-13 所示。叶轮后盘通过轮毂装在机轴上。

叶轮的几何形状和结构参数对风机的特性有着重大影响。叶轮前盘的形式有平前盘、锥前盘、弧形前盘三种，如图 7-14 所示。

191

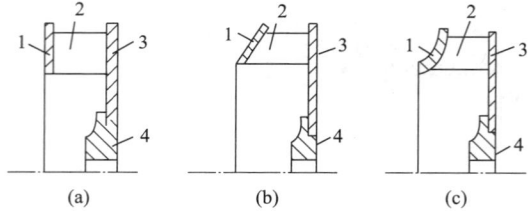

图 7-13　叶轮的组成

1—前盘；2—叶片；3—后盘；

4—轮毂；5—机轴

图 7-14　叶轮前盘的形式

（a）平前盘；（b）锥前盘；（c）弧形前盘

1—前盘；2—叶片；3—后盘；4—轮毂

图 7-15 是离心风机叶轮的主要结构参数示意图，图中 D_0 为叶轮进口直径，D_1 为叶片进口直径，D_2 为叶片出口直径，即叶轮外径，b_1 为叶片进口宽度，b_2 为叶片出口宽度，β_1 为叶片进口安装角，β_2 为叶片出口安装角。

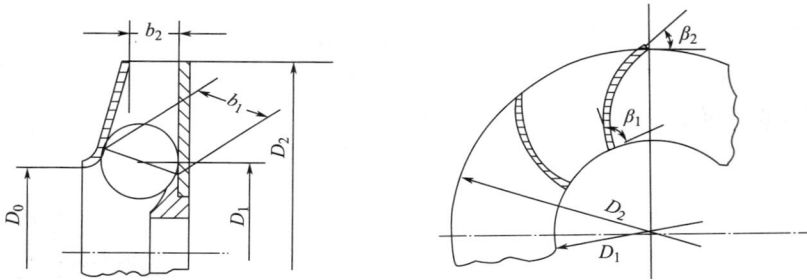

图 7-15　离心风机叶轮的主要结构参数示意图

叶轮上的主要零件是叶片，其基本形状有弧形、直线形和机翼形三种，如图 7-16 所示。叶片的形状、数目及出口安装角对风机的工作有很大影响。根据叶片出口安装角度的不同，可将叶轮的形式分为以下三种。

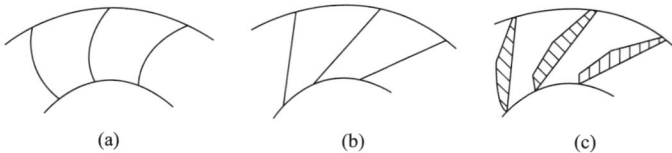

图 7-16　叶片的基本形状

（a）弧形；（b）直线形；（c）机翼形

（1）前向叶型的叶轮（$\beta_2 > 90°$）

如图 7-17（a）所示为薄板前向叶轮，如图 7-17（b）所示为多叶前向叶轮。叶片出口方向和叶轮旋转方向相同，这种类型叶轮流道短、弯度大，水头损失大，水力效率低。

（2）径向叶型的叶轮（$\beta_2=90°$）

如图 7-17（c）所示为弧形径向叶轮，如图 7-17（d）所示为直线径向叶轮。叶片出口方向和叶轮旋转方向垂直，前者制作复杂，但损失小，后者则相反。

（3）后向叶型的叶轮（$\beta_2<90°$）

如图 7-17（e）所示为薄板后向叶轮，如图 7-17（f）所示为机翼形后向叶轮。叶片出口方向和叶轮旋转方向相反，这类叶型的叶轮流道平缓、弯度小，能量损失少，整机效率高，运转时噪声小，但产生的风压较低。

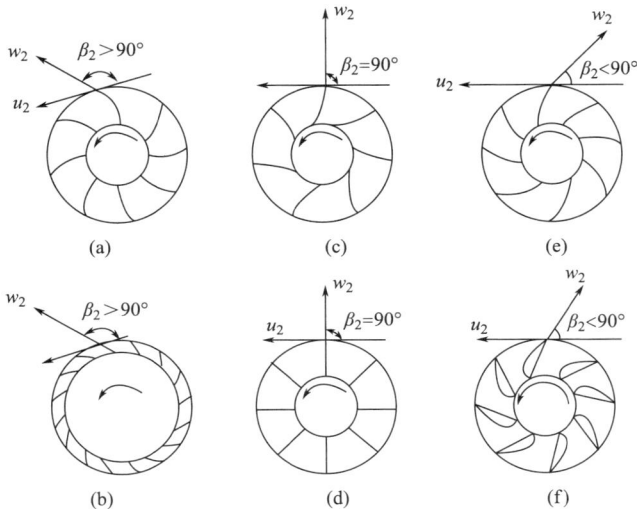

图 7-17　离心风机叶轮形式

w_2—叶片出口的相对速度；u_2—叶片出口的圆周速度；β_2—叶片出口的安装角

2）机壳

离心风机的机壳由蜗壳、进风口等零部件组成。

（1）蜗壳

蜗壳是由蜗板和左右两块侧板焊接或咬口而成。蜗壳的蜗板是一条对数螺旋线。蜗壳的作用是汇集叶轮中甩出来的气体，并引到蜗壳的出口，经过出风口把气体输送到管道中或排到大气中去。有的风机将流体的一部分动压通过蜗壳转变为静压。

（2）进风口

进风口又称集流器，是连接风机和风管的部件，它保证气流能均匀地充满叶轮进口，使气流的流动损失最小。目前常用的进风口有圆筒形、圆锥形、圆弧形和双曲线形四种，如图 7-18 所示。进风口形状应尽可能符合叶轮进口附近气流的流动状况，以避免漏流引起的损失。圆筒形进风口在直接进气时，在进口处易形成涡流区，从而产生损失；双曲线形进风口效果较好，常用于高效风机。

3）支承与传动方式

风机的支承包括机轴、轴承和机座。我国离心风机的支承与传动方式已经定型，共分为 A、B、C、D、E、F 六种形式，如表 7-1 所示。A 型风机的叶轮直接固装在风机的轴上；B、C 与 E 型均为皮带传动，这种传动方式便于改变风机的转速，有利于调节；D、F

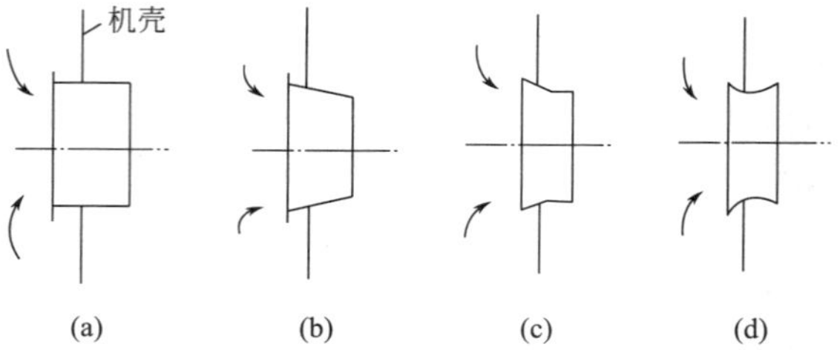

图 7-18　进风口形式示意图

（a）圆筒形进风口；（b）圆锥形进风口；（c）圆弧形进风口；（d）双曲线形进风口

型为联轴器传动；E 型和 F 型的轴承分设于叶轮的两侧，运转比较平稳，多用于大型风机。

离心风机的六种支承与传动方式　　　　　　　　　　　　　表 7-1

型号	A 型	B 型	C 型
示意图	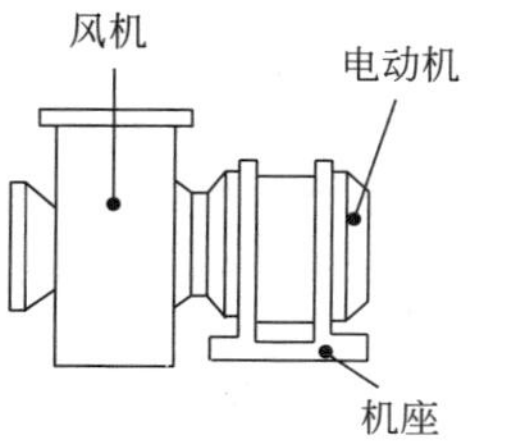	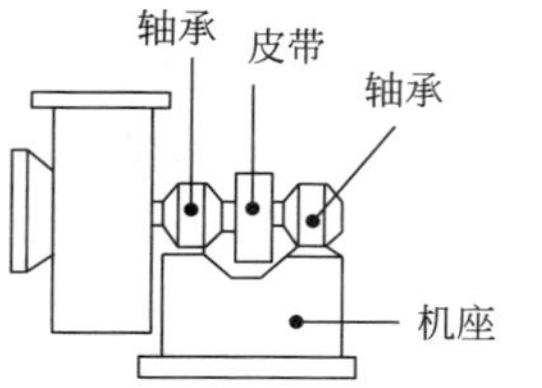	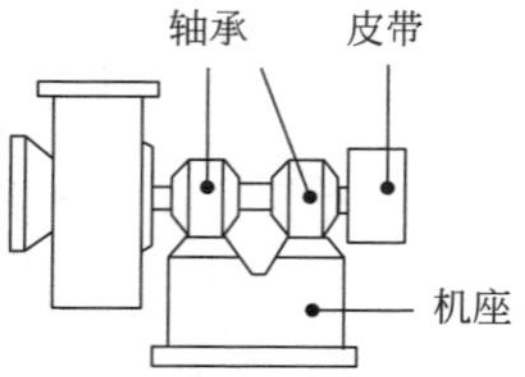
特征	无轴承,电机直接传动	悬臂支撑,皮带轮在轴承中间	悬臂支承,皮带轮在轴承外侧
型号	D 型	E 型	F 型
示意图	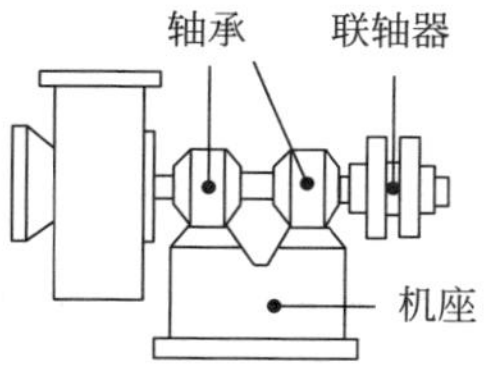	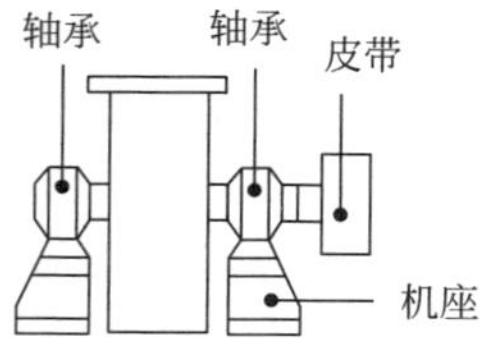	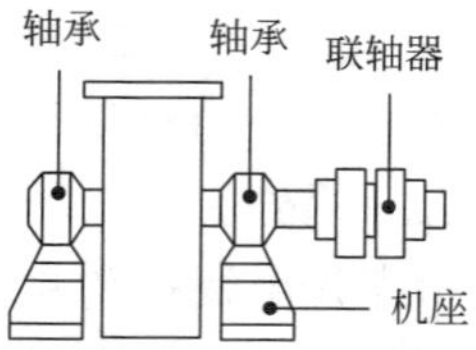
特征	悬臂支撑,联轴器传动	双支承,皮带轮在外侧	双支承,联轴器传动

4）进风箱

进风箱一般只使用在大型的或双吸的离心式风机上，如图 7-19 所示。其主要作用可使轴承装于风机的机壳外边，便于安装与检修，对改善锅炉引风机的轴承工作条件更为有利。对进风口直接装有弯管的风机，在进风口前装上进气箱，能减少因气体不均匀进入叶轮产生的流动损失。进口逐渐有些收敛的进气箱的效果较好。

5）前导器

前导器一般装设在大型离心式风机或要求性能调节的风机的进风口或出风口的流道内。其能改变前导器叶片的角度，扩大风机性能、使用范围，提高调节的经济性。前导器有轴向式和径向式两种。

图 7-19　带进风箱的风机

6）扩散器

扩散器装于风机机壳出口处，其作用是降低出口流体速度，使部分动压转变为静压。根据出口管路的需要，扩散器有圆形截面和方形截面两种。

3. 离心式泵与风机的工作原理

如前所述，离心式泵与风机的主要部件是叶轮。叶轮固装于由原动机（一般是电动机）驱动的转轴上，当原动机通过转轴带动叶轮作旋转运动时，处在叶轮叶片间的流体也随叶轮高速旋转，此时流体受到离心力的作用，经叶片间出口甩出叶轮。这些被甩出的流体挤入机壳后，机壳内流体压强增高，最后被导向出口排出。与此同时，叶轮中心由于流体被甩出而形成真空，外界的流体在大气压的作用下，沿吸水管的进口吸入叶轮，如此反复从而源源不断地输送流体。

综上所述，离心式泵与风机的工作过程，实际上是一个能量的传递和转化过程，它把原动机高速旋转的机械能转化为被输送流体的动能和势能。在这个能量的传递和转化过程中，必然伴随着诸多的能量损失，能量损失越大，泵或风机的性能就越差，工作效率就越低。

码7-7
离心泵
结构动
画演示

码7-8
知识拓展：
计算流体力
学在水泵中
的应用

教学情境 4　离心式泵与风机的基本方程

本教学情境将从分析流体在叶轮中的运动入手，得出外加轴功率与流体所获得的能量之间关系的理论依据。

1. 流体在叶轮中的流动过程

流体在叶轮流道中流动情况如图 7-20 所示，其中图 7-20（a）为叶轮流道的轴面投影，图 7-20（b）为叶轮流道的平面投影。当叶轮旋转时，流体沿轴向以绝对速度 v_0 自叶轮进口处流入，流体质点流入叶轮后，就进行着复杂的复合运动。因此，研究流体质点在叶轮中的流动时，首先应明确两个坐标系：旋转的叶轮是动坐标系，固定的机壳是静坐标系。流动的流体在叶槽中以速度 w 沿叶片而流动，这是流体质点相对于动坐标系的运动，称为相对运动；与此同时，流体质点又具有一个随叶轮进行旋转运动的圆周速度 u，这是流体质点随旋转叶轮相对于静坐标系的运动，称为牵连运动。根据矢量运算法则，流体相对于静坐标系的绝对速度为：

$$\vec{v} = \vec{w} + \vec{u}$$

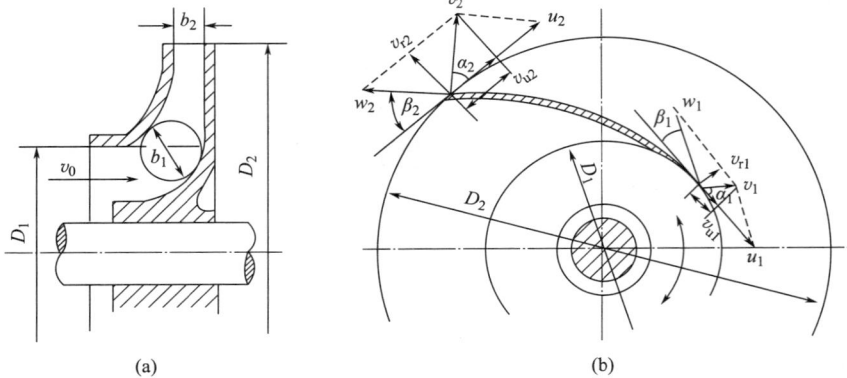

图 7-20　流体在叶轮流道中的流动

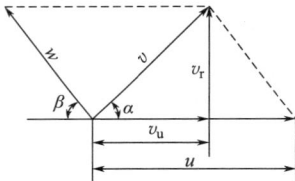

图 7-21　流体在叶轮中的
速度三角形

该矢量关系式可以形象地用速度三角形来表示，如图 7-21 所示。图中相对速度 w 与牵连速度 u 反方向之间的夹角 β 表明了叶片的弯曲方向，称为叶片安装角（如前面"离心式风机的基本构造"中所述），它是影响泵或风机性能的重要几何参数。绝对速度 v 与牵连速度 u 之间的夹角 α 称为叶片的工作角，α_1 是叶片进口工作角，α_2 是叶片出口工作角。

速度三角形除清楚地表达了流体在叶轮流道中的流动情况外，它还是研究泵与风机的一个重要手段。为了便于分析，有时将绝对速度 v 分解为与流量有关的径向分速 v_r 和与压力有关的切向分速 v_u。前者的方向与半径方向相同，后者与叶轮的圆周运动方向相同。从图 7-21 中显然可知：

$$v_u = v\cos\alpha = u - v_r\cot\beta$$

$$v_r = v\sin\alpha$$

应当说明，当叶轮流道几何形状（安装角 β 已定）及尺寸确定后，如果已知叶轮转速 n 和流量 Q_T，即可求得叶轮内任何半径 r 上某点的速度三角形。

这里，流体的圆周速度 u 为：

$$u = \omega r = \frac{n\pi d}{60}$$

而叶轮流量 Q_T 与径向分速度 v_r 有关，等于径向分速度 v_r 乘以与其垂直的过流断面面积 F，即：

$$Q_T = v_r F$$

式中，F 是一个环周面积，可以近似认为它是以半径 r 处的叶轮宽度（用字母 b 表示）作母线，绕轴心线旋转一周所成的曲面，故有：

$$F = 2\pi b\varepsilon$$

式中，ε 为叶片排挤系数，它反映了叶片厚度对流道过流面积的遮挡程度。

既然 u 和 v_r 已求得，又已知 β，那么速度三角形就不难绘出了。

2. 基本方程——欧拉方程

1）欧拉方程表达式

流体在叶轮中的流动过程是十分复杂的。为便于用一元流动理论来分析其流动规律，首先对叶轮的构造和流体流动性质作以下三个理想化假设：

（1）流体在叶轮中的流动是恒定流，即流动不随时间变化。

（2）叶轮的叶片数目为无限多，叶片厚度为无限薄。因此，可以认为流体在流道间作相对运动时，其流线与叶片形状一致。叶轮同半径圆周上各质点流速相等。

（3）流经叶轮的流体是理想不可压缩流体。即流体在流动过程中，不计能量损失。

在上述"理想叶轮"假设的基础上，用"动量矩"定理可以方便地导出离心式泵与风机的基本方程——欧拉方程。力学中的动量矩定理告诉我们：质点系对某一转轴的动量矩相对时间的变化率，等于作用于该质点系的外力对该轴的合力矩 M。这里，将流体有关的参数都注以角标"$T\infty$"，其中"T"表示理想流体，"∞"表示叶轮叶片为无限多，则流体在叶片进口"1"处单位时间对泵轴的动量矩为 $\rho Q_{T\infty} r_1 v_{u_1 T\infty}$，在叶片出口"2"处单位时间对泵轴的动量矩为 $\rho Q_{T\infty} r_2 v_{u_2 T\infty}$，其动量矩的变化率为：

$$\rho Q_{T\infty}(r_2 v_{u_2 T\infty} - r_1 v_{u_1 T\infty})$$

根据"动量矩"定理，它就应该等于作用于流体的外力矩 M，则有：

$$M = \rho Q_{T\infty}(r_2 v_{u_2 T\infty} - r_1 v_{u_1 T\infty})$$

由于外力矩 M 乘以叶轮角速度 ω 就正是加在转轴上的外加功率 $N = M\omega$；而在单位时间内叶轮对流体所做的功 N，在理想条件下又全部转化为流体的能量，即 $N = \gamma Q_{T\infty} H_{T\infty}$。再将 $u = r\omega$ 关系代入上式，便得：

$$N = M\omega = \gamma Q_{T\infty} H_{T\infty} = \rho Q_{T\infty}(u_{2T\infty} v_{u_2 T\infty} - u_{1T\infty} v_{u_1 T\infty})$$

整理得：

$$H_{T\infty} = \frac{1}{g}(u_2 v_{u_2} - u_1 v_{u_1})_{T\infty} \tag{7-3}$$

式中　$H_{T\infty}$——离心式泵与风机的理论扬程（压头）；

u_1、u_2——分别为叶轮进、出口处的圆周速度；

v_{u_1}、v_{u_2}——分别为叶轮进、出口处绝对速度的切向分速；

$T\infty$——表示理想流体与无穷多叶片。

上式表示为单位重量流体所获得的能量，也就是离心式泵与风机的基本方程。它在 1745 年首先由欧拉推出，故又称为欧拉方程。

2）能量结构分析

将图 7-20 中的叶片进、出口速度三角形按余弦定理展开：

$$w_2^2 = u_2^2 + v_2^2 - 2u_2 v_2 \cos\alpha_2 = u_2^2 + v_2^2 - 2u_2 v_{u_2}$$

$$w_1^2 = u_1^2 + v_1^2 - 2u_1 v_1 \cos\alpha_1 = u_1^2 + v_1^2 - 2u_1 v_{u_1}$$

两式移项得：

$$u_2 v_{u_2} = \frac{1}{2}(u_2^2 + v_2^2 - w_2^2)$$

$$u_1 v_{u_1} = \frac{1}{2}(u_1^2 + v_1^2 - w_1^2)$$

将以上两式代入式（7-3）得：

$$H_{T\infty} = \frac{u_2^2 - u_1^2}{2g} + \frac{w_1^2 - w_2^2}{2g} + \frac{v_2^2 - v_1^2}{2g} \tag{7-4}$$

式（7-4）是欧拉方程式的另一表达式，从中可以看出单位重量流体所获的总能量（扬程）由三部分组成：式中第一项是单位重量流体流经叶轮时，由于离心力作用所增加的静压，该静压值的提高与圆周速度的平方差成正比；第二项是由于叶片间流道展宽，以致相对速度有所降低而获得的静压水头增量，它代表着流体经过叶轮时动能转化为压能的份额，由于此相对速度变化不大，故其增量较小；第三项是单位重量流体的动能增量（也称动压水头增量），通常在总扬程相同的条件下，该项动能增量不宜过大。实际工程中，人们利用导流器及蜗壳的扩压作用，可使一部分动压水头转化为静压水头，但流体流动的水力损失也会增大。

从欧拉方程式（7-3）可以看出：

（1）用动量矩定理推导基本方程式时，并未分析流体在叶轮流道中的运动过程。因此，流体所获得的理论扬程 $H_{T\infty}$ 仅与流体在叶片进、出口处的运动速度有关，而与流动过程无关。

（2）流体所获得的理论扬程 $H_{T\infty}$ 与被输送流体的种类无关。对于不同重度的流体，只要叶片进出口处的速度三角形相同，都可以得到相同的 $H_{T\infty}$。

3. 欧拉方程的修正

在推导欧拉方程时我们曾作了三点假设，其中的第一点只要原动机转速不变是基本上可以保证的，而后两点是需要作出修正的。

1）叶片数目有限对欧拉方程的修正

首先对假设 2 进行修正。在叶轮叶片为无限多的假设下，叶道内同一截面上的相对速度是相等的，并且其方向与叶道一致，如图 7-22（a）所示。实际上，离心式泵与风机的叶片数目是有限的。叶片间流道的加宽减小了叶片对流速的约束，在叶轮转动时，流体由于惯性不可能完全受叶片的约束而保持与叶片一致的方向运动，趋向于保持原来的流动方向，于是相对流道产生一种反旋轴向涡流现象，如图 7-22（b）所示。流道中的流体不可能保持均匀一致，流速如图 7-22（c）所示。在顺叶轮转动方向的流道前部，涡流助长了原有的相对流速；而在后部，则抑制了原有的相对流速，结果相对流速在同一半径的圆周上的分布变得不均匀起来，如图 7-22（d）所示，它一方面使叶片两面形成压力差，成为作用于轮轴上的阻力矩，需原动机克服此力矩而耗能；另一方面，在叶轮出口处，相对速度将朝旋转反方向偏离切线，在叶轮进口处，相对速度则朝旋转方向偏移，从而影响叶轮产生的扬程值。实际应用中，采用经验公式或半经验公式对理论扬程进行修正，修正后有限多叶片数的理论扬程 H_T 与无限多叶片数的理论扬程 $H_{T\infty}$ 之间的关系为：

$$k = \frac{H_T}{H_{T\infty}} < 1$$

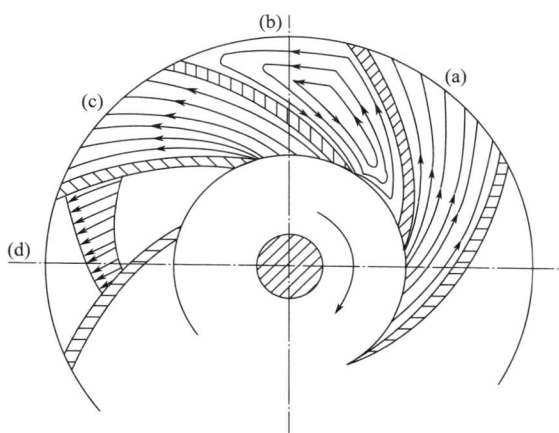

图 7-22　反旋轴向涡流现象对流速分布的影响

式中，k 称为涡流修正系数。它仅说明叶轮对流体做功时，有限多叶片比无限多叶片的理论扬程要小，这并非黏性的缘故，而是由于存在轴向涡流的影响。对离心式泵与风机来说，k 值一般为 $0.78 \sim 0.85$。

为简明起见，将流体运动参数中用来表示理想条件的角标"T∞"去掉，由式（7-3）可得：

$$H_T = \frac{1}{g}(u_2 v_{u_2} - u_1 v_{u_1}) \tag{7-5}$$

2）黏性流体对欧拉方程的修正

流体都是具有黏性的，黏性流体在流道中流动时，会受到沿程阻力和局部阻力，它们会消耗泵或风机的功率，使得泵或风机的扬程或全压下降。对假设 3 的修正，将在本教学单元教学情境 5 中进一步讨论。

3）叶型对性能的影响

当进口切向分速 $v_{u_1} = v_1 \cos\alpha_1 = 0$ 时，根据式（7-5）计算的理论扬程 H_T 将达到最大值。因此，在设计泵或风机时，总是使进口绝对速度 v_1 与圆周速度 u_1 间的工作角 $\alpha_1 = 90°$。这时流体按径向进入叶片的流道，理论扬程公式就简化为：

$$H_T = \frac{1}{g} u_2 v_{u_2} \tag{7-6}$$

由叶片出口速度三角形可知：

$$v_{u_2} = u_2 - v_{r_2} \cot\beta_2 \tag{7-7}$$

将式（7-7）代入式（7-6）得：

$$H_T = \frac{1}{g}(u_2^2 - u_2 v_{r_2} \cot\beta_2) \tag{7-8}$$

上式表示出了理论扬程 H_T 与叶片出口安装角 β_2 之间的关系。

图 7-23 绘出了不同出口安装角 β_2 的叶轮叶型示意，在同一叶轮且转速固定不变的条件下，对于 $\beta_2 < 90°$ 的后向叶型叶轮，$\cot\beta_2 > 0$，则 $H_T < \dfrac{u_2^2}{g}$；对于 $\beta_2 = 90°$ 的径向叶型叶

轮，$\cot\beta_2=0$，则 $H_T=\dfrac{u_2^2}{g}$；对于 $\beta_2>90°$的前向叶型叶轮，$\cot\beta_2<0$，则 $H_T>\dfrac{u_2^2}{g}$。

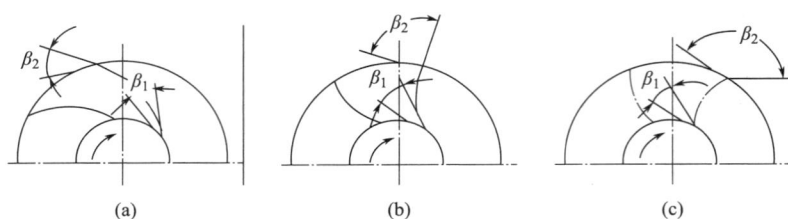

图 7-23　叶轮叶型与出口安装角

(a) 后向叶型 $\beta_2<90°$；(b) 径向叶型 $\beta_2=90°$；(c) 前向叶型 $\beta_2>90°$

显然，具有前向叶型的叶轮所获得的理论扬程最大，其次为径向叶型，而后向叶型的叶轮所获得的理论扬程最小。这样看来，似乎具有前向叶型叶轮的泵或风机的效果最好。但实际上，这种看法是不全面的，因为在全部理论扬程中，还存在着动压和静压分配的问题。为此，有必要分析叶型和动压头间的关系。

通常在离心泵和风机的设计中，除了使流体径向进入流道外，常令叶片进口截面积等于出口截面积。以 A 代表截面积时，根据连续性原理有 $v_1A=v_{r_1}A=v_{r_2}A$，则有 $v_1=v_{r_1}=v_{r_2}$，代入式（7-4）中动压水头增量部分，得到动压水头 H_{Td} 与出口切向分速度 v_{u_2} 的关系：

$$H_{Td}=\frac{v_2^2-v_1^2}{2g}=\frac{v_2^2-v_{r_2}^2}{2g}=\frac{v_{u_2}^2}{2g}$$

在同一叶轮且转速固定不变的条件下，$\beta_2<90°$的后向叶型叶轮出口切向分速度 v_{u_2} 较小，因此全部理论扬程中的动压水头部分较少；相反 $\beta_2>90°$的前向叶型叶轮出口切向分速较大，动压水头部分较多，在扩压器中流体进行动、静压转换时的损失也比较大，导致总效率比较低。

综上所述，虽然前向叶型的泵和风机虽能提供较大的理论扬程，但能量损失也较大，总效率较低。因此，离心泵全都采用后向叶型叶轮。在大型风机中，为了提高效率和降低噪声水平，也几乎都采用后向叶型。但对中小型风机而言，效率不是考虑的主要因素，也有采用前向叶型的，因为前向叶型叶轮的风机，在相同的压头下，轮径和外形可以做得较小。故在微型风机中，大都采用前向叶型的多叶叶轮。径向叶轮的泵或风机的性能，显然介于两者之间。

教学情境 5　泵与风机的性能曲线

1. 泵与风机的理论性能曲线

由于泵与风机的流量、扬程以及所需的功率等性能是相互影响的，通常用以下三种函数关系式来表示这些性能之间的关系。

（1）泵或风机所提供的流量和扬程之间的关系，用 $H=f_1(Q)$ 来表示；

（2）泵或风机所提供的流量与所需外加轴功率之间的关系，用 $N=f_2(Q)$ 来表示；

（3）泵或风机所提供的流量与设备本身效率之间的关系，用 $\eta=f_3(Q)$ 来表示。

上述三种关系常以曲线形式绘在以流量 Q 为横坐标的图上，这些曲线叫泵或风机的性能曲线。

在前文对欧拉方程的讨论中，曾作出无限多且无限薄叶片和不计能量损失的理想条件假设，且对叶片数有限的叶轮，已采用涡流修正系数 k 加以修正，修正后的理论扬程和流量分别用 H_T 和 Q_T 表示。从欧拉方程出发，我们可以在无能量损失这一理想条件下得到 $H_T=f_1(Q_T)$ 及 $N_T=f_2(Q_T)$ 曲线。

设叶轮的出口面积为 F_2（这是以叶轮出口前盘与后盘之间轮宽 b_2 作母线，如图 7-20 所示，绕轴心旋转一周所成的曲面面积），则叶轮工作时所排出的理论流量为：

$$Q_T=v_{r_2}F_2$$

代入式（7-8）得：

$$H_T=\frac{1}{g}\left(u_2^2-\frac{u_2}{F_2}Q_T\cot\beta_2\right)$$

对于大小一定的泵或风机来说，转速不变时，上式中 u_2、g、β_2、F_2 均为常数。

令 $A=\dfrac{u_2^2}{g}$，$B=\dfrac{u_2}{F_2g}$，可得：

$$H_T=A-B\cot\beta_2Q_T \tag{7-9}$$

从上式可以看出：当泵与风机的转速一定时，其理论流量 Q_T 与扬程 H_T 的关系是线性的。同时还可以看出，直线的斜率为 $B\cot\beta_2$、截距为 A，即当 $Q_T=0$ 时，$H_T=A=\dfrac{u_2^2}{g}$。

图 7-24 绘出了三种不同叶型的泵与风机理论上的 Q_T-H_T 曲线。显然，由 $B\cot\beta_2$ 所代表的曲线斜率是不同的，因此三种叶型具有各自的曲线倾向。

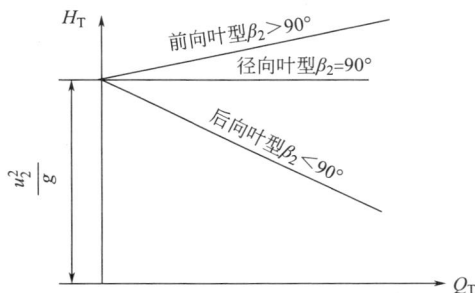

图 7-24　三种叶型的 Q_T-H_T 曲线

下面研究泵与风机理论流量 Q_T 与轴功率 N_T 的关系。

在无能量损失的理想条件下，理论上的有效功率就是轴功率，即

$$N_e=N_T=\gamma Q_TH_T$$

将式（7-9）代入上式，令常数 $C=\gamma A$，$D=\gamma B$

可得：

$$N_T=\gamma Q_T(A-B\cot\beta_2Q_T)=CQ_T-D\cot\beta_2Q_T^2 \tag{7-10}$$

从上式可以看出：当泵与风机的转速一定时，其理论流量 Q_T 与轴功率 N_T 是非线性关系。显然，当 $Q_T=0$ 时，$N_T=0$，因此三条曲线同交于原点。

对于不同的 β_2 值具有不同的曲线形状，径向叶型的 $\beta_2=90°$，$\cot\beta_2=0$，功率曲线为一条直线；前向叶型的 $\beta_2>90°$，$\cot\beta_2<0$，功率曲线为一条上凹的二次曲线；后向叶型的

$\beta_2 < 90°$，$\cot\beta_2 > 0$，功率曲线为一条下凹曲线，如图 7-25 所示。

从 Q_T-N_T 曲线可以看出，前向叶型的泵或风机所需要的轴功率随流量的增加而增长得很快。因此，这种风机在运行中增加流量时，原动机超载的可能性比径向叶型的泵或风机大得多，而后向叶型的叶轮一般不会发生原动机超载的现象。

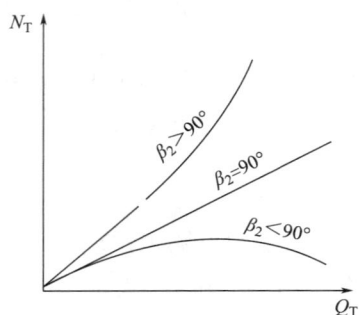

图 7-25　三种叶型的 Q_T-N_T 曲线

2. 泵与风机的实际性能曲线

前面的研究是在不计各种能量损失的条件下进行的，得到的是泵与风机的理论性能曲线。但是流体在流动时，会受到阻力或发生泄漏回流等，它们会消耗泵或风机的功率，只有考虑能量损失问题，才能得出实际性能曲线，即对"理想流体"假设三进行修正。然而，泵或风机内的流动十分复杂，现在还不能用分析方法精确地计算能量损失。当运行偏离设计工况时，尤其如此。所以，各制造厂都只能采用实验方法直接测出性能曲线。但从理论上对这些损失加以分类整理，作出定性分析，可以找出减少损失的途径。

1）泵或风机中的能量损失

泵或风机中的能量损失按其产生的原因常分为三类：水力损失、容积损失、机械损失。图 7-26 为轴功率与机内损失的关系图。

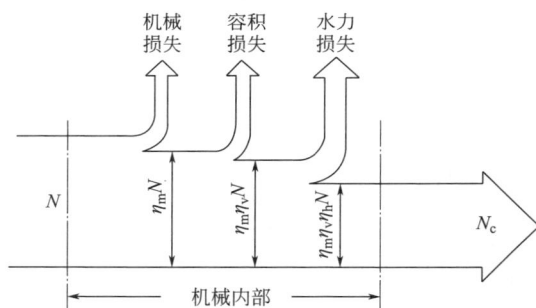

图 7-26　轴功率与机内损失的关系图

（1）水力损失

水力损失分为摩阻损失和冲击损失两类，摩阻损失又包括沿程损失和局部损失，其大小与流体的黏性、壁面粗糙度、过流部件的几何形状等有关。

水力损失主要发生于泵或风机以下几个部分：①流体经泵或风机入口，在进入叶片进口之前，发生摩擦及 90°转弯所引起的水力损失；②当实际流量与额定流量不同时，相对速度的方向就不再同叶片进口安装角的切线相一致，从而发生冲击损失；③叶轮中的沿程摩擦损失和流道中流体速度大小、方向变化及离开叶片出口等局部损失；④流体离开叶轮进入机壳后，由动压转换为静压的转换损失；⑤机壳的出口损失。上述这些水力损失都遵循流体力学中流动阻力的规律。

水力损失常用水力效率 η_h 来估计：

$$\eta_{\mathrm{h}} = \frac{H_{\mathrm{T}} - \sum \Delta H}{H_{\mathrm{T}}} = \frac{H}{H_{\mathrm{T}}} \tag{7-11}$$

式中，$H = H_{\mathrm{T}} - \sum \Delta H$，为泵或风机的实际扬程。

（2）容积损失

当叶轮工作时，机内存在着高压区和低压区。同时，由于结构上有运动部件和固定部件之分，这两种部件之间必然存在着缝隙。这就使流体有从高压区通过缝隙泄漏到低压区的可能，显然这部分流体也获得能量，但未能有效利用。回流量的多少取决于叶轮增压大小、运动和固定部件的密封性和缝隙的几何形状。此外，对离心泵来说，为平衡轴向推力常设置平衡孔，同样会引起泄漏回流量，如图 7-27 所示。

通常用容积效率 η_{v} 来表示容积损失的大小。如以 q 表示泄漏的总回流量，则：

$$\eta_{\mathrm{v}} = \frac{Q_{\mathrm{T}} - q}{Q_{\mathrm{T}}} = \frac{Q}{Q_{\mathrm{T}}} \tag{7-12}$$

式中，$Q = Q_{\mathrm{T}} - q$，为泵或风机的实际流量。

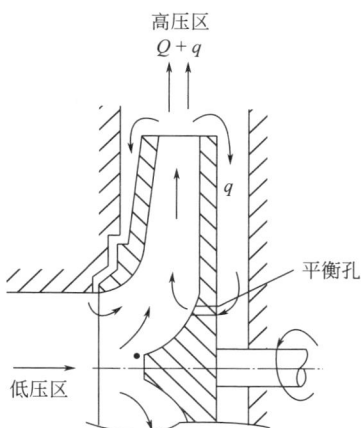

图 7-27　机内流体泄漏回流

显然，要提高容积效率，就必须减小回流量。减小回流量的措施有两个：一是尽可能增加密封装置的阻力，例如减小密封环的间隙或将密封环做成曲折形状；二是尽量缩小密封环的直径，从而降低其周长使流通面积减少。此外，大流量的泵或风机回流量相对较少，η_{v} 的值相对较高。

（3）机械损失

泵或风机的机械损失包括轴承和轴封的摩擦损失以及叶轮旋转时叶轮盖板与机壳内流体之间发生的所谓圆盘摩擦损失。其中，圆盘摩擦损失常占机械损失的主要部分。但泵的轴封如果采用填料密封，当压盖压装很紧时，摩擦损失会增加。

摩擦损失的大小通常以损耗的功率表示。设轴承与轴封摩擦损失的功率为 ΔN_1，圆盘摩擦损失的功率为 ΔN_2，则机械损失的总功率 ΔN_{m} 为：

$$\Delta N_{\mathrm{m}} = \Delta N_1 + \Delta N_2$$

泵或风机的机械损失可以用机械效率 η_{m} 来表示：

$$\eta_{\mathrm{m}} = \frac{N - \Delta N_{\mathrm{m}}}{N}$$

2）泵或风机的全效率

当只考虑机械效率时，供给泵或风机的轴功率应为：

$$N = \frac{\gamma Q_{\mathrm{T}} H_{\mathrm{T}}}{\eta_{\mathrm{m}}} \tag{7-13}$$

而泵或风机实际所得的有效功率如式（7-1）表示，为：

$$N_{\mathrm{e}} = \gamma Q H$$

根据效率的定义，结合式（7-11）、式（7-12），泵和风机的全效率可由下式表示：

$$\eta = \frac{N_e}{N} = \frac{\gamma QH}{\gamma Q_T H_T}\eta_m = \eta_v \eta_h \eta_m \tag{7-14}$$

3）泵或风机的实际性能曲线

利用前述泵或风机内部的各种能量损失，对理论性能曲线逐步进行修正，可以得出泵与风机的实际性能曲线。

在 Q-H 坐标系上同时标注出功率 N 和效率 η，如图 7-28 所示。以后向叶型的叶轮为例，根据有限多叶片理论流量和扬程的关系式（7-9）绘出一条 Q_T-H_T 曲线，这是一条下倾的直线，如图 7-28 的直线 Ⅱ 所示。显然，无限多叶片理想扬程和流量的关系曲线 $Q_{T\infty}$-$H_{T\infty}$ 位于直线 Ⅱ 上方，如图 7-28 中直线 Ⅰ 所示。

以直线 Ⅱ 为基础，扣除在相应理论流量下机内产生的水力损失，包括斜影线表示的各种摩阻损失和直影线表示的冲击损失，得到曲线 Ⅲ。下面以曲线 Ⅲ 为基础扣除容积损失，由于容积损失是以泄漏流量 q 的大小来估算的，而泄漏流量的大小又与扬程有关，曲线 Ⅲ 的横坐标值中减去相应 H 值时的 q 值，便可得出泵或风机的实际性能曲线，即 Q-H 曲线，如图 7-28 的曲线 Ⅳ 所示。

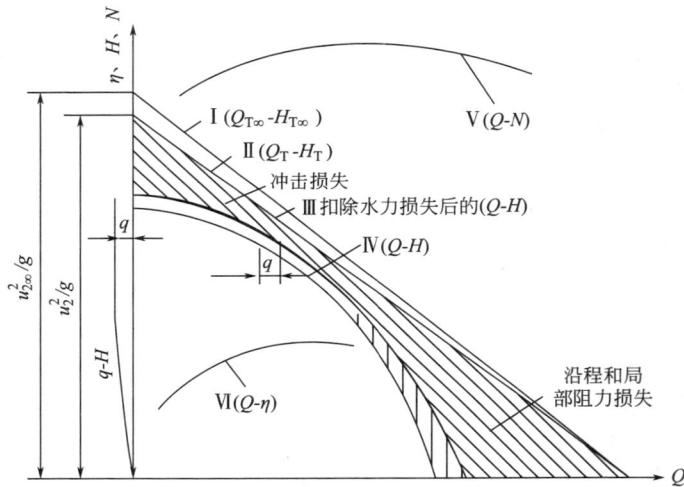

图 7-28　离心式泵或风机的性能曲线分析

因为轴功率 N 是理论功率 $N_T = \gamma Q_T H_T$ 与机械损失功率 ΔN_m 之和，即：

$$N = N_T + \Delta N_m = \gamma Q_T H_T + \Delta N_m$$

根据这一关系式，可以在图 7-28 上绘制一条表明泵或风机的流量与轴功率之间关系的 Q-N 曲线，如图 7-28 中曲线 Ⅴ 所示。

有了 Q-N 曲线和 Q-H 曲线，按式（7-1）和式（7-2）计算在不同流量下的 η 值，从而得出 Q-η 曲线，如图中的曲线 Ⅵ 所示。Q-η 曲线的最高点表明为最大效率，它的位置与设计流量是相对应的。

Q-H、Q-N 和 Q-η 曲线称为泵或风机在一定转速下的基本性能曲线，揭示了性能参数间的关系，这些性能曲线是选用泵或风机和分析其运行工况的根据。如前所述，泵或风机的性能曲线实际上是由制造厂根据实验测试绘制的。

图 7-29 绘出了 6B33 型离心泵的性能曲线。此图是在 $n = 1450 \mathrm{r/min}$ 的条件下，通过性能实验数据绘制的。该泵的标准叶轮直径为 328mm。制造厂还提供了经过切削的较小直径的叶轮，直径分别为 300mm 和 275mm，这两种叶轮的泵的性能曲线也绘在同一张性能曲线图上。关于叶轮切削的问题，将在教学单元 8 教学情境 5 中讨论。

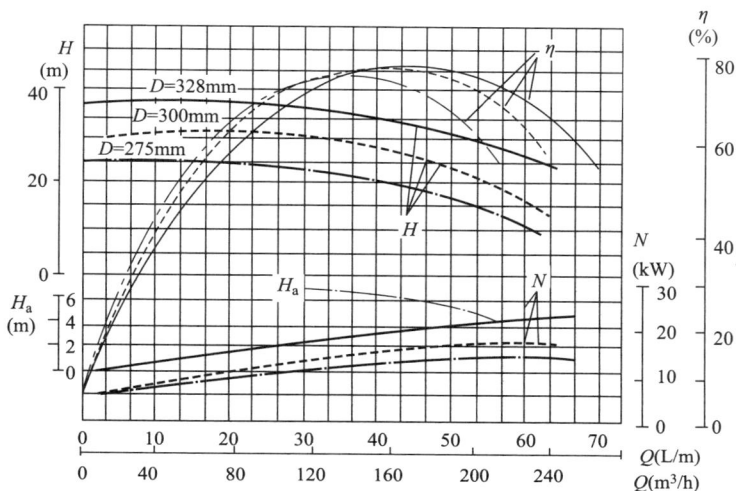

图 7-29　6B33 型离心泵的性能曲线

教学情境 6　轴流式泵与风机

相比离心式泵与风机而言，轴流式泵与风机的突出特点是流量大而扬程较低，适用于城市排涝、农业灌溉、大型机组冷却水循环等实际工程场合。

1. 轴流式泵与风机的基本构造

1）轴流式泵的基本构造

轴流式泵（下文可简称"轴流泵"）的外形像一根弯管，泵壳直径与吸水口直径差不多，既可以垂直安装（立式）、水平安装（卧式），也可以倾斜安装（斜式），它们的基本部件相同，主要由吸入管、叶轮、导叶、泵轴、出水弯管等部件构成。立式半调型轴流泵如图 7-30 所示。

（1）吸入管

为了改善吸入口处的水力条件，中小型轴流泵采用符合流线型的喇叭管，大型轴流泵多采用肘形吸入流道。

（2）叶轮

叶轮是轴流泵的主要工作部件，其叶片的形状和安装角度直接影响到泵的性能。叶轮按叶片安装角度调节的可能性，可以分为固定式、半调式、全调式三种。固定式轴流泵的

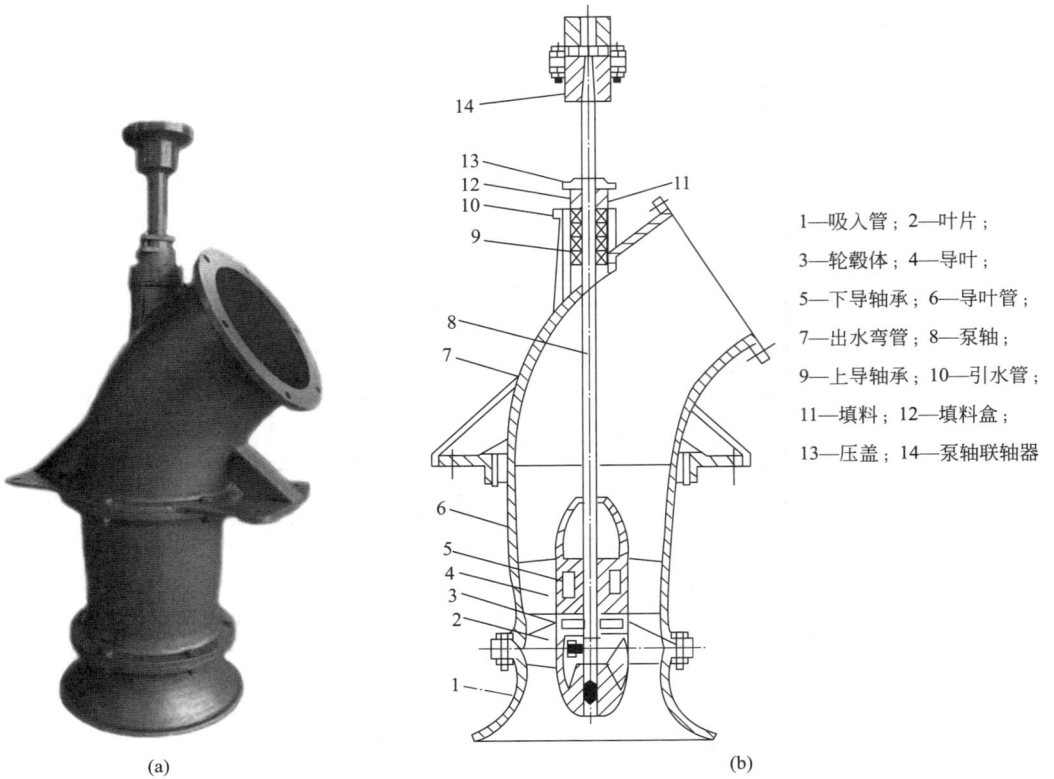

1—吸入管；2—叶片；

3—轮毂体；4—导叶；

5—下导轴承；6—导叶管；

7—出水弯管；8—泵轴；

9—上导轴承；10—引水管；

11—填料；12—填料盒；

13—压盖；14—泵轴联轴器

图 7-30　立式半调型轴流泵实物图及结构图

（a）实物图；（b）结构图

叶片与轮毂铸成一体，叶片的安装角度不能调节；半调式轴流泵的叶片是用螺栓装配在轮毂体上，叶片的根部刻有基准线，轮毂体上刻有相应的安装角度位置线，如图 7-31 所示。使用时，根据不同的工况要求，卸下叶轮后将螺母松开，转动叶片使其基准线对准轮毂体上的某一角度位置线，改变叶片的安装角度，从而改变水泵的性能曲线。全调式轴流泵可

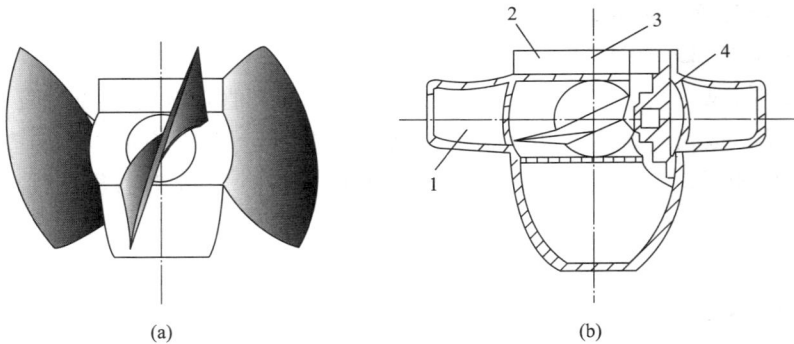

图 7-31　半调式轴流泵的叶片

（a）外观组装图；（b）剖面结构图

1—叶片；2—轮毂；3—角度位置；4—调节螺母

以根据不同的扬程与流量要求，在停机或不停机的情况下，通过一套油压调节机构来改变叶片的安装角度，从而改变泵的性能，以满足用户使用要求。

（3）导叶

轴流泵中流体沿螺旋面运动，除了轴向前进外，还有旋转运动。导叶固定在泵壳上，当水流经过导叶时就消除了旋转运动。因此，导叶的作用就是把叶轮中向上流出的水流旋转运动变为轴向运动，减少水头损失，把旋转的动能变为压力能。

（4）泵轴与轴承

泵轴是用来传递扭矩的。大型全调式轴流泵中多采用空心泵轴，泵轴里面安置调节操作油管，以改变叶片安装角。轴承按功能分为两种：①导轴承（见图 7-30 中的 5 和 9），主要是用来承受径向力，起径向定位的作用；②推力轴承，安装在电机座上，在立式轴流泵中用来承受水流作用在叶片上的方向向下的轴向推力以及水泵转动部件重量，维持转子的轴向位置，并将这些推力传递到机组的基础上去。

（5）密封装置

轴流泵出水弯管的轴孔处需要设置密封装置。目前一般采用压盖填料型的密封装置。

2）轴流式风机的基本构造

轴流式风机主要由风筒、叶轮、机轴、导叶和尾罩等部件构成，其实物及构造示意如图 7-32 所示。

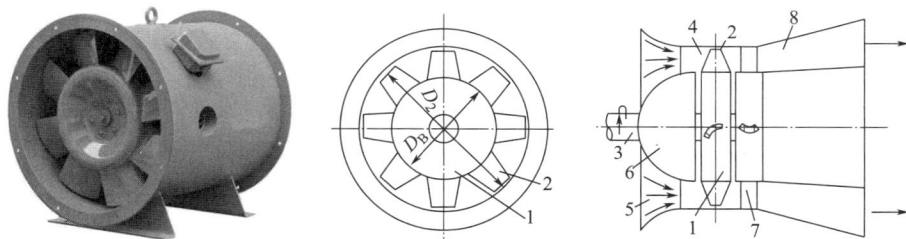

图 7-32   轴流式风机的实物图及构造示意图
1—叶轮；2—叶片；3—机轴；4—风筒（机壳）；5—钟罩形入口；
6—轮毂罩；7—后整流器；8—扩散器

（1）转子

转子由叶轮与机轴组成。叶轮是轴流风机的主要工作部件，由轮毂和铆在其上的叶片组成，叶轮上的叶片有板形、机翼形，其中机翼形较常见。叶片从根部到叶梢是扭曲的。与轴流泵一样，风机叶片的安装角度是可以调节的。调节安装角度能改变风机的流量和压头。

（2）固定部件

固定部件主要由钟罩形入口、风筒、轮毂罩、导叶和尾罩等构成。其中：①钟罩形入口：其作用是避免进气突然收缩，使气流平稳而均匀地进入叶轮，以减小入口能量损失；②风筒：叶轮装在圆形风筒内；③轮毂罩：一些风机的电机装在轮毂罩内，轮毂罩还有改善气流进入叶片的作用；④导叶：一般设在大型轴流风机叶轮下游，用以消除气流在增压后的旋转；⑤尾罩：大型轴流风机可设置流线形尾罩，有助于气流扩散，进而使气流中的一部分动压转变为静压，减少流动损失。

2. 轴流式泵与风机的工作原理

轴流式泵与风机的工作原理参考教学单元 4 教学情境 9 的"绕流阻力与升力"。轴流式泵与风机的叶片采用机翼形，如图 7-33 所示。当流体绕过机翼形叶片时，在叶片的首端 A 点处分离成两股，它们分别经过叶片的上表面（叶片工作面）和下表面（叶片背面），然后，同时在叶片尾端 B 点汇合。由于沿叶片下表面的路程要比沿上表面的路程要长一些，因此，流体沿叶片下表面的流速要比沿叶片上表面流速大，相应地，叶片下表面的压力将小于上表面。于是流体对叶片产生一个由上向下的作用力 P，同样，叶片对流体也将产生一个反作用力 P′，P′ 的大小与 P 相等而方向相反，作用在流体上。叶片在流体中高速旋转时，流体相对于叶片产生急速绕流，如前所述，叶片对流体将施加力 P′，在此力的作用下流体的能量增加。

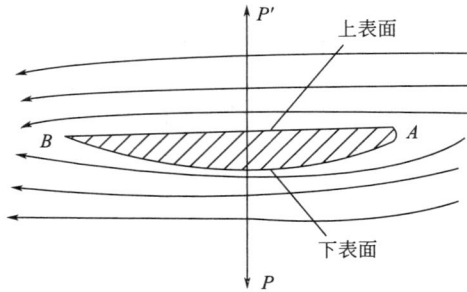

图 7-33　机翼形叶片绕流

如果在轴流式风机的叶轮上，假想用半径 R 作一圆周截面，圆周截面与各叶片相交得到系列截面（翼剖面），将其沿圆周展开，得到一列叶片断面的展开图，称为叶栅图，如图 7-34 所示。当叶轮旋转时，叶片向右运动，产生升力，各叶片上侧的气体压力升高而将气体推走；下侧因压力下降而将气体吸入，上下两侧的压强差就是轴流式风机产生的风压。

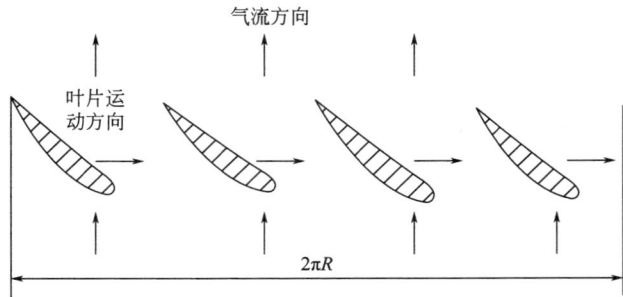

图 7-34　直列叶栅图

从欧拉方程的推导过程可知，不论叶片形状如何，方程的形式仅与流体在叶片进、出口处的动量矩有关，即不管叶轮内部的流体流动情况怎样，能量的传递都取决于进、出口速度三角形。

轴流式泵与风机理论压头方程式与离心式相同，为：

$$H_T = \frac{1}{g}(u_2 v_{u_2} - u_1 v_{u_1})$$

图 7-35 所示为流体质点流过轴流式泵或风机叶栅的运动情况，即质点流经叶栅的进、出口速度三角形。由于叶栅是按同一半径截取的，所以具有相同的圆周速度，即：

$$u_1 = u_2 = u$$

则理论压头方程式为：

$$H_T = \frac{u}{g}(v_{u_2} - v_{u_1})$$

如图 7-35 所示，在设计工况下 $v_{u_1} = 0$，则：

$$H_T = \frac{u}{g} v_{u_2} \qquad (7\text{-}15)$$

由式（7-15）可以看出，叶片的安装角越大 v_{u_2} 越大，叶片上下两侧的压强差就越大，泵或风机产生的扬程或压头也越大。可见，调节叶片安装角度，就可以改变轴流式泵或风机的性能。

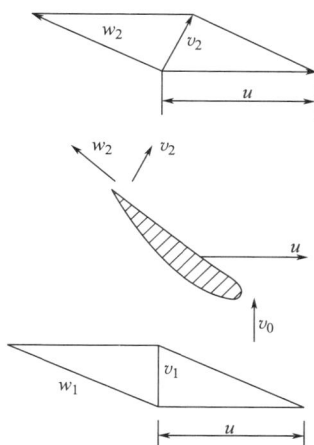

图 7-35　流体质点流过轴流式泵或风机叶栅的运动情况

因不同半径截取的叶栅具有不同的圆周速度 u，结合式（7-15）可以看出，在叶梢处产生的压头将大于叶根处的压头。这使得叶轮下游侧横断面上的气流，由于不同半径处的压头差异而有可能发生径向流动，从而增加损失，效率下降。为避免这种情况，叶片常制成扭曲形状，使之在不同半径处具有不同的安装角，从而使叶片不同半径处具有不同的 v_{u_2} 值，来保证 $u v_{u_2}$ 乘积近似不变，这样就能使整个叶片各截面的压头趋于平衡，尽可能消除径向流动。

3. 轴流式泵与风机性能曲线的特点

和离心式泵与风机一样，轴流式泵与风机的性能曲线也是指在一定转速下，流量 Q 与扬程 H（或压头 P）、功率 N 及效率 η 等性能参数之间的内在关系。

轴流式泵与风机性能曲线是在叶轮转速和叶片安装角一定时通过实测获得的，如图 7-36 所示。轴流式泵与风机的性能有如下特点：

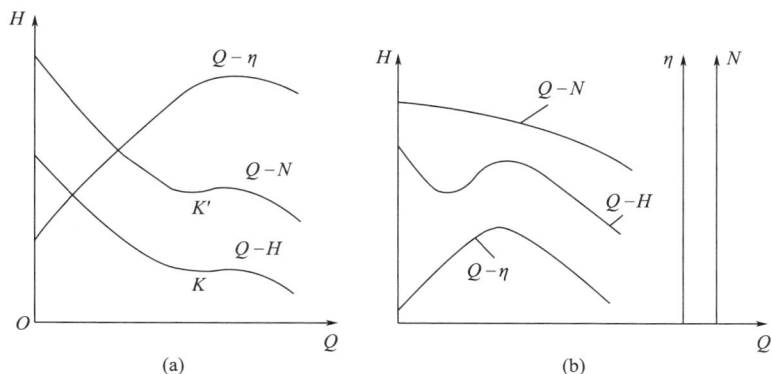

图 7-36　轴流式泵与风机的性能曲线

（a）轴流式泵性能曲线；（b）轴流式风机性能曲线

（1）Q-H 曲线呈陡降形，曲线上有拐点。扬程随流量的减小而剧烈增大，当流量 $Q=0$ 时，空转扬程达最大值。这是因为当流量比较小时，部分从叶轮中流出的流体又重新回到叶轮中被二次加压，产生二次回流现象，使压头增大。同时，由于二次回流的反向冲击造成的水力损失，致使机器效率急剧下降。因此，轴流式泵或风机在运行过程中适宜在较大的流量下工作。

（2）Q-N 曲线呈陡降形。机器所需的轴功率随流量的减少而迅速增加。当流量 $Q=0$ 时，功率 N 达到最大值，此值要比最高效率工况时所需的功率大 1.2～1.4 倍。因此，与离心式泵或风机相反，轴流式泵或风机应当在管路畅通的情况下开动。尽管如此，当启动与停机时，总是会经过最低流量的，所以轴流式泵或风机所配用的电机要有足够的余量。

（3）Q-η 曲线呈驼峰形。这表明轴流式泵或风机的高效率工作范围较窄。一般都不设置调节阀门来调节流量，而采用调节叶片安装角度或改变机器转速的方法来调节流量。

教学情境 7　力学相似性原理

码7-11
力学相似
性原理

　　泵或风机中流体的运动情况十分复杂，因此目前在解决流体力学范畴内问题时，除借助流体力学中的基本方程求解之外，经常需要进行实验研究。有时实际工程或实物（原型）尺寸太大，难以直接开展实验，通常会通过小型流动（模型流动）开展实验，再将实验结果应用到原型中。为使模型和原型实现相似的流动，模型流动和原型流动必须满足力学相似条件，包括几何相似、运动相似和动力相似三个方面。

1. 几何相似

几何相似是指模型和原型具有相同的形状但大小不同，具体而言模型和原型各对应部位的线性长度 l 成比例，且有同一比例常数，对应的夹角 β 相等。在此分别以下标 m 和 n 表示模型参数和原型参数，则有：

长度比率
$$\lambda_l = \frac{L_n}{L_m}$$

$$\beta_m = \beta_n$$

模型与原型对应的面积和体积也分别成一定比例，并且与长度比率 λ_l 的关系为：

面积比率
$$\lambda_A = \frac{A_n}{A_m} = \frac{L_n^2}{L_m^2} = \lambda_l^2$$

体积比率
$$\lambda_v = \frac{V_n}{V_m} = \frac{L_n^3}{L_m^3} = \lambda_l^3$$

2. 运动相似

运动相似是指模型与原型流动中对应点处的速度方向相同，大小成比例，并且具有同一比率常数。运动相似还要求对应时间间隔成比例，并且有同一比率常数，因此，相应时刻的流线几何相似。

速度比率
$$\lambda_v = \frac{v_n}{v_m}$$

时间比率
$$\lambda_t = \frac{t_n}{t_m} = \frac{L_n/v_n}{L_m/v_m} = \frac{\lambda_l}{\lambda_v}$$

加速度比率
$$\lambda_a = \frac{a_n}{a_m} = \frac{v_n/t_n}{v_m/t_m} = \frac{\lambda_v}{\lambda_t} = \frac{\lambda_v^2}{\lambda_l}$$

由上述方程式可知，只要确定了模型与原型的长度比率 λ_l 和速度比率 λ_v，便可由它们确定其他运动学量的比率。运动相似还需要注意模型和原型具有相同的流态，即同处于层流状态或紊流状态。

3. 动力相似

动力相似是指模型与原型受到相同性质力的作用，并且这些力大小成比例，且有同一比率常数。

$$\frac{F_{pn}}{F_{pm}} = \frac{F_{\tau n}}{F_{\tau m}} = \frac{F_{gn}}{F_{gm}} = \frac{F_{in}}{F_{im}} = \frac{F_{En}}{F_{Em}} = \frac{F_{an}}{F_{am}} = \cdots = \lambda_F$$

式中，p、τ、g、i、E、a 下标分别表示总压力、黏性力、重力、惯性力、弹性力和表面张力；λ_F 为力的比率。

通过以上的分析可知，力学相似的三个方面，即几何相似、运动相似和动力相似是相互联系的：几何相似是力学相似的前提，动力相似是力学相似的保证，运动相似是力学相似的结果。

教学情境 8　相似律与比转数

泵与风机的设计和制造通常是按"系列"进行的。同一系列中，大小不等的泵或风机都是相似的，也就是说它们之间的流体力学性质遵循前面所述的力学相似性原理。泵和风机的相似律是根据相似原理导出的，表明了同一系列相似机器相似工况之间的相似关系，可以作为泵与风机设计、运行调节和型号选用等的重要理论依据。

码7-12
相似律与
比转数

1. 泵与风机的相似条件

根据力学相似性原理，要保证流体流动过程中力学相似必须同时满足几何相似、运动相似、动力相似。其中，几何相似是前提，动力相似是保证，运动相似是目的。

1）几何相似

两台相似的泵或风机，其相应几何尺寸的比值相等，且相应角也相等，则：

$$\frac{D_{2n}}{D_{2m}} = \frac{D_{1n}}{D_{1m}} = \frac{b_{2n}}{b_{2m}} = \frac{b_{1n}}{b_{1m}} = \cdots = \lambda_l \tag{7-16}$$

$$\beta_{1n} = \beta_{1m}$$

$$\beta_{2n} = \beta_{2m}$$

式中，λ_l 为相应线尺寸的比值，通常选取叶轮外径 D 作为定性线尺寸，其余符号同

前；下角 m 表示模型机，下角 n 表示原型机。值得注意的是这里所指的模型机，通常是该系列中的某一台机器。

2）运动相似

两台相似的泵或风机，各相应点同名速度方向相同，大小比值等于常数，即速度三角形相似，则：

$$\frac{v_{1n}}{v_{1m}} = \frac{v_{2n}}{v_{2m}} = \frac{u_{1n}}{u_{1m}} = \frac{u_{2n}}{u_{2m}} = \cdots = \lambda_v \tag{7-17}$$

$$\alpha_{1n} = \alpha_{1m}$$
$$\alpha_{2n} = \alpha_{2m}$$

3）动力相似

动力相似要求作用于流体的同名力之间的比值相等。在泵或风机内，由于重力作用很小，可以忽略不计，又由于泵或风机中的流动雷诺数较大，处于阻力平方区，构成自模，因此一般可以认为泵或风机自动满足动力相似。

在此基础上，泵或风机的"相似工况"定义为：在同一系列或相似的泵或风机中，当原型性能曲线上某一工况点 A 与模型性能曲线上工况点 A' 所对应的流体运动相似，则 A 与 A' 两个工况称为相似工况。即凡是满足几何相似和运动相似条件的两台泵或风机称为工况相似的泵或风机。

2. 相似律

在相似工况下，原型与模型之间流量、扬程和功率的关系称为相似律。

1）流量关系

根据泵或风机的流量计算公式，且考虑尺寸相差不太悬殊时，两台相似的泵或风机的排挤系数 ε 基本相等，即 $\varepsilon_n = \varepsilon_m$，则有：

$$\frac{Q_n}{Q_m} = \frac{v_{2rm}\pi D_{2n} b_{2n}\varepsilon_n \eta_{vn}}{v_{2rm}\pi D_{2m} b_{2m}\varepsilon_m \eta_{vm}} = \frac{u_{2n}}{u_{2m}}\left(\frac{D_{2n}}{D_{2m}}\right)^2 \frac{\eta_{vn}}{\eta_{vm}}$$

由于 $u = \dfrac{\pi D n}{60}$，所以：

$$\frac{u_{2n}}{u_{2m}} = \frac{D_{2n} n_n}{D_{2m} n_m}$$

则：

$$\frac{Q_n}{Q_m} = \frac{n_n}{n_m}\left(\frac{D_{2n}}{D_{2m}}\right)^3 \frac{\eta_{vn}}{\eta_{vm}} = \lambda_n \lambda_l^3 \lambda_{v\eta} \tag{7-18}$$

2）扬程关系

根据泵或风机的扬程计算公式得：

$$\frac{H_n}{H_m} = \frac{g_m u_{2n} v_{2n}\eta_{hn}}{g_n u_{2m} v_{2m}\eta_{hm}} = \left(\frac{n_n}{n_m}\right)^2 \left(\frac{D_{2n}}{D_{2m}}\right)^2 \frac{\eta_{hn}}{\eta_{hm}} = \lambda_n^2 \lambda_l^2 \lambda_{h\eta} \tag{7-19}$$

对于风机，将上式的扬程 H 换成压头 P（全压）来表示，即将 $P = \gamma H = \rho g H$ 代入上式，可得压头关系式：

$$\frac{P_n}{P_m} = \frac{\rho_n}{\rho_m}\left(\frac{n_n}{n_m}\right)^2 \left(\frac{D_{2n}}{D_{2m}}\right)^2 \frac{\eta_{hn}}{\eta_{hm}} = \lambda_\rho \lambda_n^2 \lambda_l^2 \lambda_{h\eta} \tag{7-20}$$

3）功率关系

根据泵或风机的轴功率的计算公式 $N = \dfrac{\gamma Q_T H_T}{\eta_m}$，则有：

$$\frac{N_{\mathrm{n}}}{N_{\mathrm{m}}}=\frac{\gamma_{\mathrm{n}}Q_{\mathrm{n}}H_{\mathrm{n}}\eta_{\mathrm{mm}}}{\gamma_{\mathrm{m}}Q_{\mathrm{m}}H_{\mathrm{m}}\eta_{\mathrm{mn}}}=\lambda_{\rho}\lambda_{\mathrm{n}}^{3}\lambda_{l}^{5}\lambda_{\mathrm{v}\eta}\lambda_{\mathrm{h}\eta}(\lambda_{\mathrm{m}\eta})^{-1} \tag{7-21}$$

实际应用中，工况相似的两台泵或风机在尺寸和转速相差不大时，可近似认为它们的容积效率 η_{v}、水力效率 η_{h}、机械效率 η_{m} 均相等，即 $\lambda_{\mathrm{v}\eta}=\lambda_{\mathrm{h}\eta}=\lambda_{\mathrm{m}\eta}=1$。这时相似定律可写为：

$$\frac{Q_{\mathrm{n}}}{Q_{\mathrm{m}}}=\frac{n_{\mathrm{n}}}{n_{\mathrm{m}}}\left(\frac{D_{2\mathrm{n}}}{D_{2\mathrm{m}}}\right)^{3}=\lambda_{\mathrm{n}}\lambda_{l}^{3} \tag{7-22}$$

$$\frac{H_{\mathrm{n}}}{H_{\mathrm{m}}}=\left(\frac{n_{\mathrm{n}}}{n_{\mathrm{m}}}\right)^{2}\left(\frac{D_{2\mathrm{n}}}{D_{2\mathrm{m}}}\right)^{2}=\lambda_{\mathrm{n}}^{2}\lambda_{l}^{2} \tag{7-23}$$

$$\frac{P_{\mathrm{n}}}{P_{\mathrm{m}}}=\frac{\rho_{\mathrm{n}}}{\rho_{\mathrm{m}}}\left(\frac{n_{\mathrm{n}}}{n_{\mathrm{m}}}\right)^{2}\left(\frac{D_{2\mathrm{n}}}{D_{2\mathrm{m}}}\right)^{2}=\lambda_{\rho}\lambda_{\mathrm{n}}^{2}\lambda_{l}^{2} \tag{7-24}$$

$$\frac{N_{\mathrm{n}}}{N_{\mathrm{m}}}=\frac{\gamma_{\mathrm{n}}Q_{\mathrm{n}}H_{\mathrm{n}}}{\gamma_{\mathrm{m}}Q_{\mathrm{m}}H_{\mathrm{m}}}=\lambda_{\rho}\lambda_{\mathrm{n}}^{3}\lambda_{l}^{5} \tag{7-25}$$

3. 相似律的实际应用

在特殊情况下，例如同一台泵与风机（$D_{\mathrm{n}}=D_{\mathrm{m}}$）当转速或输送的流体密度发生变化时，又或者同系列中不同机型（$D_{\mathrm{n}}\neq D_{\mathrm{m}}$）输送同一流体（$\rho_{\mathrm{n}}=\rho_{\mathrm{m}}$）时，可用相似律求出新的性能参数，此时相似律就可以简化。表 7-2 是工况相似的泵与风机在各种情况下的性能换算公式。

泵与风机性能换算公式　　　　　　　　　　　　　　　　　表 7-2

项目	换算条件			
	$D_{2\mathrm{n}}\neq D_{2\mathrm{m}}$ $n_{\mathrm{n}}\neq n_{\mathrm{m}}$ $\rho_{\mathrm{n}}\neq\rho_{\mathrm{m}}$	$D_{2\mathrm{n}}=D_{2\mathrm{m}}$ $n_{\mathrm{n}}=n_{\mathrm{m}}$ $\rho_{\mathrm{n}}\neq\rho_{\mathrm{m}}$	$D_{2\mathrm{n}}=D_{2\mathrm{m}}$ $n_{\mathrm{n}}\neq n_{\mathrm{m}}$ $\rho_{\mathrm{n}}=\rho_{\mathrm{m}}$	$D_{2\mathrm{n}}\neq D_{2\mathrm{m}}$ $n_{\mathrm{n}}=n_{\mathrm{m}}$ $\rho_{\mathrm{n}}=\rho_{\mathrm{m}}$
实际工程场景	流体密度、转速、机型均改变	输送流体密度改变	泵或风机转速改变	同系列不同机型
流量换算	$\dfrac{Q_{\mathrm{n}}}{Q_{\mathrm{m}}}=\lambda_{\mathrm{n}}\lambda_{l}^{3}$	$Q_{\mathrm{n}}=Q_{\mathrm{m}}$	$\dfrac{Q_{\mathrm{n}}}{Q_{\mathrm{m}}}=\lambda_{\mathrm{n}}$	$\dfrac{Q_{\mathrm{n}}}{Q_{\mathrm{m}}}=\lambda_{l}^{3}$
扬程换算	$\dfrac{H_{\mathrm{n}}}{H_{\mathrm{m}}}=\lambda_{\mathrm{n}}^{2}\lambda_{l}^{2}$	$H_{\mathrm{n}}=H_{\mathrm{m}}$	$\dfrac{H_{\mathrm{n}}}{H_{\mathrm{m}}}=\lambda_{\mathrm{n}}^{2}$	$\dfrac{H_{\mathrm{n}}}{H_{\mathrm{m}}}=\lambda_{l}^{2}$
全压换算	$\dfrac{P_{\mathrm{n}}}{P_{\mathrm{m}}}=\lambda_{\rho}\lambda_{\mathrm{n}}^{2}\lambda_{l}^{2}$	$\dfrac{P_{\mathrm{n}}}{P_{\mathrm{m}}}=\lambda_{\rho}$	$\dfrac{P_{\mathrm{n}}}{P_{\mathrm{m}}}=\lambda_{\mathrm{n}}^{2}$	$\dfrac{P_{\mathrm{n}}}{P_{\mathrm{m}}}=\lambda_{l}^{2}$
功率换算	$\dfrac{N_{\mathrm{n}}}{N_{\mathrm{m}}}=\lambda_{\rho}\lambda_{\mathrm{n}}^{3}\lambda_{l}^{5}$	$\dfrac{N_{\mathrm{n}}}{N_{\mathrm{m}}}=\lambda_{\rho}$	$\dfrac{N_{\mathrm{n}}}{N_{\mathrm{m}}}=\lambda_{\mathrm{n}}^{3}$	$\dfrac{N_{\mathrm{n}}}{N_{\mathrm{m}}}=\lambda_{l}^{5}$
效率	$\eta_{\mathrm{n}}=\eta_{\mathrm{m}}$			

【例 7-1】　现有 Y9-35-12№10D 型锅炉引风机一台，铭牌上的参数为：$n_{0}=960\mathrm{r/min}$，$P_{0}=162\mathrm{mmH_{2}O}$，$Q_{0}=20000\mathrm{m^{3}/h}$，$\eta=60\%$，该风机铭牌上的参数是在大气压为 101.325kPa，介质温度为 200℃ 条件下给出的（该状态下空气的重度 $\gamma_{0}=7.31\mathrm{N/m^{3}}$）。配用电机功率为 22kW，三角皮带传动，传动效率 $\eta_{\mathrm{t}}=98\%$，今用此引风机输送温度为 20℃ 的清洁空气，n 不变，求在这种情况下风机的性能参数，并校核配用电机的功率能否满足

要求。

解：当改送 20℃ 空气时，其相应的重度 $\gamma = 11.77\text{N/m}^3$。已知，$D_{20} = D_2$，$n_0 = n$，$\rho_0 \neq \rho$，根据相似律可知该风机的实际性能参数为：

$$Q = Q_0 = 20000\text{m}^3/\text{h}$$

$$P = \frac{\rho}{\rho_0} P_0 = \frac{\gamma}{\gamma_0} P_0 = \frac{11.77}{7.31} \times 162 = 260.8\text{mmH}_2\text{O}$$

校核配用电机的功率：

$$N = k \frac{QP}{\eta\eta_t} = 1.15 \times \frac{20000}{3600} \times \frac{260.8}{1000} \times 9.8 \times \frac{1}{0.6} \times \frac{1}{0.98} = 27.77\text{kW} > 22\text{kW}$$

式中，k 是电机的安全备用系数（$k = 1.15$）；η 为风机的全效率；η_t 为机械传动效率。经校核，配用电机的功率满足不了实际需要。

【例 7-2】 现有 IS65-50-160 离心式清水泵一台，铭牌上的参数为：$n_0 = 2900\text{r/min}$，$H_0 = 32\text{m}$，$Q_0 = 25\text{m}^3/\text{h}$，$N_0 = 4\text{kW}$，$\eta_0 = 66\%$。求该泵在 $n = 1450\text{r/min}$ 条件下运行，相应的流量 Q、扬程 H、轴功率 N 各为多少？

解：由题干可知转速 $n_0 \neq n$，根据相似定律，当转速 $n = 1450\text{r/min}$ 时各性能参数为：

$$Q = Q_0 \frac{n}{n_0} = 25 \times \frac{1450}{2900} = 12.5\text{m}^3/\text{h}$$

$$H = H_0 \left(\frac{n}{n_0}\right)^2 = 32 \times \left(\frac{1450}{2900}\right)^2 = 8\text{m}$$

$$N = N_0 \left(\frac{n}{n_0}\right)^3 = 4 \times \left(\frac{1450}{2900}\right)^3 = 0.5\text{kW}$$

【例 7-3】 已知某台泵或风机的叶轮出口直径 D_{2m}，以及转速为 n_m 时的性能曲线，如图 7-37 的曲线 I 所示。试问如何按相似律绘制出同一系列相似泵或风机在轮径 D_2 及转速 n_2 下的性能曲线 II。

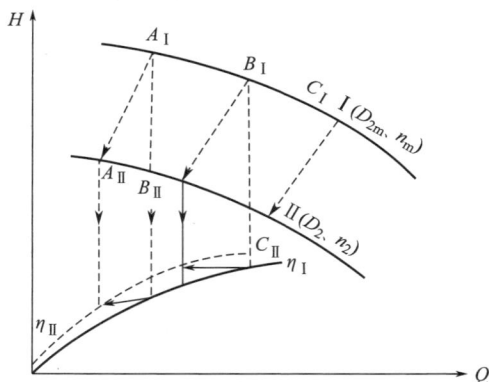

图 7-37 相似泵 Q-H 曲线的换算

解：根据相似律只适用于相似工况点的原则，首先需要找到两台机器的相似工况点。首先在曲线 I 上任取某一工况点 A_I，然后在曲线 I 上查出该工况点所对应的 Q_{A_I} 和 H_{A_I} 值。

根据式（7-22）和式（7-23）可求出在 D_2 和 n_2 新条件下 $Q_{A_{II}}$ 和 $H_{A_{II}}$ 的值：

$$Q_{A_{II}} = \lambda_n \lambda_L^3 Q_{A_I}$$

$$H_{A_{II}} = \lambda_n^2 \lambda_L^2 H_{A_I}$$

根据求得的 $Q_{A_{II}}$ 和 $H_{A_{II}}$，可以找到在新条件下与 A_I 点相对应的相似工况点 A_{II}（$Q_{A_{II}}$，$H_{A_{II}}$）。在曲线 I 上另取工况点 B_I，用同样的方法求出对应的相似工况点 B_{II}（$Q_{B_{II}}$，$H_{B_{II}}$），重复上述方法，根据曲线 I 上的 C_I、D_I、E_I 点……，可以求得对应的 C_{II}、D_{II}、E_{II} 点……，最后将 A_{II}、B_{II}、C_{II}、D_{II}、E_{II} 点……用光滑的曲线连接起来，便可得出相似泵或风机在 D_2 和 n_2 新条件下的 Q-H 曲线，如图 7-37 曲线 II 所示。

同理，利用式（7-22）及式（7-25）进行相似泵或风机的 Q-N 曲线换算。

利用相似工况点之间效率相等的性能特点，很容易换算得到 Q-η 曲线。从 A_I 点所对应的效率 η_{A_I} 作水平线，与从相似点 A_{II} 引的垂线的交点，就是相似点 A_{II} 的效率（即将 A_I 点的效率平移到相似工况点 A_{II}）。重复上述步骤即可绘出对应的 Q-η 曲线，如图 7-37 所示。

上述方法为通用方法，用此换算方法，可将泵或风机在某一直径和某一转速下试验得出的性能曲线，换算为各种不同直径和转速下的多条性能曲线。

4. 风机的无因次性能曲线

如前所述，同"系列"风机具有几何相似、运动相似和动力相似的特性，所以，每台风机的流量、压力、功率与输送气体的密度、通风机叶轮外径以及风机转速三者之间所组成的同因次量（同量纲量）之比是一个常数，这些常数分别以 $\overline{Q}$、$\overline{P}$、$\overline{N}$ 来表示。它们是没有因次的量（无量纲量），故分别称为流量系数、压力系数、功率系数。

$$\overline{Q} = \frac{Q}{\frac{\pi}{4}D_2^2 u_2} = \frac{Q}{0.04112 D_2^3 n} \tag{7-26}$$

$$\overline{P} = \frac{P}{\rho u_2^2} = \frac{P}{2.7416 \times 10^3 \rho D_2^2 n^2} \tag{7-27}$$

$$\overline{N} = \frac{1000N}{\frac{\pi}{4}D_2^2 \rho u_2^3} = \frac{N}{1.1274 \times 10^7 \rho D_2^5 n^3} \tag{7-28}$$

式中　Q——风机试验中某测点（某工况）的流量（m^3/s）；

　　　P——相应工况下风机的全压（Pa）；

　　　N——相应工况下风机的轴功率（kW）；

　　　n——相应测点下风机叶轮的转速（r/min）；

　　　D_2——叶轮出口直径（m）；

　　　u_2——叶轮圆周速度（m/s），$u_2 = \dfrac{\pi D_2 n}{60}$；

　　　ρ——输送气体的密度（kg/m^3）。

风机的全压效率 η，可由 $\overline{Q}$、$\overline{P}$、$\overline{N}$ 求出：

$$\eta = \frac{\overline{Q}\ \overline{P}}{\overline{N}}$$

值得注意的是：$\overline{Q}$、$\overline{P}$、$\overline{N}$ 是无因次比例常数，它们是取决于相似工况点的函数，不同的相似工况点所对应的 $\overline{Q}$、$\overline{P}$、$\overline{N}$ 值不同。

为了绘制无因次性能曲线，在某一系列中选用一台风机作为模型机，令其在不同的流量 Q_1、Q_2、Q_3……条件下以固定转速 n 运行，测出相应的 P_1、P_2、P_3……和 N_1、N_2、N_3……，同时取得输送的介质密度 ρ，就可以算出 u_2 值和对应的 $\overline{P}_1$、$\overline{P}_2$、$\overline{P}_3$……，$\overline{Q}_1$、$\overline{Q}_2$、$\overline{Q}_2$……及 $\overline{N}_1$、$\overline{N}_2$、$\overline{N}_3$……，η_1、η_2、η_3……，用光滑曲线连接这些点，就可以描绘出一组无因次曲线，其中包括 $\overline{Q}-\overline{P}$、$\overline{Q}-\overline{N}$ 及 $\overline{Q}-\eta$ 三条曲线，如图 7-38 所示。这组曲线称为无因次性能曲线，曲线适用于转速不等、尺寸不同的同一类型的泵与风机，所以又叫类型特性曲线。相对地说，前面所述的实际性能曲线只适用于一定转速、一定尺寸的泵与风机，所以又叫单体特性曲线。

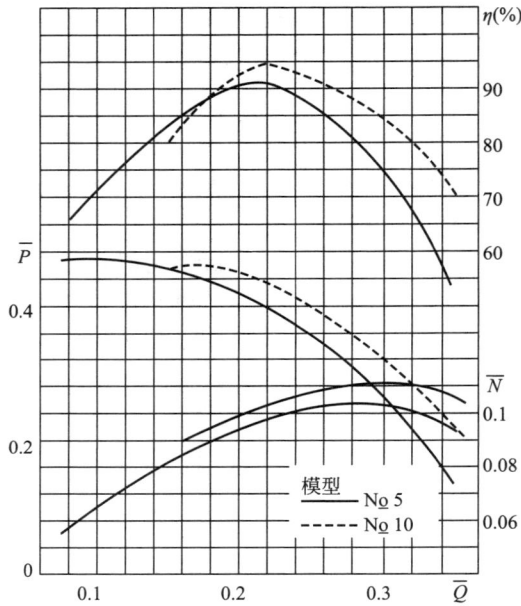

图 7-38　离心式风机的无因次性能曲线

显然，根据无因次性能曲线得出的无因次量是不能直接使用的，所以应将自曲线查得的 $\overline{Q}$、$\overline{P}$、$\overline{N}$ 值再用式（7-26）～式（7-28）求出实际的性能参数。

5. 比转数

一个"系列"的诸多相似机既然可用一条无因次性能曲线表述，那么，在此曲线上所取的工况点不同，就会有许多组（$\overline{Q}_1$、$\overline{P}_1$）、（$\overline{Q}_2$、$\overline{P}_2$）、（$\overline{Q}_3$、$\overline{P}_3$）等。如果我们指定效率最高点（即最佳工况点）的一组（$\overline{Q}$、$\overline{P}$）值，作为这个"系列"的代表值，这样就把表征"系列"的方式由一条无因次曲线简化成两个参数值（$\overline{Q}$、$\overline{P}$），来作为这个系列的代表值。从而找到了非相似泵或风机的比较基础——比转数，以符号 n_s 表示，单位为"r/min"。

1）泵的比转数

在相似系列水泵中，确定一台标准模型泵：该泵在最高效率下，当有效功率 $N_m = 1$

马力，扬程 $H_\text{m}=1\text{m}$，流量 $Q_\text{m}=0.075\text{m}^3/\text{s}$ 时，该标准模型泵的转速，就叫作与它相似的系列泵的比转数 n_s。

根据式（7-22）和式（7-23）得：

$$\frac{Q}{Q_\text{m}}=\left(\frac{n_\text{s}}{n}\right)^2\left(\frac{H}{H_\text{m}}\right)^{\frac{3}{2}}$$

即：

$$n_\text{s}=n\left(\frac{Q}{Q_m}\right)^{\frac{1}{2}}\left(\frac{H_m}{H}\right)^{\frac{3}{4}} \tag{7-29}$$

将 $H_\text{m}=1\text{m}$，$Q_\text{m}=0.075\text{m}^3/\text{s}$ 代入上式得：

$$n_\text{s}=\frac{3.65n\sqrt{Q}}{H^{3/4}} \tag{7-30}$$

式中　Q——实际泵的设计流量（m^3/s），对单级双吸式离心泵，以 $Q/2$ 代入；

　　　H——实际泵的设计扬程（m）；对多级泵以 H/i 代入，i 为叶轮级数；

　　　n——实际泵的设计转速（r/min）。

公式表明，凡是工况相似的水泵，它们的流量、扬程和转速一定符合式（7-29）所示的关系。

2）风机的比转数

在相似系列风机中，确定一台标准模型风机：该风机在最高效率情况下，压头 $P_\text{m}=1\text{mmH}_2\text{O}$，流量 $Q_\text{m}=1\text{m}^3/\text{s}$，将此标准模型风机的 P_m 和 Q_m 代入式（7-29），并将 H 换成 P，可得：

$$n_\text{s}=\frac{n\sqrt{Q}}{P^{3/4}}$$

式中，P 的单位为"mmH_2O"，其他同前。

特别要指出的是，相似的两台泵或风机的比转数一定是相等的。但反过来，比转数相等的两台泵或风机不一定相似。即比转数不是它们相似的条件，而是它们相似的结果。

比转数的实用意义主要有：

（1）比转数反映了某相似系列泵或风机的性能参数方面的特点。比转数大表明了流量大，扬程（压头）低；反之，比转数小则表明流量小，而扬程（压头）高。

（2）比转数的大小反映了某相似系列泵或风机叶轮几何形状方面的特点。由于比转数大的泵或风机流量大而扬程小，则叶轮的进口直径 D_0 及出口宽度 b_2 较大，而轮径 D_2 较小，叶轮厚而小；比转数小，流量小而扬程大，则相应叶轮的进口直径 D_0 及出口宽度 b_2 较小，而轮径 D_2 较大，叶轮扁而大。当比转数不断增大时，叶轮的 D_2/D_0 不断减小，而 b_2/D_2 不断增大，从整个叶轮结构来看，将由最初的径向流出的离心式最后变成轴向流出的轴流式（贯流式），泵的叶轮形状和性能曲线形状与比转数的关系见表 7-3，风机叶轮形状与比转数的关系见表 7-4。

（3）比转数可以反映性能曲线的变化趋势。

如表 7-3 所示，比转数越小，泵的 Q-H 曲线越平坦，Q-N 曲线上升较快，Q-η 曲线变化越小；比转数越大，则 Q-H 曲线下降较快，Q-N 曲线变化较缓慢，Q-η 曲线变化越大。

泵的叶轮形状和性能曲线形状与比转数的关系 表 7-3

泵的类型	离心泵			混流泵	轴流泵
	低比转数	中比转数	高比转数		
比转数	30～80	80～150	150～300	300～500	500～1000
叶轮形状					
D_2/D_0	≈3	≈2.3	≈1.8～1.4	≈1.2～1.1	≈1
叶片形状	圆柱形	入口处扭曲 出口处圆柱形	扭曲	扭曲	机翼形
性能曲线大致的形状					

风机叶轮形状与比转数的关系 表 7-4

风机类型	离心式风机		混（斜）流式风机	轴流式风机	贯流式风机
比转数	49.8	90.5	98.8	347～359	48.8～82
叶轮形状					

思政案例

水泵的节能技术

　　水泵是国民经济中应用最广泛的通用机械，是各种流体装置中不可替代的设备。据统计，我国约有20%的电能消耗于各类水泵的驱动，尤其是在城市供水工程中，水泵的用电量可以占到整个工程系统的90%以上，只有不到10%的电量用于制水过程的辅助设备，如电动阀、机械修理和照明等。对于一般城市供水厂，水泵机组消耗的电费可以占到制水成本的50%以上。不仅如此，水泵的运行效率偏低，普遍比发达国家低10%～30%。因此，可以看到，水泵设备蕴含着巨大的节能潜力，积极探索水泵节能技术、优化水泵调度运行，符合绿色发展的理念，同时也能为工业企业带来可观的经济效益。

　　水泵节能的技术措施主要有：一是提高水泵本身的设计制造工艺，降低泵体内的水力损失，开发出高效节能的水泵产品，例如采用先进涂层材料涂覆水泵叶轮等过流部件等；二是精心做好水泵选型和管路系统设计，根据工程的水质、水量、运行特点等实际情况，选择适应的水泵型号，并设计合理的管路系统，做好水泵和管路系统的连接，优化管路系统的配件；三是认真做好水泵定期维护检修，确保水泵的运行处于高效段；四是优化水泵的运行调度，在调节水泵时，少用节流调节方式，采用变速、切削叶轮、变角等方式对水泵工况点进行调节，其中变速调节是日常使用中最直接、最常用的一种调节方式，它不会产生功率的损耗，直接通过水泵转速的变化来改变水泵的性能。

　　实际工程中，某水厂清水泵房一期 3 台定频、满负荷运行水泵进行高压变频调速改造，将其中 2 台水泵由工频启停、额定转速运行改为变频启停和调速，实现降低设备故障率、改善系统运行环境、提高自动化控制水平，预计年节电效益达 29.3 万元。

　　学习泵与风机的相关知识之后，同学们也可以在今后的工作中，深入思考，努力设计制造出节能型泵与风机，积极探索泵与风机绿色节能新技术，为环保事业贡献自己的一份力量。

单元小结 🔍

　　本教学单元介绍了离心式泵与风机、轴流式泵与风机的基本构造及工作原理，讲解了泵与风机的基本性能参数，分析了流体在泵与风机中的运动情况，并据此推导了离心式泵与风机的基本方程式，对离心式泵与风机的性能曲线进行了分析，介绍了相似律与比转数的基本理论。

　　学习中要求熟悉离心式泵与风机的基本构造，掌握泵与风机的工作原理，识记泵与风机基本性能参数的含义，学会识读泵与风机的铭牌，了解轴流式泵与风机的基本构造、工作原理，理解泵与风机性能曲线的变化规律，了解泵与风机的基本方程式以及相似律和比转数的意义。

自我测评 🔍

一、填空题

1. 根据泵与风机的工作原理，通常可以分为_____、_____和_____三种。
2. 叶片式水泵根据流体的流动情况可以分为_____、_____和_____三种。
3. 离心泵按照安装方式可以分为_____和_____两种。
4. 离心泵的叶轮按照吸水情况可分为_____和_____两种。
5. 水泵叶轮按其盖板情况可分为_____叶轮、_____叶轮和_____叶轮三种形式。
6. 离心式风机根据其增压量大小，可分为_____、_____和_____三类。

7. 按照叶轮出口安装角 β_2 的大小，叶轮可分为_____、_____、_____三类。

8. 叶轮按叶片安装角度调节的可能性，可分为_____、_____、_____三类。

9. 风机的前导器有_____和_____两种。

10. 风机的扩散器有_____和_____两种。

11. 泵与风机的有效功率与轴功率之比为_____。

12. 泵与风机中的能量损失按其产生原因常分为_____、_____、_____三类。

13. 凡相似的流动，必定是_____相似、_____相似和_____相似的流动。

14. 风机的压头（全压）是指单位体积气体通过风机所获得的_____。

15. 泵和风机的全效率可以等于_____、_____和_____的乘积。

二、选择题

1. 泵与风机的铭牌表明了该泵或风机在（   ）下运转时，效率（   ）时的性能参数。

    A. 设计转速   最低   B. 设计转速   最高

    C. 最高转速   最高   D. 最高转速   最低

2. 对于后向叶型的叶轮，以下哪个选项成立？（   ）

    A. $H_T < \dfrac{u_2^2}{2g}$ B. $H_T = \dfrac{u_2^2}{2g}$ C. $H_T > \dfrac{u_2^2}{2g}$ D. 以上都不是

3. 下列四种泵中，相对流量最高的是（   ）。

    A. 离心泵   B. 轴流泵   C. 齿轮泵   D. 螺杆泵

4. 下列四种泵中，比转数最高的是（   ）。

    A. 离心泵   B. 轴流泵   C. 混流泵   D. 螺杆泵

5. 效率最高的叶轮叶片形式是（   ）。

    A. 前向型   B. 径向型   C. 后向型   D. 轴向型

6. 离心泵的 Q-η 曲线相比轴流泵的 Q-η 曲线而言，特点是（   ）。

    A. 数值较大   B. 数值较小   C. 变化较陡   D. 变化较平缓

三、判断题

1. 轴封装置可以减少泵壳内的水向外泄漏。（   ）

2. 水泵的扬程就是指提水高度。（   ）

3. 前向叶型的叶轮所获得的理论扬程最小。（   ）

4. 水泵填料密封的填料箱处不允许有任何滴水现象。（   ）

5. 前向叶型的泵比后向叶型的泵能够提供较大的理论扬程，但总效率较低。（   ）

6. 轴流式泵与风机适用于扬程（全压）变化大时，而流量变化不大的场合。（   ）

7. 大容量高参数的多级泵常采用开设平衡孔的方式平衡轴向推力。（   ）

8. 我国离心式泵与风机的支承与传动方式已经定型，共有 A、B、C、D 四种形式。（   ）

9. 前向叶型的泵或风机所需要的轴功率随流量增长得很快。（   ）

10. 相似工况的泵或风机的比转数是相等的。（   ）

11. 比转数相等的两台泵或风机是相似的。（   ）

12. 比转数小则表明流量小，而压力高。（   ）

13. 比转数大时叶轮厚而小。（　　　）

14. 泵与风机的最佳工况点是效率最高时对应的工况点。（　　　）

四、问答题

1. 简述生活或生产中泵与风机的应用场景，以及该场景中泵与风机的类型。

2. 简述离心式泵与风机的工作原理。

3. 为了减小水泵的容积损失，水泵在设计时采取了哪些措施？

4. 根据欧拉方程式，泵与风机中单位重量流体所获的总能量主要包含哪些部分？

5. 为什么离心泵和大型风机都采用后向式叶轮？

6. 流动相似的含义是什么？

7. 简述在已知某台泵或风机在某转速 n_1 下的性能曲线条件下，如何绘制出其相似泵或风机在某转速 n_2 下的性能曲线。

五、计算题

1. 某离心式水泵转速 $n=1450r/min$，叶轮叶片进口宽度 $b_1=3.2m$，出口宽度 $b_2=1.7m$，叶轮叶片进出口直径分别为 $D_1=17cm$ 和 $D_2=38cm$，叶片进出口几何安装角分别为 $\beta_1=18°$ 和 $\beta_2=22.5°$，若液体径向流入叶轮，在流道内的流动与叶片的弯曲方向一致。试求该泵在此转速下的流量（忽略叶片厚度）。

2. 已知某自吸式离心泵输送清水的流量为 $140m^3/h$，扬程为 $15m$，试求该离心泵的有效功率为多少？如果该离心泵工作时的轴功率为 $8.6kW$，该泵的效率为多少（已知水在 $25℃$ 的重度为 $9.968kN/m^3$）？

3. 某离心泵的铭牌参数为：$n=2000r/min$，$Q=0.17m^3/s$，$H=104m$，$N=184kW$。另有一台同型号相似离心泵，其叶轮直径为上述水泵叶轮的 2 倍，转速为 1500r/min，则此泵高效点的流量和扬程分别为多少？

4. 现有 KZG-13 型锅炉引风机一台，铭牌上的参数为 $n_0=96r/min$，$P_0=144mmH_2O$，$Q_0=12000m^3/h$，$\eta=65\%$，配用电机功率 15kW，三角皮带传动，传动效率 $\eta_t=98\%$，用此引风机输送温度为 $20℃$ 的清洁空气，n 不变，求在这种情况下风机的性能参数，并校核配用电机功率能否满足要求（电机的安全备用系数取 $k=1.15$）。

5. 已知 4-72-11№6C 型离心式风机铭牌上表示的性能参数为：$n_0=1250r/min$，$P_0=79mmH_2O$，$Q_0=8300m^3/h$，轴功率 $N_0=2kW$，$\eta_0=91.4\%$。如果该风机改在 $n=1450r/min$ 情况下运行，相应的流量 Q、全压 ΔP 及轴功率 N 应为多少？

6. 在产品试制中，一台模型离心泵的尺寸为实际泵的 1/4，在转速 $n=750r/min$ 时进行试验。此时测得模型的设计工况出水量 $Q_m=11L/s$，扬程 $H_m=0.8m$，如果模型泵与实际泵的效率相等，试求：实际水泵在 $n=960r/min$ 时的设计工况流量和扬程。

教学单元8

泵与风机的运行分析及选择

教学目标

【知识目标】掌握管路系统中泵所需扬程的计算方法；理解气蚀现象产生的原因，掌握泵的安装高度的计算；理解管路性能曲线及工作点的含义，熟悉并联运行、串联运行的工况分析；掌握泵与风机工况点调节的基本方法，掌握泵与风机的选择。

【能力目标】能够根据工程实际情况，计算泵的扬程和安装高度；能够根据泵与风机的性能曲线和管路性能曲线，确定工作点，并进行工况调节；能够理解泵与风机联合运行时的特点；能够根据不同的工作条件，选择合适的泵与风机。

【素质目标】结合气蚀现象及其发现过程，培养积极探索、追求真理的精神；结合泵与风机的安装高度和工作点的确定，树立严谨务实、精益求精的职业观念；结合泵与风机的工况调节和选择，培养创新和系统性思维。

思维导图

教学单元 8 思维导图

教学情境 1　离心泵的管路附件与所需扬程

1. 离心泵装置的管路及附件

当采用离心泵提升液体时，必须向泵内（包括吸水管内）充满液体，为此，在泵体上常设有充液孔或漏斗，有时还另设真空泵将水抽入吸水管和泵体，否则就只能输送空气而无法抽水上来。

离心泵在实际使用时，除离心泵设备本身外，还需要配有管路和其他一些必要的零部件（电动机、阀门等），离心泵配上管路和全部附件后的系统称为离心泵装置。典型的离心泵装置如图 8-1 所示。

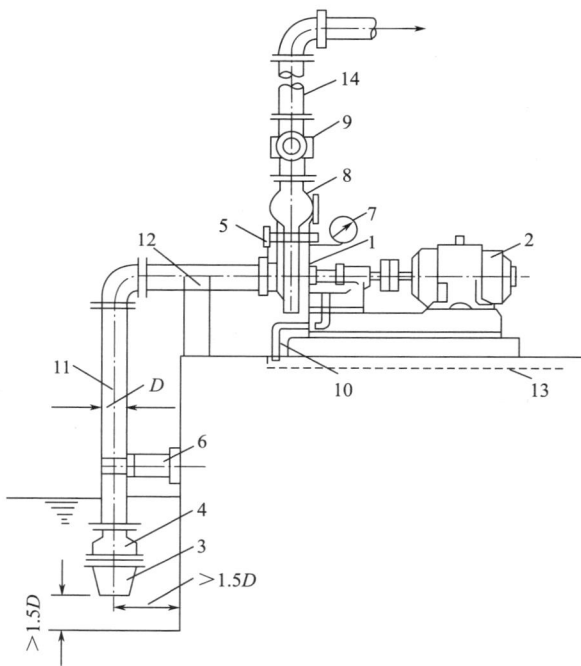

图 8-1　离心泵装置示意图

1—离心泵；2—电动机；3—拦污栅；4—底阀；5—真空表；6—防振件；7—压力表；8—止回阀；
9—闸阀；10—排水管；11—吸入管；12—支座；13—排水沟；14—压出管

图 8-1 中离心泵与电动机用联轴器相连接，装在同一座底座上，这些通常都是由制造厂配套供应的。从吸液池液面下方的拦污栅开始到泵的吸入口法兰为止，这段管段叫作吸入管段。底阀用于泵启动前灌水时阻止漏水。泵的吸入口处装有真空表，以便观察吸入口处的真空度。吸入管段的水力阻力应尽可能降低，其上一般不设置阀门。水平管段要向泵方向抬升（$i=0.02$），以便于排除空气。过长的吸入管段要装设防振件。

泵出口以后的管段是压出管段。泵的出口装有压力表，以观察出口压强。止回阀用来防止压水管段中的液体倒流。闸阀则用来调节流量的大小。应当注意使压出管段的重量支承在适当的支座上，而不直接作用在泵体上。

此外，还应装设排水管，以便将填料盖处漏出的水引向排水沟。有时，出于防振的需要，在泵的出入口处设置橡胶软接头。

另外，安装在供热、空调循环水系统上的水泵，还需在其出入口装温度计，入口管上装闸阀及水过滤器，并将吸入口处所装真空计改装为压力表。

当两台或两台以上水泵的吸水管路彼此相连时，或当水泵处于自灌式灌水，水泵的安装高程低于水池水面时，吸水管上应安装闸阀。

2. 水泵的扬程

如图 8-2 所示的水泵系统，选择基准面 0-0 和过流断面 1-1、2-2，两过流断面间有能量的输入，输入的能量即为水泵的扬程，据此可以列出 1-1 和 2-2 液面的能量方程：

$$Z_1 + \frac{p_1}{\gamma} + \frac{\alpha_1 v_1^2}{2g} + H_b = Z_2 + \frac{p_2}{\gamma} + \frac{\alpha_2 v_2^2}{2g} + h_{wl-2}$$

则可以得到水泵扬程的基本表达式为：

$$H_b = (Z_2 - Z_1) + \left(\frac{p_2}{\gamma} - \frac{p_1}{\gamma}\right) + \left(\frac{v_2^2}{2g} - \frac{v_1^2}{2g}\right) + h_{wl-2} \tag{8-1}$$

式中　Z_1、$\frac{p_1}{\gamma}$、$\frac{v_1^2}{2g}$ ——分别为断面 1-1 处的位置水头、压强水头、流速水头（m）；

Z_2、$\frac{p_2}{\gamma}$、$\frac{v_2^2}{2g}$ ——分别为断面 2-2 处的位置水头、压强水头、流速水头（m）；

h_{wl-2} ——断面 1-1 至断面 2-2 的水头损失总和（m）；

γ ——水的重度（N/m³）；

g ——重力加速度（m/s²）。

图 8-2　水泵系统

由此可见，水泵的扬程是水泵送水的终点与起点所在断面的总水头之差再附加上两个断面之间的管路水头损失。

结合图 8-2 可知，$Z_2 - Z_1 = H$，H 为上下两个水池液面的高差，可称为几何扬水高度。

1）水泵与压力管网直接相连，并向管网供水时

水泵直接和压力管网连接时，此时水泵前后两个断面的压强和流速都不为零，那么水泵的扬程为：

$$H_b = H + \frac{p_2}{\gamma} - \frac{p_1}{\gamma} + \frac{v_2^2}{2g} - \frac{v_1^2}{2g} + h_{wl-2} \tag{8-2}$$

2）水泵从吸水池抽水向密闭的压力容器或给水管网供水时

此时吸水池 1-1 液面压强 p_1 为大气压强，液面 1-1 流速 v_1 很低，可以忽略不计，液面 2-2 的压强不是大气压，即 $p_2 \neq 0$，并且 2-2 断面具有一定的流速，则有：

$$H_b = H + \frac{p_2}{\gamma} + \frac{v_2^2}{2g} + h_{wl-2} \tag{8-3}$$

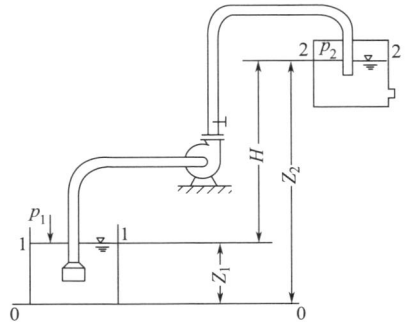

水泵的扬程就是几何扬水高度、压力容器或给水管网的压强水头和流速水头以及水头损失四项之和。这说明水泵的扬程不仅用来提升液体的高度，还要克服流动阻力，最终还要使液体在断面 2-2 获得一定的压强和流速。

3）水泵从吸水池抽水向敞开的水箱送水时

此时液面 1-1 和 2-2 的压强均为大气压，$p_1 = p_2 = 0$，液面 2-2 的流速 v_2 很低，也可以忽略不计，则有：

$$H_b = H + h_{w1-2} \tag{8-4}$$

水泵的扬程就是几何扬水高度与水头损失两项之和。说明水泵的扬程只需要提升液体的高度，同时克服流动阻力就可以了。

4）泵在闭合的环路管网中工作时

工程中采暖系统、热水供应系统的热水循环管网、中央空调系统的冷却水循环管网都是闭合环路，当水泵在这样的管路中工作时，泵的扬程仅需要克服该环路中流体流动的阻力损失就可以了，此时泵的扬程为：

$$H_b = h_{w1-2} \tag{8-5}$$

需要说明的是，如果在泵的出口与入口处装有压力表和真空表，那么两个表所指示的读数之和也可以近似地看作是水泵在工作时所具有的实际扬程。

【例 8-1】 如图 8-3 所示为水泵抽水系统，管长、管径单位为"m"，流量 $Q = 40 \times 10^{-3}$ m³/s，$\lambda = 0.03$，求：

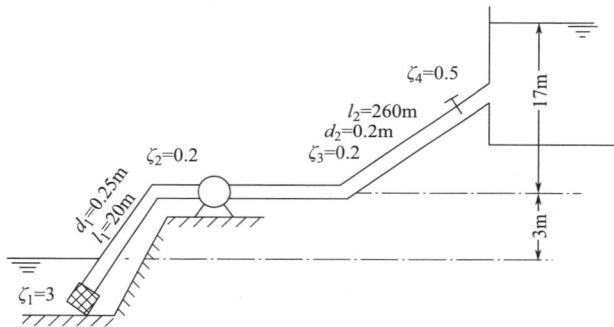

图 8-3 水泵抽水系统

（1）吸水管及压水管的阻抗 S。

（2）水泵所需水头。

解：（1）根据 $S = \dfrac{8\left(\lambda \dfrac{l}{d} + \sum \zeta\right)}{\pi^2 d^4 g}$

将吸水管和压水管的参数代入可以得到：

吸水管的阻抗 $S_{吸} = \dfrac{8 \times \left(0.03 \times \dfrac{20}{0.25} + 3 + 0.2\right)}{3.14^2 \times 0.25^4 \times 9.8} = 118.7 \, \text{s}^2/\text{m}^5$

压水管的阻抗 $S_压 = \dfrac{8 \times \left(0.03 \times \dfrac{260}{0.2} + 0.2 + 0.5 \right)}{3.14^2 \times 0.2^4 \times 9.8} = 2054.4 \mathrm{s^2/m^5}$

（2）根据题意可知，水泵从吸水池抽水，将水送到高位水箱中，水泵的扬程为：

$$H_b = H + h_{w1\text{-}2} = (17 + 3) + (118.7 + 2054.4) \times (40 \times 10^{-3})^2 = 23.48\mathrm{m}$$

教学情境 2　泵的气蚀与安装高度

1. 泵的气蚀现象

根据物理学知识，当液面压强降低时，相应的汽化温度也降低。例如，水在一个大气压（101.3kPa）下的汽化温度为 100℃；当水面压强降至 0.024atm（2.43kPa）时，水在 20℃时就开始沸腾（汽化）。开始汽化时的液面压强叫作汽化压强，用 p_v 表示，液体在某一温度下都有对应的汽化压强。

码8-2
离心泵的
气蚀现象
及产生
原因

泵在管路系统中工作时，泵叶轮入口处的压强是相对最低的，当叶轮入口某处的压强低于液体在工作温度下的汽化压强时，液体就发生汽化，产生大量气泡；与此同时，由于压强降低，原来溶解于液体的某些活泼气体，如水中的氧也会逸出而成为气泡。这些气泡随液流进入泵内高压区，由于该处压强较高，气泡迅速破灭。于是在局部地区产生高频率、高冲击力的水击，不断打击泵内部件，特别是工作叶轮，使叶轮表面形成麻点和斑痕，泵出现振动和噪声。此外，在凝结热的助长下，活泼气体还对金属发生化学腐蚀，以致金属表面发生块状脱落。这种现象就是气蚀。

当气蚀尚不严重时，对泵的运行和性能还不致产生明显的影响。但如果气蚀持续发生，气泡大量产生，水泵过流断面减小以致流量降低；因水流状态遭到破坏，水泵的能量损失增大，扬程降低，效率也相应下降，严重时，会停止出水，水泵空转。因此，泵在运行中应严格防止气蚀产生。

产生"气蚀"的具体原因主要有以下几种：

泵的安装位置高出吸液面高度太大，即泵的几何安装高度 H_g 过大；泵安装地点的大气压较低，例如安装在高海拔地区；泵所输送的液体温度过高等。

2. 水泵的吸水性能参数

1）允许吸上真空高度 H_s

允许吸上真空高度是指为保证水泵内部压力最低点不发生气蚀，在水泵进口处所允许的最大真空值，以液柱高度表示，符号是 H_s，单位是"mH₂O"。H_s 是表示离心泵吸水性能的一种方式。水泵产品样本中，用 $Q\text{-}H_s$ 曲线来表示水泵的吸水性能。

2）气蚀余量 Δh

（1）气蚀余量（NPSH）。"NPSH"是 Net Positive Suction Head 的缩写，直译为净正吸入水头，一般称为"气蚀余量"。液体自吸入口 s 流进叶轮的过程中，在它还未被增压之前，因流速增大及流动损失增加，而使静压水头由 $\dfrac{p_s}{\gamma}$ 降至 $\dfrac{p_k}{\gamma}$，$\dfrac{\Delta p}{\gamma} = \dfrac{p_s - p_k}{\gamma}$。这说

227

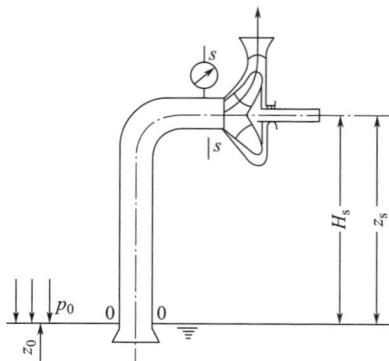

图 8-4　泵内易产生
气泡的部位

明泵的最低压强点不在泵的吸入口 s 处，而是在叶片进口的背部 k 点处，即泵内易产生气泡的部位在叶轮入口叶片背面 k 点位置，如图 8-4 所示。如果 k 点的压强 p_k 小于液体在该温度下的汽化压强 p_v，即 $p_k < p_v$，就会产生气泡。我们把泵进口处单位重量液体所具有的超过汽化压强的富裕能量称为气蚀余量，以符号 Δh 表示，单位为"m"。

（2）临界气蚀余量（NPSH）$_a$。如果实际气蚀余量 Δh，正好等于泵自吸入口 s 压强最低的总水头降 $\dfrac{\Delta p}{\gamma}$ 时，就刚好发生气蚀；当 $\Delta h > \dfrac{\Delta p}{\gamma}$ 时，就不会发生气蚀。$\dfrac{\Delta p}{\gamma}$ 又叫作临界气蚀余量，用符号 Δh_{min} 表示，临界气蚀余量为泵内发生气蚀的临界条件。

（3）必需气蚀余量（NPSH）$_r$。

在工程实际中，为确保安全运行，保证水泵正常工作时不发生气蚀，将临界气蚀余量适当增加 0.3m 的安全量，即为必需气蚀余量，以 $[\Delta h]$ 表示。其计算式为：

$$[\Delta h] = \Delta h_{min} + 0.3\text{m} \tag{8-6}$$

对于大型泵，0.3m 的安全值相对较小，必需气蚀余量可采用下式计算：

$$[\Delta h] = (1.1 \sim 1.3)\Delta h_{min} \tag{8-7}$$

显然，要使液体在流动过程中，自泵吸入口 s 到最低压强点 k，水头降低 $\dfrac{\Delta p}{\gamma}$ 后，最低的压强还要高于汽化压强 p_v，就必须使叶片入口处的实际气蚀余量 Δh 符合下述安全条件：

$$\Delta h = \frac{p_s}{\gamma} + \frac{v_s^2}{2g} - \frac{p_v}{\gamma} \geqslant [\Delta h] = \Delta h_{min} + 0.3\text{m} \tag{8-8}$$

必需气蚀余量 $[\Delta h]$ 是一个能量消耗量，$[\Delta h]$ 越大则泵的抗气蚀能力越差。应当指出，$[\Delta h]$ 随泵流量的不同而变化，如图 8-6 中 $Q\text{-}[\Delta h]$ 曲线所示，当流量增加时，必需气蚀余量 $[\Delta h]$ 将急剧上升。忽视这一特点，常导致泵在运行中产生噪声、振动和性能变坏。特别是在吸升状态和输送温度较高的液体时，要随时注意泵的流量变化引起的运行状态变化。

3. 泵的安装高度

水泵轴心线距吸水池最低水位的高度，称为水泵的几何安装高度，如图 8-5 所示。对于大型泵应以吸液池液面至叶轮入口边最高点的距离作为安装高度。

如上所述，正确确定泵吸入口的真空度 H_s，是控制泵运行时不发生气蚀而正常工作的关键，而 H_s 的数值与泵的安装高度以及吸入侧管路系统、吸液池液面压强、液体温度等密切相关。

用能量方程式可以建立泵吸入口压强的计算公式。这里列出图 8-5 中吸液池液面 0-0 和泵入口断面

图 8-5　离心泵的几何安装高度

s-s 的能量方程：

$$Z_0 + \frac{p_0}{\gamma} + \frac{v_0^2}{2g} = Z_s + \frac{p_s}{\gamma} + \frac{v_s^2}{2g} + \sum h_{ws}$$

式中　Z_0、Z_s——分别为液面和泵入口中心标高（m），即泵的安装高度 $Z_s - Z_0 = H_g$；

p_0、p_s——分别为液面和泵入口处压强（Pa）；

v_0、v_s——分别为液面和泵吸入口的平均流速（m/s）；

$\sum h_{ws}$——吸液管路的水头损失（m）。

通常认为，吸液池液面处的流速甚小，即 $v_0 = 0$，由此可得：

$$\frac{p_0}{\gamma} - \frac{p_s}{\gamma} = H_g + \frac{v_s^2}{2g} + \sum h_{ws} \tag{8-9}$$

上式说明，吸液池液面与泵入口断面之间泵所提供的压强水头差，用来克服吸入管的水头损失 $\sum h_{ws}$，建立流速水头 $\frac{v_s^2}{2g}$，并将液体吸升到某一高度 H_g。

如果吸液池液面受大气压 p_a 作用，即 $p_0 = p_a$，那么 $\frac{p_a - p_s}{\gamma} = H_s$，正是泵入口处真空计所指示的真空度，单位为"m"。于是式（8-9）可改写成：

$$H_s = \frac{p_a - p_s}{\gamma} = H_g + \frac{v_s^2}{2g} + \sum h_{ws} \tag{8-10}$$

由于泵通常是在一定流量下运行的，则 $\frac{v_s^2}{2g}$ 及管路水头 $\sum h_{ws}$ 都应是定值，所以泵的吸入口真空度 H_s 将随泵的几何安装高度 H_g 的增加而增加。如果吸入口真空度增加至某一最大值 H_{smax} 时，即泵的吸入口处压强接近液体的汽化压强 p_v 时，则泵内就会开始发生气蚀。通常，开始气蚀的极限吸入口真空度 H_{smax} 值是由制造厂用试验方法确定的。

显然，为避免发生气蚀，由式（8-10）确定的实际 H_s 值应小于 H_{smax} 值，为确保泵的正常运行，制造厂又在 H_{smax} 值的基础上规定了一个"允许"的吸入口真空度，用 $[H_s]$ 表示，即：

$$H_s \leqslant [H_s] = H_{smax} - 0.3\text{m} \tag{8-11}$$

在已知泵的允许吸入口真空度 $[H_s]$ 的条件下，可用式（8-10）计算出"允许"的水泵安装高度 $[H_g]$，而实际的安装应满足：

$$H_g < [H_g] \leqslant [H_s] - \left(\frac{v_s^2}{2g} + \sum h_{ws} \right) \tag{8-12}$$

计算中应注意：

（1）由于泵的流量增加时，流体流动损失和速度水头都增加，使得叶轮进口附近的压强更低了，所以 $[H_s]$ 应随流量增加而有所降低，如图 8-6 中 Q-$[H_s]$ 曲线所示。因此，用式（8-12）确定 H_g 时，必须以泵在运行中可能出现的最大流量为准。

（2）$[H_s]$ 值是由制造厂在大气压为 101.325kPa 和 20℃的清水条件下试验得出的。当泵的使用条件与上述条件不符时，应对样本上规定的 $[H_s]$ 值按下式进行修正：

$$[H_s'] = [H_s] - \left(10.33 - \frac{p_a}{\gamma} \right) + \left(0.24 - \frac{p_v}{\gamma} \right) \tag{8-13}$$

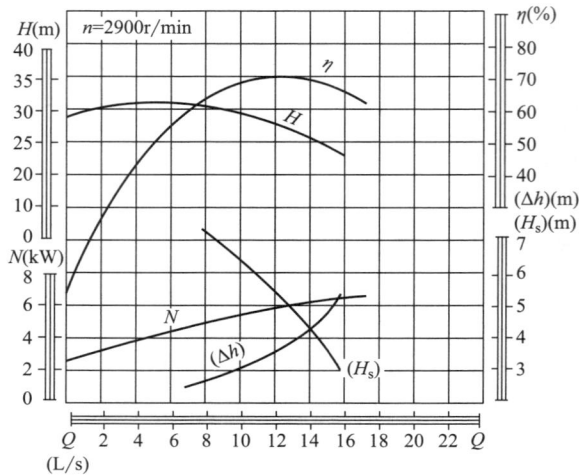

图 8-6 离心式泵 Q-$[H_s]$ 图和 Q-$[\Delta h]$ 的曲线简图

式中　$10.33 - \dfrac{p_a}{\gamma}$ ——因大气压不同的修正值，其中 $\dfrac{p_a}{\gamma}$ 是当地的大气压强水头，它的值

随海拔高度而变化，单位为"m"，参见表 8-1。

$0.24 - \dfrac{p_v}{\gamma}$ ——因水温不同所作的修正值，其中 $\dfrac{p_v}{\gamma}$ 是与实际工作水温相对应的汽

化压强水头，单位为"m"，参见表 8-2。

不同海拔高程的大气压强水头　　　　　　　　　　　　　　　表 8-1

海拔高程（m）	0	100	200	300	400	500	600	700	800	900	1000	2000	3000
$\dfrac{p_a}{\gamma}$（m）	10.33	10.22	10.11	9.97	9.89	9.77	9.66	9.55	9.44	9.33	9.22	8.11	7.47

不同水温下水的汽化压强水头　　　　　　　　　　　　　　　表 8-2

水温（℃）	0	5	10	20	30	40	50	60	70	80	90	100
$\dfrac{p_v}{\gamma}$（m）	0.06	0.09	0.12	0.24	0.43	0.75	1.25	2.02	3.17	4.82	7.14	10.33

（3）允许吸上真空高度与气蚀余量的关系。

将式（8-10）变换为 $\dfrac{p_s}{\gamma}$ 表达式，然后代入式（8-8），可得气蚀余量和允许吸上真空高
度的关系：

$$H_s = \frac{p_a}{\gamma} - \frac{p_v}{\gamma} - \Delta h + \frac{v_s^2}{2g} \tag{8-14}$$

同样，用能量方程式可建立泵的允许几何安装高度 H_g 与气蚀余量 Δh 之间的关系式：

$$H_g = \frac{p_a}{\gamma} - \frac{p_v}{\gamma} - \Delta h - \sum h_{ws} \tag{8-15}$$

此式与式（8-10）有相同的实用意义，只不过从不同的角度来确定泵的几何安装

高度。

实际工程中最常见的泵的安装位置是在吸液面之上，然而，还可能遇到泵安装在吸液面下方的情况，如采暖系统的循环泵、锅炉冷凝水泵，如图 8-7 所示。泵的这种安装形式称为"灌注式"。究竟在什么情况下要采用"灌注式"安装方式，必须根据式（8-12）、式（8-13）作出技术上的判断。

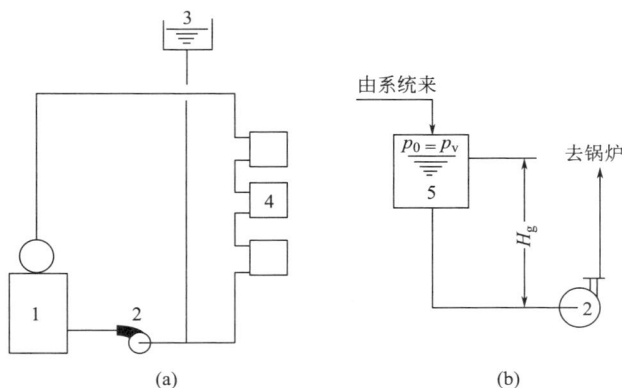

图 8-7　泵的灌注式安装

（a）采暖系统的循环泵装置；（b）锅炉冷凝水泵装置

1—锅炉；2—循环水泵；3—膨胀水箱；4—散热器；5—冷凝水箱

【例 8-2】　12Sh-19A 型离心泵，流量 $Q=0.22\text{m}^3/\text{s}$ 时，由水泵样本中的 Q-$[H_\text{s}]$ 曲线中查得，其允许吸入口真空度 $[H_\text{s}]=4.5\text{m}$，泵进水口直径为 300mm，吸入管段的损失估计 $\sum h_\text{ws} \approx 1.0\text{m}$，当地海拔为 1000m，水温为 40℃。试计算其允许几何安装高度 $[H_\text{g}]$。

解： 由表 8-1 查出海拔 1000m 处的大气压强水头为 9.22m，查表 8-2，水温 40℃ 时的汽化压强水头为 0.75m。根据式（8-13）得：

$$[H'_\text{s}]=4.5-(10.33-9.22)+(0.24-0.75)=2.88\text{m}$$

泵入口的流速：

$$v_\text{s}=\frac{Q}{\frac{\pi}{4}D^2}=\frac{0.22}{0.785\times0.3^2}\approx3.11\text{m/s}$$

$$\frac{v_\text{s}^2}{2g}\approx0.5\text{m/s}$$

由式（8-12）可得允许几何安装高度为：

$$[H_\text{g}]=[H'_\text{s}]-\left(\frac{v_\text{s}^2}{2g}+\sum h_\text{ws}\right)=2.88-(0.5+1)=1.38\text{m}$$

【例 8-3】　一台单级单吸式离心泵，流量 $Q=30\text{m}^3/\text{h}$，临界气蚀余量 $\Delta h_\text{min}=3.3\text{m}$，从封闭容器中抽送温度为 40℃ 的清水，容器中液面压强为 8.83kPa，吸入管水头损失 $\sum h_\text{ws}=0.5\text{m}$，已知水在 40℃ 时的密度为 992kg/m³。试求该泵允许的几何安装高度 $[H_\text{g}]$。

解： 从表 8-2 中查得水在 40℃ 时汽化压强水头 $\dfrac{p_\text{v}}{\gamma}=0.75\text{mH}_2\text{O}$，由式（8-8）及式

(8-15) 可求出 $[H_g]$：

$$[H_g] = \frac{p_0 - p_v}{\gamma} - \sum h_{ws} - (\Delta h_{min} + 0.3)$$

$$= \frac{8.83 \times 10^3}{992 \times 9.8} - 0.75 - 0.5 - (3.3 + 0.3)$$

$$= -3.94 \text{m}$$

计算结果为负值，表明该泵需采用"灌注式"安装，且泵的轴中心至少位于容器液面以下 3.94m 处。

教学情境 3 管路性能曲线及工作点

泵或风机是在一定的管路系统中工作的。泵与风机的性能曲线在某一转速下，所提供的流量和扬程是密切相关的，并有无数组对应值 (Q_1, H_1)、(Q_2, H_2)、(Q_3, H_3) 等。一台泵或风机究竟能给出哪一组 (Q, H) 值，即在泵或风机性能曲线上哪一点工作，并非任意，而是取决于所连接的管路性能。当泵或风机提供的扬程（或压头）与管路所需要的扬程（或压头）得到平衡时，由此也就确定了泵或风机所提供的流量，这就是泵或风机的"自动平衡性"。此时，如该流量不能满足设计需要时，就需另选一台泵或风机的性能曲线，不得已时也可以用调整管路性能来满足需要。

1. 管路性能曲线

管路性能曲线是指泵或风机在管路系统中工作时，管路中实际扬程（或压头）与实际流量之间的关系曲线。

图 8-8 所示为一管路系统和泵装置的示意图，以 0-0 为基准面，对吸入容器的液面 1-1 和压出容器的液面 2-2 列能量方程：

$$Z_1 + \frac{p_1}{\gamma} + \frac{v_1^2}{2g} + H = Z_2 + \frac{p_2}{\gamma} + \frac{v_2^2}{2g} + \sum h_w$$

由图 8-8 可知：

$$\frac{v_1^2}{2g} \approx 0, \quad \frac{v_2^2}{2g} \approx 0$$

则有：

$$H = \left(Z_2 + \frac{p_2}{\gamma}\right) - \left(Z_1 + \frac{p_1}{\gamma}\right) + h_w = H_{st} + h_w$$

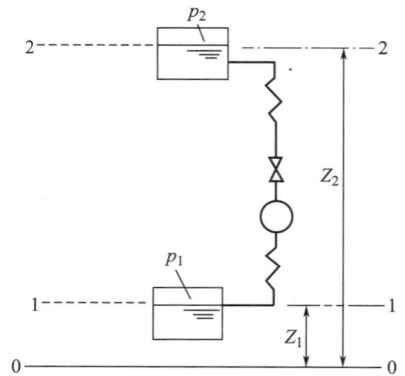

式中 H——管路中对应某一流量下所需提供的扬程（或压头）（mH_2O）；

H_{st}——静扬程（或称静压头），表达式为：$H_{st} = \left(Z_2 + \frac{p_2}{\gamma}\right) - \left(Z_1 + \frac{p_1}{\gamma}\right)$；

图 8-8 管路系统和泵装置示意图

h_w——吸入管路与压出管路的水头损失。

阻力损失取决于管网的阻力特性。由流体力学可知：

$$h_w = SQ^2$$

式中　S——管路的阻抗（s^2/m^5）；

　　　Q——管网的流量（m^3/s）。

于是有：

$$H = H_{st} + SQ^2 \qquad (8-16)$$

当管路系统确定时，静扬程 H_{st} 与管路阻抗 S 是一定的，因此管路流动特性是由实际工程条件决定的，与泵或风机本身的性能无关。在以流量 Q 与扬程 H 组成的直角坐标图上，可以绘出如图 8-9 所示的二次曲线，称之为管路性能曲线。

由式（8-16）可知，管路的阻抗系数不同，则管路性能曲线的形状也不同，也就是说，管路阻力越大，即 S 越大，则二次曲线越陡，如图 8-9 所示（$S_1 < S_2 < S_3$）。

对于风机装置，由于气体密度（ρ）很小，当风机吸入口与风管出口高程差不是很大时，气柱重量形成的压强可忽略，其静扬程可认为等于零。所以，风机管路性能曲线的函数关系式为：

$$p = \gamma SQ^2 \qquad (8-17)$$

这是一条通过坐标原点的二次曲线，管路阻力增大时，管路特性阻力系数 S 增大，性能曲线变陡，反之则平稳些，如图 8-10 所示。

2. 泵与风机的工作点

如前所述，管路系统的性能是由工程实际需要所决定的，与泵或风机本身的性能无关，但是工程所需的流量及其相应的扬程必须由泵或风机来满足，这是一对供求矛盾。利用图解方法可以方便地解决这一矛盾。

鉴于通过泵或风机管路系统中的流量也就是泵或风机本身的流量，可以将泵或风机的性能曲线 $Q\text{-}H$ 与管路性能曲线 $C\text{-}E$ 按同一比例绘制在同一坐标图上，如图 8-11 所示为离心泵管路性能曲线。两条曲线相交于 D 点。显然，D 点表明所选定的泵或风机在流量为 Q_D 的条件下，可以提供的扬程为 H_D，而这（Q_D，H_D）正是该工程系统所要求的。因此，管路性能曲线与泵或风机性能曲线的交点 D 就是泵或风机的工作点。

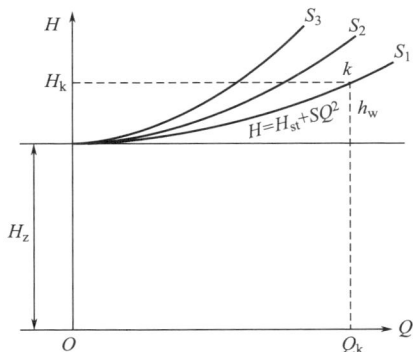

图 8-9　泵的管路性能曲线

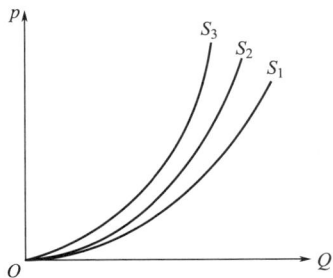

图 8-10　风机的管路性能曲线

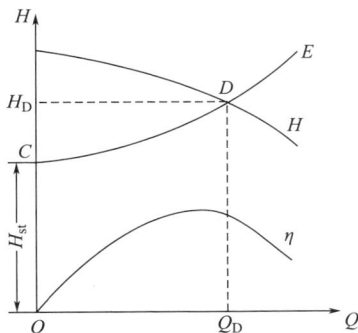

图 8-11　离心泵管路性能曲线

233

如果工作点 D 又处在泵或风机的高效率范围内，这样的安排是恰当的、经济的。否则，应重新选择合适的泵或风机。

3. 运行工况的稳定性

如图 8-12 所示，泵或风机的 Q-H 性能曲线大致可分为三种类型：①平坦形；②陡降形；③驼峰形。

平坦形和陡降形的性能曲线与管路性能曲线一般只有一个交点 D，如图 8-11 所示。D 点处泵或风机输出的流量恰好等于管道系统所需要的流量。并且，泵或风机所提供的扬程（或压头），也恰好满足管道在该流量下所需要的扬程（或压头），因而泵或风机能够在 D 点稳定运转。一旦工作点 D 受机械振动或电压波动引起转速干扰而发生偏离时，例如 D 点向流量增大方向偏离，此时机器提供的扬程（压头）小于管道所需，流体因能量不足而减速，流量减小，工作点向 D 点移动；反之，D 点向流量减小方向偏离，机器提供的扬程（压头）大于管道所需，能量过足而流速增大，流量增大，工作点向 D 点移动。

可见，不管是何种干扰，工作点会很快恢复到原工作点 D 运行，所以，称 D 点为稳定工作点。

有些低比转数泵或风机的性能曲线呈驼峰形，这样的性能曲线与管路性能曲线有可能出现两个交点 D 和 K，如图 8-13 所示，这种情况下，只有 D 点是稳定工作点，而在 K 点工作将是不稳定的。

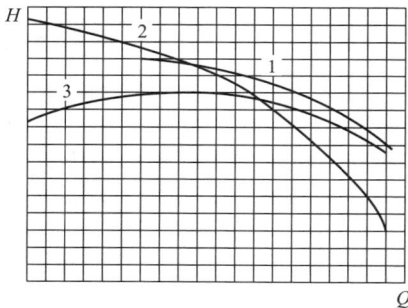

图 8-12　三种不同的 Q-H 曲线
1—平坦形；2—陡降形；3—驼峰形

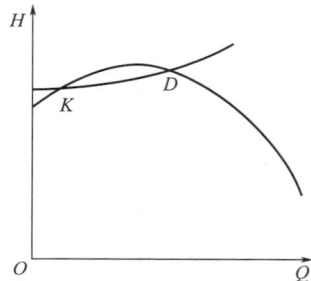

图 8-13　性能曲线呈驼峰形的运行工况

当泵或风机的工况受机器振动和电压波动而引起转速变化的干扰时，就会离开 K 点。此时，K 点如向流量增大方向偏离，则机器所提供的扬程就大于管路所需的消耗水头，于是管路中流速加大，流量增加，则工况点沿机器性能曲线继续向流量增大的方向移动，直至 D 点为止。当 K 点向流量小的方向偏离时，K 点就会继续向流量减小的方向移动，直至流量等于零为止。此刻，如果泵或风机未装底阀或止回阀时，流体将发生倒流。由此可见，工况点在 K 处是暂时平衡，一旦离开 K 点，便难于再返回到 K 点了，故称 K 点为不稳定工作点。

驼峰形 Q-H 性能曲线与管路性能曲线还有可能出现相切的情况，如图 8-14 所示。此时如果因为机械振动等因素干扰使泵或风机的工作点偏离切点 M 时，无论工作点向哪个方向偏离，都会因为泵或风机提供的扬程满足不了管路系统需要，流体因能量不足而减速，使工作点沿 Q-H 曲线迅速向流量为零的方向移动，发生水泵不出水现象。可见，M

点是极不稳定工作点。

此外，当水泵向高位水箱送水，或风机向压力容器或容量甚大的管道送风时，由于静扬程 H_{st} 变化而引起管路性能曲线上移，如图 8-14 中虚线所示，以致与泵或风机的 Q-H 曲线脱离，于是泵的流量将立即自 Q_M 突变为零。

因此，在使用驼峰形 Q-H 性能曲线的泵或风机时，切忌将工作点选在切点 M 以及交点 K 上。

大多数泵或风机的特性都具有平缓下降的曲线，当少数曲线有驼峰时，则工作点应选在曲线的下降段，故通常的运转工况是稳定的。

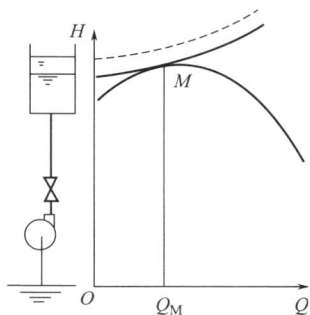

图 8-14 管路性能曲线与
驼峰形 Q-H 曲线相切

教学情境 4 泵与风机的联合运行

两台或两台以上的泵或风机在同一管路系统中工作，称为联合运行。联合运行又分为并联和串联两种情况。联合运行的目的，在于增加流量或增加扬程（压头）。

码8-5
泵或风
机的联
合运行

1. 并联运行

并联运行通常适宜运用在下列工程场景：①当系统要求的流量很大，用一台泵或风机其流量不够时；②系统流量要求变化很大，需要增开或停开并联台数，以实现大幅度流量调节时；③为保证不间断供水（气）的要求，作为检修及事故备用时等。由此可见，并联运行提高了调度的灵活性和运行的可靠性。

如图 8-15（a）所示是两台水泵在同一吸水池吸水，向同一管路供水，称为并联，图 8-15（b）是两台风机的并联情况。现以离心泵为例，说明并联运行工况点确定方法。

并联运行的工况可以用图解和数解两种方法进行分析，这里仅介绍图解法。

在并联支管管路阻力相等或相差不大条件下，泵或风机并联运行的特性曲线由各单机的性能曲线在等扬程（风压）下，将流量叠加得到；管路性能曲线由静扬程和一条支管与干管的管路损失之和得到。

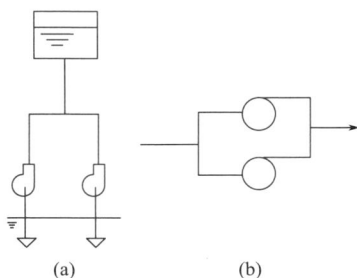

图 8-15 并联运行
(a) 两台泵并联；(b) 两台风机并联

1）两台性能相同的泵或风机并联

已知单台泵或风机的性能曲线 I，在等扬程（风压）下，相同两台泵或风机流量相同，总流量加倍，便得到并联运行的特性曲线 II。作管路性能曲线 III 与 II 交于 M 点。M 点即为并联运行工况点。Q_M 为并联工况的流量，H_M 为并联工况的扬程，如图 8-16 所示，曲线 IV、V 是泵或风机的效率和功率性能曲线。

过 M 点作水平线与单机的性能曲线 I 交于 D 点，D 点即为并联运行时单机的工况点。扬程 $H_D = H_M$，流量 $Q_D = Q_M/2$。D 点对应效率曲线上的 η_D，就是并联运行时单机的效率。对应功率曲线上的 N_D，就是并联运行时单机的功率。

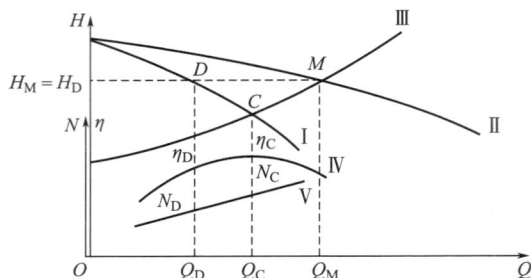

图 8-16　两台性能相同的泵或风机并联运行工况分析

管路性能曲线Ⅲ与单机的性能曲线Ⅰ的交点 C 是只开一台设备时的工作点，Q_C 为对应的流量。可见，$Q_C > Q_D$，表明只开一台设备时的流量大于并联机组中一台设备的流量。这是因为并联后，管路内总流量加大，水头损失增加，所需扬程加大，而多数情况下，泵与风机的性能是扬程加大流量减小，所以并联运行时单台设备的流量减小了。由此得出，并联运行时的流量增加量 $\Delta Q = (Q_M - Q_C) < Q_C$，即增加的流量小于系统中一台设备时的流量。也就是说，流量增加不到一倍，即 $Q_M < 2Q_C$。

并联机组增加的流量 ΔQ 与管路性能曲线和泵或风机的性能曲线有关。管路性能曲线越平坦（阻抗 S 越小），ΔQ 越大；泵或风机的性能曲线越陡（比转数 n_s 越大），ΔQ 越大。因此，并联方式不适用于管路性能曲线很平坦，或泵与风机性能曲线很陡的管路系统。

2）两台性能不同的泵或风机并联

如图 8-17 所示，曲线Ⅰ、Ⅱ分别是两台泵或风机的性能曲线，Ⅰ＋Ⅱ是并联运行的性能曲线。曲线Ⅲ是管路性能曲线。并联机组性能曲线的画法是在相同扬程（压头）下，将 Q_I 与 Q_{II} 相加而得。管路性能曲线与并联机组性能曲线交于 M 点，M 点即为并联运行工况点，其流量为 Q_M，扬程为 H_M。曲线Ⅳ₁、Ⅳ₂和曲线Ⅴ₁、Ⅴ₂分别为单机的效率和功率性能曲线。

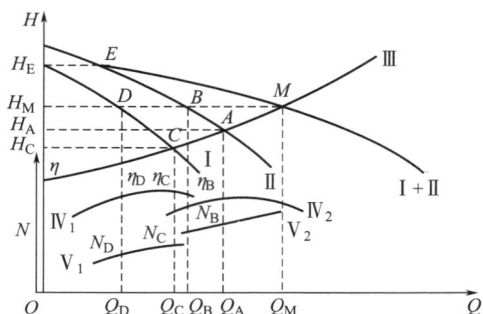

图 8-17　两台性能不同的泵或风机并联运行工况分析

由 M 点作水平线与Ⅰ和Ⅱ分别交于 D 和 B 点，D、B 就是并联运行时两台单机各自的工况点。扬程 $H_D = H_B = H_M$，D、B 点的流量分别为 Q_D、Q_B。$Q_M = Q_D + Q_B$，D、B 点的效率分别为 η_D、η_B，功率分别为 N_D、N_B。

并联前每台泵或风机的工况点是 C 和 A。由图 8-17 可知，$Q_M < Q_C + Q_A$，$H_M > H_A$，$H_M > H_C$。这表明，两台不同性能的泵或风机并联工作的总流量小于并联前各泵或风机单独工作的流量之和。其减少的程度与管路性能曲线形状有关。管路性能曲线越陡，总流量越小。

两台性能曲线不同的泵或风机并联时，压头小的泵或风机输出的流量很少。当并联工况点移至 E 点时，由于设备Ⅰ的压头不能大于 H_E，因而不能输出流量，此时应停开设备Ⅰ。

并联运行时，应使各单机工况点处于各自的高效区范围内；同时也应尽量保证仅单机运行时，工况点也落在高效区内。

2. 串联运行

串联运行通常适宜运用在下列工程场景：①当单台泵或风机不能提供所需的较高的扬程或风压时；②在改建或扩建的管路系统中，由于阻力增加较大，原有泵或风机的扬程或风压不足时；③在重要泵或风机前设置小型前置泵或风机，防止主要机组气蚀，保证运行经济、安全等。串联运行时，第一台泵或风机的出口与第二台泵或风机的吸入口连接，如图 8-18 所示。

两台泵或风机串联运行，工况分析如图 8-19 所示。图中Ⅰ、Ⅱ为单机性能曲线，根据等流量下扬程相加的原理，得到串联运行泵或风机的性能曲线Ⅰ＋Ⅱ，作管路性能曲线Ⅲ与曲线Ⅰ＋Ⅱ交于 M 点，M 点就是串联工作的工况点，流量为 Q_M，扬程为 H_M。

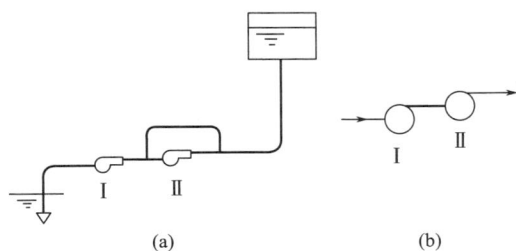

图 8-18 泵与风机的串联工作
（a）两台泵串联；（b）两台风机串联

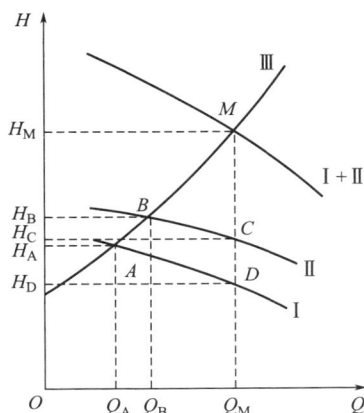

图 8-19 两台泵或风机串联运行工况分析

由 M 点作垂直线与单机性能曲线Ⅰ、Ⅱ分别交于 D 点和 C 点，D、C 即为串联运行时单机的工况点，对应流量和扬程分别为：$Q_D = Q_C = Q_M$，$H_D + H_C = H_M$。串联前每台泵或风机的工况点是 A 和 B，由图 8-19 可知，$H_A > H_D$，$H_B > H_C$，则 $H_M < H_A + H_B$。这表明，串联运行的扬程总是小于各单机独立运行时扬程之和。同时可以看出，串联后的流量也增加了，这是因为总扬程加大，使管路中流体的流速加大，流量随之增加。泵或风机的性能曲线越平坦，串联后增加的压头和流量越大，越适宜串联工作。

串联运行时，应保证各单机在高效区内运行。在串联管路后面的单机，由于承受较高的扬程（风压）作用，选机时应考虑其构造强度。风机串联运行的操作可靠性较差，因此风机一般不推荐采用串联运行。

教学情境 5　泵与风机的工况调节

实际工程中，外界的需求经常会发生变化，因此需要改变泵或风机的工作状况，使它们的流量和扬程（风压）与管路系统所需的相匹配，即进行工况调节。如前所述，泵与风机运行时的工况点是由泵与风机的性能曲线以及管路性能曲线共同决定的。所以工况调节就是用一定方法改变管路性能曲线或泵与风机性能曲线，来满足用户对流量等变化的要求。

1. 改变管路性能

改变管路性能曲线最常用的方法就是改变管路中阀门的开启程度，从而改变管路的阻抗，使管路性能曲线变陡或变缓，以达到调节流量的目的。这种调节方法十分简单，应用广泛。

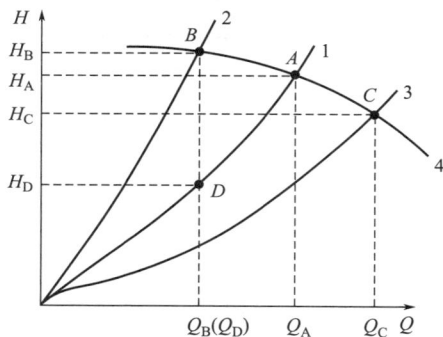

图 8-20　管路性能调节工况分析

1）压出管上阀门调节

如图 8-20 所示为管路性能调节工况分析示意图。曲线 1、2 和 3 分别代表管路初始状态的性能曲线和调节后阻力增、减的性能曲线，曲线 4 为泵或风机的性能曲线。当关小压出管道上阀门，阻力增大，管路性能曲线变陡为曲线 2，工况点移至 B 点，相应的流量由 Q_A 减至 Q_B。当开大管网中的阀门，阻力较小，管路性能曲线变缓为曲线 3，工况点移至 C 点，相应流量增为 Q_C。

原来管路中流量为 Q_B 时需要的扬程是 H_D，调节后同样流量下需要的扬程是 H_B，可见因为阀门关小额外增加的能量损失为 $\Delta H = H_B - H_D$，相应多消耗的轴功率为：

$$\Delta N = \frac{\gamma Q_B \Delta H}{\eta_B}$$

可见，由于增加了阀门阻力，额外增加了能量损失，这种调节方式是不经济的，且只能向流量减小的方向调节。但因为调节设备简单，操作方便，常用于频繁的、临时性的调节，以及调节量较小的场合。

2）吸入管上阀门调节

这是常用于离心式风机的调节方式，在吸入管上设置调节阀，通过吸入口的节流改变风机的进口压力，使风机性能曲线发生变化，以适应流量或压力的特定要求。

如图 8-21 所示，曲线 1、1′分别为初始状态下的风机、管路性能曲线。而 2、2′和 3、3′分别为关小和开大吸入管路调节阀之后的风机和管网的性能曲线。从图 8-21 中可以看出，与压出管调节相比，吸入管上阀门调节后，不仅管路特性曲线改变，风机的性能曲线也发生改变，这是因为调节后，气体的压强和密度改变或产生预旋，使风机性能曲线改变。

关小吸入管路阀门，其工作状态点移至 B 点，则在同一流量条件下，与采用出口设调节阀时的 B' 点相比，消除了 $\Delta H = H_B' - H_B$ 的无益功率消耗。所以，在风机吸入管路上调节的经济性较好，而且简单易行。另外，由于在风机入口的调节，使风机入口喘振点向小流量方向变化，这就可以使风机的流量调节范围加宽，即有可能在较小的流量下工作。因此，吸入管路调节是一般固定转速风机、鼓风机和压缩机广泛采用的调节方法。

值得注意的是，这种方法只适用于风机。因为在吸入管上设置调节阀，会增加吸入管路的阻力，降低泵吸入口的压力，可能引起泵的气蚀。

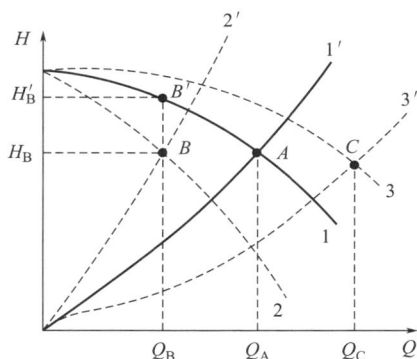

图 8-21　风机吸入管路调节工况分析

2. 改变泵或风机的性能

改变泵与风机性能的调节方式可分为变速调节和非变速调节两大类。其中，变速调节方式有：机械调速、电气调速、机电联合调速等；非变速调节方式有：入口导流器调节、切削叶轮外径调节、动叶调节等。下面介绍几种主要的调节方式。

1）变速调节

泵或风机的变速即改变其转速。由相似律可知，改变泵或风机的转速时，可以改变泵或风机的性能曲线，从而使工况点移动，流量、扬程和功率等随之改变。转速改变时泵与风机的性能参数变化如下：

$$\frac{Q}{Q'} = \frac{n}{n'} \qquad \frac{H}{H'} = \left(\frac{n}{n'}\right)^2 \qquad \frac{p}{p'} = \left(\frac{n}{n'}\right)^2 \qquad \frac{N}{N'} = \left(\frac{n}{n'}\right)^3 \qquad (8\text{-}18)$$

变速调节的工况分析如图 8-22 所示，图中曲线 Ⅰ 为转速 n 时泵或风机的性能曲线。曲线 Ⅱ 为管路性能曲线。两线交点 A 就是工况点。

下面探讨在实际应用中，当需要通过变速将工况点调节至管路性能曲线上的 B 点时，如何确定调节后新的转速 n_B，以及调速后通过 B 点的泵或风机性能曲线Ⅲ。

首先需要明确的是，当管路性能曲线上的工况点 A 调节至工况点 B 时，调节前后泵或风机的转速之比：

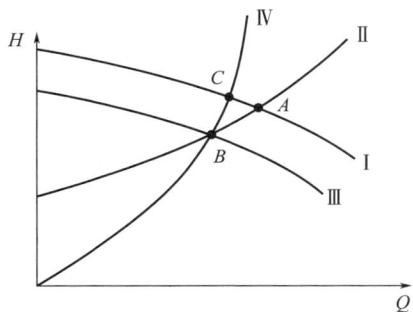

图 8-22　变速调节的工况分析

$$\frac{n}{n_B} \neq \frac{Q_A}{Q_B}$$

因为运用相似律的前提是应满足相似工况的条件，而 A、B 两点不满足运动相似条件，不是相似工况点。

根据相似律，工况点相似的点应满足以下关系：

$$\frac{H}{H'} = \frac{Q^2}{Q'^2} = \lambda_n^2 \quad \text{或} \frac{H}{Q^2} = \frac{H'}{Q'^2} = k$$

式中，λ_n^2 和 k 均为常数。

由此可得：

$$H = kQ^2 \qquad (8\text{-}19)$$

这是一条通过坐标原点的抛物线方程。显然，凡是工况相似的点均满足此方程，即均分布在该方程表示的抛物线上，此抛物线称为相似工况抛物线。

将调节后工况点 B 的参数 Q_B 及 H_B 代入上式得：

$$k_B = \frac{H_B}{Q_B^2}$$

则 B 点的相似工况抛物线为：

$$H = k_B Q^2$$

据此可以绘出通过 B 点的相似工况抛物线Ⅳ。其与转速 n 的性能曲线Ⅰ交于 C 点。C 点即为 B 点在调速前原性能曲线上的相似工况点，因此有：

$$\frac{n}{n_B} = \frac{Q_C}{Q_B}$$

则有：

$$n_B = \frac{Q_B}{Q_C} n$$

求出转速 n_B 后，再利用相似律，可画出该泵或风机在转速为 n_B 时的 Q-H 曲线。此时，n、n_B 均为已知值，在转速为 n 的 Q-H 曲线上任意取点 (Q_1, H_1)、(Q_2, H_2)、(Q_3, H_3)……，代入式（8-18），即可求得转速为 n_B 时的 (Q_{B1}, H_{B1})、(Q_{B2}, H_{B2})、(Q_{B3}, H_{B3})……，用光滑曲线连接可得出新的 $(Q\text{-}H)_B$ 曲线。

改变泵或风机转速的方法有以下几种。

（1）改变电机转速

用电机拖动的泵或风机，可以在电机的转子电路中串接变阻器来改变电机的转速，此方法的优点是可以实现无级调速，且操作简单，提高了水泵的运行效率和扬程利用率；缺点是必须增加附属设备，调速系统价格较贵，对运行和检修的技术要求高。另一种通过改变电机输入电流的频率来改变电机转速——变频调速，这种方法是目前最为常用的，优点是可实现无级调速，操作非常简单，效率高，而且变频装置体积小，便于安装等；缺点是调速系统价格较贵，检修和运行技术要求高，对电网产生某种程度的高频干扰等。

（2）调换皮带轮

改变叶轮的转速还可调换传动皮带轮的大小，在一定范围内调节转速。这种方法的优点是不增加额外的能量损失，缺点是调速范围很有限，并且换轮时需要停机操作。

（3）采用液力偶合器

液力偶合器是安装在电机与泵或风机之间的传动设备。它和一般联轴器不同之处在于通过液体（如油）来传递转矩，从而在电机转速恒定的情况下，改变泵或风机的转速。优点是调速连续，很容易实现空载或轻载启动，调速操作简便；缺点是调节装置复杂，维修运行技术要求高，电能浪费大。

在理论上可以用增加转速的方法来提高流量，但是转速增加后，叶轮圆周速度增大，因而可能增大振动和噪声，且可能发生机械强度和电机超载问题。所以，一般不用增速的方法来调节工况。

2）入口导流器调节

离心式通风机常采用入口导流器进行工况调节。常用的导流器有轴向导流器与径向导流器，如图 8-23 所示。

导流器的作用是使气流进入叶轮之前产生预旋，由欧拉方程式得知，$P = \rho(u_2 v_{u_2} - u_1 v_{u_1})$。当导流器全开时，气流无旋进入叶轮，此时叶轮进口切向速度 $v_{u_1} = 0$，所得风量最大。向旋转方向转动导流器叶片，气流产生预旋，使切向风速 v_{u_1} 加大，从而风压降低。导流器叶片转动角度越大，产生预旋越强烈，风压 P 越低。

图 8-24 是导流器调节方法的工况分析图。导流叶片角度为 0°、30°、60°，风机的性能曲线为Ⅰ、Ⅱ、Ⅲ，与管路性能曲线Ⅳ分别交于 A、B、C 三点，对应三种情况下的工况点，流量分别为 Q_A、Q_B、Q_C。

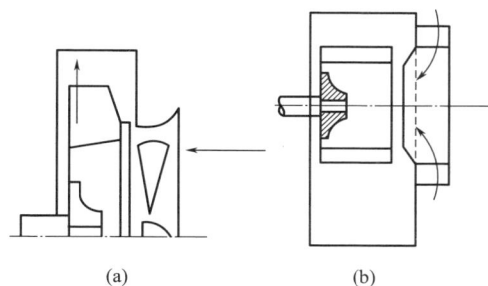

图 8-23　进口导流器简图
（a）轴向导流器；（b）径向导流器

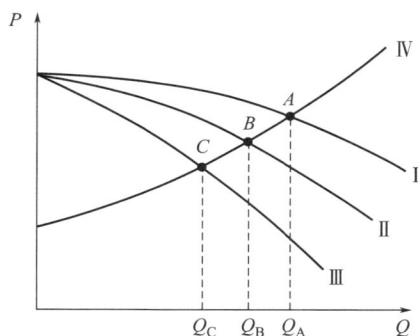

图 8-24　导流器调节方法的工况分析图

采用导流器的调节方法，增加了进口的撞击损失，从节能角度看，不如变速调节，但比阀门调节消耗功率小，也是一种比较经济的调节方法。此外，导流器结构比较简单，可用装在外壳上的手柄进行调节，操作方便灵活，可以在不停机的情况下进行调节，这是相比变速调节的优势。

3）切削叶轮外径调节

对于泵还可以用切削叶轮外径来改变其性能，实践证明，叶轮外径经过切削后，其性能参数的变化与切削前后的轮径存在如下关系：

$$\frac{Q'}{Q} = \frac{D_2' F_2'}{D_2 F_2} \qquad \frac{H'}{H} = \left(\frac{D_2'}{D_2}\right)^2 \times \frac{\cot\beta_2'}{\cot\beta_2} \qquad \frac{N'}{N} = \left(\frac{D_2'}{D_2}\right)^3 \times \frac{F_2'}{F_2} \times \frac{\cot\beta_2'}{\cot\beta_2}$$

式中　Q、H、N——分别为叶轮切削前的流量、扬程、轴功率；

Q'、H'、N'——分别为叶轮切削后的流量、扬程、轴功率；

D_2、F_2、β_2——分别为叶轮切削前的外径、出口过流面积、叶片出口安装角；

D_2'、F_2'、β_2'——分别为叶轮切削后的外径、出口过流面积、叶片出口安装角。

上述关系被称为切削律。实践证明，切削量不大时，泵的效率可认为不变，具有相似工况的条件，故上式可不考虑 F_2、β_2 的修正，仅取直径比进行换算。

所允许的切削量（切削限量）与比转速 n_s 有关。用 $\dfrac{D_2 - D_2'}{D_2}$ 表示切削率，其与 n_s 的关系如表 8-3 所示。

叶轮切削率与比转速的关系　　　　　　　　　　　　　　　表 8-3

n_s(r/min)	60	120	200	300	350
$\dfrac{D_2-D_2'}{D_2}$	0.2	0.15	0.11	0.09	0.01
效率下降值	每切削 0.1,下降 1%		每切削 0.04,下降 1%		

对于水泵，制造厂通常对同一型号的泵，除标准叶轮以外，还提供几种经过切削的叶轮供选用。

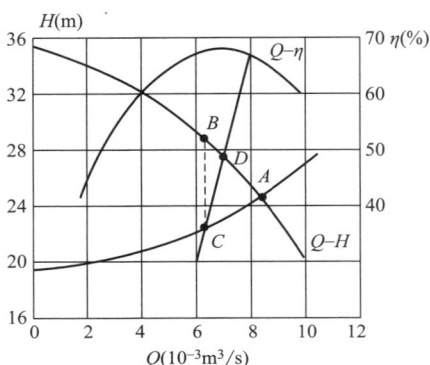

图 8-25　水泵性能曲线

【例 8-4】　已知水泵性能曲线如图 8-25 所示。管路阻抗 $S=76000\text{s}^2/\text{m}^5$，静扬程 $H_{st}=19\text{m}$，转速 $n=2900\text{r/min}$。试求：

（1）水泵流量 Q、扬程 H、效率 η 及轴功率 N。

（2）用阀门调节方法使流量减少 25%，求此时水泵的流量、扬程、轴功率和阀门消耗的功率。

（3）用变速调节方法使流量减少 25%，转速应调至多少？

解：（1）由管路性能曲线方程 $H=H_{st}+SQ^2=19+76000Q^2$，计算得：

$Q(10^{-3}\text{m}^3/\text{s})$	0	2	4	6	8	10
H(m)	19	19.30	20.22	21.74	23.86	26.60

在坐标系上绘出管路特性曲线，与泵的 Q-H 曲线交于 A 点，由图 8-25 可知：

$$Q_A=8.5\times10^{-3}\text{m}^3/\text{s}\quad H_A=24.5\text{m}\quad \eta_A=65\%$$

$$N_A=\frac{\gamma Q_A H_A}{\eta_A}=\frac{9.807\times8.5\times10^{-3}\times24.5}{0.65}=3.14\text{kW}$$

（2）阀门调节

$$Q_B=(1-0.25)\times Q_A=0.75\times8.5\times10^{-3}=6.38\times10^{-3}\text{m}^3/\text{s}$$

在泵的 Q-H 曲线上查得 B 点，$H_B=28.8\text{m}$，$\eta_B=65\%$

$$N_B=\frac{\gamma Q_B H_B}{\eta_B}=\frac{9.807\times6.38\times10^{-3}\times28.8}{0.65}=2.77\text{kW}$$

由 B 点作垂线与管路性能曲线交于 C 点，C 点即为调节前流量为 Q_B 时对应的工况点，因为 $Q_C=Q_B$，C 点的扬程为：

$$H_C=H_{st}+SQ_C^2=19+76000\times0.00638^2=22.09\text{m}$$

阀门增加的水头损失：

$$\Delta H = H_B - H_C = 28.8 - 22.09 = 6.71 \text{m}$$

阀门消耗的功率：

$$\Delta N = \frac{\gamma Q_B \Delta H}{\eta_B} = \frac{9.807 \times 6.38 \times 10^{-3} \times 6.71}{0.65} = 0.65 \text{kW}$$

（3）变速调节

将工况点调至 C 点的相似工况抛物线的特性方程为：$H = kQ^2$

则有：

$$k = \frac{H_C}{Q_C^2} = \frac{22.09}{(6.38 \times 10^3)^2} = 542693 \text{s}^2/\text{m}^5$$

取如下几个点绘出 C 点的相似工况抛物线：

$Q(10^{-3}\text{m}^3/\text{s})$	6	6.38	7	8
$H(\text{m})$	19.55	22.09	26.61	34.75

相似工况曲线与泵的 Q-H 曲线交于 D 点，由图 8-25 可知：

$$Q_D = 7.2 \times 10^{-3} \text{m}^3/\text{s}$$

则调节后的转速为：

$$n' = n \frac{Q_C}{Q_D} = 2900 \times \frac{6.38 \times 10^{-3}}{7.2 \times 10^{-3}} = 2570 \text{r/min}$$

教学情境 6　泵与风机的选择

泵与风机的选择是指根据实际使用需求，在泵与风机已有系列产品中选择一种适用而不需另外设计制造的泵或风机的过程。由于泵与风机装置的用途和使用条件千变万化，而泵与风机的种类和型号繁多，合理选择以满足技术、经济条件非常重要。

码8-7
水泵的
选择

选型的主要内容包括确定泵与风机的类型和它们的型号大小（即规格），以及台数、转速、与之配套的电机功率等。具体步骤和方法归纳如下。

1. 选择类型

选择泵或风机类型时，首先应充分考虑两方面因素：

（1）实际使用需求：了解整个装置的用途、被输送流体的种类及性质、地形条件、管路布置以及水位高度等原始资料。例如，被输送液体的温度、清洁度等会影响泵的选择，一些带腐蚀性的流体还需要特定材质的泵；被输送气体的清洁度、含尘量、是否易燃易爆、腐蚀性等都会影响风机的选择。

（2）泵或风机产品详情：广泛了解各厂商的生产和产品质量情况，如泵与风机的品牌、规格、质量及性能的总体评价、性价比、售后服务等。充分掌握拟选择的泵或风机产品性能与实际需求的匹配度。

常用各类水泵与通风机性能及适用范围，见表 8-4、表 8-5。

常用水泵性能及适用范围表（示例）　　　　　　　　表 8-4

型号	名称	扬程范围（m）	流量范围（m³/h）	电机功率（kW）	介质最高温度（℃）	适用
IS	离心式清水泵	5～25	6～400	0.55～110	—	输送清水或理化性质类似的液体
XA	离心式清水泵	25～96	10～340	1.5～100	105	输送清水或理化性质类似的液体
BA	离心式清水泵	8～98	4.5～3600	1.5～55	80	输送清水或理化性质类似的液体
BL	直联式离心泵	8.8～62	4.5～120	1.5～18.5	60	输送清水或理化性质类似的液体
Sh	双吸离心泵	9～140	126～12500	22～1150	80	输送清水，也可作为热电站循环泵
D，DG	多级分段泵	12～1528	12～700	2.2～2500	80	输送清水或理化性质类似的液体
GC	锅炉给水泵	46～576	6～55	3～185	110	小型锅炉给水
BG	管道泵	8～30	6～50	0.37～7.5	—	输送清水或理化性质类似的液体，装于水管上
NG	管道泵	2～15	6～27	0.20～1.3	95～150	输送清水或理化性质类似的液体，装于水管上
SG	管道泵	10～100	8～400	0.50～26	—	有耐腐型、防爆型、热水型，装于水管上
N，NL	冷凝泵	54～140	10～510	—	80	输送发电厂冷凝水
J，SD	深井泵	24～120	35～204	10～100		提取深井水
4PA-6	氨水泵	84～301	30	22～75	—	输送20%浓度的氨水，吸收式冷冻设备主机

常用通风机性能及适用范围表（示例）　　　　　　　　表 8-5

型号	名称	全压范围（mmH₂O）	风量范围（m³/h）	电机功率（kW）	介质最高温度（℃）	适用
4-68	离心通风机	167～3302	565～79000	0.55～50	80	一般厂房通风换气、空调
4-72-11	塑料离心风机	196～1382	991～55700	1.10～30	60	防腐防爆厂房通风换气
4-72-11	离心通风机	196～3175	991～227500	1.1～210	80	一般厂房通风换气
4-79	离心通风机	176～3330	990～17720	0.75～15	80	一般厂房通风换气
7-40-11	排尘离心通风机	490～3165	1310～20800	1.0～40	—	输送含尘量较大的空气
9-35	锅炉通风机	784～5880	2400～150000	2.8～570	—	锅炉送风助燃
Y4-70-11	锅炉引风机	657～1382	2430～14360	3.0～75	250	用于1～4t/h的蒸汽锅炉
Y9-35	锅炉引风机	539～4449	4430～473000	4.5～1050	200	锅炉烟道排风
G4-73-11	锅炉离心通风机	578～6860	15900～680000	10～1250	80	用于2～670t/h的汽锅或一般矿井通风
30K4-11	轴流通风机	25～506	550～49500	0.09～10	45	一般工厂、车间办公室换气
T30	轴流通风机	—	—		45	一般建筑通风换气

型号	名称	全压范围 （mmH$_2$O）	风量范围 （m^3/h）	电机功率 （kW）	介质最高 温度（℃）	适用
SWF	灌流（斜流式）风机	143～1480	3053～95420	0.37～40	—	用于建筑、冷库、纺织等通风排烟
GPT	高温排烟专用风机	390～819	2600～93800	0.55～25	280	用于消防排烟或与通风共用的系统
HTF	外转子空调专用风机	20～1200	290～38000	0.033～18	45	用于小型空气处理设备

值得注意的是，不同厂商、不同时期设计生产制作的同类用途的泵或风机性能有所差异，选择时以当下产品的实际参数为准。

2. 确定流量及扬程（压头）

所选择的泵或风机性能应该满足工程最不利工况的要求。通过系统的水力计算，确定工况最大流量 Q_{max} 和最高扬程 H_{max} 或风机的最高全压 P_{max}。考虑计算中的误差、漏风漏水等未预见因素等，对 Q_{max} 加上 $5\%～15\%$，对 H_{max} 加上 $10\%～20\%$ 的安全量，作为选择泵或风机的依据，即：

$$Q = (1.05 \sim 1.15)Q_{max}$$
$$H = (1.1 \sim 1.2)H_{max} \text{ 或 } P = (1.1 \sim 1.2)P_{max}$$

3. 确定型号大小和台数

泵或风机类型确定以后，要根据已知的流量、扬程（或压头）及管道的水力计算选定其型号大小和台数。

现行的泵或风机产品样本上有几种不同的表达泵或风机性能的图表。一般可以先用"综合性能曲线图"（图 8-26、图 8-27）进行初选。这种综合性能曲线将同一类型的各种大小设备的性能绘在同一张图上，只需在该图上点绘出管路性能曲线，根据管路性能曲线与泵或风机性能曲线的相交情况，确定所需泵或风机的型号和台数。具体选择落在哪根曲线上的哪一点，应该根据如下原则确定：工作点应落在高效区间，即设备最高效率点（η 线峰值）的 $\pm10\%$ 区间（性能曲线上一般用"∬"线表示高效区间），并在 $Q\text{-}H$ 曲线的最高点右侧下降段上，以保证经济性和工作的稳定性。对于风机还可以选用"无因次性能曲线"。

再查单台设备的性能曲线图或表，确定该设备的转速、功率、效率以及配套的电机功率和型号。表 8-6、表 8-7 分别为 IS 型单级单吸离心泵和 4-68 型离心通风机的性能示例（摘录）。

对于流量比较小而均匀，用一台泵或风机可以满足需要的情况，不必作出管路性能曲线，可根据已知的流量和扬程（或压头），查阅有关产品样本或手册中的性能曲线图或表，直接选择大小型号合适的泵或风机。性能表中所提供的数据范围及性能曲线上用"∬"线划分的区域均属设备的高效区范围，可以直接选用。

随着泵与风机技术不断发展和计算机数据库技术的广泛应用，计算机辅助选型已成为发展趋势，目前已有泵与风机辅助选型软件系统，大大提高了泵与风机选型的自动化程度及科学性、准确性和选型速度。实际使用中，可以用相关软件辅助选型，再进行校核。

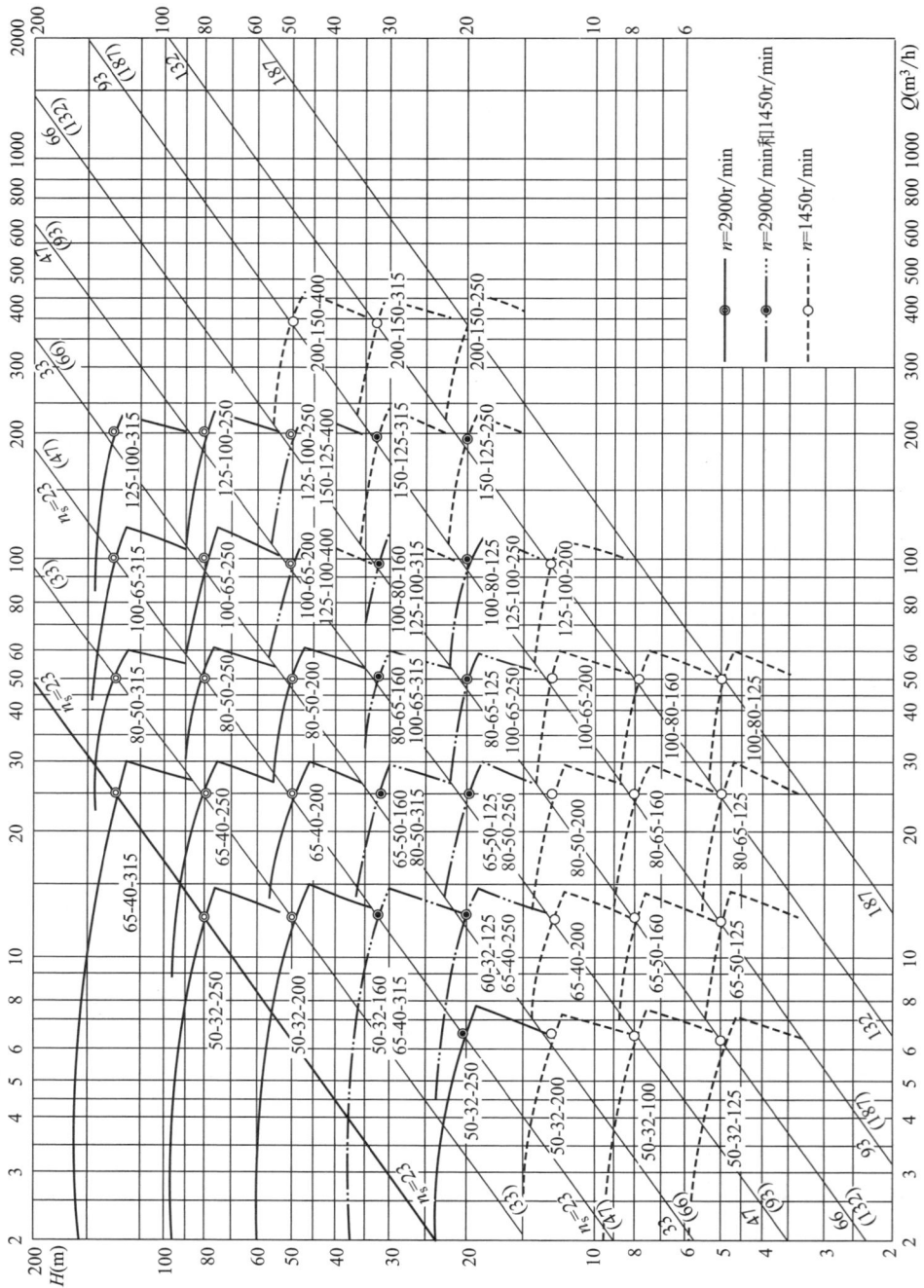

图 8-26 IS 系列离心泵综合性能曲线图

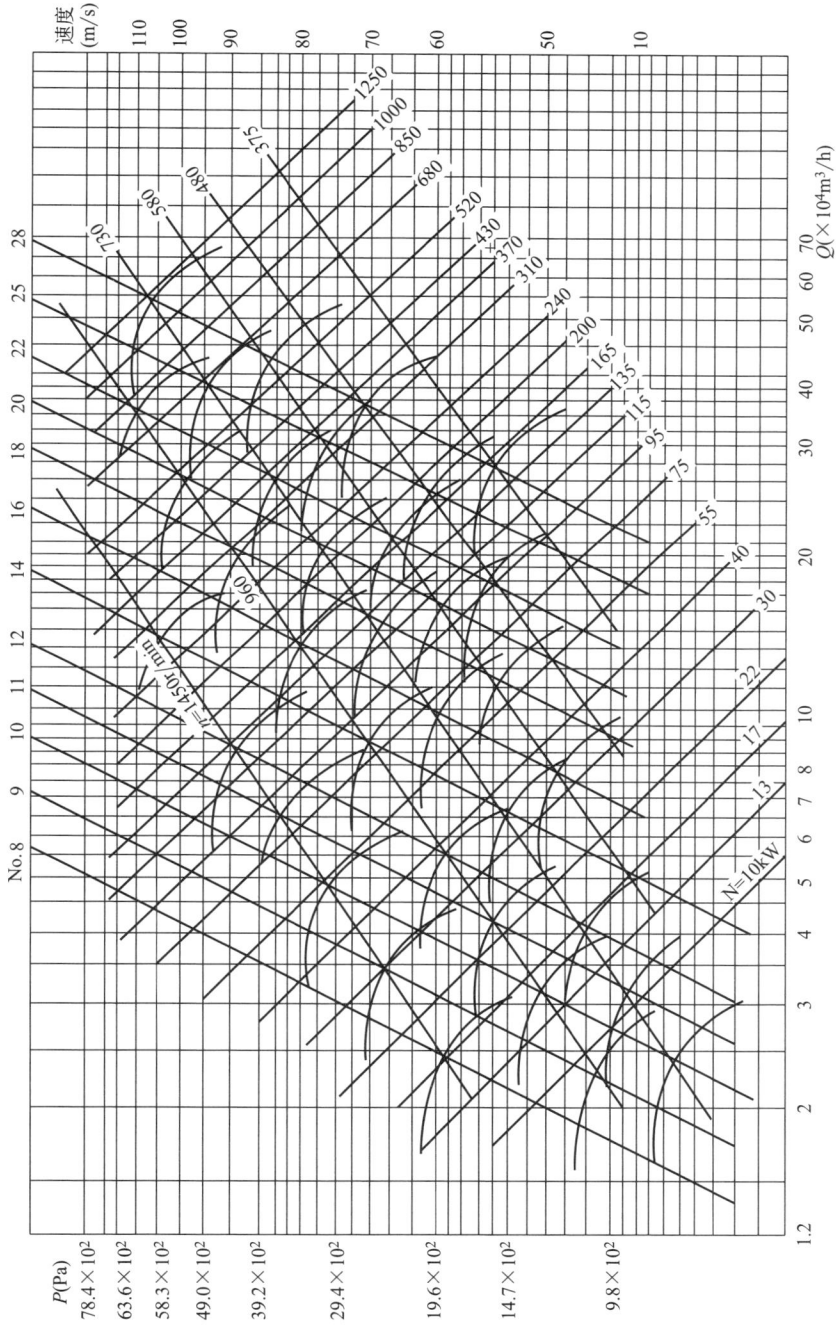

图 8-27　C4-72-1 单吸式离心锅炉通风机综合性能曲线图

（轴向倒流，倒叶全开 0℃，进口温度 20℃，进口压力 101325Pa，介质密度 1.2kg/m³）

IS 型单级单吸离心泵性能表（摘录） 表 8-6

型号	流量 Q (m³/h)	扬程 H (m)	电机功率 (kW)	转速 n (r/min)	效率 (%)	吸程 (m)	叶轮直径 (mm)
IS50-32-160	8-12.5-16	35-32-28	3	2900	55	7.2	160
IS50-32-250	8-12.5-16	86-80-72	11	2900	3.5	7.2	250
IS65-50-125	17-25-32	22-20-18	3	2900	69	7	125
IS65-50-160	17-25-32	35-32-28	4	2900	66	7	160
IS65-40-250	17-25-32	86-80-72	15	2900	48	7	250
IS65-40-315	17-25-32	140-125-115	30	2900	39	7	315
IS80-50-200	31-50-64	55-50-45	15	2900	69	6.6	200
IS80-65-160	31-50-64	35-32-28	7.5	2900	73	6	160
IS80-65-125	31-50-64	22-20-18	5.5	2900	76	6	125
IS100-65-200	65-100-125	55-50-45	22	2900	76	5.8	200
IS100-65-250	65-100-125	86-80-72	37	2900	72	5.8	250
IS100-65-315	65-100-125	140-125-115	75	2900	65	5.8	315
IS100-80-125	65-100-125	22-20-18	11	2900	81	5.8	125
IS100-80-l60	65-100-125	35-32-28	15	2900	79	5.8	160
IS150-100-250	130-200-250	86-80-72	75	2900	78	4.5	250
IS150-100-315	130-200-250	140-125-115	110	2900	74	4.5	315
IS200-150-250	230-315-380	22-20-18	30	1460	85	4.5	250
IS200-150-400	230-315-380	55-50-45	75	1460	80	4.5	400

4-68 型离心通风机性能表（摘录） 表 8-7

机号 No	传动方式	转速 (r/min)	序号	全压 (Pa)	流量 (m³/h)	内效率 (%)	电机功率 (kW)	电机型号
2.8	A	2900	1	990	1131	78.5	1.1	Y802-2
			2	990	1319	83.2		
			3	980	1508	86.5		
			4	940	1696	87.9		
			5	870	1885	86.1		
			6	780	2073	80.1		
			7	670	2262	73.5		
4	A	2900	1	2110	3984	82.3	4	Y112M-2
			2	2100	4534	86.2		
			3	2050	5083	88.9		
			4	1970	5633	90.0		
			5	1880	6182	88.6		
			6	1660	6732	83.6		
			7	1460	7281	78.2		

机号 No	传动方式	转速 (r/min)	序号	全压 (Pa)	流量 (m³/h)	内效率 (%)	电机功率 (kW)	电机型号
4.5	A	2900	1	2710	5790	83.3	7.5	Y132S₂-2
			2	2680	6573	87.0		
			3	2620	7355	89.5		
			4	2510	8137	90.5		
			5	2340	8920	89.2		
			6	2110	7902	84.5		
			7	1870	10485	79.4		
4.5	A	1450	1	680	2895	83.3	1.1	Y90S-4
			2	670	3286	87.0		
			3	650	3678	89.5		
			4	630	4069	90.5		
			5	580	4460	89.2		
			6	530	4851	84.5		
			7	470	5242	79.4		

4. 选电动机及传动配件或风机转向及出口位置

用性能表选择时，在性能表上附有电机功率及型号和传动配件型号，可一并选用。

若采用性能曲线图选择，图上只有轴功率 $Q\text{-}N$ 曲线，需另选电机型号及传动配件。配套电机的功率可根据下式计算。

$$N_m = K\frac{N}{\eta_i} = K\frac{\gamma QH}{\eta_i \eta} = \frac{QP}{\eta_i \eta}$$

式中　N_m——电动机功率（kW）；

　　　K——电动机安全系数，见表 8-8；

　　　η——泵或风机的全效率；

　　　η_i——传动效率。对于电动机直接传动，$\eta_i=1.0$；对于联轴器直接传动，$\eta_i=0.95\sim0.98$；对于三角皮带传动 $\eta_i=0.9\sim0.95$。

电动机安全系数 K　　　　　　　　　　　　　　　　表 8-8

电动机功率(kW)	<0.5	0.5～1.0	1.0～2.0	2.0～5.0	>5.0
安全系数 K	1.5	1.4	1.3	1.2	1.15

另外，泵或风机转向及进、出口位置应与管路系统相配合。选择风机时，应根据管路布置及连接要求确定风机叶轮的旋转方向及出风口位置。风机叶轮的旋转方向，从电动机或传动轮位置正视叶轮旋转方向，叶轮顺时针旋转为"右旋"，叶轮逆时针旋转为"左旋"。需要注意的是，叶轮只能顺着蜗壳螺旋线的展开方向旋转。出风口位置，以叶轮的旋转方向和进出风口方向（角度）表示。其写法是：右（左）出风口角度/进风口角度。其基本出风口位置为 8 个，特殊用途可补充，如图 8-28 所示。对于有噪声要求的通风系

统，应尽量选用效率高、叶轮圆周速度低的风机，并根据通风系统产生噪声和振动的传播方式，采取相应的消声和减振措施。

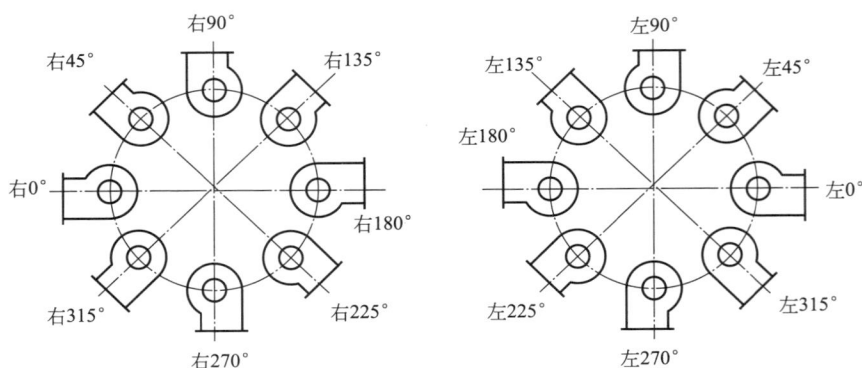

图 8-28　离心通风机出风口位置

5. 选用的注意事项

（1）当流量较大时，宜考虑多台设备并联运行；但台数不宜过多，尽可能采用同型号的设备，互为备用。但在选用风机时，尽可能避免采用多台并联或串联的工作方式，当不可避免地需要采用串联时，第一级通风机到第二级通风机间应有一定的管长。

（2）尽量选用大泵，一般大泵的效率较高。但当系统损失或流量扬程要求变化较大时，要考虑大小兼顾，以便灵活调配。

（3）选用设备时，应使其工作点处于其 Q-H 性能曲线下降段的高效区间（即最高效率点的 $\pm10\%$ 区间内），以保证工作点的稳定和高效运行。

（4）泵或风机样本上所提供的参数是在某特定标准状态下实测而得的。当实际条件与标准状态的条件不符时，应按有关公式进行换算，根据换算后的参数查设备样本或手册进行设备选用。

（5）选择水泵时，还应查明设备的允许吸上真空度或允许气蚀余量，以便确定水泵的安装高度。在选用允许吸上真空度 H_s 时，应考虑使用介质温度及当地大气压强值进行修正。

（6）必要时需进行初投资与运行费的综合经济、技术比较。

【例 8-5】　某空气调节系统需要从冷水箱向空气处理室供水，最低水温为 $10℃$，要求供水量 $35.8\text{m}^3/\text{h}$，几何扬水高度 8m，处理室喷嘴前应保证有 17m 的压头。供水管路布置后经计算管路损失达 $6.1\text{mH}_2\text{O}$。为了使系统能随时启动，故将水泵安装在冷水箱之下。试选择水泵。

解：根据已知条件可知，要求泵装置输送的液体是温度不高的清水，且泵的位置较低，不必考虑气蚀问题，可以选用输送清水的 IS 型离心泵。选用时所依据的参数计算如下：

$$Q=1.1Q_{max}=1.1\times35.8=39.38\text{m}^3/\text{h}$$

$$H=1.1H_{max}=1.1\times(8+17+6.1)=34.21\text{m}$$

查表 8-6 选用一台 IS80-65-160 型水泵。该泵转速 $n=2900\text{r/min}$ 时，配用电机功率为 7.5kW，泵的效率为 73%。

若此空调不间断运行 24h，应考虑增设同样型号的水泵一台作为备用泵。

【例 8-6】 某地大气压为 98.07kPa，输送温度为 70℃的空气，风量为 5900m³/h，管道阻力为 2000Pa，试选用风机，以及应配用的电机及其他配件。

解： 因为用途和使用条件无特殊要求，因而可选用节能型 4-68 型离心式通风机。根据工况要求的风量和风压，考虑增加 10% 的附加预见量作为选用时的依据：

$$Q = 1.1 \times 5900 = 6490 \text{m}^3/\text{h}$$

$$H = 1.1 \times 2000 = 2200 \text{Pa}$$

由于使用地点大气压及输送气体温度与样本数据采用的标准不同，应予换算：

$$P_0 = P \times \frac{101.325}{98.07} \times \frac{273+70}{273+20} = 2200 \times 1.033 \times \frac{343}{293} = 2660 \text{Pa}$$

根据 P 和 Q 值，查表 8-7 选用一台 4-68№4.5A 型风机，该机转速 $n=2900$r/min，序号 2，工况点参数 $P=2680$Pa，$Q=6573$m³/h，内效率 87.0%，配用电机功率 7.5kW，型号为 Y132S_2-2。

有些类型的风机在样本或设计手册中给出了 Q-P 综合性能曲线图，如图 8-27 所示，选择时，根据工作参数 Q 和 P 在图上定出位置，工作点落在哪条曲线上就可以选择哪一台风机，由图中直接查出机号、功率及转速等参数，十分方便。

码8-8
知识拓展：
泵与风机
选择中使
用的规范

思政案例

气蚀现象的发现

气蚀现象的早期研究可以追溯到 19 世纪，人们在试航舰艇时发现，即使是采取了当时先进制造技术制造的新舰艇，试航不久就出现航速下降、航行噪声增加、性能大幅下降的问题。工程师在随后的检查中发现，原本光滑的螺旋桨表面已经被大面积腐蚀，变得凹凸不平，如图 8-29 所示。当时多数人认为，桨叶材料的剥落是海水的化学腐蚀造成的，但令工程师们不得其解的是，舰艇螺旋桨使用了极耐腐蚀的铝合金，而且下水的时间也不长，怎么就出现了严重的腐蚀呢？后续的实验也进一步表明，即使把桨叶放在蒸馏水中运转，桨叶表面也会出现类似的剥落。

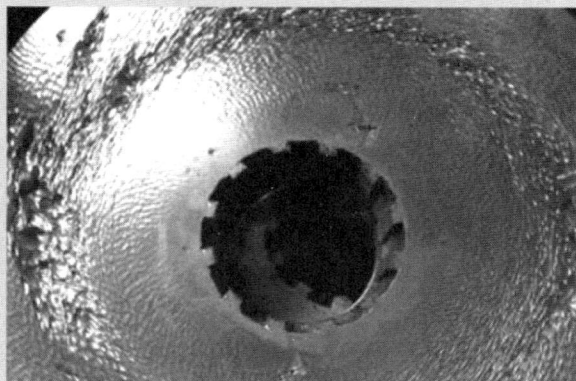

图 8-29　螺旋桨腐蚀

　　针对这一现象，各国科学家不懈努力，开展了一系列探索和研究，19世纪末至20世纪初，随着流体力学和热力学的发展，科学家们通过实验和理论分析，逐步揭开了"气蚀"现象的面纱。例如，亨利·贝克勒尔和恩斯特·马赫等科学家对气泡动力学和气蚀的物理过程进行了研究。最终发现导致这一现象的主要原因并非化学腐蚀，而是物理机制。

　　原来，螺旋桨快速旋转时，在海水中形成了压力波，压力波减小了周边区域的压力，导致海水中的溶解气体析出，形成小气泡。在压力大的区域，这些气泡被快速压缩，从而形成一个射流束直接冲击螺旋桨表面，这种射流束的速度可达5km/s，如此高速而密集的射流束冲击在金属表面，产生了极大的压强和冲力，最终就表现为使得螺旋桨表面被腐蚀了。

　　随着时间的推移，有关气蚀的研究逐渐深入，研究领域涵盖流体力学、材料科学、机械工程等多个学科，人们对气蚀现象的认识也更加清晰。科学家们通过实验和理论研究，揭示了气蚀现象的机理和影响因素，为预防和减轻气蚀损伤提供了科学依据。

　　直到现在，气蚀现象的研究仍然是流体力学和工程领域的重要课题。科学家们利用先进的计算流体力学（CFD）模拟和实验技术，不断深化对气蚀现象的理解，据此开发新的材料、技术等来降低气蚀的影响，提高设备的可靠性和效率。

　　如今我们身边很多习以为常的科学理论，都是科学家们坚持不懈、不断跳出惯性思维的束缚，长期探索才取得的。我们也应该学习他们不畏艰难、埋头苦干的奋斗精神和追求真理的坚定意志。

单元小结 🔍

　　本教学单元介绍了管路系统中离心泵所需扬程的计算方法，离心泵气蚀的概念和安装高度的计算方法，管路性能曲线及泵与风机工作点的确定方法，进一步介绍了泵与风机并联、串联运行的工况求解方法，分类介绍了泵和风机工况调节的方法，还介绍了泵与风机的选择原则、步骤、方法和注意事项。

　　要求掌握管路系统中离心泵所需扬程和安装高度的计算，掌握泵与风机工作点的确定方法，以及泵与风机串联和并联运行工况的求解方法，学会泵与风机工况调节的方法，重点掌握泵与风机选择的步骤、方法和注意事项。

自我测评 🔍

一、填空题

1. 管路性能曲线是指离心式泵或风机在管路系统中工作时，其_____与_____之间的关系曲线。

2. 泵或风机的工作点是_____和_____的交点。

3. 两台或两台以上的泵或风机在同一管路系统中工作，称为联合运行。联合运行分为_____和_____两种情况。

4. 并联运行时，管路内总流量_____（减小、增大），水头损失_____（减小、增大），所需压头_____（减小、增大），所以并联运行时单台设备的流量_____（减小、增大）。

5. 串联运行的扬程总是_____（小于、大于）各单机独立运行时的扬程之和，同时串联后的流量_____（减小、增大），泵与风机的性能曲线越_____（平、陡），串联后增加的压头和流量就越_____（多、少），越适宜于串联工作。

6. 泵与风机工况调节可通过_____和_____两类方式来实现。

7. 改变泵或风机转速的方法包括_____、_____和_____等。

8. 泵或风机的 Q-H 性能曲线大致可分为_____、_____和_____三种类型。

9. 离心式风机的叶轮旋转方向可以做成_____或_____两种形式。

二、选择题

1. 当泵输送的流体温度升高时，泵的安装高度应该（　　）。
A. 升高　　　　　　　　　　　　B. 降低
C. 不变　　　　　　　　　　　　D. 不确定

2. 当泵吸水管路水头损失增大时，泵的安装高度应该（　　）。
A. 升高　　　　　　　　　　　　B. 降低
C. 不变　　　　　　　　　　　　D. 不确定

3. 当泵安装在海拔较高的地区时，泵的安装高度应该（　　）。
A. 升高　　　　　　　　　　　　B. 降低
C. 不变　　　　　　　　　　　　D. 不确定

4. 泵的吸入口真空度 H_s、允许吸入口真空度 $[H_s]$、极限吸入口真空度 H_{max} 之间应满足的大小关系是（　　）。
A. $H_s \leqslant [H_s] < H_{max}$　　　　　B. $H_s \geqslant [H_s] > H_{max}$
C. $[H_s] \leqslant H_s < H_{max}$　　　　　D. $[H_s] \geqslant H_s > H_{max}$

5. 管路特性阻抗系数不同，则管路性能曲线的形状也不同，管路阻力越大，管路性能曲线（　　）。
A. 越陡峭　　　　　　　　　　　B. 越平缓
C. 初始点越高　　　　　　　　　D. 初始点越低

6. 性能曲线呈驼峰形的泵与管路曲线相交，在选择工况点时，应该选取在哪个点？（　　）
A. 上升段与管路曲线的交点 K　　　B. 下降段与管路曲线的交点 D
C. 与管路曲线的切点 M　　　　　　D. 无法判断

7. 泵或风机串联运行的目的在于（　　）。
A. 增加压头　　　　　　　　　　B. 减小压头
C. 增加流量　　　　　　　　　　D. 减小流量

8. 下列泵或风机工况调节方式中属于改变管路性能曲线的是（　　）。
A. 变速调节　　　　　　　　　　B. 切削叶轮调节

C. 进口导流器调节　　　　　　　　　　D. 压出管上阀门调节

9. 两台泵或风机并联运行时，其总流量 Q 与单机所提供的流量 Q_1、Q_2 之间的关系是（　　）。

A. $Q = Q_1 + Q_2$　　　　　　　　　　B. $Q > Q_1 + Q_2$

C. $Q < Q_1 + Q_2$　　　　　　　　　　D. 无法确定

10. 站在电机侧的端面，面对风壳，风轮为顺时针旋转的风机是（　　）风机。

A. 左旋　　　　　　　　　　　　　　　B. 右旋

C. 顺旋　　　　　　　　　　　　　　　D. 不确定

三、判断题

1. 水泵的安装高度取决于水泵的允许真空值、供水流量和水头损失。（　　）

2. 性能曲线呈驼峰形时与管路曲线的切点 M 是可以稳定运行的。（　　）

3. 管路性能曲线不会随管路阻抗的变化而变化。（　　）

4. 水泵串联可以有效提高扬程，同时流量也会有所增大。（　　）

5. 水泵并联时只能增大流量，扬程不能增大。（　　）

6. 消防水泵并联可以提高系统供水的安全性。（　　）

7. 并联运行适宜用于管路性能曲线平坦的管路系统中。（　　）

8. 风机吸入管路上调节比压出管路上调节的经济性要好。（　　）

9. 切削叶轮外径须遵循相似律。（　　）

10. 水泵选择时只需要考虑泵的流量和扬程是否能够满足要求即可。（　　）

11. 水泵选择时，要尽量选择小泵，小泵的效率较高。（　　）

12. 当流量较大时，宜考虑多台设备并联运行；但台数不宜过多，尽可能采用相同型号的设备，互为备用。（　　）

13. 选用设备时，应使其工作点处于其 Q-H 性能曲线下降段的高效区间（即最高效率点的 $\pm 10\%$ 区间内），以保证工作点的稳定和高效运行。（　　）

四、问答题

1. 什么是泵的气蚀现象？简述泵的气蚀现象产生的可能原因。

2. 为什么要考虑水泵的安装高度？什么情况下，必须使泵装设在吸水池面以下？

3. 离心式泵的安装高度与哪些因素有关？为什么高海拔地区泵的安装高度要降低？

4. 什么是泵或风机装置的管路系统性能曲线？它与哪些因素有关？

5. 简述泵或风机运行时工况点的确定方法。

6. 水泵并联和串联运行分别适宜什么工程条件？

7. 什么是水泵装置的工况调节？工况调节的基本途径和方法有哪些？

8. 简述泵与风机选择的基本步骤。

9. 简述泵与风机选用中的注意事项。

五、计算题

1. 水泵由吸水池向上水池抽水，如图 8-30 所示，已知下列数据，试求泵所需的扬程。水泵轴线标高 130m，吸水面标高 126m，上水池液面标高 170m，吸入管段阻力为 0.18m，压出管段阻力 1.91m。

2. 管路性能曲线函数关系式为：$H = H_{st} + SQ^2$，水塔供水、锅炉给水、热水采暖循

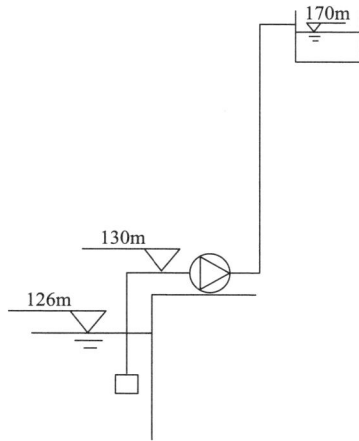

图 8-30 计算题 1

环系统工况如图 8-31 所示。试分析这三种工况中 H_{st} 各等于什么？

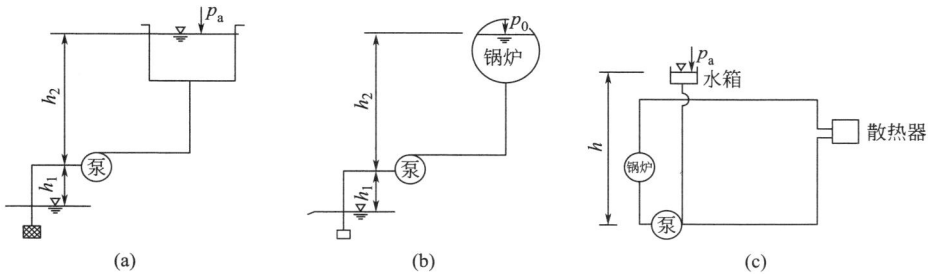

图 8-31 计算题 2

（a）水塔供水；（b）锅炉给水；（c）热水采暖循环系统

3. 如图 8-32 所示的泵从低水箱抽送重度 $\gamma=9610N/m^3$ 的液体，已知条件如下：$x=0.1m$，$y=0.35m$，$z=0.1m$，M_1 的读数为 124kPa，M_2 的读数为 1024kPa，$Q=0.025m^3/s$，$\eta=0.80$，试求此泵所需的轴功率为多少？（注：该装置中的两压力表高差为 $y+z-x$）

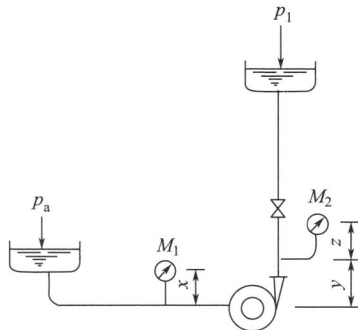

图 8-32 计算题 3

4. 某工厂供水系统由清水池往水塔充水，如图 8-33 所示，清水池最高水位标高为 112.00m，最低水位为 108.00m，水塔地面标高为 115.00m，最高水位标高为 140.00m。水塔容积为 40m³，要求 1 小时内充满水，试选择水泵。已知吸水管路水头损失 $h_{w1}=1.0$m，压水管路水头损失 $h_{w2}=2.5$m。

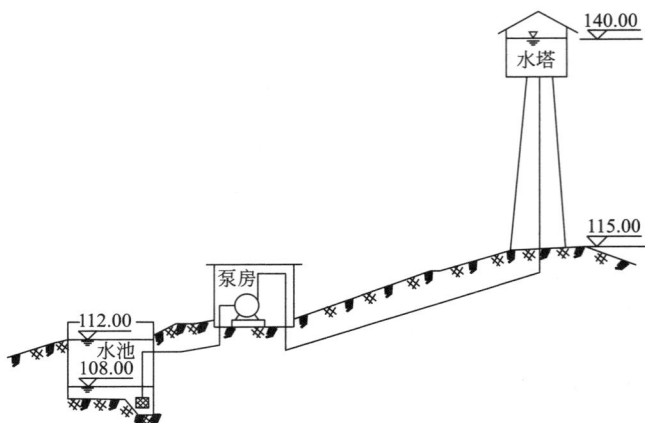

图 8-33　计算题 4

5. 某地大气压强值为 98.07kPa，输送温度为 65℃ 的空气，风量为 6550m³/h，管道阻力为 240mmH₂O，查表 8-7 选一台合适的通风机。

6. 一台泵的已知条件如下：$Q=0.12$m³/s，吸入管径 $D=0.25$m，水温为 40℃（重度 $\gamma=973$N/m³），$[H_s]=5$m，吸水面标高 102m，水面为大气压，吸入管段阻力为 0.79m。试求：泵轴标高最高为多少？如该泵装在昆明市，海拔高度为 1800m，泵的安装位置标高应为多少？

7. 水泵装置如图 8-34 所示，水泵流量 $Q=80$m³/h，提升高度 $h=18$m，吸水管的管径和长度分别为 $d_1=150$mm，$L_1=10$m，压水管的管径和长度分别为 $d_2=100$mm，$L_2=30$m，水管沿程局部阻力系数分别为：$\xi_{底阀}=6.0$，$\xi_{弯头}=0.27$，$\xi_{出口}=1.0$，水泵吸入口 1-1 处真空压强 60kPa。试求：（1）水泵的安装高度 h_g；（2）水泵的总扬程。

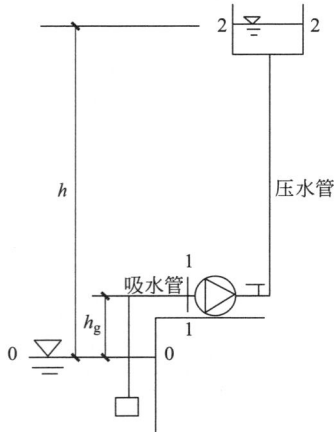

图 8-34　计算题 7

六、绘图题

1. 绘制两台相同型号的单机并联运行工况：图 8-35 中，单台泵或风机的性能曲线为Ⅰ，管路性能曲线Ⅲ，请绘制并联运行的性能曲线Ⅱ，M 点为并联工作的工况点，请在图中标出 M 点。

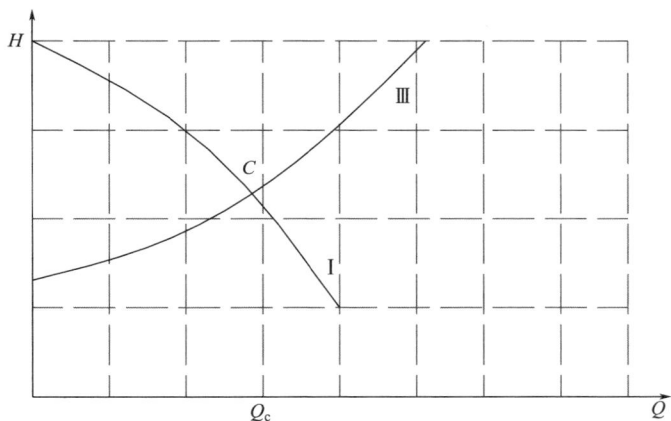

图 8-35　绘图题 1

2. 两台单机串联运行工况：图 8-36 中Ⅰ、Ⅱ为单机性能曲线，Ⅲ为管路性能曲线，绘制串联运行的性能曲线Ⅰ＋Ⅱ。M 点为串联工作的工况点，请在图中标出 M 点。

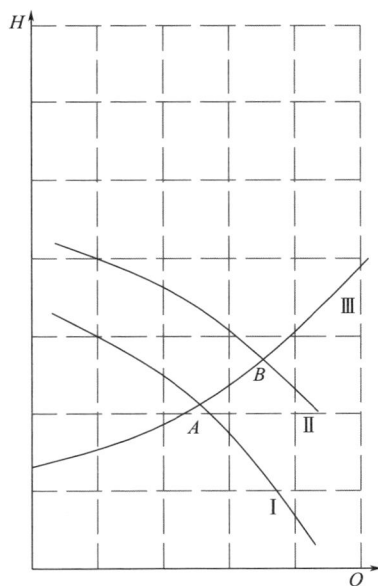

图 8-36　绘图题 2

教学单元 9

泵与风机的运行维护及故障分析

Chapter 09

教学目标

【**知识目标**】掌握离心泵运行和维护的基本操作以及故障处理的方法，掌握离心风机的安装、运行和维护的基本操作以及故障处理的方法，了解轴流式泵与风机、混流泵的运行维护及其故障分析的方法。

【**能力目标**】能够根据泵与风机的运行情况，进行故障分析和运行维护。

【**素质目标**】结合泵与风机的运行维护及故障分析，培养对设备运行和维护的高度责任感，树立严谨务实、诚实守信的职业道德；结合大国工匠管延安的故事，培养学生爱岗敬业、专注执着、脚踏实地的工匠精神。

思维导图

```
                                   ┌─ 离心泵的运行维护
              ┌─ 离心泵的运行维护及其故障分析 ─┤
              │                    └─ 离心泵的故障分析
              │
              │                    ┌─ 离心风机的安装、调整和试运行
泵与风机的运行 ─┼─ 离心风机的运行维护及其故障分析 ─┼─ 离心风机的操作与维护
维护及故障分析  │                    └─ 离心风机的故障分析
              │
              │   轴流式泵与风机、混流泵的  ┌─ 轴流式泵、混流泵的运行维护及其故障分析
              └─ 运行维护及其故障分析 ──────┤
                                   └─ 轴流式风机的运行维护及故障分析
```

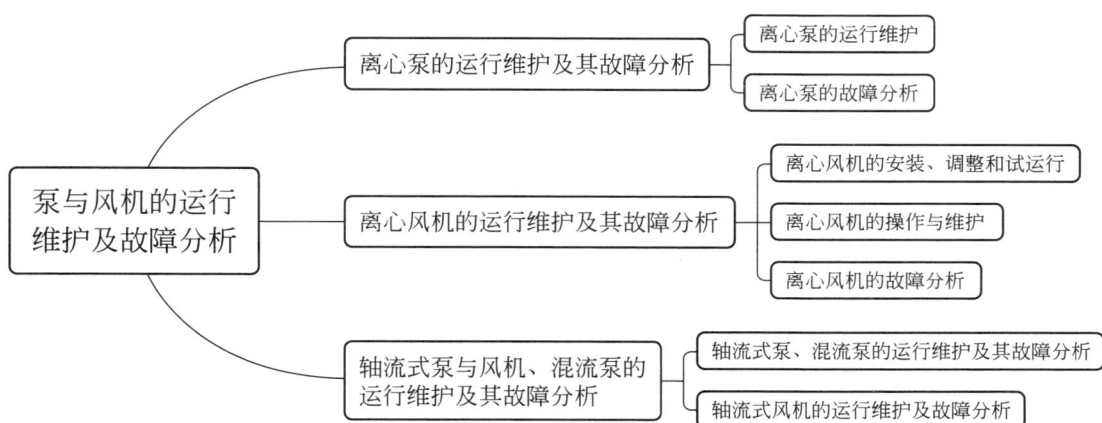

教学单元 9 思维导图

教学情境 1　离心泵的运行维护及其故障分析

　　离心泵与风机如果安装、运行、维护不当，就会造成机器及电动机等各方面故障及事故，从而降低了设备效能，缩减了设备使用寿命，造成不必要的浪费。离心泵与风机管理、运行操作及事故处理等方面有一定的差异但基本原则是一致的。

1. 离心泵的运行维护

　　离心泵的运行，包括启动、正常运行维护、停泵、故障和事故处理以及各种联锁保护的定期试验。

　　1）启动前的准备

　　（1）外观检查。检查水泵和电机的固定是否良好，螺栓有无松动、脱离，转动部件周围是否有妨碍运转的杂物等。

　　（2）润滑检查。检查轴承用油的油质、油量、油温，轴承、电机用水冷却时冷却水应畅通。

　　（3）填料检查。检查填料的松紧程度是否合适。

　　（4）进水管检查。检查吸水井水位、滤网有无杂物堵塞。

　　（5）盘车。盘车是用手或专用工具（盘车装置）转动联轴器，转动过程中应注意泵内是否有摩擦、撞击声及卡涩现象。若有，应查明原因，迅速进行处理。

　　（6）阀门的原始状态。如离心泵启动前出水闸阀应是关闭的。

　　（7）灌泵。非自灌式工作的水泵，启动前必须充水。过程中要注意泵体的放气。

　　2）启动

　　（1）按启动按钮。过程中应注意电流变化情况，倾听水泵机组转动声音。

　　（2）待转速稳定后，打开仪表阀。观察出水压力、进口真空计是否正常。

　　（3）打开出水管上的闸阀，逐渐加大出水量，直到出水阀门全开为止。过程中应注意配电屏上电流表逐渐增大，真空表读数逐渐增加，压力表读数逐渐下降。过程中还要注意到离心泵不允许无载长期运行，这个时间通常以 2～4min 为限。

　　3）运行中的监督

　　（1）监盘。检查与分析仪表盘上的各种参数，如温度、压力、流量、电流、功率等，发现异常情况时应作相应的处理。

　　（2）巡检。定时巡回检查水泵、电机及工艺流程的运行状态。如轴封填料盒是否发热，滴水是否正常，泵与电动机的轴承和机壳温度，以及水泵的出水压力等。

　　（3）抄表。包括定期抄录有关的运行参数，填写运行日志，可为运行管理提供基本材料。

　　4）停车

　　接到停车命令后，按如下程序停车：

　　（1）缓闭出水闸阀。

　　（2）按停止按钮。

（3）关闭仪表阀。

（4）停供轴封水和轴承冷却水、停供电机（对水冷电动机）冷却水。

（5）视情况决定泵体是否排水。

（6）视情况决定是否断开机组电源。

5）水泵、电动机的定期检查

水泵、电动机累计运行一定的时间后，应进行解体检查。拆检时，应观察或测定各部件有无磨损、变形、腐蚀及部件主要尺寸，如有缺陷必须进行处理或更换，如口环磨损应更换、填料失效应更换、泵轴变形应校正等。

2. 离心泵的故障分析

离心泵在运行中出现的故障，主要包括性能故障、机械和电气故障两大类。各种故障产生的原因很多，因此运行人员必须学会对这两类中的各种故障现象进行综合分析、判断和处理。下面将离心泵在运行中常见的故障原因及消除方法列表说明，见表 9-1～表 9-3，以便分析比较。

泵的吸水、出水及性能故障及其可能原因及排除方法　　　　　　　表 9-1

故障现象	可能原因	排除方法
泵不吸水,压力表及真空表的指针剧烈摆动	启动前灌水或抽真空不足,泵内有空气	停机,重新灌水或抽真空
	吸水管及真空表管、轴封处漏气	查漏并消除缺陷
	吸水池液面降低,吸水口吸入空气	降低吸入高度,保持吸入口浸没水中
	叶轮反转或装反	改变电动机接线或重装叶轮
	泵出口阀体脱落	检修或更换出口
泵不出水,真空表数值高	滤网、底阀或叶轮堵塞	清洗滤网,清除杂物
	底阀卡涩或漏水	检修或更换底阀
	吸水高度过高,泵内气蚀	见表 9-2
	吸水管阻力太大	清洗或改造吸水管
泵不能启动或启动负荷太大	轴封填料压得过紧	调整填料压盖松紧度
	未通入轴封冷却水	开通轴封冷却水或检查水封管
	泵启动时出口阀门开启	关闭出口阀启动泵
运行中电流过大	泵体内动静部分摩擦	停机检修各部分动静间隙及磨损状况
	泵内堵塞	拆卸清洗
	轴承磨损或润滑不良	修复或更换润滑油
	流量过大	关小出口阀
	填料压得太紧或冷却水量不足	拧松填料压盖或开大轴封冷却水
	电压过高或转速不高	降低转速
	轴弯曲	校轴并修理
压力表有指示,但压水管不出水	输水管道阻力太大	改造管道,减小管道阻力
	水泵反转或叶轮装反	调整电动机接线相位或重新拆装叶轮
	叶轮堵塞	清洗叶轮
流量不足,扬程降低	吸水头滤网淤塞或叶轮堵塞	清洗滤网或叶轮
	泵内密封环磨损,泄漏太大	更换密封环
	转速低于额定值	清除电动机故障
	阀门开度不够	开大阀门
	吸水管浸没深度不够	降低吸水高度
	底阀或止回阀太小	更换底阀或止回阀

泵气蚀的原因及处理方法　　　　　　　　　　　　　　　　　表 9-2

气蚀原因	处理方法
取水口水位下降	改变泵的安装高度,降低取水高度
吸水管路堵塞,或进口阀未开启	清除杂物,保持吸水流道畅通,开启进口阀
原设计不合理,进水阻力大	改造吸水管路,降低吸水高度
泵的倒灌高度不够	增大正压进水泵的倒灌高度
水温过高,超过吸入口压力对应的饱和温度	降低进水温度
出口阀开度太小	开大出口阀或投入再循环
变速泵转速过高	保持泵转速在负荷要求范围内

泵的机械故障及其可能原因和排除方法　　　　　　　　　　　表 9-3

故障现象	可能原因	排除方法
泵不能启动或启动后在运行中发生过载	启动时出口阀开启,带负荷启动	关闭出口阀启动
	轴封填料过紧,未通入轴封冷却水	调整填料压盖紧力,启动前必须开启轴封冷却水
	泵轴弯曲,轴承磨损或损坏	校正泵轴,更换轴承
	平衡管或平衡室回水管堵塞,平衡盘或平衡套磨损	疏通平衡管或回水管,检修、更换平衡盘和平衡套
	泵的动静部分摩擦	停泵检查及检修
	流量过大	关小出口阀或降低转速
轴承过热	轴承安装不正确或间隙不适当	重新安装轴承,调整轴承配合及间隙
	轴承磨损或松动	检修或更换轴承
	轴承润滑不良(油质变坏或油量不足)	清洗轴承,更换润滑油
	带油环带油不良	检查油位及油环,加、放油或更换油环
	润滑油系统循环不良	检查油系统是否严密、油温、油压、油质及油泵、管道是否正常
	轴承或油系统冷却器冷却水断水	检查冷却水道、冷却水泵及水道阀门,疏通冷却水道
振动和异声	泵或电动机转子不平衡,联轴器不对中、松动	重新找平衡、对中心或重装联轴器
	泵轴弯曲	直轴或换轴
	轴承磨损	检修更换
	基础不稳固、地脚螺栓松动	加固基础、紧固地脚螺栓
	管道支架不牢固	加固管道支架
	转动部件松动、破损	检修或更换破损部件
	动静部件摩擦	调整动静部件间隙
	气蚀	见表 9-2
填料箱过热或填料冒烟	填料压得过紧或位置不正	调整填料压盖,以滴水为宜
	密封冷却水中断	检查有无堵塞或冷却水阀是否开启
	密封环位置偏移	重新装配,使孔对正密封水管口
	轴或轴套表面损伤	修复轴表面,更换轴套
轴封漏水过大	填料磨损	更换填料
	压盖紧力不足	拧紧填料压盖或加一层填料
	填料选择或安装不当	选用适当填料,并正确安装
	冷却水质不良导致轴颈磨损	修理轴颈,采用洁净的冷却水

造成电气故障和热工故障的因素较多，其事发比较突然，特别是给水泵，由于保护装置较多，问题更复杂。因此，运行人员必须了解相关的厂用电气接线方式、电动机及其断路器和保护装置及泵的有关联锁和保护装置，作为正确判断故障的依据。对于泵与风机的各种保护装置所发报警信号，一定要对照现场设备的就地仪表和设备实际运行状况进行正确判断，识别电气、热工保护装置的误发、误报警，联锁装置的误动、拒动，正确处理并避免扩大事故。

教学情境 2　离心风机的运行维护及其故障分析

1. 离心风机的安装、调整和试运行

1）安装准备

（1）安装前应对各机件进行全面检查，确保机件完整。

（2）叶轮与机壳的旋转方向是否一致。

（3）各机件连接是否紧密、转动部分是否灵活。

2）安装注意事项

（1）风机与风管连接时，要使空气在进出风机时尽可能均匀一致，不要有方向或速度的突然变化，更不许将管道重量加在风机壳上。

（2）风机进风口与叶轮之间的间隙对风机出风量影响很大，安装时应严格按照图纸要求进行校正，确保其轴向与径向的间隙尺寸。

（3）对用皮带轮传动的风机，在安装时要注意两皮带轮外侧面必须成一直线。否则，应调整电动机的安装位置。

（4）对用联轴器直接传动的风机，安装时应特别注意主轴与电机轴的同心度，同心度允差为 0.05mm，联轴器两端面不平行度允差为 0.02mm。

（5）风机安装完毕，拨动叶轮，检查是否有过紧或碰撞现象。待总检合格后，才能进行试运转。

3）风机的试运行

风机初次运行或大修后运行，应先进行试运行（跑合）。其过程为：风机启动运行 1～2h 后，停车检查紧固件是否松动、轴承及其他部件是否正常，之后再运行 6～8h，如情况正常，即可交付运行。

2. 离心风机的操作与维护

1）风机的启动

（1）关闭进风调节门、稍开出风调节门。

（2）检查联轴器是否安装牢靠，间隙尺寸是否符合要求，所有紧固件是否紧固。

（3）盘车时，转动部件不允许有碰接、摩擦声、卡涩现象。

（4）检查轴承润滑油的油质、油量是否符合要求，冷却水供给是否正常。

（5）关电前检查电机绝缘电阻是否合格，关电后检查仪表是否正常。

（6）以上工作完成后可启动风机。但必须在无载荷的情况下进行，待达到额定转速后，逐步将进风管道上的闸阀开启，直到额定工况为止。在此期间，应严格控制电流，不得超过电机的额定值。

2）风机的运行

风机的运行，原则上与水泵运行一样，应进行监盘、巡检、抄表工作。这里介绍巡回检查的主要内容：

（1）监督风机轴承的润滑油、冷却水是否畅通、轴承温度或温升是否正常，电机温升是否正常，风量和风压、电机电流等是否正常。

（2）密切注意风机在运行中的振动情况，及噪声、碰击、摩擦声。

（3）运行中应严格控制风机进口温度，如果所输送气体温度变化很大时，应按换算公式进行换算，以免电机过载。

3）停机

停机前关闭进风调节门，关小出风调节门，然后按操作规程停止电动机。

4）风机的维护保养

（1）定期清除风机内部积灰、污垢等杂质，并防止锈蚀。

（2）风机累计运行 3～6 个月，进行一次轴承检查，更换一次润滑脂，加注时以注满轴承空间的 2/3 为宜。

（3）对备用风机或停车时间过长的风机，应定期将转子旋转 180°，以免轴弯曲。

3. 离心风机的故障分析

离心风机常见故障现象及其可能原因和排除故障的方法见表 9-4～表 9-7。

离心风机的性能故障及其可能原因和排除方法　　　　表 9-4

故障现象	可能原因	排除方法
压力偏高,风量减小	气体温度过低或气体所含固体杂质增加,使气体密度增大	测定气体密度,消除密度大的原因
	出风管道和调节挡板被尘土等杂物堵塞	开大出风调节门,或进行清扫
	进风管道和调节挡板被杂物堵塞	开大进风调节门,或进行清扫
	出风管道破裂或管道法兰不严密	焊接裂口,或更换管道法兰垫片
	叶轮的叶片严重磨损	更换叶片或叶轮
压力偏低,风量增大	气体温度过高使气体密度减小	测定气体密度,消除密度减小的原因
	进风管道破裂或管道法兰不严	焊接裂口,或更换法兰垫片

离心风机的振动故障及其可能原因和排除方法　　　　表 9-5

故障现象	可能原因	排除方法
风机转子动、静不平衡,产生与转速相关的倍频振动	叶轮和部分叶片被磨损、腐蚀,粉尘进入空心翼形叶片内部	修补或更换叶轮、叶片,重新找平衡
	叶片积灰	清扫叶片
	叶轮自身不平衡,平衡块不准确或位置移动	叶轮重找平衡,加、减平衡块
	双吸风机两侧进风量不一致	清扫进风道,调整两侧挡板
振动与负荷大小有关的不规则振动	联轴器未找正	重新找正联轴器

续表

故障现象	可能原因	排除方法
局部振动且偶尔伴有尖锐的噪声	轴颈或轴瓦磨损,间隙过大	检修轴颈或轴瓦,调整间隙
	轴瓦与轴承箱之间的紧力不合适	调整紧力
	联轴器螺栓松动,滚动轴承固定圈松动	紧固螺母或更换滚动轴承
风机及电动机产生与负荷大小无关的振动	基础薄弱,刚度不够,地脚螺母松动	根据具体原因,采取加固基础或紧固螺母的措施
	风管道支撑固定不良	改进或加强支撑措施
风机产生不规则的局部振动、噪声和金属弦音	叶轮歪斜,与机壳内壁或集流器相碰	检修及重新安装叶轮,调整集流器的位置
	机壳刚度不够,产生晃动	加固机壳

轴承发热故障及其可能原因和排除方法　　　　　　　　表 9-6

故障现象	可能原因	排除方法
轴瓦磨损、损坏或质量差	与轴的配合不同心,致使轴瓦磨损、油隙增大	重新浇铸或补瓦,装配找正中心
	轴瓦研刮不良	重新浇铸、研刮轴瓦
	轴瓦裂纹、破损、剥落、磨损、脱壳等	重新浇铸、焊补或研刮
	乌金成分不合理,浇铸质量不合格	重新配制合金浇铸
轴承安装不良或损坏	轴与轴承的安装位置不正,导致轴瓦磨损	补瓦或重新浇铸,重新安装找正
	轴承与轴承箱之间紧力不当,导致轴与轴瓦间隙不当	调整垫片
	滚动轴承损坏	修理、更换滚动轴承
润滑油质劣化	油号不适或变质	更换润滑油
	油中含水量增大	消除漏水缺陷,换油
风机出力不能调	控制油压太低(滤油器堵塞)	疏通滤油器
	液压缸漏油	检修旋转密封
	调节杆连接损坏	及时检修或更换调节杆
	电动执行机构损坏	更换电动执行器
	叶片调节卡住	查明原因,清除卡涩物

离心风机的其他故障及其可能原因和排除方法　　　　　　　　表 9-7

故障现象	可能原因	排除方法
逆风系统调节失灵	压力表和真空表失灵,调节门卡住或失灵	修理或更换压力表和真空表,修复调节门
	由于流量减小太多,或管道堵塞引起流量急剧减小,使风机在不稳定区工作	确系需要流量减小时应打开旁路门或降低转速,如系管道堵塞,应进行清扫
叶轮损坏或变形	叶片表面腐蚀或磨损	如系个别损坏,可以修理或更换个别叶片,如系过半损坏,应换叶轮
	叶轮变形后歪斜过大,使叶轮径向跳动或端面跳动过大	卸下叶轮,用铁锤矫正,或将叶轮平放,压轮盘某侧边缘
机壳过热	在调节门关闭情况下风机运转时间过长	停车冷却或打开调节门降温

码9-3
轴流式泵与风
机、混流泵的
运行维护及
其故障分析

教学情境 3　轴流式泵与风机、混流泵的运行维护及其故障分析

1. 轴流式泵、混流泵的运行维护及其故障分析

轴流式泵（可简称为"轴流泵"）和混流泵结构形式大致相同，其差别在于各自的叶轮形式，因此其启动方式有所不同，但启动前的检查、准备和运行维护项目基本相同。

1）启动前的准备工作

（1）其常规的启动前准备工作与离心泵所要求的项目基本相同。在检修后和启动前应保证泵轴、中间轴和电动机轴的同心度，做好动叶的动静平衡试验。

（2）大型立式轴流泵和混流泵采用湿坑布置，泵体部分包括叶轮浸入水中，启动前不需灌水，但采用虹吸进水的立式泵，在启动前必须对吸入喇叭口和泵壳内充水或抽真空。

（3）由于采用橡胶轴承，泵启动前，应先启动轴承润滑升压水泵或开启其他清水接管阀门向填料函上的接管引注清水，润滑橡胶轴承，然后关闭轴承排大气阀门或放水阀门。如采用循环水作外接水源，应先开启过滤网入口阀门，关闭排大气阀门或放水阀门，最后开启滤网出口阀，向橡胶轴承送水，并对轴承的注水进行调整。

（4）检查上导轴承润滑油系统，关闭放油阀和放油母管总阀，补充油箱油量至正常油位，关闭补油阀。

（5）检查电动机、排风机正常并送上电源。

（6）检查旋转滤网前后水位差，且启动运行正常。

（7）检查泵的动叶调节装置，在手动、电动位置能够灵活调节。

（8）顶转子，使推力轴瓦进油建立油膜。

（9）根据需要将动叶调节置于电动或手动位置，手动调节位置时，电动装置应置于闭锁位置。

2）启动

（1）轴流泵应在开启出口阀门后启动，可调节动叶轴流泵的动叶应调整到启动角度后再启动，以减小启动电流。

（2）混流泵应在关闭出口阀门后启动，启动后再迅速开启出口阀。可调节动叶混流泵启动前叶片应在全关闭位置，启动后才能迅速打开。

（3）出水压力正常后，停用轴承润滑水泵，由泵出口处供水，提供填料密封和橡胶导轴承的冷却用水。

（4）根据止推轴承和上导轴承的回油温度，适时投运冷油器。

（5）根据电动机出口风温、定子绕组和铁芯的温升情况，投运排风机。

3）运行维护

（1）运行中根据机组负荷对循环水的需要，操作控制电动机开关，调节动叶开度，满足流量要求。并注意观察叶片的开度指示，如用手动操作时，断开电动操作联锁装置。

（2）保持填料压盖压紧程度，以滴水为宜。

（3）电动机及轴承的温度和温升应在规定值内。

（4）启动后及运转中，如发现泵出现不正常的振动或异声，应立即停泵。

（5）进水水位降到规定值以下，应停止运行。

（6）运行中不能中断润滑水，以免烧毁轴及轴承。停运检修时应检查橡胶轴承的磨损情况。

（7）如水源含沙量过大或杂物过多，宜采用清洁的冷却润滑水源，由外接清洁水源供水，启动后不需进行冷却水置换。

4）停泵

（1）橡胶导轴承改用外接冷却水源。

（2）轴流泵可以直接断开泵电源，而混流泵应关闭出口阀后，断开泵电源。对虹吸式泵，应先打开真空破坏阀，再关闭出口阀，待水下落后再停泵。

（3）停泵后如作联动备用，应将联锁开关置于联动位置，投入低水压联动。

（4）停泵检修或长期停用，切断水源和电源，放尽泵体内的余水。

（5）停用期间应将泵轴顶起，使推力瓦建立油膜保护。

5）故障及排除

轴流泵及混流泵在运行中可能发生的故障及其可能原因和排除方法如表 9-8 所示。

轴流泵及混流泵在运行中可能发生的故障及其可能原因和排除方法　　　表 9-8

故障现象	可能原因	排除方法
泵振动过大，电动机电流过大	安装不符合要求，转子不对中	重新检修装配
	泵未工作在性能允许范围内	调整泵的工作点在允许区域内
	转子不平衡	停机检修找平衡
	杂物缠绕动静叶片或拦污栅	清除杂物
	动静叶片间发生摩擦	调整动静间隙，更换橡胶轴承
	入口水位降低	停止运行
	轴承润滑水中断	停泵检查轴承及轴是否磨损，检查疏通冷却水管道
	轴流泵叶片气蚀	更换叶片
流量不足	动叶开度不足	调整动叶开度
	转速低于额定值	消除电动机故障
	叶片损坏	更换叶片
泵不出水	泵反转	改变电动机接线相序
	叶片固定失灵、松动	检修动叶片固定机构，调整叶片安装角

轴流泵在运行中可能发生气蚀，使泵产生振动、噪声，并影响泵的效率。轴流泵在运行中发生气蚀的原因，主要是季节性的进口水面水位过低，水流进入时产生较大的旋涡，或叶轮浸入深度不够；其次是安装布置不合理，导致泵吸水困难，如吸入喇叭口与进水坑底相对距离不够，或是进水流道设计过小，多台泵在同一取水点同时运行时的相互干扰，

以及关闭出口阀启动的误操作等都将造成泵的气蚀。对这些故障原因应作具体的分析,并有针对性地采取措施,以避免或排除故障。

2. 轴流式风机的运行维护及故障分析

1)启动前的检查和准备

(1)轴流式风机在启动前应检查所有螺栓是否紧固,检查所有管道连接的密封性。

(2)检查风机密封装置的严密性,以免外部杂质进入调节机构,防止轴承内润滑油被吸出。

(3)检查主轴承箱及供油装置的油量、油位,加足润滑油。

(4)检查风机内部及进气、排气管道,不能有检修后遗留的工具、杂物,关闭人孔门。

(5)手动盘车,检查叶片与机壳之间的间隙,不能有摩擦现象。

(6)检查风机动叶调节机构,能在调节范围内灵活调节,调节机构开度应在启动位置。

2)启动和运行维护

轴流式风机检查无误后,即可合闸启动。启动后检查风机振动和噪声、润滑油流动情况和油温、电动机电流等正常后,用动叶调节机构调节风量。在运行中需对以下方面进行检查:

(1)定期检查风机和电动机润滑油系统的油压、油温和油量。

(2)检查风机的轴承温度和振动值在允许范围内。

(3)检查风机出力,应在高效区域。无异常噪声,不能在喘振区域或其附近工作。

3)故障及排除

轴流式风机在运行中可能发生的故障及其可能原因和排除方法如表9-9所示。

轴流式风机在运行中可能发生的故障及其可能原因和排除方法　　　　表9-9

故障现象	可能原因	排除方法
主轴承温度太高	油箱油位不正常	向油箱加油
	油管路阻塞	清除阻碍物
	润滑油变质或含金属粉末	更换润滑油
	冷却器工作不正常或未投入	开启冷却器
	轴承损坏	更换轴承
风机振动太大	转子因为沉积物造成不平衡	清除沉积物
	叶片一侧磨损不平衡	更换叶片
	地脚螺栓松动	紧固螺栓
	联轴器找正有问题	重新找正
	叶片位置不对	准确安装
	风机处于喘振区工作	将风机调节至稳定区工作
风机出力不能调节	控制油压太低(滤油器堵塞)	疏通滤油器
	液压缸漏油	检修旋转密封
	调节杆连接损坏	及时修理或更换调节杆
	电动执行机构损坏	更换电动执行器
	叶片调节卡住	查明原因,清除卡涩物

思政案例

大国工匠——"深海钳工"管延安

管延安，男，1977 年 6 月 19 日出生，如图 9-1 所示。中交第一航务工程局第二工程有限公司总技师，先后参与了世界三大救生艇企业之一——青岛北海船厂、国内最大集装箱中转港——前湾港、港珠澳大桥岛隧等大型工程建设。因其精湛的操作技艺和专注敬业的精神，被誉为中国"深海钳工"第一人，荣获全国五一劳动奖章、全国技术能手、全国最美职工、大国工匠、齐鲁大工匠等荣誉称号。

18 岁的管延安就开始跟着师傅学习钳工，"干一行，爱一行，钻一行"是他对自己的要求，而看书学习，是他最大的业余爱好。多年的勤学苦练和对工作的专注，心灵手巧的他不但精通錾、削、钻、铰、攻、套、铆、磨、矫正、弯形等各门钳工工艺，而且对电器安装调试、设备维修也得心应手。

港珠澳大桥是在一国两制框架下粤港澳三地首次合作共建的超大型跨海交通工程。港珠澳大桥岛隧工程是大桥的控制性工程，是我国首条外海沉管隧道。工程严格采用世界最高标准，设计、施工难度和挑战均为世界之最，被誉为"超级工程"。港珠澳大桥岛隧工程建设标志着我国从桥梁建设大国走向桥梁建设强国。

2013 年，管延安受命前往珠海牛头岛，带领钳工团队参与建设港珠澳大桥岛隧工程。长

图 9-1　工作中的管延安

达 5.6km 的外海沉管隧道，由 33 节巨型沉管连接而成。在最深 40m 的海底实现厘米级精确对接，在业内人士看来，其难度系数丝毫不亚于"神九"与"天宫一号"的对接。

面对挑战管延安从零开始虚心学习，不断积累经验。如果在陆地作业，只要拧紧螺栓就够了，但要在深海中完成两节沉管的精准对接，确保隧道不渗水不漏水，沉管接缝处的间隙必须小于 1mm。1mm 的间隙，根本无法用肉眼判断。可管延安硬是通过一次次拆卸练习，凭着"手感"创下了零缝隙的奇迹。为了找到这种"感觉"，他拧螺栓时从不戴手套，为的是有"手感"。经过数以万计次的重复磨炼，管延安练就了一项骄人的高精准绝技：左右手拧螺栓均实现误差不超过 1mm。在一次次操作中，他甚至还练就了"听感"，通过敲击螺栓，从金属碰撞发出的声音，判断装配是否合乎标准。在他的听觉中，不一样的安装，会发出不一样的声音。

在参建港珠澳大桥岛隧工程的 5 年里，管延安和工友们先后完成了 33 节巨型沉管和 6000t 最终接头的舾装任务，做到手中拧过的 60 多万颗螺栓零失误，创造了中国工匠独有的技艺技法。从第一颗螺栓到最后一颗螺栓，都是在管延安带领下认认真真、仔仔细细一颗一颗拧紧的。在每一件设备、每一颗螺栓安装后，管延安都要反复

检查才放心。

在长期的工作中，管延安养成了一个习惯：给每台修过的机器、每个修过的零件作记录，将每个细节详细记录在施工日志上，遇到任何情况都会"记录在案"，记录中不但有文字还有自创的"图解"。在港珠澳大桥岛隧工程建设期间，他同样制作了"图解档案"，其中的几本被收录进港珠澳大桥沉管预制博物馆。

港珠澳大桥建成通车后，管延安回到位于青岛的中交第一航务工程局第二工程有限公司。公司专门成立了"大国工匠管延安创新工作室"，他作为领衔人，与工作室成员一同从事沉管、船舶研究。"津平1"是目前世界上最大的外海抛石整平船，对4条90m高的桩腿进行润滑保养，一直是操作工人解决不了的难题。管延安带领工友和技术人员攻关研讨，提出了自主研发润滑加油装置的思路，在船上攻关1个多月，成功研制出"桩腿齿轮喷淋加油润滑装置"。这是一项涵盖了设备制造、技术创新和船机改造等不同业务的创新成果，总制造成本不到3万元，比最初引进德国进口设备的方案，节省资金240余万元。

尽管已经是公司的总技师，但管延安仍然忙碌在生产一线，平时最喜欢听的仍是机械加工和锤子敲击声。多年的钳工生涯，他乐此不疲。宝剑锋从磨砺出，他觉得只有扎根一线，不断精益求精，技艺才能臻于至善。对于工匠精神，管延安谈道："我觉得'工匠'二字应该这样解释，'工'就是各行各业的工作人员，'匠'就是执着、脚踏实地、一丝不苟地去做事。"

"不能在荣誉面前止步不前。作为一名共产党员，我将不忘初心，砥砺前行。"管延安说，目前公司还承接有深中通道、大连湾海底隧道等重大工程项目，他将随时听从派遣，到祖国建设最需要的地方去，坚守并传承工匠精神，把新时代产业工人的名片擦得更亮。

单元小结 🔍

本单元介绍了离心泵的运行维护及其故障分析，离心风机的运行维护及故障分析，及轴流式泵与风机、混流泵的运行维护及其故障分析。要求了解离心泵与风机的运行维护方法，掌握离心泵与风机常见故障的类型与排除方法，简单了解轴流式泵与风机的运行维护及其故障分析的方法。

自我测评 🔍

一、填空题

1. 离心泵的运行包括：＿＿＿＿＿、＿＿＿＿＿、＿＿＿＿＿、＿＿＿＿＿和＿＿＿＿＿。
2. 离心泵启动前，出水阀应是＿＿＿＿＿（开启、关闭）的。

二、选择题

某台水泵在运行过程中，出现了轴承润滑不良，轴承处的机械摩擦比较严重，转速没有明显变化，这时相应地会出现（　　）。

    A. 流量减小、扬程降低、电动机功率增大

    B. 流量减小、扬程降低、电动机功率减小

    C. 流量减小、扬程降低、电动机功率变化不明显

    D. 流量和扬程不变、电动机功率增大

三、判断题

1. 非自灌式工作的水泵，启动前必须充水。（　　）

2. 自灌式工作的水泵，启动前无须充水。（　　）

3. 水泵运行时如果泵壳内有空气，可以继续运行水泵。（　　）

4. 水泵轴承发热，检查发现轴承油太多，需要去掉多余的油。（　　）

5. 风机启动时，要打开进风调节门。（　　）

6. 风机盘车时，转动部件不允许有碰接、摩擦声、卡涩现象。（　　）

7. 风机运行中无须严格控制风机进口温度。（　　）

8. 风机运行中如果出现压力偏高、风量减小，则可能是进风管道和调节挡板被杂物堵塞。（　　）

四、问答题

1. 为什么要求离心泵或风机空负荷（关阀）启动，而轴流式要带负荷启动？

2. 试叙述叶片式泵或风机启动的基本程序。

3. 导致离心泵或风机运行时异常振动的原因有哪些？

4. 离心泵不出水且真空表数值高的原因可能有哪些？

教学单元 10

Chapter 10

其他常用泵与风机

教学目标

【知识目标】了解各种常用泵及风机的结构、工作原理和性能特点，熟悉各种泵及风机的常见型号及适用范围。

【能力目标】根据不同泵与风机的特点和适用范围，能够在实际工作中选择适用的泵及风机。

【素质目标】结合本专业泵与风机的运行能耗现状，培养节能环保意识，增强社会责任感和专业使命感；结合大国工匠姜妍的故事，树立科技报国、为国家科技进步贡献力量的理想。

思维导图

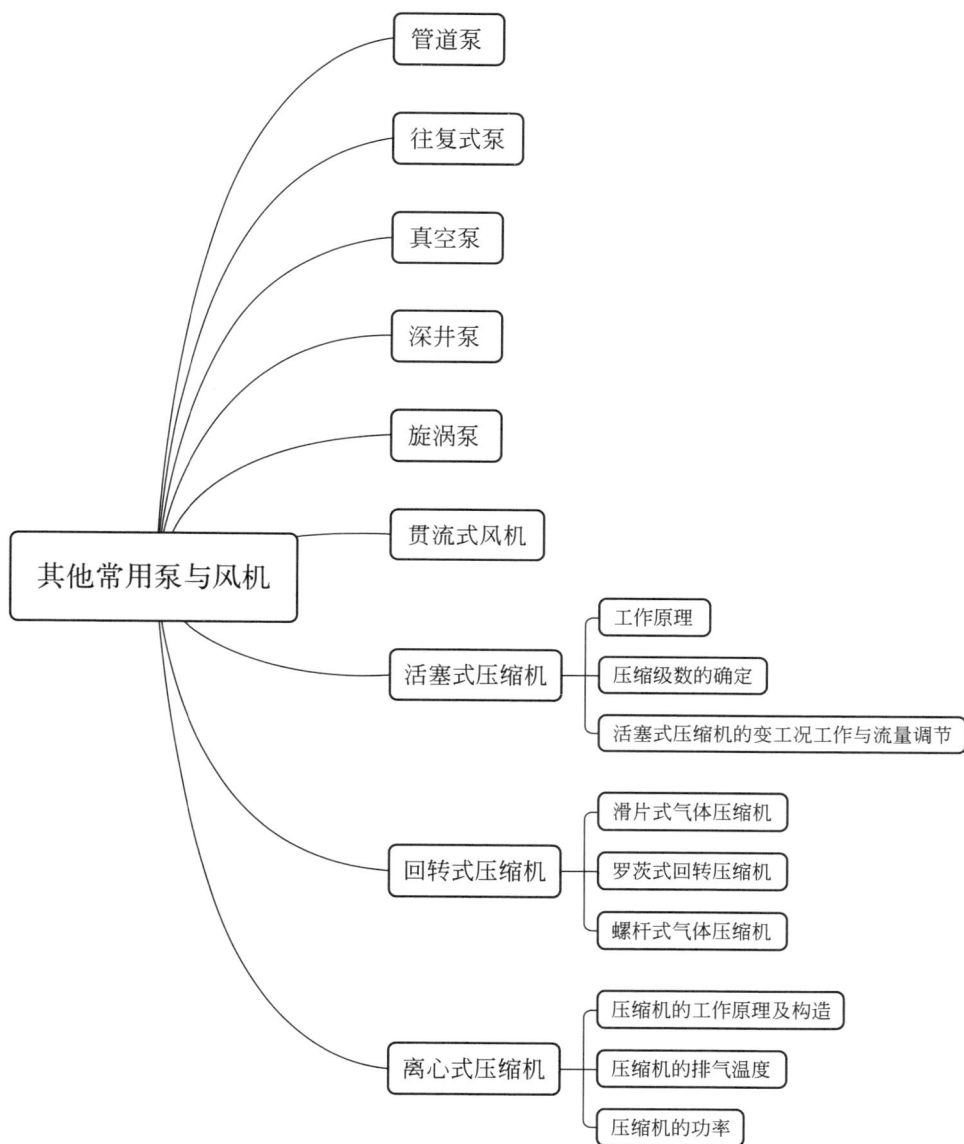

```
                        ┌─────────────┐
                        │   管道泵     │
                        └─────────────┘
                        ┌─────────────┐
                        │   往复式泵   │
                        └─────────────┘
                        ┌─────────────┐
                        │   真空泵     │
                        └─────────────┘
                        ┌─────────────┐
                        │   深井泵     │
                        └─────────────┘
                        ┌─────────────┐
                        │   旋涡泵     │
                        └─────────────┘
                        ┌─────────────┐
  ┌──────────────┐      │  贯流式风机  │
  │ 其他常用泵与风机 │     └─────────────┘
  └──────────────┘      ┌─────────────┐     ┌──────────────┐
                        │  活塞式压缩机 │     │   工作原理    │
                        └─────────────┘     ├──────────────┤
                                            │ 压缩级数的确定 │
                                            ├──────────────────────────┤
                                            │ 活塞式压缩机的变工况工作与流量调节 │
                        ┌─────────────┐     ┌──────────────┐
                        │  回转式压缩机 │     │ 滑片式气体压缩机 │
                        └─────────────┘     ├──────────────┤
                                            │ 罗茨式回转压缩机 │
                                            ├──────────────┤
                                            │ 螺杆式气体压缩机 │
                        ┌─────────────┐     ┌──────────────┐
                        │  离心式压缩机 │     │ 压缩机的工作原理及构造 │
                        └─────────────┘     ├──────────────┤
                                            │ 压缩机的排气温度 │
                                            ├──────────────┤
                                            │ 压缩机的功率   │
```

教学单元 10 思维导图

教学情境 1 管道泵

管道泵也称为管道离心泵，其结构参见图 10-1，该泵的基本结构与离心泵十分相似，主要由泵体、泵盖、叶轮、轴、泵体密封圈等零件组成，泵与电动机共轴，叶轮直接装在电机轴上。

管道泵是一种比较适合于管道增压、冷热水循环等系统应用的水泵，如图 10-2 所示，与离心泵相比具有以下特点：

（1）泵的体积小，重量轻，进、出水口均在同一直线上，可以直接安装在回水干管上，不需设置混凝土基础，安装方便，占地极少。

（2）采用机械密封，密封性能好，泵运行时不会漏水。

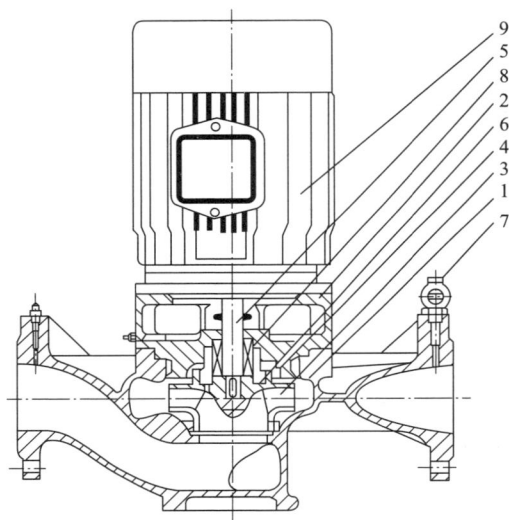

图 10-1 G 型管道离心泵结构图

1—泵体；2—泵盖；3—叶轮；4—泵体密封圈；5—轴；
6—叶轮螺母；7—空气阀；8—机械密封；9—电动机

图 10-2 管道泵

（3）泵的效率高、耗电少、噪声低。

常用的管道泵有 G 型、BG 型两种。

G 型管道泵是立式单级单吸离心泵，适宜于输送温度低于 80℃、无腐蚀性的清水或物理、化学性质类似清水的液体，该泵可以直接安装在水平或竖直管道中，也可以多台串联或并联运行，宜作循环水或高楼供水用泵。G32 型管道泵的性能曲线参见图 10-3。

BG 型立式单级单吸离心管道泵适用于输送温度不超过 80℃的清水、石油产品及其他无腐蚀性液体，可供城市给水、供热管道中途加压之用。流量范围为 $2.5 \sim 25 m^3/h$；扬程 $4 \sim 20m$。BG 型管道泵性能曲线参见图 10-4。

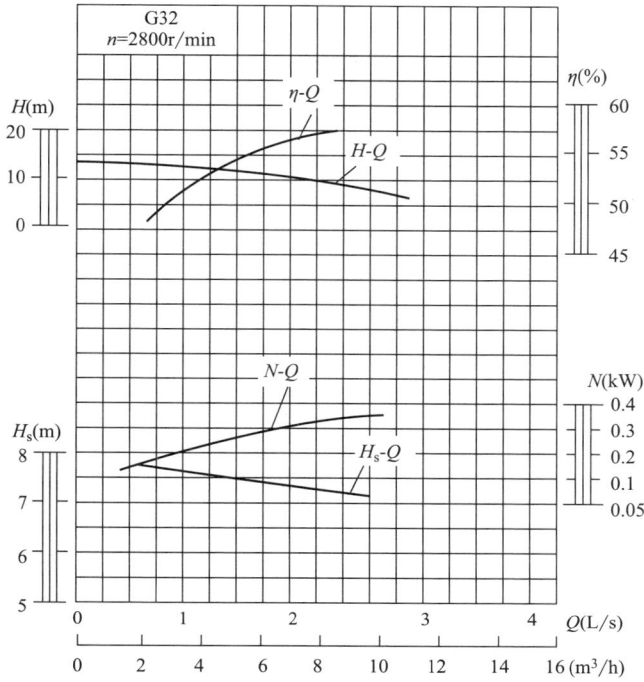

图 10-3 G32 型管道泵性能曲线图

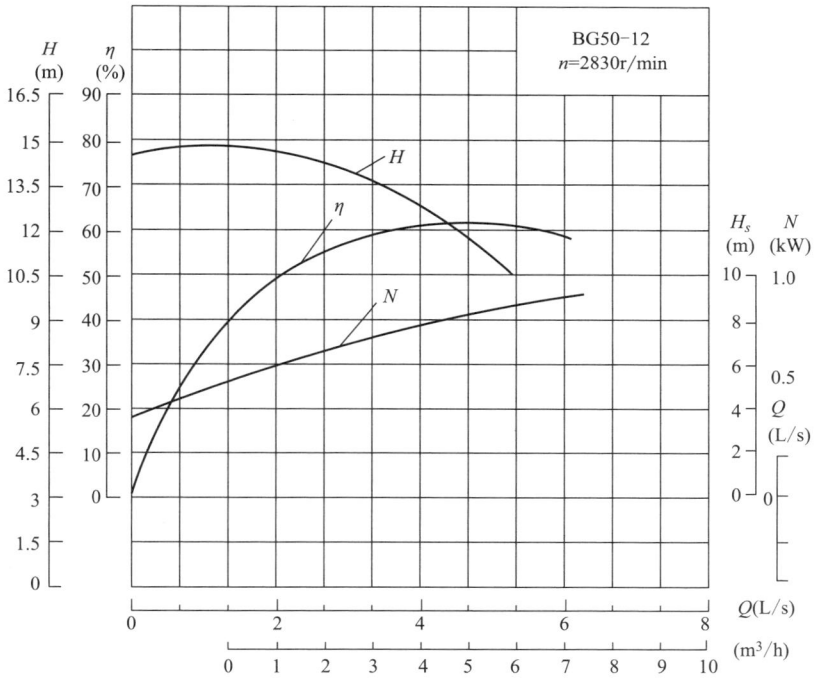

图 10-4 BG 型管道泵性能曲线图

教学情境 2　往复式泵

往复式泵（或称往复泵）是最早发明的提升液体的机械。目前由于离心泵具有显著优点，往复式泵的应用范围已逐渐缩小。但由于往复式泵在压头剧烈变化时仍能维持几乎不变的流量的特点，故往复式泵仍有所应用。它还特别适用于小流量、高扬程的情况下输送黏性较大的液体，例如机械装置中的润滑设备和水压机等处。在小型锅炉房和采暖锅炉房中，常装设利用锅炉饱和蒸汽为动力的蒸汽活塞泵作为锅炉补给水泵。

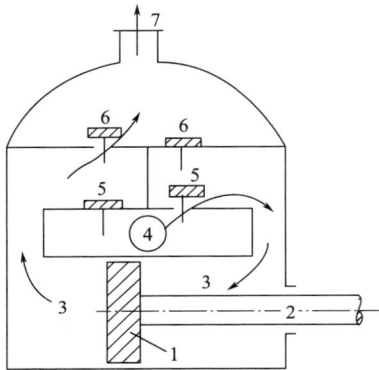

往复式泵属于容积泵，主要结构包括泵缸、活塞或柱塞、连杆、吸水阀和压水阀等。

图 10-5 是双作用活塞式往复泵的工作原理图。

当活塞与连杆受原动机驱动作往复运动时，左右两工作室的容积交替发生变化。左工作室容积受压缩时，其中液体推开压水阀排向排水管；与此同时，右工作室膨胀而形成真空，于是打开右吸水阀从进水管吸水。然后活塞向右运动，两工作室交替进行上述相似的工作，完成吸水、排水的输水过程。

图 10-5　双作用活塞式往复泵
工作原理图

1—活塞；2—连杆；3—泵缸或工作室；
4—进水管；5—吸水阀；6—压水阀；
7—排水管

活塞式往复泵的理论流量与活塞面积 A、活塞行程 S 及活塞在单位时间内的往复次数 n 有关。单作用往复泵的理论流量可按下式计算：

$$Q_T = ASn \tag{10-1}$$

双作用泵的理论流量是单作用泵的两倍。

往复式泵的吸入性能应当考虑流量实际上的非恒定性带来的附加损失。所以，它的允许几何安装高度较离心式泵低。

往复泵的实际流量由于液体的漏损和吸水阀与压水阀动作的滞后而有所减少，通常用容积效率 η_v 乘以理论流量得出。η_v 值为 85%～99%。

理论上来说，往复泵的扬程与流量无关，这就是说，这种泵可以达到任意大的扬程，它的 Q_T-H_T 曲线是一条垂直于横坐标 Q 轴的直线（图 10-6 中的虚线）。实际上由于受泵的部件机械强度和原动机功率的限制，泵的扬程不可能无限增大。同时，在较高的增压下，漏损会加大，以致实际 Q-H 曲线略向左偏移。应当指出往复泵的流量是不均匀的，因为活塞在一个行程中的位移速度总是从零到最大再减少到零，然后重复，如此往复循环。在图 10-6 中 Q-H 曲线是按平均流量绘制的。

往复泵在一定的往复次数工作时，理论流量 $Q_T = ASn$ 为定值，理论轴功率 $N_T = \gamma Q_T H_T$，H_T 只与 N_T 有关，故 H_T-N_T 是一条通过原点的直线。实际的 H-N 曲线因高压头下流量有所减少而稍微向下弯曲，如图 10-6 中所示。
注意：该图 N 和 η 都标注在横坐标上。

效率曲线一般随 H 值的增加而减小。此外，当 H 很小时，由于有效功率很小而机械损失基本未变，以致效率下降很快。H-η 曲线也绘于图 10-6 中。

图 10-7 是以饱和蒸汽为动力的蒸汽活塞泵的结构简图。图的右方是往复作用的柱塞泵，左方是蒸汽机的配汽滑阀与蒸汽缸。来自锅炉的饱和蒸汽通过左右移动的滑阀依次进入汽缸的两方推动活塞。活塞的往复作用通过活塞杆带动柱塞工作。

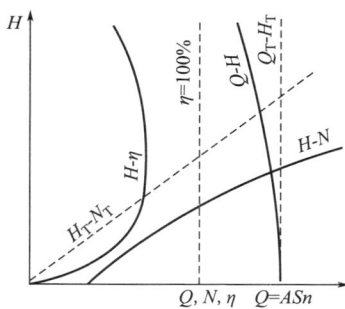

图 10-6　往复泵的性能曲线

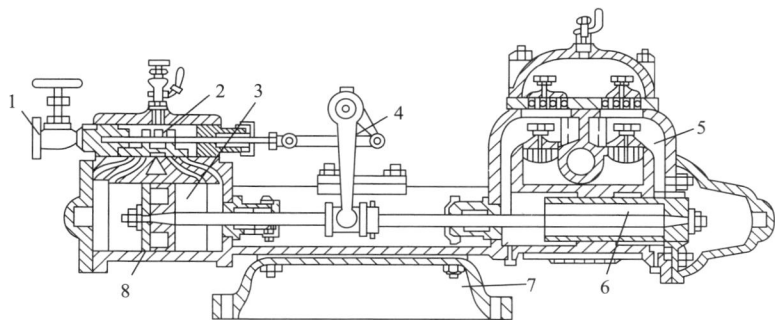

图 10-7　蒸汽活塞泵结构简图

1—蒸汽阀；2—蒸汽滑阀；3—蒸汽缸；4—滑阀牵动臂；5—水泵；6—柱塞；7—底座；8—活塞

这种泵的流量是由滑阀控制每分钟活塞往复次数来进行调节的。我国生产的 2QS 系列蒸汽活塞泵的流量范围为 $0.5\sim120\text{m}^3/\text{h}$，能输送温度低于 105℃ 的介质。如 2QS-53/17 型蒸汽活塞泵是一种双缸清水泵，活塞每分钟往复次数为 28～58 次，相应的流量为 25～$53\text{m}^3/\text{h}$，扬程可达 170m，允许吸上真空高度为 4m。

图 10-8（a）为往复泵泵体剖视图，图 10-8（b）为往复泵实物图。

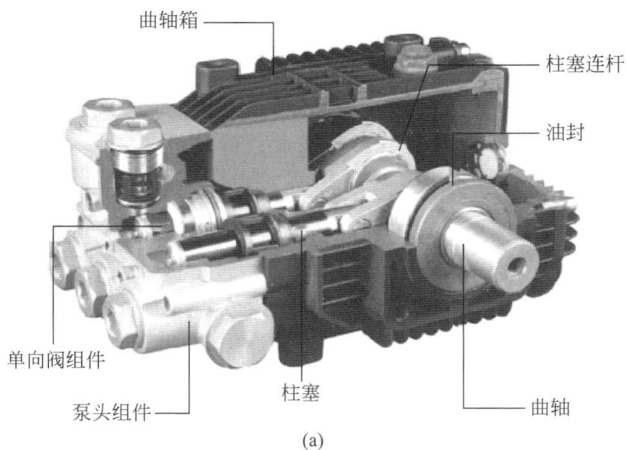

(a)

图 10-8　往复泵（一）

（a）往复泵泵体剖视图

(b)

图 10-8　往复泵（二）

（b）往复泵实物图

教学情境 3　真空泵

真空式气力输送系统中，要利用真空泵在管路中保持一定的真空度。有吸升式吸入管段的大型泵装置中，在启动时也常用真空泵抽气充水。常用的真空泵是水环式真空泵。

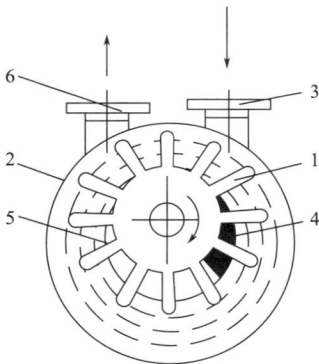

图 10-9　水环式真空泵结构示意图

1—叶轮；2—泵壳；3—进气管；4—进气空间；

5—排气空间；6—排气管

水环式真空泵实际上是一种压气机，它抽取容器中的气体将其加压到高于大气压，从而能够克服排气阻力将气体排入大气。

水环式真空泵的结构示意图见图 10-9。有 12 个叶片的叶轮偏心地装在圆柱形泵壳内。在泵内注入一定量的水。叶轮旋转时，将水甩至泵壳形成一个水环，环的内表面与叶轮轮毂相切。由于泵壳与叶轮不同心，右半轮毂与水环间的进气空间逐渐扩大，从而形成真空，使气体经进气管进入泵内进气空间。随后气体进入左半部，由于毂环之间容积被逐渐压缩而增高了压强，于是气体经排气空间及排气管被排至泵外。

真空泵在工作时应不断补充水，用来保证形成水环和带走摩擦引起的热量。

图 10-10 为真空泵实物图，我国生产的水环式真空泵有 SZ 型和 SZB 型，前者最高压强可达 205.933kPa（作为压气机用时）。SZB 型是悬臂式的小型真空泵。表 10-1 是 SZ 型水环式真空泵的性能简表。

图 10-10　真空泵实物图

SZ 型水环式真空泵性能简表　　　　　　　　　　　　表 10-1

型号	下列压强下的抽气量（m³/min）					极限压强（kPa）	电机功率（kW）	转速（r/min）	耗水量（L/min）
	760	456	304	152	76				
	(kPa)								
SZ-1	0.2	0.085	0.05	0.016	—	16.3	4	1450	10
SZ-2	0.45	0.22	0.13	0.33	—	13.1	10	1450	30
SZ-3	1.53	0.91	0.48	0.20	0.067	8	30	975	70
SZ-4	3.60	2.35	1.47	0.40	1	7.1	70	730	100

教学情境 4　深井泵

　　近年来，利用温度较低的地下水作为空气调节装置的冷源已经比较普遍，但由于降低了地下水位故已停止推广。后来，发展为"冬灌夏用"和"夏灌冬用"的方式，进一步利用地下水库的良好隔热性能储存一定温度的水量，作为空调装置的冷源和热源。这些装置都要使用深井泵来抽取地下水。

　　深井泵是一种立式多级泵。我国生产的深井泵有 SD 型、J 型和 JD 型等类型。图 10-11 是 SD 型深井泵的结构图及实物。它由以下几个主要部分组成：①装于上壳、中壳和下壳中的泵本体，它的叶轮是混流式多级叶轮；②扬水管和传动轴；③装在地面的电动机和泵座；④滤水网与吸水管。深井泵的埋深要使泵在工作时间内至少有 2 至 3 个叶轮浸没于水中。表 10-2 所示是 SD10 型深井泵的性能简表。

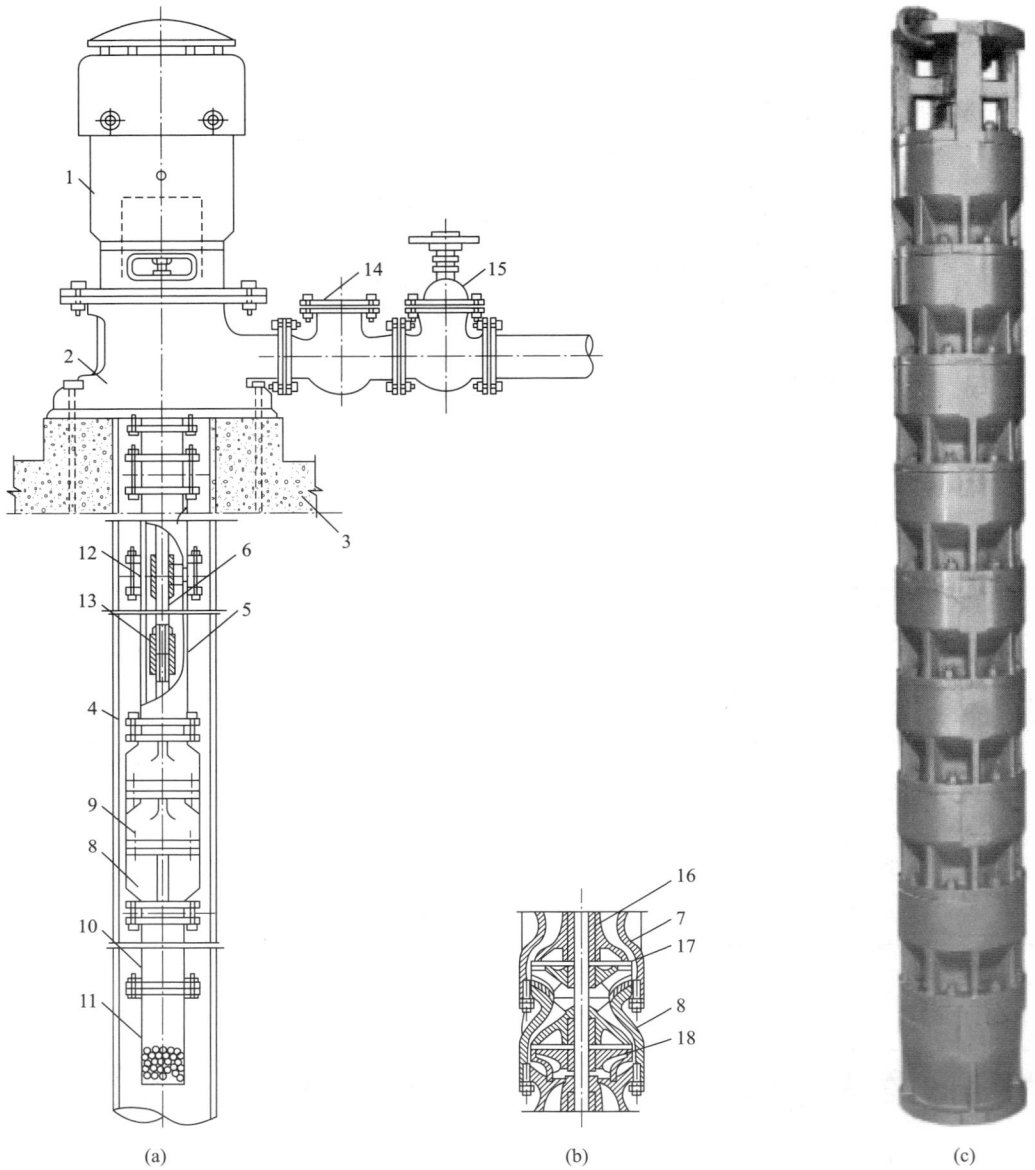

图 10-11　SD 型深井泵的结构图及实物

（a）整机外形；（b）泵体结构；（c）深井泵实物图

1—电动机；2—泵座；3—基础；4—井管；5—扬水管；6—传动轴；7—上壳；8—下壳；
9—中壳；10—吸水管；11—滤水网；12—轴承体；13—螺纹联轴器；14—止回阀；
15—截止阀；16—轴承衬套；17—锥形套；18—叶轮

　　为了抽取地下水，还可以采用潜水电泵。这是一种将电机与泵装在一起沉入深井中的泵装置，省去了泵座和传动轴。除对电机绝缘要采取特殊措施外，大大简化了泵的结构。

SD10 型深井泵性能简表　　　　　　　　　　　　　　　　　　表 10-2

叶轮级数	流量（m³/h）	扬程（m）	叶轮平均直径（mm）	扬水管节数	传动轴直径（mm）	轴功率（kW）	电机功率（kW）	效率（%）	转速（r/min）
3		24		8	30	7.6	10		
5		40		15	30	12.2	14		
7	70	56	168.8	21	30	17.1	20	67	1460
10		80		31	36	24.0	28		
15		100		44	36	36.5	40		

教学情境 5　旋涡泵

　　旋涡泵在性能上的特点是小流量、高扬程和低效率，但具有只需在第一次运转前充液的自吸式优点。目前，旋涡泵大都用于小型锅炉给水和输送无腐蚀性、无固体杂质的液体。

　　图 10-12（a）所示是旋涡泵的叶轮。叶轮圆盘外周两侧加工成许多凹槽，凹槽之间铣成叶片。

　　在图 10-12（b）中可以看出泵壳的吸入口与排出口之间，设有隔离壁，隔离壁与叶轮间的缝隙很小，这就使泵内分隔为吸水腔与压水腔。吸水腔与压水腔外侧，绕叶轮周边有不大的混合室，见图 10-12（c）。

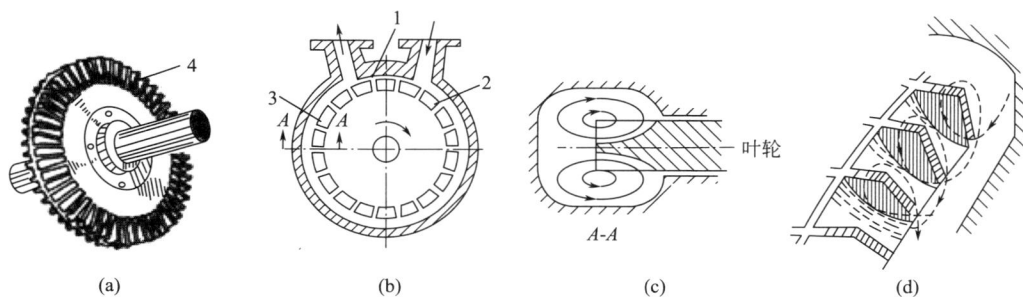

图 10-12　旋涡泵的结构与工作原理
（a）叶轮；（b）泵内结构示意图；（c）混合室；（d）流体在泵内的运动
1—隔离壁；2—吸水腔；3—压水腔；4—叶片

　　叶轮旋转时带动来自吸入口的液体前进，同时液体在叶片间的流道内借离心力加压后到达混合室，在混合室内部分地转换为压力能，然后又被叶轮带动向前重新进入叶片流道内加压。所以，流体可以看作受多级离心泵的作用被多次增压，直到压水腔的末端引向排出口。流体在泵内流动情况见图 10-12（d）。

　　图 10-13 所示为旋涡泵实物图，我国生产的 W 系列旋涡泵可以输送 -20～80℃ 的液体，流量范围为 0.36～16.9m³/h，扬程最高可达 132m。

图 10-13 旋涡泵实物图

表 10-3 是 1W2.4-10.5 型旋涡泵的性能表。该泵可汲送清水或化学、物理性能类似清水的液体。

1W2.4-10.5 型旋涡泵性能表   表 10-3

流量（m³/h）	扬程（m）	转速（r/min）	轴功率（kW）	效率（%）
2.4	105	2900	2.4	28

教学情境 6 贯流式风机

贯流式风机是莫蒂尔（Mortier）于 1892 年研制的。但是直到近代，这种形式的风机才获得广泛应用。

贯流式风机与轴流式或离心式风机工作方式不同，它有一个圆筒形的多叶叶轮转子，转子上的叶片互相平行且按一定的倾角沿转子圆周均匀排列，呈前向叶型，转子两端面是封闭的。叶轮的宽度没有限制，当宽度加大时，流量也增加。某些贯流式风机在叶轮内缘加设不动的导流叶片，以改善气流状态。气流沿着与转子轴线垂直的方向，从转子一侧的叶栅进入叶轮，然后穿过叶轮转子内部，第二次通过转子另一侧的叶栅，将气流排出，即气流横穿叶片两次，如图 10-14 所示。

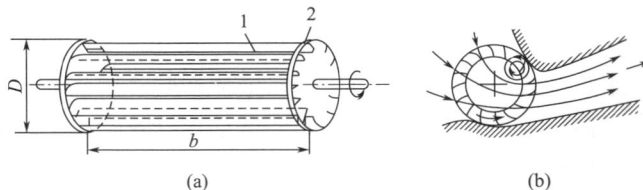

(a)   (b)

图 10-14 贯流式风机示意图
（a）贯流式风机结构示意图；（b）贯流式风机的气流
1—叶片；2—封闭端面

图 10-15 为贯流式风机实物图，贯流式风机叶轮内的速度场是不稳定的，流动情况较为复杂。

图 10-15　贯流式风机实物图

贯流式风机的流量 Q 与叶轮直径 D_2、叶轮圆周速度 u 及叶轮宽度 b 成正比，即：

$$Q = \overline{\Phi} b D_2 u$$

式中，$\overline{\Phi}$ 称为流量系数，因叶轮宽度没有限制而加入了宽度 b 的因素，即 $\overline{\Phi} = \dfrac{Q}{b u D_2}$，

而不是一般离心风机所采用的 $\overline{Q} = \dfrac{Q}{3600u \, \dfrac{\pi D^2}{4}}$，一般说来

小流量风机，$\overline{\Phi} = 0 \sim 0.3$
中流量风机，$\overline{\Phi} = 0.3 \sim 0.9$
大流量风机，$\overline{\Phi} > 0.9$

显然，当叶轮宽度增大时，流量也随之增大。宽度增大，制造的技术要求也增高。

贯流式风机的全压 $H = \dfrac{1}{2} \overline{H} \rho u^2$

式中，$\overline{H}$ 称为压力系数，一般为 0.8～3.2；ρ 为气体密度。贯流式风机的压力系数较大，Q-H 曲线是驼峰形的，效率较低，一般约为 30％～50％，图 10-16 所示是贯流式风机的无因次性能曲线。图 10-16 中：

压力系数 $\overline{H} = \dfrac{Q}{\dfrac{1}{2} \rho u^2}$

流量系数 $\overline{\Phi} = \dfrac{Q}{b u D_2}$

功率系数 $\overline{N} = \dfrac{\overline{H} \cdot \overline{\Phi}}{\eta}$

静压系数 $\overline{H}_j = \dfrac{H_j}{\dfrac{1}{2} \rho u^2}$

由于此类风机结构简单，具有薄而细长的出口截面，不必改变流动的方向等特点，使它适宜于安装在各种扁平或细长形的设备里，与建筑物相配合。与其他风机相比，由于这种风机具有动压较高，气

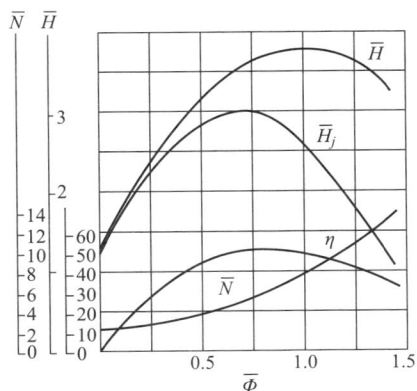

图 10-16　贯流式风机的
无因次性能曲线

流不乱，可获得扁平而高速的气流，并且气流到达的宽度比较宽等特点，使贯流式风机获得了许多用途。目前，贯流式风机广泛应用在低压通风换气，空调工程，尤其在风机盘管、空气幕装置及小型废气管道抽风，车辆、电动机冷却及家用电器等设备上。

贯流式风机至今还存在许多问题有待解决。特别是各部分的几何形状对其性能有重大影响。不完善的结构甚至完全不能工作。

一般贯流式风机的使用范围为：流量 $Q<500\mathrm{m}^3/\mathrm{min}$；全压 $H<980\mathrm{Pa}$。

教学情境 7　活塞式压缩机

1. 工作原理

在活塞式压缩机中，气体是依靠在气缸内作往复运动的活塞进行加压的。图 10-17 是单级单作用活塞式气体压缩机的示意图。

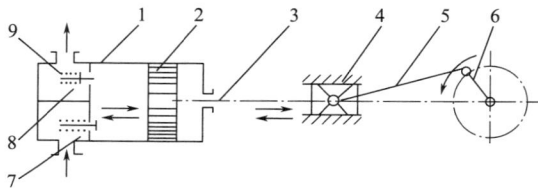

图 10-17　单级单作用活塞式气体压缩机示意图

1—气缸；2—活塞；3—活塞杆；4—十字头；5—连杆；6—曲柄；7—吸气阀；8—排气阀；9—弹簧

当活塞向右移动，气缸中活塞左端的压力略低于低压燃气管道内的压力 p_1 时，吸气阀被打开，燃气在 p_1 的作用下进入气缸内，这个过程称为吸气过程。当活塞返行时，吸入的燃气在气缸内被活塞挤压，这个过程称为压缩过程。当气缸内燃气被压缩到略高于高压燃气管道内压力 p_2 后，排气阀即被打开，被压缩的燃气排入高压燃气管道内，这个过程称为排气过程。至此，已完成了一个工作循环。图 10-18 为活塞式压缩机实物图。

图 10-18　活塞式压缩机实物图

压缩机的排气量，通常是指单位时间内压缩机最后一级排出的气体量换算到第一级进口状态时的气体体积值。常用单位为"m^3/min"或"m^3/h"。

压缩机的理论排气量：

对于单作用式压缩机

$$Q_i = ASn \tag{10-2}$$

对于双作用式压缩机

$$Q_i = (2A - f)Sn \tag{10-3}$$

式中　f——一级活塞杆面积（m^2）；

其余代表符号同往复式泵。

压缩机实际排气量由下式确定：

$$Q = \lambda_v \lambda_p \lambda_t \lambda_l Q_l = \lambda_0 Q_l \tag{10-4}$$

式中　Q——压缩机实际排气量（m^3/min）；

λ_0——排气系数；

λ_v——考虑余隙容积影响的容积系数；

λ_p——考虑由于吸气阀的压力损失使排气量减少的压力系数；

λ_t——由于吸入气体在气缸内被加热，使实际吸入气体减少的温度系数；

λ_l——考虑机器泄漏影响的泄漏系数；

Q_l——压缩机理论排气量（m^3/min）。

2. 压缩级数的确定

所谓多级压缩就是将气体依次在若干级中进行压缩，并在各级之间将气体引入中间冷却器进行冷却。多级压缩除了能降低排气温度，提高容积系数之外，还能节省功率的消耗和降低活塞上的气体作用力。

多级压缩时，级数越多，越接近等温过程，越节省功率的消耗；但是结构也越复杂，造价也越高，发生故障的可能性也就越大。表 10-4 是当进气压力为大气压时，终了压力和级数的关系，可供参考。

进气压力 p_1 为大气压时，终了压力 p_2 与级数 z 的关系　　　　表 10-4

p_2（大气压）	5～6	6～30	14～150	36～400	150～1000
z	1	2	3	4	5

多级压缩节省的功，随着中间压力的不同而改变。显然，最有利的中间压力应是使各级所消耗的功的总和为最小时的压力。对于多级压缩机，各级压力比相等时，所消耗的总功最少。对于 z 级压缩机来说，压缩比 ε 应满足下式：

$$\varepsilon = \sqrt[z]{\frac{p_2}{p_1}} \tag{10-5}$$

式中　ε——每一级出口压力与进口压力之比。

3. 活塞式压缩机的变工况工作与流量调节

每台压缩机都是根据一定条件设计的，运转过程中某些参数或者是气体组成的变化，都会对压缩机的性能产生影响。此外，在燃气输配系统中，要求压缩机的负荷经常变化，因此对流量要进行调节。

1）变工况对压缩机性能的影响

（1）吸气压力改变：随着吸气压力的降低，活塞完成一个循环后所吸入的气体体积（折算为标准状况下）就减少。此外，当吸气压力降低，排气压力不变时，压缩比升高，使容积系数 λ_v 下降，排气量降低。

（2）排气压力改变：如果吸气压力不变，而排气压力增加，则压缩比上升，容积系数 λ_v 减小。

（3）压缩介质改变：压缩不同绝热指数的气体时，压缩机所需要的功率随着绝热指数的增加而增大。另外，在相同的相对余隙容积下，压缩机的容积系数 λ_v 随着绝热指数增加而增大，因此排气量也将有所增加。

气体重度的改变对容积型压缩机的压缩比没有很大影响，对于低分子量的气体压缩来说，这是它的一个重要优点。另外，重度大的气体，在经过管道和气阀时，压降较大，使气缸吸气终了压力下降，排气量略有降低，轴功率有所增加。

导热系数大的气体，吸气过程受热强烈，温度系数 λ_t 降低，使压缩机排气量减少。

2）活塞式压缩机排气量的调节

（1）停转调节：根据用气工况来确定压缩机的停转和启动的时间和台数。这种方法只能用于功率较小的电动机带动的压缩机上。对于中等功率压缩机，可以采用离合器使原动机和压缩机脱开，避免频繁地启动原动机。

（2）改变转数的调节：通过改变转数来改变单位时间的排气量。这种方法用于由蒸汽机、内燃机驱动的压缩机。以直流电机作为原动机时，改变转数也比较方便。这种调节方法的优点是：转数降低时，气体在气阀及管路上的速度相应减小，气体在气缸中停留时间增长，因而获得较好的冷却效果，使功率消耗降低。

（3）停止吸入的调节：所谓停止吸入，即压缩机后的高压管道压力超过允许值时，自动关闭吸入通道。停止吸入在中型压缩机上较多采用。当停止吸入时，压缩机处于空转状态，因而实际上是间断调节。停止吸入的调节对于无十字头的单作用压缩机是不适用的，因为气缸内形成真空，润滑油会从曲轴箱吸入气缸。

（4）旁路调节：采用这种方法调节排气量，从装置的结构上来说是简便易行的，但功率的消耗是巨大的。

旁路调节方式，也可作为压缩机卸荷之用，所以压缩机启动时经常采用此种方式。所采用的旁通管线的连接形式如图 10-19 所示。

末级与第一级节流旁通，它能在保证各级的工况（压力、温度）均不改变的情况下工作，而且可以连续地调节气量。此种调节一般在短期运转时使用，也可进行辅助微量调节。但是采用这种调节方法，在高压时旁通阀在高速气流的冲击下经常损坏，会影响正常工作时管线的严密性。此外，在旁通阀处节流可能产生冻结现象。

在大型多级压缩机中，经常配置旁通管路，可作为压缩机启动时卸荷之用，也可用来调节各级压缩比。用作气量调节时，当第 I 级导出部分气量至吸入管以后，第 I 级压缩比降低，中间各级压缩比保持原状，而末级压缩比会随着排气量的降低程度成比例上升，所以当排气量降低得太大时，末级中的温度会上升到不允许的范围。

（5）打开吸气阀的调节：这种方法目前采用得较普遍，主要用在中型和大型压缩机

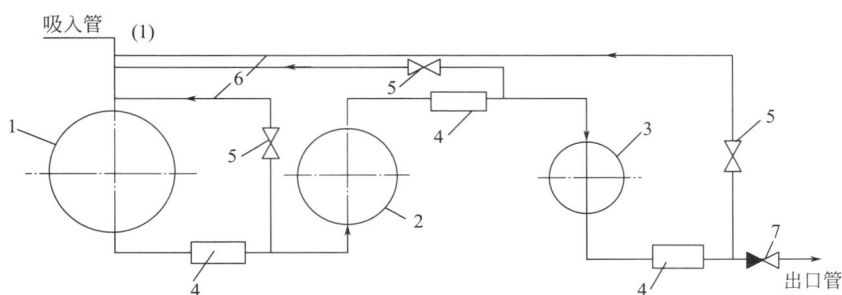

图 10-19　旁通管线的连接形式

1—Ⅰ级缸；2—Ⅱ级缸；3—Ⅲ级缸；4—冷却器；5—旁通阀；6—旁通管；7—止回阀

上，除调节流量外也可作为卸荷空载启动之用。

打开吸气阀的调节作用是：气体被吸入气缸后，在压缩行程时，部分或全部已吸入缸内的气体通过吸气阀推出气缸。这样可以通过改变推出气体量实现压缩机排气量的调节。

（6）连接补助容积的调节：这种方法是借助于加大余隙，使余隙内存有的已被压缩了的气体在膨胀时压力降低，体积增加，从而使气缸中吸入的气体减少，排气量降低。图 10-20 中的虚线表示的是全排气量时的示功图，V_c 为气缸原有的余隙容积，此时吸入容积为 V_s；连通补助容积 V_a 后的示功图如实线所示，吸入容积由 V_s 减少到 V_s'，压缩机吸入的气体量减少了 ΔV。

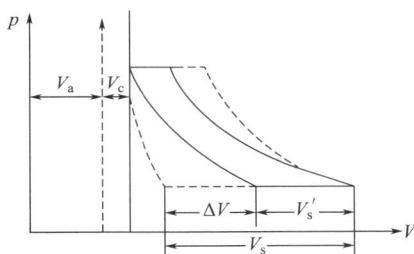

图 10-20　连通补助容积后的示功图

利用这种补助容积以降低排气量的装置，有固定余隙腔和可变余隙腔两种，都称为余隙调节。前者的排气量只能调到一个固定的值，后者可以分级调节。补助容积的大小是由需要调节的排气量来决定，近年来采用部分行程中连通补助容积的调节装置，更进一步改善了调节工况。

在实际应用中，将根据对压缩机的使用要求、驱动方式、操纵条件，来选择各种调节方法。确定调节方法时应尽可能满足所要求的调节特性（间歇调节，分级或无级调节）、经济性及可操作性。

教学情境 8　回转式压缩机

回转式压缩机是靠转子在气缸内的回转运动改变工作容积来压缩和输送气体的压缩机。

1. 滑片式气体压缩机

滑片式气体压缩机是由气缸部件、壳体和冷却器等主要部分组成，如图 10-21 所示。气缸部件主要由气缸、转子和滑片等组成。气缸呈圆筒形，上面开有进、排气孔口。

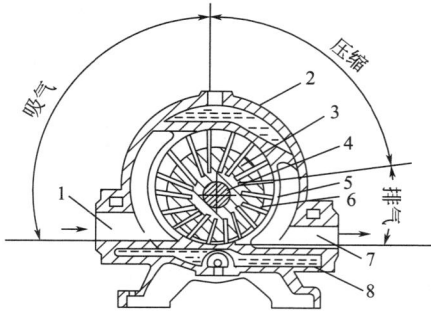

图 10-21　滑片式气体压缩机

1—吸气管；2—外壳；3—转子；4—转子轴；5—转子上
的滑片；6—气体压缩室；7—排气管；8—水套

转子偏心安置在气缸内，在转子上开有若干径向的滑槽，内置滑片。当通过联轴节和电机轴直联的转子轴旋转时，滑片在离心力的作用下，紧压在气缸的内壁上。气缸、转子、滑片及前后气缸盖组成了若干封闭小室，依靠这些小室容积的周期性变化，完成压缩机几个基本工作过程：吸气、压缩、排气和可能发生的膨胀过程。

滑片式压缩机的理论排气量可用下式确定：

$$Q_l = 2ml\pi Dn \tag{10-6}$$

式中　Q_l——理论排气量（m^3/min）；

　　　m——偏心距（m）；

　　　l——气缸长度（m）；

　　　$2ml$——气体流通的小室最大截面积（m^2）；

　　　D——气缸直径（m）；

　　　n——转数（r/min）。

滑片式压缩机实际排气量为

$$Q = 2ml\pi Dn\lambda_1\lambda_2 \tag{10-7}$$

式中　Q——实际排气量（m^3/min）；

　　　λ_1——考虑滑片占有容积的系数；

　　　λ_2——考虑漏气的修正系数。

$$\lambda_1 = \frac{\pi D - Z\delta}{\pi D} \tag{10-8}$$

式中　Z——滑片数（片）；

　　　δ——滑片厚度（mm）。

通常取偏心距 $m = (0.05\sim0.1)D$；气缸长度 $l = (1.5\sim2.0)D$；滑片数 $Z = 8\sim24$ 片；滑片厚度 $\delta = 1\sim3mm$。

取决于排气量和压力的系数值 $\lambda = \lambda_1\lambda_2$，可采用下式估算：

$$\lambda = \lambda_1\lambda_2 = 1 - 0.01k\frac{P_2}{P_1} \tag{10-9}$$

式中　λ——取决于排气量和压力的系数；

　　　k——取决于压缩机排气量的系数，一般 $k = 5\sim10$，若排气量低，则相应的 k 值大；

　　　$\dfrac{P_2}{P_1}$——终压与初压的比值。

图 10-22 所示为滑片式压缩机，这种压缩机有单级压缩和二级压缩。通常压力不高，流量较小，可作为中、低压压缩机。机器的润滑是采用黏度较高的润滑油，就同一容量来说，比往复式压缩机耗油量多。

图 10-22　滑片式压缩机

2. 罗茨式回转压缩机

罗茨式回转压缩机，一般习惯称为罗茨式鼓风机。它是利用一对相反旋转的转子来输送气体的设备，如图 10-23 所示。

在椭圆形机壳内，有两个铸铁或铸钢的转子，装在两个互相平行的轴上，在轴端装有两个大小及样式完全相同的齿轮配合传动，由于传动齿轮作相反的旋转而带动两个转子也作相反方向的转动。两转子相互之间有一极小的间隙，使转子能自由地运转，而又不引起气体过多地泄漏。如图 10-23 所示，左边转子作逆时针旋转，则右边的转子作顺时针旋转，气体由上边吸入，从下

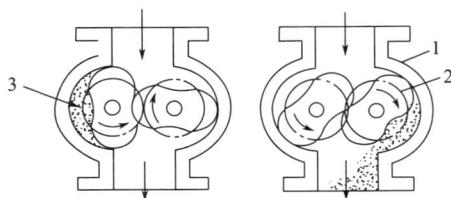

图 10-23　罗茨式回转压缩机
1—机壳；2—转子；3—压缩室

部排出。利用下面压力较高的气体抵消一部分转子与轴的重量，使轴承受的压力减少，因此也减少磨损。

此种压缩机每旋转一周的理论排气量为压缩室容积的 4 倍，而每一个压缩室的截面积与转子横截面的一半略等。故压缩机每转一周的排气量近似等于以转子长径为直径所作圆与转子厚度的乘积。故排气量为

$$Q = \lambda_v n \pi R^2 B \qquad (10\text{-}10)$$

式中　Q——排气量（m^3/min）；

　　　n——转数（r/min）；

　　　R——转子长半径（m）；

　　　B——转子的厚度（m）；

　　　λ_v——容积系数，一般取 $0.7 \sim 0.8$。

图 10-24 所示为罗茨式回转压缩机实物图，罗茨式回转压缩机的转速一般是随着尺寸的增加而减小。小型压缩机的转数可达 1450r/min，大型压缩机的转数通常不大于 960r/min。

图 10-24　罗茨式回转压缩机实物图

转子的厚度 B 通常等于转子长半径 R。

目前，国产罗茨式回转压缩机的排气量最大为 $160\text{m}^3/\text{min}$，排气压力为 $35\sim100\text{kPa}$。

罗茨式回转压缩机的优点是当转数一定而进口压力稍有波动时，排气量不变，转数和排气量之间保持恒正比的关系，转数高、没有气阀及曲轴等装置，重量较轻，应用方便。

罗茨式回转压缩机的缺点是当压缩机有磨损时，影响效率颇大；当排出的气体受到阻碍，则压力逐渐升高。为了保护机器不被损坏，在出气管上必须安装安全阀。

3. 螺杆式气体压缩机

螺杆式气体压缩机的气缸呈 8 字形，内装两个转子——阳转子（或称阳螺杆）和阴转子（或称阴螺杆）。

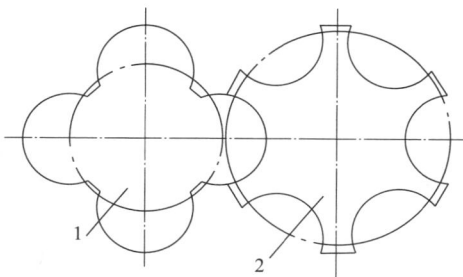

图 10-25　转子端面型线
1—阳转子；2—阴转子

目前，转子采用对称型线和非对称型线两种，国内多用钝齿双边对称圆弧形线作为转子的端面型线，如图 10-25 所示。阳转子有四个凸而宽的齿，为左旋向；阴转子有六个凹而窄的齿，为右旋向。阳转子和阴转子的转数比为 1.5∶1。压缩机外壳的两端，设有进气口和排气口，它们分别设在阴阳转子啮合线（密封线）的两侧，成对角线设置。阴阳转子的啮合点随着转子的回转而移动，因此每一对啮合的沟槽和外壳之间形成的密封空间的容积，也随着转子的回转而时刻变化。吸气过程开始时，气体经过吸气口进入上述空间，随着转子的回转，空间容积逐渐增大，这个容积达最大值时，吸入口被遮断。转子继续旋转，容积逐渐减小，气体被压缩。当此空间和排气口接通时开始排气过程，排气过程一直进行到此空间容积为零时为止。因此，螺杆式气体压缩机没有余隙容积。

螺杆式气体压缩机排气量为

$$Q = (F_1Z_1n_1 + F_2Z_2n_2)L\lambda \tag{10-11}$$

式中　Q——压缩机排气量（m^3/min）；

F_1——阳转子两个齿间面积（m^2）；

F_2——阴转子两个齿间面积（m^2）；

Z_1、Z_2——分别为阳、阴转子齿数；

L——转子长度（m）；

n_1、n_2——分别为阳、阴转子每分钟转数；

λ——考虑泄漏的供气系数，一般情况下取 $\lambda = 0.85 \sim 0.92$。

螺杆式气体压缩机的特点是排气连续，没有脉动和喘振现象；排气量容易调节；可以压缩湿气体和有液滴的气体。在构造上由于没有金属的接触摩擦和易损件，因此，转数高、寿命长、维修简单、运行可靠，一般不设备机。该压缩机构造较复杂，制造较困难，噪声较大（达 90dB 以上），噪声属于中高频，对人体危害较大。

图 10-26 所示为螺杆式气体压缩机。目前国产螺杆式气体压缩机的排气量为 $10 \sim 400 m^3/min$，压力为 $100 \sim 700kPa$。

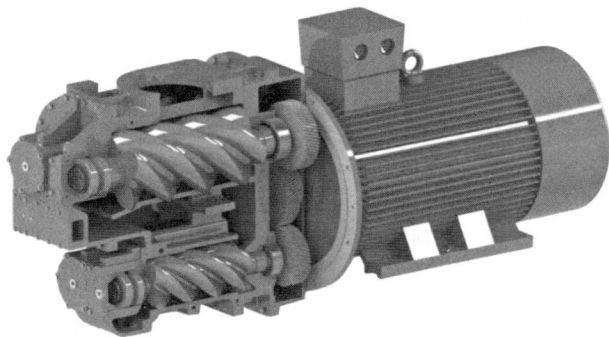

图 10-26   螺杆式气体压缩机

教学情境 9   离心式压缩机

1. 压缩机的工作原理及构造

离心式压缩机结构如图 10-27 所示。

压缩机的主轴带动叶轮旋转时，气体自轴向进入并以很高的速度被离心力甩出叶轮，进入扩压器中。在扩压器中由于有宽的通道，气体的部分动能转变为压力能，速度降低而压力提高。接着通过弯道和回流器又被第二级吸入，通过第二级进一步提高压力。依此逐级压缩，一直达到额定压力。

如图 10-28 所示，气体经过每一个叶轮，相当于进行一级压缩，单级叶轮的叶顶速度越高，每级叶轮的压缩比就越大，压缩到额定压力所需的级数就越少。由于材料极限强度的限制，用普通钢制造的叶轮，其叶顶速度为 $200 \sim 300 m/s$；用高强度钢制造的叶轮，叶顶速度在 $300 \sim 450 m/s$。为了得到较高的压力，需将多个叶轮串联起来压缩。通常在一个缸内叶轮级数不应超过 10 级，如果叶轮级数较多时，可用两个或两个以上的缸串联。

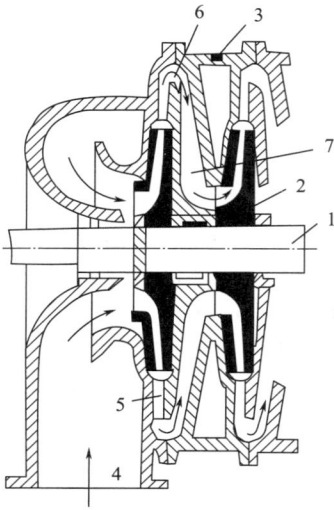

图 10-27　离心式压缩机结构

1—主轴；2—叶轮；3—固定壳；4—气体入口；
5—扩压器；6—弯道；7—回流器

图 10-28　离心式压缩机

离心式压缩机的优点是输气量大而连续，运转平稳；机组尺寸小，易损部件少，维修工作量小，使用年限长，广泛用于制冷压缩机及天然气远距离输气干管的压气站。

离心式压缩机的缺点是高速下的气体与叶轮表面摩擦阻力损失大，气体在流经扩压器、弯道和回流器时也有压头损失，因此效率比活塞式压缩机低，对压力的适应范围也较窄，有喘振可能。

2. 压缩机的排气温度

容积式（活塞式和回转式）压缩机的排气温度可按绝热压缩公式计算：

$$T_2 = T_1 \varepsilon^{\frac{k-1}{k}} \tag{10-12}$$

式中　T_2——排气温度（K）；

　　　T_1——吸气温度（K）；

　　　ε——压缩比；

　　　k——绝热指数。

3. 压缩机的功率

根据绝热压缩功公式，通过单位换算，对于有中间冷却器的多级压缩容积式压缩机，各级入口温度相同，各级压缩比相同时，其理论功率可按下式计算：

$$N = 1.634 F z p_1 V_1 \frac{k}{k-1} (\varepsilon^{\frac{k-1}{vk}} - 1) \tag{10-13}$$

式中　N——压缩机理论功率（kW）；

　　　F——中间冷却器压力损失校正系数，对于二段压缩 $F = 1.08$，三段压缩 $F = 1.10$；

　　　p_1、V_1——分别为第一级进口气体绝对大气压（kPa）和气体流量（m^3/min）；

　　　z——压缩级数；

ε——实际总压缩比。

压缩机实际功率消耗可按下式计算：

$$N_s = \frac{N}{\eta_m \eta_c} \tag{10-14}$$

式中　N_s——压缩机实际功率（kW）；

　　　η_m——机械效率，对于大、中型压缩机 $\eta_m = 0.9 \sim 0.95$，对于小型压缩机 $\eta_m = 0.85 \sim 0.90$；

　　　η_c——传动效率，对于皮带传动 $\eta_c = 0.96 \sim 0.99$，对于齿轮传动 $\eta_c = 0.97 \sim 0.99$，对于直联 $\eta_c = 1.0$。

选原动机的功率时，应留 $10\% \sim 25\%$ 的余量。

$$N_d = (1.10 \sim 1.25) N_s \tag{10-15}$$

式中　N_d——原动机功率（kW）。

【例 10-1】　压缩机型号为 DA220-72，气体入口压力为 1.15 倍绝对大气压，出口压力为 9.5 倍绝对大气压，气体工作状态的绝热指数 $k = 1.130$，计算压缩机的功率。

解：此机的压缩比 $\varepsilon = \dfrac{p_2}{p_1} = \dfrac{9.5}{1.15} = 8.26$

根据 $k = 1.130$，$\varepsilon = 8.26$，由式（10-13），其中 $z = 1$，$F = 1$（一级压缩）

从压缩机型号可知其排气量为 $220 \mathrm{m^3/min}$。压缩机的理论功率为

$N = 3.91 p_1 V_1 = 3.91 \times 1.15 \times 220 = 989.23 \mathrm{kW}$

DA220-72 压缩机与汽轮机通过齿轮连接，取传动效率 $\eta_c = 0.93$，机械效率 $\eta_m = 0.96$，则压缩机实际功率为

$$N_s = \frac{N}{\eta_m \eta_c} = \frac{989.23}{0.93 \times 0.96} = 1180 \mathrm{kW}$$

思政案例

大国工匠——中国百万吨乙烯压缩机设计第一人姜妍

一名产业报国"追梦人"沈鼓集团副总工程师姜妍，带领其团队成功运行我国自主设计的第一台乙烯压缩机，打破了国外长达数十年的技术垄断。

乙烯作为世界上产量最大的化学产品之一，是合成纤维、合成橡胶、合成塑料、合成乙醇的基本化工原料，可以说乙烯在我国国民经济中占有极其重要的地位。在世界上，乙烯产量甚至已经作为衡量一个国家石油化工发展水平的重要标志之一。

过去，因为我国在乙烯压缩机领域的技术缺失，只能从国外进口相关设备进行生产。但我国作为一个乙烯使用大国，每年消耗占据世界总消耗的 40%，在这核心设备上受制于人，对于我国国计民生都极为不利。

因此，在国家的期望下，姜妍（图 10-29）和相关工作人员秉承"绝不当跟随者、模仿者，要做领跑者、领军者"的理念，一步一个脚印最终突破国外垄断，成功为我国乙烯生产机器设备换上"中国芯"！也使我国成为世界上第四个具有百万吨级乙烯"三机"设计制造能力的国家，彻底结束了长期依赖进口的历史。

图 10-29　姜妍

如今，我国具备自主研制 150 万吨级乙烯压缩机的能力，并实现工业化应用，标志着国产重大装备跻身世界先进行列。

"我不如别人聪明，但是必须'笨鸟先飞'"。姜妍回忆，那时在校参加考试前，丈夫往往只是把书复习几页就能轻易"夺冠"，但自己却要将书翻来覆去看个几遍才放心。毕业后，因为院校和专业的限制，姜妍并没有被分配到公司最核心的压缩机设计部门，而是为压缩机做配套的容器、油站等。

为了尽快熟悉产品特性和设计环节，她成了师傅的"小跟班"，每天跟着师傅认真观察学习每一项工作内容，利用休息时间琢磨未消化的知识点，在笔记本上记录各种公式、参数和体会，这一干就是七年，但是生性沉稳的她并没有因此感到乏味，而是对容器材料渐渐了如指掌，有时甚至能够同一段时间内接到 30 台容器设计任务，这也为她后来设计我国第一台百万吨级乙烯压缩机打下了坚实的基础。

单元小结 🔍

本教学单元主要介绍了各种常用泵及压缩机的工作原理和性能特点，压缩机的排气温度及功率计算，各种泵及压缩机的常见型号及适用范围。

自我测评 🔍

问答题

1. 简述轴流式泵与风机的构造及工作原理。
2. 简述蒸汽活塞式往复泵的构造。
3. 为什么说往复泵的流量与扬程无关？
4. 简述水环式真空泵的构造及工作原理。
5. 简述深井泵的主要用途及发展。
6. 简述旋涡泵的构造及工作原理。

7. 简述贯流式风机工作原理。

8. 活塞式压缩机排气量的调节方式有哪些？

9. 滑片式气体压缩机、罗茨式回转压缩机、螺杆式气体压缩机的主要区别有哪些？

10. 简述离心式压缩机的构造及工作原理。

参考文献

[1] 蔡增基，龙天渝．流体力学泵与风机 [M]．5 版．北京：中国建筑工业出版社，2009．

[2] 白桦．流体力学泵与风机 [M]．2 版．北京：中国建筑工业出版社，2016．

[3] 周谟仁．流体力学泵与风机 [M]．2 版．北京：中国建筑工业出版社，1988．

[4] 许玉望．流体力学泵与风机 [M]．北京：中国建筑工业出版社，1995．

[5] 张英．工程流体力学 [M]．北京：中国水利水电出版社，2002．

[6] 付祥钊．流体输配管网 [M]．北京：中国建筑工业出版社，2001．

[7] 刘鹤年．流体力学 [M]．北京：中国建筑工业出版社，2001．

[8] 屠大燕．流体力学与流体机械 [M]．北京：中国建筑工业出版社，1994．

[9] 文绍佑．水力学 [M]．北京：中国建筑工业出版社，1994．

[10] 黄儒钦．水力学教程 [M]．2 版．成都：西南交通大学出版社，1998．

[11] 赵孝保．工程流体力学 [M]．南京：东南大学出版社，2004．

[12] 苏福临，等．流体力学泵与风机 [M]．北京：中国建筑工业出版社，1985．

[13] 姜乃昌，等．泵与泵站 [M]．5 版．北京：中国建筑工业出版社，2007．

[14] 徐菁．"爱国知识分子的杰出典范——钱学森生平事迹展"在京揭幕 [J]．航天活动，2018 (12)．

[15] 刘俊丽，王柏懿．倾心培养人才的力学大师：钱学森先生 [J]．力学与实践，2022，44 (6)．

[16] 悦纳，姜妍．产业报国的主战场就在这里 [J]．当代工人，2018 (13)．

[17] 莱昂哈德·欧拉．生平，为人机器工作：Ⅰ [J]．数学译林，2008 (2)．

[18] 莱昂哈德·欧拉．生平，为人机器工作：Ⅱ [J]．数学译林，2008 (3)．

[19] 沈延凝．四全媒体视角下主流媒体航天新闻报道分析与建议 [J]．视听，2022 (3)．

[20] 卢纯．百年三峡　治水楷模　工程典范　大国重器：三峡工程的百年历程、伟大成就、巨大效益和经验启示 [J]．人民长江，2019 (11)．

[21] 王小毛，徐麟祥，廖仁强．三峡工程大坝设计 [J]．中国工程科学，2011 (7)．

[22] 沈忠厚院士——石油钻井和水射流技术专家 [J]．石油机械，2012 (8)．

[23] 杜文中，张金，赵永亮．我国供水工程中水泵节能降耗技术研究现状与展望 [J]．机电工程技术，2022，51 (12)．

[24] 冯亚军，孙倩雯，于广其，等．高压变频器技术在水厂水泵改造中的应用 [J]．净水技术，2021，40 (6)．

[25] 刘晓林，玉茗．深海匠心：访全国职工职业道德建设标兵、中交港珠澳大桥岛隧工程Ⅴ工区航修队钳工管延安 [J]．现代企业文化（上旬），2016 (5)．

[26] 林彦臣．"深海钳工"管延安 [J]．国企管理，2016 (13)．

[27] 肖琳，姜妍．产业报国筑梦者 [J]．中国新时代，2019 (2)．